2019年注册消防工程师资格考试用书

消防安全技术实务专题精讲

陶　昆　宋瑞明　杨　晨　编著

中国环境出版集团・北京

图书在版编目（CIP）数据

消防安全技术实务专题精讲/陶昆，宋瑞明，杨晨编著. —北京：中国环境出版集团，2019.6

2019 年注册消防工程师资格考试用书

ISBN 978-7-5111-4020-3

Ⅰ. ①消…　Ⅱ. ①陶…②宋…③杨…　Ⅲ. ①消防—安全技术—资格考试—题解　Ⅳ. ①TU998.1-44

中国版本图书馆 CIP 数据核字（2019）第 125844 号

出 版 人　武德凯
责任编辑　俞光旭
文字编辑　王　菲
责任校对　任　丽
封面设计　宋　瑞

出版发行　中国环境出版集团
（100062　北京市东城区广渠门内大街 16 号）
网　　址：http://www.cesp.com.cn
电子邮箱：bjgl@cesp.com.cn
联系电话：010-67112765（编辑管理部）
010-67147349（第四分社）
发行热线：010-67125803，010-67113405（传真）

印　　刷　北京市联华印刷厂
版　　次　2019 年 6 月第 1 版
印　　次　2019 年 6 月第 1 次印刷
开　　本　880×1230　1/16
印　　张　17.25
字　　数　570 千字
定　　价　50.00 元

前言

根据《关于印发注册消防工程师制度暂行规定和注册消防工程师资格考试实施办法及注册消防工程师资格考核认定办法的通知》（人社部发〔2012〕56 号）要求，国家对依法从事消防安全技术工作的专业技术人员实行准入类职业资格制度，并将其纳入全国专业技术人员职业资格证书制度统一规划。为满足注册消防工程师资格考试中“消防安全技术实务”科目考试的需要，结合2015年、2016年、2017年、2018年四年考试真题的考题情况，归纳考试知识点主要在理解记忆《建筑设计防火规范》（GB 50016—2014）、《消防给水及消火栓系统技术规范》（GB 50976—2014）、《自动喷水灭火系统设计规范》（GB 50084—2017）、《火灾自动报警系统设计规范》（GB 50116—2013）、《建筑内部装修设计防火规范》（GB 50222—2017）、《建筑防烟排烟系统技术标准》（GB 51251—2017）等十几本现行的国家消防技术规范及相关文件。考试知识体系大，需要记忆的知识点多，本辅导教材就是针对考试难点，按照精讲的方式把每一个知识点总结得简洁、实用，把每一个考点内容系统归类形成专题，把每一个难点深入浅出地讲透讲清；帮助每一位考生建立知识体系框架，获取和理解各种必要的考试信息，根据考试的特点、规律，给出科学的、具体的复习路径和方法，在每一个环节精益求精，使大家的学习变得更简单。

本辅导教材分为建筑防火篇、建筑消防设施篇和其他建筑、场所防火篇，共有94个专题。建筑防火篇和其他建筑、场所防火篇由陶昆编写，建筑消防设施篇中的消防给水及消火栓系统、自动水灭火系统、泡沫灭火系统、建筑灭火器配置由宋瑞明编写，建筑消防设施篇中的气体灭火系统、火灾自动报警系统、建筑防排烟系统、应急照明和疏散指示系统、城市远程手控系统由杨晨编写。陶昆负责全书的统稿工作。三名编者均为一级注册消防工程师，是消防高等专科学校防火教研室从事一线教学长达20年的专业教授，常年承担消防专业课程“建筑防火”“建筑消防设施”“工业企业防火”“消防行政执法”“消防监督管理”“火灾事故调查”

等课程的讲授任务，具有多年的消防教育教学经验和体会。三名编者针对2019年注册消防工程师考试出版了四本配套教辅，分别是《消防安全技术实务专题精讲》、《消防安全技术综合能力专题精讲》、《消防安全案例分析一本通》和《注册消防工程师考试历届真题分类解析》，配套使用会给您的备考带来事半功倍的效果。

鉴于编者学识水平和实践经验有限，本书难免存在疏漏和错误之处，敬请广大读者和同行批评指正，并将意见和建议发送至我们的邮箱：2258004497@qq.com，以便再版时修改，我们不胜感激。

编　者

2019年6月

扫码进注册消防学习园地

疑 难 问 题 编 者 答 疑

目录

第一篇　建筑防火

第二篇　建筑消防设施

第三篇　其他建筑、场所防火

第一篇 建筑防火

第一章 厂房

陶 昆

专题 1：厂房的火灾危险性

一、分类

厂房的火灾危险性应根据生产中使用或产生的物质性质及数量等因素划分，可分为甲、乙、丙、丁、戊类。

生产的火灾危险性分类及举例

生产的火灾危险性类别	使用或生产下列物质的火灾危险性特征
甲	1. 闪点＜28℃的液体（如闪点＜28℃的油品和有机溶剂的提炼、回收或洗涤部位及其泵房，橡胶制品的涂胶和胶浆部位，二硫化碳的粗馏、精馏工段及其应用部位，青霉素提炼部位，原料药厂的非纳西汀车间的烃化、回收及电感精馏部位，皂素车间的抽提、结晶及过滤部位，冰片精制部位，农药厂乐果厂房，敌敌畏的合成厂房，磺化法糖精厂房，氯乙醇厂房，环氧乙烷、环氧丙烷工段，苯酚厂房的硫化、蒸馏部位，焦化厂吡啶工段，胶片厂片基厂房，汽油加铅室，甲醇、乙醇、丙酮、丁酮异丙醇、醋酸乙酯、苯等的合成或精制厂房，集成电路工厂的化学清洗间使用闪点＜28℃的液体，植物油加工厂的浸出厂房，白酒液态法酿酒车间、酒精蒸馏塔，酒精度为 38°及以上的勾兑车间、灌装车间、酒泵房，白兰地蒸馏车间、勾兑车间、灌装车间、酒泵房） 2. 爆炸下限＜10%的气体［如乙炔站，氢气站，石油气体分馏（或分离）厂房，氯乙烯厂房，乙烯聚合厂房，天然气、石油伴生气、矿井气、水煤气或焦炉煤气的净化（如脱硫）厂房压缩机室及鼓风机室，液化石油气罐瓶间，丁二烯及其聚合厂房，醋酸乙烯厂房，电解水或电解食盐厂房，环己酮厂房，乙基苯和苯乙烯厂房，化肥厂的氢氮气压缩厂房，半导体材料厂使用氢气的拉晶间，硅烷热分解室］

生产的火灾危险性类别	使用或生产下列物质的火灾危险性特征
甲	3．常温下能自行分解或在空气中氧化即能导致迅速自燃或爆炸的物质（如硝化棉厂房及其应用部位、赛璐珞厂房、黄磷制备厂房及其应用部位、三乙基铝厂房、染化厂某些能自行分解的重氮化合物生产厂房、甲胺厂房、丙烯腈厂房） 4．常温下受到水或空气中水蒸气的作用，能产生可燃气体并引起燃烧或爆炸的物质（如金属钠、钾加工厂房及其应用部位，聚乙烯厂房的一氯二乙基铝部位，三氯化磷厂房，多晶硅车间三氯氢硅部位，五氧化二磷厂房） 5．遇酸、受热、撞击、摩擦、催化以及遇有机物或硫黄等易燃的无机物，极易引起燃烧或爆炸的强氧化剂（如氯酸钠、氯酸钾厂房及其应用部位，过氧化氢厂房，过氧化钠、过氧化钾厂房，次氯酸钙厂房） 6．受撞击、摩擦或与氧化剂、有机物接触时能引起燃烧或爆炸的物质（如赤磷制备厂房及其应用部位，五硫化二磷厂房及其应用部位） 7．在密闭设备内操作温度≥物质本身自燃点的生产（如洗涤剂厂房石蜡裂解部位、冰醋酸裂解厂房）
乙	1. 闪点在≥28℃至＜60℃的液体（如闪点在≥28℃至＜60℃的油品和有机溶剂的提炼、回收、洗涤部位及其泵房，松节油或松香蒸馏厂房及其应用部位，醋酸酐精馏厂房，己内酰胺厂房，甲酚厂房，氯丙醇厂房，樟脑油提取部位，环氧氯丙烷厂房，松针油精制部位，煤油灌桶间） 2．爆炸下限≥10%的气体（如一氧化碳压缩机室及净化部位、发生炉煤气或鼓风炉煤气净化部位、氨压缩机房） 3．不属于甲类的氧化剂（如发烟硫酸或发烟硝酸浓缩部位、高锰酸钾厂房、重铬酸钠厂房） 4．不属于甲类的易燃固体（如樟脑或松香提炼厂房、硫黄回收厂房、焦化厂精萘厂房） 5．助燃气体（如氧气站、空分厂房） 6．能与空气形成爆炸性混合物的浮游状态的粉尘、纤维、闪点≥60℃的液体雾滴（如铝粉或镁粉厂房，金属制品抛光部位，煤粉厂房、面粉厂的碾磨部位、活性炭制造及再生厂房，谷物筒仓工作塔，亚麻厂的除尘器和过滤器室）
丙	1．闪点≥60℃的液体［如闪点≥60℃的油品和有机液体的提炼、回收工段及其抽送泵房，香料厂的松油醇部位和乙酸松油脂部位，苯甲酸厂房，苯乙酮厂房，焦化厂焦油厂房，甘油、桐油制备厂房，油浸变压器室，机器油或变压油灌桶间，柴油灌桶间，润滑油再生部位，配电室（每台装油量＞60 kg 的设备），沥青加工厂房，植物油加工厂的精炼部位］ 2．可燃固体（如煤、焦炭、油母页岩的筛分、转运工段和栈桥或储仓，木工厂房，竹、藤加工厂房，橡胶制品的压延、成型和硫化厂房，针织品厂房，纺织、印染、化纤生产的干燥部位，服装加工厂房，棉花加工和打包厂房，造纸厂备料、干燥车间，印染厂成品厂房，麻纺厂粗加工车间，谷物加工房，卷烟厂的切丝、卷制、包装车间，印刷厂的印刷车间，毛涤厂选毛厂房，电视机、收音机装配厂房，显像管厂装配工段烧枪间，磁带装配厂房，集成电路工厂的氧化扩散间、光刻间，泡沫塑料厂的发泡、成型、印片压花部位，饲料加工厂房，畜禽屠宰、分割及加工车间，鱼加工车间）
丁	1. 对不燃烧物质进行加工，并在高温或熔化状态下经常产生强辐射热、火花或火焰的生产（如金属冶炼、锻造、铆焊、热轧、铸造、热处理厂房） 2．利用气体、液体、固体作为燃料或将气体、液体进行燃烧作其他用的各种生产［如锅炉房，玻璃原料熔化厂房，灯丝烧拉部位，保温瓶胆厂房，陶瓷制品的烘干、烧成厂房，蒸汽机车库，石灰焙烧厂房，电石炉部位，耐火材料烧成部位，转炉厂房，硫酸车间焙烧部位，电极煅烧工段，配电室（每台装油量≤60 kg 的设备）］ 3．常温下使用或加工难燃烧物质的生产（如难燃铝塑料材料的加工厂房，酚醛泡沫塑料的加工厂房，印染厂的漂炼部位，化纤厂后加工润湿部位）
戊	常温下使用或加工不燃烧物质的生产［如制砖车间，石棉加工车间，卷扬机室，不燃液体的泵房和阀门室，不燃液体的净化处理工段，除镁合金外金属冷加工车间，电动车库，钙镁磷肥车间（焙烧炉除外），造纸厂或化学纤维厂的浆粕蒸煮工段，仪表、器械或车辆装配车间，氟利昂厂房，水泥厂的轮窑厂房，加气混凝土厂的材料准备、构件制作厂房］

二、厂房及其防火分区的火灾危险性的确定

1. 同一座厂房或厂房的任一防火分区内有不同火灾危险性生产时，厂房或防火分区内的生产火灾危险性类别应按火灾危险性较大的部分确定。

2. 当生产过程中使用或产生易燃、可燃物的量较少，不足以构成爆炸或火灾危险时，可按实际情况确定；当符合下述条件之一时，可按火灾危险性较小的部分确定。

（1）火灾危险性较大的生产部分占本层或本防火分区建筑面积的比例小于 5%或丁、戊类厂房内的油漆工段小于 10%，且发生火灾事故时不足以蔓延至其他部位或火灾危险性较大的生产部分采取了有效的防火措施。

（2）丁、戊类厂房内的油漆工段，当采用封闭喷漆工艺，封闭喷漆空间内保持负压、油漆工段设置可燃气体探测报警系统或自动抑爆系统，且油漆工段占所在防火分区建筑面积的比例不大于 20%。

3. 一般情况下可不按物质危险特性确定生产火灾危险性类别的最大允许量。

可不按物质危险特性确定生产火灾危险性类别的最大允许量

火灾危险性类别	火灾危险性的特性		物质名称举例	最大允许量	
				单位容积的最大允许量	总量
甲类	1	闪点＜28℃的液体	汽油、丙酮、乙醚	0.04 L/m^3	100 L
	2	爆炸下限＜10%的气体	乙炔、氢、甲烷、乙烯、硫化氢	1 L/m^3（标准状态）	25 m^3（标准状态）
	3	常温下能自行分解导致迅速自燃爆炸的物质	硝化棉、硝化纤维胶片、喷漆棉、火胶棉、赛璐珞棉	0.003 kg/m^3	10 kg
		在空气中氧化即导致迅速自燃的物质	黄磷	0.006 kg/m^3	20 kg
	4	常温下受到水和空气中水蒸气的作用能产生可燃气体并能燃烧或爆炸的物质	金属钾、钠、锂	0.002 kg/m^3	5 kg
	5	遇酸、受热、撞击、摩擦、催化以及遇有机物或硫黄等易燃的无机物能引起爆炸的强氧化剂	硝化胍、高氯酸铵	0.006 kg/m^3	20 kg
	6	与氧化剂、有机物接触时能引起燃烧或爆炸的物质	赤磷、五硫化二磷	0.015 kg/m^3	50 kg
	7	受到水或空气中水蒸气的作用能产生爆炸下限小于 10%的气体的固体物质	电石	0.075 kg/m^3	100 kg
乙类	1	闪点在≥28℃至 60℃的液体	煤油、松节油	0.02 L/m^3	200 L
	2	爆炸下限≥10%的气体	氨	5 L/m^3（标准状态）	50 m^3（标准状态）
	3	助燃气体	氧、氟	5 L/m^3（标准状态）	50 m^3（标准状态）
		不属于甲类的氧化剂	硝酸、硝酸铜、铬酸、发烟硫酸、铬酸钾	0.025 kg/m^3	80 kg
	4	不属于甲类的化学易燃危险固体	赛璐珞板、硝化纤维色片、镁粉、铝粉	0.015 kg/m^3	50 kg
			硫黄、生松香	0.075 kg/m^3	100 kg

（1）厂房或实验室内单位容积的最大允许量。

表中单位容积的最大允许量是实验室或非甲、乙类厂房内使用甲、乙类火灾危险性物品的两个控制指标之一。实验室或非甲、乙类厂房内使用甲、乙类火灾危险性物品的总量同其室内容积之比应小于表中此值。

（2）厂房或实验室等室内空间最多允许存放的总量。

对于容积较大的空间，用“单位容积的最大允许量”一个指标来控制是不够的。有时尽管这些空间内单位容积的最大允许量不大于规定，也可能会出现相对集中放置较大量的甲、乙类火灾危险性物品的情况，这些物品着火后常难以控制。

需要注意的是，如果空间内存在两种或两种以上火灾危险性的物品，原则上要以其中火灾危险性较大、两项控制指标要求较严格的物品为基础进行计算。

专题 2：厂房的耐火等级

一、厂房耐火等级的选择

厂房中由于生产原料、半成品、成品的火灾危险性不同，发生火灾后果也不同。高层厂房和甲、乙类厂房的火灾危险性大，火灾后果严重，应选用较高的耐火等级建筑，如果发生火灾后对建筑的危害较小，可选用三级耐火等级建筑。

厂房耐火等级的选择

最低耐火等级	名称	说明
二级	使用或储存特殊贵重的机器、仪表、仪器等设备或物品的建筑； 高层厂房； 甲、乙类厂房； 使用或产生丙类液体的厂房； 有火花、赤热表面、明火的丁类厂房； 锅炉房； 油浸变压器室、高压配电装置室	特殊贵重的设备主要是指价格昂贵、破坏后损失大的设备。影响工厂或地区生产全局，或影响城市生命线供给的关键设施，如热电厂、燃气供给站、水厂、发电厂、化工厂等的主控室，失火后影响大、损失大、修复时间长，也应认为是“特殊贵重”的设备。特殊贵重物品包括货币、金银、邮票、重要文物、资料、档案库以及价值较高的其他物品。 锅炉房属于使用明火的丁类厂房。 油浸变压器是一种多油电器设备。油浸变压器易因油温过高而着火或产生电弧使油剧烈汽化，使变压器外壳爆裂酿成火灾事故。对于干式或非燃液体的变压器，因其火灾危险性小，不易发生爆炸，故未作限制
三级	建筑面积≤300 m^2 的独立甲、乙类单层厂房； 单、多层丙类厂房和多层丁、戊类厂房； 建筑面积≤500 m^2 的单层丙类厂房； 建筑面积≤1 000 m^2 的单层丁类厂房； 燃煤锅炉房且锅炉的总蒸发量≤4 t/h	

二、构件的燃烧性能和耐火极限

厂房的耐火等级可分为一、二、三、四级，相应建筑构件的燃烧性能和耐火极限，除另有规定外，不应低于下表的规定。

不同耐火等级厂房构件的燃烧性能和耐火极限

单位：h

构件名称		耐火等级			
		一级	二级	三级	四级
墙	防火墙	不燃性 3.00	不燃性 3.00	不燃性 3.00	不燃性 3.00
	承重墙	不燃性 3.00	不燃性 2.50	不燃性 2.00	难燃性 0.50
	楼梯间和前室的墙 电梯井的墙	不燃性 2.00	不燃性 2.00	不燃性 1.50	难燃性 0.50
	疏散走道两侧的隔墙	不燃性 1.00	不燃性 1.00	不燃性 0.50	难燃性 0.25
	非承重外墙、房间隔墙	不燃性 0.75	不燃性 0.50	难燃性 0.50	难燃性 0.25
柱		不燃性 3.00	不燃性 2.50	不燃性 2.00	难燃性 0.50
梁		不燃性 2.00	不燃性 1.50	不燃性 1.00	难燃性 0.50
楼板		不燃性 1.50	不燃性 1.00	不燃性 0.75	难燃性 0.50
屋顶承重构件		不燃性 1.50	不燃性 1.00	难燃性 0.50	可燃性
疏散楼梯		不燃性 1.50	不燃性 1.00	不燃性 0.75	可燃性
吊顶（包括吊顶搁栅）		不燃性 0.25	难燃性 0.25	难燃性 0.15	可燃性

注：（1）甲、乙类厂房内的防火墙，其耐火极限不应低于 4.00 h。

（2）一、二级耐火等级单层厂房的柱，其耐火极限分别不应低于 2.50 h 和 2.00 h。

（3）采用自动喷水灭火系统全保护的一级耐火等级单、多层厂房的屋顶承重构件，其耐火极限不应低于 1.00 h。

（4）一、二级耐火等级建筑的非承重外墙，当采用不燃性墙体时，其耐火极限不应低于 0.25 h；当采用难燃性墙体时，不应低于 0.50 h。四层及四层以下的一、二级耐火等级丁、戊类地上厂房的非承重外墙，当采用不燃性墙体时，其耐火极限不限。

（5）二级耐火等级厂房内的房间隔墙，当采用难燃性墙体时，其耐火极限应比不燃墙体提高 0.25 h。

（6）二级耐火等级多层厂房内采用预应力钢筋混凝土的楼板，其耐火极限不应低于 0.75 h。

（7）一、二级耐火等级厂房的上人平屋顶，其屋面板的耐火极限分别不应低于 1.50 h 和 1.00 h。

（8）一、二级耐火等级厂房的屋面板应采用不燃材料。屋面防水层宜采用不燃材料、难燃材料；当采用可燃防水材料且铺设在可燃、难燃保温材料上时，防水材料或可燃、难燃保温材料应采用不燃材料作为防护层。

（9）建筑中的非承重外墙、房间隔墙和屋面板，当确需采用金属夹芯板材时，其芯材应为不燃材料，且耐火极限应符合《建筑设计防火规范》有关规定。

（10）除《建筑设计防火规范》另有规定外，以木柱承重且墙体采用不燃材料的厂房，其耐火等级可按四级确定。

（11）预制钢筋混凝土构件的节点外露部位，应采取防火保护措施，且节点的耐火极限不应低于相应构件的耐火极限。

专题 3：厂房的防火分区

一、厂房防火分区和允许层数

根据不同的生产火灾危险性类别，正确选择厂房的耐火等级，合理确定厂房的层数和建筑面积，可以有效防止火灾蔓延扩大，减少损失。除另有规定外，厂房的层数和每个防火分区的最大允许建筑面积应符合下表的规定。

厂房的层数和每个防火分区的最大允许建筑面积

生产的火灾危险性类别	厂房的耐火等级	最多允许层数	每个防火分区的最大允许建筑面积/m^2			
			单层厂房	多层厂房	高层厂房	地下或半地下厂房（包括地下或半地下室）
甲	一级	宜采用单层	4 000	3 000	—	—
	二级	宜采用单层	3 000	2 000	—	—
乙	一级	不限	5 000	4 000	2 000	—
	二级	6	4 000	3 000	1 500	—
丙	一级	不限	不限	6 000	3 000	500
	二级	不限	8 000	4 000	2 000	500
	三级	2	3 000	2 000	—	—
丁	一、二级	不限	不限	不限	4 000	1 000
	三级	3	4 000	2 000	—	—
	四级	1	1 000	—	—	—
戊	一、二级	不限	不限	不限	6 000	1 000
	三级	3	5 000	3 000	—	—
	四级	1	1 500	—	—	—

注："—"表示不允许。

二、要求

1．防火分区之间应采用防火墙分隔。除甲类厂房外的一、二级耐火等级厂房，当其防火分区的建筑面积大于上表规定，且设置防火墙确有困难时，可采用防火卷帘或防火分隔水幕分隔。采用防火卷帘时，应符合防火卷帘规定；采用防火分隔水幕时，应符合《自动喷水灭火系统设计规范》（GB 50084—2017）的规定。

2．厂房内设置自动灭火系统时，每个防火分区的最大允许建筑面积可按上表的规定增加1倍。当丁、戊类的地上厂房内设置自动灭火系统时，每个防火分区的最大允许建筑面积不限。厂房内局部设置自动灭火系统时，其防火分区的增加面积可按该局部面积的1倍计算。

3．除麻纺厂房外，一级耐火等级的多层纺织厂房和二级耐火等级的单、多层纺织厂房，其每个防火分区的最大允许建筑面积可按上表的规定增加0.5倍，但厂房内的原棉开包、清花车间与厂房内其他部位之间均应采用耐火极限不低于2.50 h的防火隔墙分隔，需要开设门、窗、洞口时，应设置甲级防火门、窗。

4．一、二级耐火等级的单、多层造纸生产联合厂房，其每个防火分区的最大允许建筑面积可按上表的规定增加1.5倍。一、二级耐火等级的湿式造纸联合厂房，当纸机烘缸罩内设置自动灭火系统，完成工段设置有效灭火设施保护时，其每个防火分区的最大允许建筑面积可按工艺要求确定。

5．一、二级耐火等级的谷物筒仓工作塔，当每层工作人数不超过2人时，其层数不限。

6．一、二级耐火等级卷烟生产联合厂房内的原料、备料及成组配方、制丝、储丝和卷接包、辅料周转、成品暂存、二氧化碳膨胀烟丝等生产用房应划分独立的防火分隔单元，当工艺条件许可时，应采用防火墙进行分隔。其中制丝、储丝和卷接包车间可划分为一个防火分区，且每个防火分区的最大允许建筑面积可按工艺要求确定，但制丝、储丝及卷接包车间之间应采用耐火极限不低于2.00 h的防火隔墙和1.00 h的楼板进行分隔。厂房内各水平和竖向防火分隔之间的开口应采取防止火灾蔓延的措施。

7．厂房内的操作平台、检修平台，当使用人数少于10人时，平台的面积可不计入所在防火分区的建筑面积内。

专题 4：厂房的平面布置

划分防火分区时满足《建筑设计防火规范》中规定的面积及构造要求，当同一建筑内设置多种使用功能场所时，不同使用功能场所之间、不同的危险区域之间、办公用房和生产车间之间还应进行防火分隔。

一、地下或半地下

甲、乙类生产场所不应设置在地下或半地下。地下室是房间地面低于室外设计地面的平均高度大于该房间平均净高 1/2 的房间；半地下室是房间地面低于室外设计地面的平均高度大于该房间平均净高 1/3，且不大于 1/2 的房间。

二、员工宿舍

厂房内严禁设置员工宿舍。

三、办公室、休息室

1．甲、乙类厂房不应设置办公室、休息室等，当必须与本厂房贴邻建造时，其耐火等级不应低于二级，并应采用耐火极限不低于 3.00 h 的不燃烧体防爆墙隔开和设置独立的安全出口。

防爆墙为在墙体任意一侧受到爆炸冲击波作用并达到设计压力时，能够保持设计所要求的防护性能的实体墙体。防爆墙的通常做法有钢筋混凝土墙、砖墙配筋和夹砂钢木板。防爆墙的设计，应根据生产部位可能产生的爆炸超压值、泄压面积大小、爆炸的概率，结合工艺和建筑中采取的其他防爆措施与建造成本等情况综合考虑进行。

2. 在丙类厂房内设置的办公室、休息室，应采用耐火极限不低于 2.50 h 的不燃烧体隔墙和不低于 1.00 h 的楼板与厂房隔开，并应至少设置 1 个独立的安全出口。如隔墙上需开设相互连通的门时，应采用乙级防火门。

四、中间仓库

中间仓库是指为满足日常连续生产需要，在厂房内存放从仓库或上道工序的厂房（或车间）取得的原材料、半成品、辅助材料的场所。中间仓库不仅要求靠外墙设置，有条件时，中间仓库还要尽量设置直通室外的出口。

1．厂房内设置不超过一昼夜需要量的甲、乙类中间仓库时，中间仓库应靠外墙布置，并应采用防火墙和耐火极限不低于 1.50 h 的不燃烧体楼板与其他部分隔开。

2．厂房内设置丙类仓库时，必须采用防火墙和耐火极限不低于 1.50 h 的楼板与厂房隔开。

3．丁、戊类中间仓库应采用耐火极限不低于 2.00 h 的防火隔墙和 1.00 h 的楼板与其他部位分隔。

4．中间仓库的耐火等级和面积应符合仓库的相应规定。

五、丙类液体中间储罐

厂房内的丙类液体中间储罐应设置在单独房间内，其容量不应大于 5 m^3。设置中间储罐的房间，应采用耐火极限不低于 3.00 h 的防火隔墙和 1.50 h 的楼板与其他部位分隔，房间门应采用甲级防火门。容积不应大于 5 m^3，主要为防止液体流散或储存丙类液体的储罐受外部火的影响。“容量不应大于 5 m^3”是指每个设置丙类液体储罐的单独房间内储罐的容量。

六、变、配电站

1．变、配电站不得设置在甲、乙类厂房内或贴邻建造，且不得设置在爆炸性气体、粉尘环境的危险区域内。

2．供甲、乙类厂房专用的 10 kV 及以下的变、配电站，当采用无门、窗、洞口的防火墙分隔时，可一面贴邻，并应符合《爆炸危险环境电力装置设计规范》（GB 50058—2014）等标准的规定。运行中的变压器存在燃烧或爆裂的可能，易导致相邻的甲、乙类厂房发生更大的次生灾害，需考虑采用独立的建筑并在相互间保持足够的防火间距。专为甲类或乙类厂房服务的 10 kV 及 10 kV 以下的变电站、配电站是指该变电站、配电站仅向与其贴邻的厂房供电，而不向其他厂房供电。乙类厂房的配电站确需在防火墙上开窗时，应采用甲级防火窗。对于乙类厂房的配电站，如氨压缩机房的配电站，为观察设备、仪表运转情况而需要设观察窗时，允许在配电站的防火墙上设置采用不燃材料制作并且不能开启的防火窗。

专题 5：厂房的防火间距

一、厂房与甲类仓库的防火间距

厂房与甲类仓库的防火间距　　单位：m

名称		甲类仓库			
		甲类储存物品第 3、第 4 项		甲类储存物品第 1、第 2、第 5、第 6 项	
		≤5 t	＞5 t	≤10 t	＞10 t
厂房	一、二级	15	20	12	15
	三级	20	25	15	20
	四级	25	30	20	25

二、厂房之间及与乙、丙、丁、戊类仓库、民用建筑等的防火间距

厂房之间及与乙、丙、丁、戊类仓库、民用建筑等的防火间距　　单位：m

名称			甲类厂房	乙类厂房（仓库）			丙、丁、戊类厂房（仓库）				民用建筑				
			单、多层	单、多层		高层	单、多层			高层	裙房，单、多层			高层	
			一、二级	一、二级	三级	一、二级	一、二级	三级	四级	一、二级	一、二级	三级	四级	一类	二类
甲类厂房	单、多层	一、二级	12	12	14	13	12	14	16	13	25			50	
乙类厂房	单、多层	一、二级	12	10	12	13	10	12	14	13					
		三级	14	12	14	15	12	14	16	15					
	高层	一、二级	13	13	15	13	13	15	17	13					

名称			甲类厂房	乙类厂房（仓库）			丙、丁、戊类厂房（仓库）				民用建筑				
			单、多层	单、多层		高层	单、多层			高层	裙房，单、多层			高层	
			一、二级	一、二级	三级	一、二级	一、二级	三级	四级	一、二级	一、二级	三级	四级	一类	二类
丙类厂房	单、多层	一、二级	12	10	12	13	10	12	14	13	10	12	14	20	15
		三级	14	12	14	15	12	14	16	15	12	14	16	25	20
		四级	16	14	16	17	14	16	18	17	14	16	18		
	高层	一、二级	13	13	15	13	13	15	17	13	13	15	17	20	15
丁、戊类厂房	单、多层	一、二级	12	10	12	13	10	12	14	13	10	12	14	15	13
		三级	14	12	14	15	12	14	16	15	12	14	16	18	15
		四级	16	14	16	17	14	16	18	17	14	16	18		
	高层	一、二级	13	13	15	13	13	15	17	13	13	15	17	15	13
室外变、配电站	变压器总油量/t	≥5，≤10	25	25	25	25	12	15	20	12	15	20	25	20	
		>10，≤50					15	20	25	15	20	25	30	25	
		>50					20	25	30	20	25	30	35	30	

注：（1）单、多层戊类厂房之间及与戊类仓库的防火间距可按本表的规定减少 2 m，与民用建筑的防火间距可将戊类厂房等同民用建筑按民用建筑之间防火间距的规定执行。为丙、丁、戊类厂房服务而单独设置的生活用房应按民用建筑确定，与所属厂房的防火间距不应小于 6 m。确需相邻布置时，应符合本表注（2）（3）的规定。

（2）两座厂房相邻较高一面外墙为防火墙，或相邻两座高度相同的一、二级耐火等级建筑中相邻任一侧外墙为防火墙且屋顶的耐火极限不低于 1.00 h 时，其防火间距不限，但甲类厂房之间不应小于 4 m。两座丙、丁、戊类厂房相邻两面外墙均为不燃性墙体，当无外露的可燃性屋檐，每面外墙上的门、窗、洞口面积之和各不大于外墙面积的 5%，且门、窗、洞口不正对开设时，其防火间距可按本表的规定减少 25%。

（3）两座一、二级耐火等级的厂房，当相邻较低一面外墙为防火墙且较低一座厂房的屋顶无天窗，屋顶的耐火极限不低于 1.00 h，或相邻较高一面外墙的门、窗等开口部位设置甲级防火门、窗或防火分隔水幕或按《建筑设计防火规范》第 6.5.3 条的规定设置防火卷帘时，甲、乙类厂房之间的防火间距不应小于 6 m；丙、丁、戊类厂房之间的防火间距不应小于 4 m。

（4）发电厂内的主变压器，其油量可按单台确定。

（5）耐火等级低于四级的既有厂房，其耐火等级可按四级确定。

（6）当丙、丁、戊类厂房与丙、丁、戊类仓库相邻时，应符合本表注（2）（3）的规定。

三、甲、乙类厂房与重要公共建筑、明火或散发火花地点的防火间距

甲类厂房与重要公共建筑的防火间距不应小于 50 m，与明火或散发火花地点的防火间距不应小于 30 m。乙类厂房与重要公共建筑的防火间距不宜小于 50 m，与明火或散发火花地点的防火间距不宜小于 30 m。

四、厂房与厂房外附设化学易燃物品的设备的防火间距

厂房外附设化学易燃物品的设备，其外壁与相邻厂房室外附设设备的外壁或相邻厂房外墙的防火间距，不应小于“厂房之间及与乙、丙、丁、戊类仓库、民用建筑等的防火间距”的规定。用不燃材料制作

的室外设备，可按一、二级耐火等级建筑确定。

总容量不大于 15 m^3 的丙类液体储罐，当直埋于厂房外墙外，且面向储罐一面 4 m 范围内的外墙为防火墙时，其防火间距不限。

五、高层厂房与储罐、可燃材料堆场的防火间距

高层厂房与甲、乙、丙类液体储罐，可燃、助燃气体储罐，液化石油气储罐，可燃材料堆场（除煤和焦炭场外）的防火间距，应符合《建筑设计防火规范》第 4 章甲、乙、丙类液体储罐（区）和可燃材料堆场的规定，且不应小于 13 m。

六、厂房中相邻两翼之间的防火间距

同一座“U”形或“山”形厂房中相邻两翼之间的防火间距，不宜小于厂房之间防火间距的规定，但当厂房的占地面积小于厂房每个防火分区的最大允许建筑面积时，其防火间距可为 6 m。

七、丙、丁、戊类厂房与民用建筑的耐火等级防火间距减少要求

丙、丁、戊类厂房与民用建筑的耐火等级均为一、二级时，丙、丁、戊类厂房与民用建筑的防火间距可适当减小，但应符合下列规定：

1. 当较高一面外墙为无门、窗、洞口的防火墙，或比相邻较低一座建筑屋面高 15 m 及以下范围内的外墙为无门、窗、洞口的防火墙时，其防火间距不限。

2. 相邻较低一面外墙为防火墙，且屋顶无天窗或洞口、屋顶的耐火极限不低于 1.00 h，或相邻较高一面外墙为防火墙，且墙上开口部位采取了防火措施，其防火间距可适当减小，但不应小于 4 m。

八、成组布置厂房的防火间距

除高层厂房和甲类厂房外，其他类别的数座厂房占地面积之和小于厂房每个防火分区的最大允许建筑面积（按其中较小者确定，但防火分区的最大允许建筑面积不限者，不应大于 10 000 m^2）时，可成组布置。当厂房建筑高度不大于 7 m 时，组内厂房之间的防火间距不应小于 4 m；当厂房建筑高度大于 7 m 时，组内厂房之间的防火间距不应小于 6 m。

组与组或组与相邻建筑的防火间距，应根据相邻两座中耐火等级较低的建筑，按厂房之间及乙、丙、丁、戊类仓库、民用建筑的防火间距的规定确定。

专题 6：厂房的安全疏散

厂房安全疏散的主要参数是安全出口数量、疏散距离、疏散楼梯、走道、疏散门最小疏散净宽度。

一、厂房的安全出口设置位置和数量

1. 厂房的安全出口应分散布置。每个防火分区或一个防火分区的每个楼层，其相邻 2 个安全出口最近边缘之间的水平距离不应小于 5 m。

2. 厂房设置一个安全出口的条件。

厂房内每个防火分区或一个防火分区内的每个楼层，其安全出口的数量应经计算确定，且不应少于 2 个；当符合下表所列条件时，可设置 1 个安全出口。

厂房设置一个安全出口的条件

名称	每层建筑面积/m^2	最多人数/人
甲类厂房	≤100	5
乙类厂房	≤150	10
丙类厂房	≤250	20
丁、戊类厂房	≤400	30
地下、半地下厂房或厂房的地下室、半地下室	≤50	15

3. 地下或半地下厂房（包括地下室或半地下室），当有多个防火分区相邻布置，并采用防火墙分隔时，每个防火分区可利用防火墙上通向相邻防火分区的甲级防火门作为第二安全出口，但每个防火分区必须至少有 1 个直通室外的独立安全出口。

二、厂房内的最大安全疏散距离

厂房内任一点至最近安全出口的直线距离 单位：m

生产类别	耐火等级	单层厂房	多层厂房	高层厂房	地下、半地下厂房或厂房的地下室、半地下室
甲	一、二级	30	25	—	—
乙	一、二级	75	50	30	—
丙	一、二级	80	60	40	30
	三级	60	40	—	—
丁	一、二级	不限	不限	50	45
	三级	60	50	—	—
	四级	50	—	—	—
戊	一、二级	不限	不限	75	60
	三级	100	75	—	—
	四级	60	—	—	—

疏散距离为直线距离，即室内最远点至最近安全出口的直线距离，未考虑因布置设备而产生的阻挡，但有通道连接或墙体遮挡时，要按其中的折线距离计算。

三、厂房内疏散楼梯、走道、门疏散宽度

1. 计算疏散宽度。

厂房内疏散楼梯、走道、疏散门的各自总净宽度，应根据疏散人数，按每 100 人的最小疏散净宽度不小于下表的规定计算确定。

厂房内疏散楼梯、走道和门的每 100 人最小疏散净宽度

层数	最小疏散宽度
一、二层	0.6 m/百人
三层	0.8 m/百人
≥四层	1 m/百人

2．最小净宽度。

门的最小净宽度不宜小于 0.9 m，疏散走道的最小净宽度不宜小于 1.4 m，疏散楼梯的最小净宽度不宜小于 1.1 m。当每层疏散人数不相等时，疏散楼梯的总净宽度应分层计算，下层楼梯总净宽度应按该层及以上疏散人数最多一层的疏散人数计算。首层外门的总净宽度应按该层及以上疏散人数最多一层的疏散人数计算，且该门的最小净宽度不应小于 1.2 m。

四、疏散楼梯类型的设置条件

高层厂房和甲、乙、丙类多层厂房的疏散楼梯应采用封闭楼梯间或室外楼梯。建筑高度大于 32 m 且任一层人数超过 10 人的厂房，应采用防烟楼梯间或室外楼梯。

高层厂房，人员密集的甲、乙类厂房和多层丙类厂房，其封闭楼梯间的门应采用乙级防火门，并应向疏散方向开启；其他建筑可采用双向弹簧门。

五、封闭楼梯间和室外疏散楼梯的防火设置要求

封闭楼梯间和室外疏散楼梯的防火设置要求

楼梯类型	防火设置要求
封闭楼梯间	封闭楼梯间是指在楼梯间入口处设置门，以防止火灾的烟和热气进入的楼梯间。其应符合下列防火设置要求： 1．楼梯间应能天然采光和自然通风，并宜靠外墙设置。靠外墙设置时，楼梯间、前室及合用前室外墙上的窗口与两侧门、窗、洞口最近边缘的水平距离不应小于 1 m。 2．楼梯间内不应设置烧水间、可燃材料储藏室、垃圾道。 3．楼梯间内不应有影响疏散的凸出物或其他障碍物。 4．封闭楼梯间、防烟楼梯间及其前室，不应设置卷帘。 5．楼梯间内不应设置甲、乙、丙类液体管道。 6．封闭楼梯间、防烟楼梯间及其前室内禁止穿过或设置可燃气体管道。 7．不能自然通风或自然通风不能满足要求时，应设置机械加压送风系统或采用防烟楼梯间。 8．除楼梯间的出入口和外窗外，楼梯间的墙上不应开设其他门、窗、洞口。 9．高层厂房和人员密集的甲、乙类厂房和多层丙类厂房，其封闭楼梯间的门应采用乙级防火门，并应向疏散方向开启；其他厂房可采用双向弹簧门。 10．楼梯间的首层可将走道和门厅等包括在楼梯间内形成扩大的封闭楼梯间，但应采用乙级防火门等与其他走道和房间分隔。 11．厂房内的疏散楼梯间在各层的平面位置不应改变
室外疏散楼梯	1．栏杆扶手的高度不应小于 1.1 m，楼梯的净宽度不应小于 0.9 m。 2．倾斜角度不应大于 45°。 3．梯段和平台均应采用不燃材料制作。平台的耐火极限不应低于 1.00 h，梯段的耐火极限不应低于 0.25 h。 4．通向室外楼梯的门应采用乙级防火门，并应向外开启。 5．除疏散门外，楼梯周围 2 m 内的墙面上不应设置门、窗、洞口。疏散门不应正对梯段

六、厂房内的疏散门

1．厂房的疏散门，应采用向疏散方向开启的平开门，不应采用推拉门、卷帘门、吊门、转门和折叠门。除甲、乙类生产车间外，人数不超过 60 人且每樘门的平均疏散人数不超过 30 人的房间，其疏散门的开启方向不限。

2．开向疏散楼梯或疏散楼梯间的门，当其完全开启时，不应减少楼梯平台的有效宽度。

专题 7：厂房的灭火救援设施

一、消防车道

1．工厂区内应设置消防车道。高层厂房，占地面积大于 3 000 m^2 的甲、乙、丙类厂房应设置环形消防车道，确有困难时，应沿建筑物的两个长边设置消防车道。

2．供消防车取水的天然水源和消防水池应设置消防车道。消防车道的边缘距离取水点不宜大于 2 m。

3．环形消防车道至少应有两处与其他车道连通。尽头式消防车道应设置回车道或回车场，回车场的面积不应小于 12 m×12 m；对于高层建筑，不宜小于 15 m×15 m；供重型消防车使用时，不宜小于 18 m×18 m。

消防车道的路面、救援操作场地、消防车道和救援操作场地下面的管道和暗沟等，应能承受重型消防车的压力。

消防车道可利用城乡、厂区道路等，但该道路应满足消防车通行、转弯和停靠的要求。

4．消防车道不宜与铁路正线平交，确需平交时，应设置备用车道，且两车道的间距不应小于一列火车的长度。

5．消防车道应符合下列要求：

（1）车道的净宽度和净空高度均不应小于 4 m。

（2）转弯半径应满足消防车转弯的要求。

（3）消防车道与建筑之间不应设置妨碍消防车操作的树木、架空管线等障碍物。

（4）消防车道靠建筑外墙一侧的边缘距离建筑外墙不宜小于 5 m。

（5）消防车道的坡度不宜大于 8%。

二、救援场地和入口

（一）消防车登高操作场地

高层建筑应至少沿一个长边或周边长度的 1/4 且不小于一个长边长度的底边连续布置消防车登高操作场地，该范围内的裙房进深不应大于 4 m。注意长边是高层建筑主体的长边，建筑周边长度是高层建筑主体的周边长度。

建筑高度不高于 50 m 的建筑，连续布置消防车登高操作场地确有困难时，可间隔布置，但间隔距离不宜大于 30 m，且消防车登高操作场地的总长度仍应符合上述规定。

（二）入口

建筑物与消防车登高操作场地相对应的范围内，应设置直通室外的楼梯或直通楼梯间的入口。厂房的外墙应在每层的适当位置设置可供消防救援人员进入的窗口。

（三）设置要求

救援场地和入口的设置要求

类别	设置要求
消防车登高操作场地	1．场地与厂房之间不应设置妨碍消防车操作的树木、架空管线等障碍物和车库出入口。 2．场地的长度和宽度分别不应小于 15 m 和 10 m。对于建筑高度大于 50 m 的建筑，场地的长度和宽度分别不应小于 20 m 和 10 m。 3．场地及其下面的建筑结构、管道和暗沟等，应能承受重型消防车的压力。 4．场地应与消防车道连通，场地靠建筑外墙一侧的边缘距离建筑外墙不宜小于 5 m，且不应大于 10 m，场地的坡度不宜大于 3%
灭火救援窗	供消防救援人员进入的窗口的净高度和净宽度均不应小于 1 m，下沿距室内地面不宜大于 1.2 m，间距不宜大于 20 m 且每个防火分区不应少于 2 个窗口，设置位置应与消防车登高操作场地相对应。窗口的玻璃应易于破碎，并应设置可在室外易于识别的明显标志

三、消防电梯

1．消防电梯适用范围。建筑高度大于 32 m 且设置电梯的高层厂房，每个防火分区内宜设置 1 台消防电梯，但符合下列条件的建筑可不设置消防电梯：

（1）建筑高度大于 32 m 且设置电梯，任一层工作平台上的人数不超过 2 人的高层塔架。

（2）局部建筑高度大于 32 m，且局部高出部分的每层建筑面积不大于 50 m^2 的丁、戊类厂房。

2．消防电梯应分别设置在不同防火分区内，且每个防火分区不应少于 1 台。符合消防电梯要求的客梯或货梯可兼作消防电梯。

3．除设置在仓库连廊、冷库穿堂或谷物筒仓工作塔内的消防电梯外，消防电梯应设置前室，并应符合下列规定：

（1）前室宜靠外墙设置，并应在首层直通室外或经过长度不大于 30 m 的通道通向室外。

（2）前室的使用面积不应小于 6 m^2，前室的短边不应小于 2.4 m；与防烟楼梯间合用的前室，高层厂房的使用面积不应小于 10 m^2。

（3）除前室的出入口、前室内设置的正压送风口外，前室内不应开设其他门、窗、洞口。

（4）前室或合用前室的门应采用乙级防火门，不应设置卷帘。

4．消防电梯设置要求：

（1）应能每层停靠。

（2）电梯的载重量不应小于 800 kg。

（3）电梯从首层至顶层的运行时间不宜大于 60 s。

（4）电梯的动力与控制电缆、电线、控制面板应采取防水措施。

（5）在首层的消防电梯入口处应设置供消防队员专用的操作按钮。

（6）电梯轿厢的内部装修应采用不燃材料。

（7）电梯轿厢内部应设置专用消防对讲电话。

5．消防电梯的井底应设置排水设施，排水井的容量不应小于 2 m^3，排水泵的排水量不应小于 10 L/s。消防电梯间前室的门口宜设置挡水设施。

6．消防电梯井、机房与相邻电梯井、机房之间应设置耐火极限不低于 2.00 h 的防火隔墙，隔墙上的门应采用甲级防火门。

专题 8：厂房的防爆

一、厂房防爆构造措施

1．有爆炸危险的甲、乙类厂房宜独立设置，并宜采用敞开式或半敞开式。其承重结构宜采用钢筋混凝土或钢框架、排架结构。半敞开式厂房是设有屋顶，建筑外围护结构局部采用封闭式墙体，所占面积不超过该建筑外围护体表面面积的 1/2（不含屋顶的面积）的生产性建筑物。敞开式厂房是设有屋顶，不设建筑外围护结构的生产性建筑物。

2．采用框架或排架结构形式的建筑，便于在外墙面开设大面积的门、窗、洞口或采用轻质墙体作为泄压面积，能为厂房设计成敞开式或半敞开式的建筑形式提供有利条件。此外，框架和排架的结构整体性强，较之砖墙承重结构的抗爆性能好。规定有爆炸危险的厂房尽量采用敞开式、半敞开式厂房，并且采用钢筋混凝土柱、钢柱承重的框架和排架结构，这样能够起到良好的泄压和抗爆效果。

3．有爆炸危险的厂房或厂房内有爆炸危险的部位应设置泄压设施。

4．泄压设施要求。

（1）泄压设施宜采用轻质屋面板、轻质墙体和易于泄压的门、窗等，应采用安全玻璃等在爆炸时不产生尖锐碎片的材料。

（2）泄压设施的设置应避开人员密集场所和主要交通道路，并宜靠近有爆炸危险的部位。

（3）作为泄压设施的轻质屋面板和墙体的质量不宜大于 60 kg/m^2。

（4）屋顶上的泄压设施应采取防冰雪积聚措施。

5．散发较空气轻的可燃气体、可燃蒸气的甲类厂房，宜采用轻质屋面板作为泄压面积。顶棚应尽量平整、无死角，厂房上部空间应通风良好。

6．散发较空气重的可燃气体、可燃蒸气的甲类厂房和有粉尘、纤维爆炸危险的乙类厂房，应符合下列规定：

（1）应采用不发火花的地面。采用绝缘材料作整体面层时，应采取防静电措施。

（2）散发可燃粉尘、纤维的厂房，其内表面应平整、光滑，并易于清扫。

（3）厂房内不宜设置地沟，确需设置时，其盖板应严密，地沟应采取防止可燃气体、可燃蒸气和粉尘、纤维在地沟积聚的有效措施，且应在与相邻厂房连通处采用防火材料密封。

7．有爆炸危险的甲、乙类生产部位，布置在单层厂房靠外墙的泄压设施或多层厂房顶层靠外墙的泄压设施附近有爆炸危险的设备宜避开厂房的梁、柱等主要承重构件。

8．有爆炸危险的甲、乙类厂房的总控制室应独立设置。有爆炸危险的甲、乙类厂房的分控制室宜独立设置，当贴邻外墙设置时，应采用耐火极限不低于 3.00 h 的防火隔墙与其他部位分隔。

9．有爆炸危险的区域内的楼梯间、室外楼梯或有爆炸危险的区域与相邻区域连通处，应设置门斗等防护措施。门斗的隔墙应为耐火极限不低于 2.00 h 的防火隔墙，门应采用甲级防火门并应与楼梯间的门错位设置。

10．使用和生产甲、乙、丙类液体的厂房，其管、沟不应与相邻厂房的管、沟相通，下水道应设置隔油设施。

二、有爆炸危险的厂房的泄压计算

厂房的泄压面积宜按下式计算，但当厂房的长径比大于3时，宜将建筑划分为长径比不大于3的多个计算段。长径比为建筑平面几何外形尺寸中的最长尺寸与其横截面周长的积和4倍的该建筑横截面积之比。各计算段中的公共截面不得作为泄压面积。

$$A=10CV^{2/3}$$

式中，A——泄压面积，m^2；

C——泄压比，m^2/m^3，查下表可得；

V——厂房容积，m^3。

厂房内爆炸危险物质的类别与泄压比的规定值 C

单位：m^2/m^3

厂房爆炸危险等级	C
氨以及粮食、纸、皮革、铅、铬、铜等的粉尘（$K_{尘}<10$ MPa·m/s）	≥0.030
木屑、碳屑、煤粉、锑、锡等粉尘（10 MPa·m/s≤$K_{尘}$≤30 MPa·m/s）	≥0.055
丙酮、汽油、甲醇、液化石油气、甲烷、喷漆间或干燥室以及苯酚树脂、铝、镁、锆等的粉尘（$K_{尘}>30$ MPa·m/s）	≥0.110
乙烯	≥0.160
乙炔	≥0.200
氢	≥0.250

注：$K_{尘}$是粉尘爆炸指数。

专题9：厂房的供暖、通风和空气调节

一、一般规定

1．供暖、通风和空气调节系统应采取防火措施。

2．甲、乙类厂房内的空气不应循环使用。丙类厂房内含有燃烧或爆炸危险的粉尘、纤维的空气，在循环使用前应经净化处理，并应使空气中的含尘浓度低于其爆炸下限的25%。丙类厂房中有的工段存在可燃纤维（如纺织厂、亚麻厂）和粉尘，易造成火灾的蔓延，除及时清扫外，若要循环使用空气，要在通风机前设滤尘器对空气进行净化后才能循环使用。某些火灾危险性相对较低的场所，正常条件下不具有火灾与爆炸危险，但只要条件适宜仍可能发生火灾。因此，空气的含尘浓度要求低于含燃烧或爆炸危险的粉尘、纤维的爆炸下限的25%。

3．为甲、乙类厂房服务的送风设备与排风设备应分别布置在不同通风机房内，且排风设备不应和其他房间的送、排风设备布置在同一通风机房内。

4．当空气中含有比空气轻的可燃气体时，水平排风管全长应顺气流方向向上坡度敷设。

5．可燃气体管道和甲、乙、丙类液体管道不应穿过通风机房和通风管道，且不应紧贴通风管道的外壁敷设。

二、供暖

1．在散发可燃粉尘、纤维的厂房内，散热器表面平均温度不应超过 82.5℃。输煤廊的散热器表面平均温度不应超过 130℃。

2. 甲、乙类厂房内严禁采用明火和散热器供暖。

3. 下列厂房应采用不循环使用的热风供暖：

（1）生产过程中散发的可燃气体、蒸气、粉尘或纤维与供暖管道、散热器表面接触能引起燃烧的厂房，如二硫化碳气体、黄磷蒸气及其粉尘等。

（2）生产过程中散发的粉尘受到水、水蒸气的作用能引起自燃、爆炸或产生爆炸性气体的厂房。如生产和加工钾、钠、钙等物质的厂房，电石、碳化铝、氢化钾、氢化钠、硼氢化钠等放出的可燃气体等能产生爆炸性气体的厂房。

4. 供暖管道不应穿过存在与供暖管道接触能引起燃烧或爆炸的气体、蒸气或粉尘的房间，确需穿过时，应采用不燃材料隔热。

5. 供暖管道与可燃物之间应保持一定距离，并应符合下列规定：

（1）当供暖管道的表面温度大于 100℃时，不应小于 100 mm 或采用不燃材料隔热。

（2）当供暖管道的表面温度不大于 100℃时，不应小于 50 mm 或采用不燃材料隔热。

6. 建筑内供暖管道和设备的绝热材料应符合下列规定：

（1）对于甲、乙类厂房（仓库），应采用不燃材料。

（2）对于其他建筑，宜采用不燃材料，不得采用可燃材料。

三、通风和空气调节

1. 通风和空气调节系统，横向宜按防火分区设置，竖向不宜超过 5 层。当管道设置防止回流设施或防火阀时，管道布置可不受此限制。竖向风管应设置在管井内。

2. 厂房内有爆炸危险场所的排风管道，严禁穿过防火墙和有爆炸危险的房间隔墙。

3. 甲、乙、丙类厂房内的送、排风管道宜分层设置。当水平或竖向送风管在进入生产车间处设置防火阀时，各层的水平或竖向送风管可合用一个送风系统。

4. 空气中含有易燃、易爆危险物质的房间，其送、排风系统应采用防爆型的通风设备。当送风机布置在单独分隔的通风机房内且送风干管上设置防止回流的设施时，可采用普通型的通风设备。

5. 含有燃烧和爆炸危险粉尘的空气，在进入排风机前应采用不产生火花的除尘器进行处理。对于遇水可能形成爆炸的粉尘，严禁采用湿式除尘器。

6. 处理有爆炸危险粉尘的除尘器、排风机的设置应与其他普通型的风机、除尘器分开设置，并宜按单一粉尘分组布置。

7. 净化有爆炸危险粉尘的干式除尘器和过滤器宜布置在厂房外的独立建筑内，建筑外墙与所属厂房的防火间距不应小于 10 m。具备连续清灰功能，或具有定期清灰功能且风量不大于 15 000 m^3/h、集尘斗的储尘量小于 60 kg 的干式除尘器和过滤器，可布置在厂房内的单独房间内，但应采用耐火极限不低于 3.00 h 的防火隔墙和 1.50 h 的楼板与其他部位分隔。

8. 净化或输送有爆炸危险粉尘和碎屑的除尘器、过滤器或管道，均应设置泄压装置。净化有爆炸危险粉尘的干式除尘器和过滤器应布置在系统的负压段上。

9. 排放有燃烧或爆炸危险气体、蒸气和粉尘的排风系统，应符合下列规定：

（1）排风系统应设置导除静电的接地装置。

（2）排风设备不应布置在地下或半地下建筑（室）内。

（3）排风管应采用金属管道，并应直接通向室外安全地点，不应暗设。

10. 排出和输送温度超过 80℃的空气或其他气体以及易燃碎屑的管道，与可燃或难燃物体之间的间隙不应小于150 mm，或采用厚度不小于50 mm的不燃材料隔热；当管道上下布置时，表面温度较高者应布置在上面。

11．通风、空气调节系统的风管在下列部位应设置公称动作温度为70℃的防火阀（当建筑内每个防火分区的通风、空气调节系统均独立设置时，水平风管与竖向总管的交接处可不设置防火阀）：

（1）穿越防火分区处。

（2）穿越通风、空气调节机房的房间隔墙和楼板处。

（3）穿越重要或火灾危险性大的场所的房间隔墙和楼板处。

（4）穿越防火分隔处的变形缝两侧。

（5）竖向风管与每层水平风管交接处的水平管段上。

12．防火阀的设置应符合下列规定：

（1）防火阀宜靠近防火分隔处设置。

（2）防火阀暗装时，应在安装部位设置方便维护的检修口。

（3）在防火阀两侧各2 m范围内的风管及其绝热材料应采用不燃材料。

（4）防火阀应符合《建筑通风和排烟系统用防火阀门》（GB 15930—2007）的规定。

13．燃油或燃气锅炉房应设置自然通风或机械通风设施。燃气锅炉房应选用防爆型的事故排风机。当采取机械通风时，机械通风设施应设置导除静电的接地装置，通风量应符合下列规定：

（1）燃油锅炉房的正常通风量应按换气次数不少于3次/h确定，事故排风量应按换气次数不少于6次/h确定。

（2）燃气锅炉房的正常通风量应按换气次数不少于6次/h确定，事故排风量应按换气次数不少于12次/h确定。

专题10：厂房的电气

一、电线电缆的基础知识

1．电线电缆的选择。

根据使用场所的环境因素（如潮湿、化学腐蚀、高温等）及额定电压的要求，选择适宜的电线电缆。同时根据系统的载荷情况，合理地选择导线截面面积，在经计算所需导线截面面积的基础上，留出适当增加负荷的裕量。

（1）固定敷设的供电线路宜选用铜芯线缆。

（2）重要电源、重要的操作回路及二次回路、电动机的励磁回路等需要确保长期运行在连接可靠条件下的回路；移动设备的线路及振动场所的线路；对铝有腐蚀的环境；高温环境、潮湿环境、爆炸及火灾危险环境；工业及市政工程等场所不应选用铝芯线缆。非熟练人员容易接触的线路，如公共建筑与居住建筑，线芯截面面积为6 mm^2及以下的线缆不宜选用铝芯线缆。

（3）对铜有腐蚀而对铝腐蚀相对较轻的环境、氨压缩机房等场所应选用铝芯线缆。

2．电线电缆分类。

（1）普通电线电缆。

普通聚氯乙烯电线电缆的适用温度范围为-15～60℃，在燃烧时会散放有毒烟气，不适用于地下客运设施、地下商业区、高层建筑和重要公共设施等人员密集场所。

交联聚氯乙烯电线电缆燃烧时不会产生大量有毒烟气，不具备阻燃性能，适用于有洁净要求的工业与民用建筑。

橡皮电线电缆的弯曲性能较好，能够在严寒气候下敷设，适用于水平高差大和垂直敷设的场所、移动式电气设备的供电线路。

（2）阻燃电线电缆。

阻燃电缆是指在规定试验条件下被燃烧，能使火焰仅蔓延在限定范围内，撤去火源后，残焰和残灼能在限定时间内自行熄灭的电缆。

阻燃电缆的性能主要用氧指数和发烟性两项指标来评定。由于空气中氧气占21%，因此氧指数超过21的材料在空气中会自熄。材料的氧指数越高，表示它的阻燃性越好。

阻燃电缆按燃烧时的烟气特性可分为一般阻燃电缆、低烟低卤阻燃电缆和无卤阻燃电缆。

（3）耐火电线电缆。

耐火电线电缆是指在规定试验条件下，在火焰中燃烧一定时间内能保持正常运行特性的电缆。主要适用于在火灾时仍需要保持正常运行的线路，如工业及民用建筑的消防系统、应急照明系统、救生系统、报警及重要的监测回路等。

按绝缘材质可分为有机型和无机型两种。矿物绝缘电缆是采用氧化镁作为绝缘材料、铜管作为护套的电缆。若既需要耐火又要满足阻燃，应采用阻燃耐火型电缆或矿物绝缘电缆。

3．电气线路的保护措施。

合理地进行电线电缆的选型，根据现场的实际情况合理选择线路的敷设方式，设置短路保护、过负载保护和接地故障保护等措施能有效预防电气线路故障引发的火灾。短路保护装置应保证短路电流在导体和连接件中产生的热效应和机械力造成危害之前分断该短路电流。过载保护电器应在过载电流引起的导体升温对导体的绝缘、接头、端子或导体周围的物质造成损害之前分断过载电流。当发生带电导体与外露可导电部分、装置外可导电部分、PE线、PEN线、大地等之间的接地故障时，保护电器必须切断该故障电路。

二、消防电源及其配电

1．建筑高度大于50 m的乙、丙类厂房消防用电应按一级负荷供电。

根据《供配电系统设计规范》（GB 50052—2009）的要求，一级负荷供电应由两个电源供电，建筑的电源分为正常电源和备用电源两种。正常电源一般是直接取自城市低压输电网，电压等级为380 V/220 V。当城市有两路高压（10 kV 级）供电时，其中一路可作为备用电源；当城市只有一路供电时，可采用自备柴油发电机作为备用电源。具备下列条件之一的供电，可视为一级负荷：

（1）电源来自两个不同的发电厂。

（2）电源来自两个区域的变电站（电压一般在35 kV及以上）。

（3）电源来自一个区域的变电站，另一个配置自备发电设备。

2．室外消防用水量大于30 L/s的厂房、室外消防用水量大于35 L/s的可燃材料堆场、可燃气体储罐（区）和甲、乙类液体储罐（区）的消防用电应按二级负荷供电。

二级负荷的供电系统要尽可能采用两回线路供电。在负荷较小或地区供电条件困难时，二级负荷可以采用一回 6 kV 及以上专用的架空线路或电缆供电。当采用架空线时，可为一回架空线供电；当采用电缆线路，应采用两根电缆组成的线路供电，其每根电缆应能承受100%的二级负荷。

3．消防用电按一、二级负荷供电的建筑，当采用自备发电设备作备用电源时，自备发电设备应设置自动和手动启动装置。当采用自动启动方式时，应能保证在30 s内供电。不同级别负荷的供电电源应符合《供配电系统设计规范》的规定。

4．消防用电设备应采用专用的供电回路，当建筑内的生产、生活用电被切断时，应仍能保证消防用电。备用消防电源的供电时间和容量，应满足该建筑火灾延续时间内各消防用电设备的要求。

5．消防配电干线宜按防火分区划分，消防配电支线不宜穿越防火分区。

6．消防控制室、消防水泵房、防烟和排烟风机房的消防用电设备及消防电梯等的供电，应在其配电线路的最末一级配电箱处设置自动切换装置。

7．按一、二级负荷供电的消防设备，其配电箱应独立设置；按三级负荷供电的消防设备，其配电箱宜独立设置。消防配电设备应设置明显标志。

8．消防配电线路应满足火灾时连续供电的需要，其敷设应符合下列规定：

（1）明敷时（包括敷设在吊顶内），应穿金属导管或采用封闭式金属槽盒保护，金属导管或封闭式金属槽盒应采取防火保护措施；当采用阻燃或耐火电缆并敷设在电缆井、沟内时，可不穿金属导管或采用封闭式金属槽盒保护；当采用矿物绝缘类不燃性电缆时，可直接明敷。

（2）暗敷时，应穿管并应敷设在不燃性结构内且保护层厚度不应小于30 mm。

（3）消防配电线路宜与其他配电线路分开敷设在不同的电缆井、沟内；确有困难需敷设在同一电缆井、沟内时，应分别布置在电缆井、沟的两侧，且消防配电线路应采用矿物绝缘类不燃性电缆。

三、电力线路及电气装置

1．架空电力线与甲、乙类厂房（仓库），可燃材料堆垛，甲、乙、丙类液体储罐，液化石油气储罐，可燃、助燃气体储罐的最近水平距离应符合下表的规定。

架空电力线与甲、乙类厂房（仓库），可燃材料堆垛等的最近水平距离　　单位：m

名称	架空电力线
甲、乙类厂房（仓库），可燃材料堆垛，甲、乙、丙类液体储罐，液化石油气储罐，可燃、助燃气体储罐	电杆（塔）高度的1.5倍
直埋地下的甲、乙类液体储罐，可燃气体储罐	电杆（塔）高度的0.75倍
丙类液体储罐	电杆（塔）高度的1.2倍
直埋地下的丙类液体储罐	电杆（塔）高度的0.6倍

35 kV及以上架空电力线与单罐容积大于200 m^3或总容积大于1 000 m^3的液化石油气储罐（区）的最近水平距离不应小于40 m。

2．电力电缆不应和输送甲、乙、丙类液体管道，可燃气体管道，热力管道敷设在同一管沟内。

3．开关、插座和照明灯具靠近可燃物时，应采取隔热、散热等防火措施。

卤钨灯和额定功率不小于100 W的白炽灯泡的吸顶灯、槽灯、嵌入式灯，其引入线应采用瓷管、矿棉等不燃材料作隔热保护。

额定功率不小于60 W的白炽灯、卤钨灯、高压钠灯、金属卤化物灯、荧光高压汞灯（包括电感镇流器）等，不应直接安装在可燃物体上或采取其他防火措施。

4．爆炸危险环境电力装置的设计应符合《爆炸危险环境电力装置设计规范》的规定。

爆炸危险环境按场所中存在物质的物态不同，分为爆炸性气体环境和可燃性粉尘环境。爆炸性气体环境是指大气条件下气体、蒸气或雾状的可燃物质与空气混合物点燃后，燃烧将传至全部未燃烧混合物的环境。可燃性粉尘环境是指大气条件下粉尘或纤维状的可燃物质与空气的混合物点燃后，燃烧传至全部未燃混合物的环境。根据爆炸性气体环境出现的频率和持续时间，将爆炸性气体环境分为三个区，即0区、1区、2区，根据爆炸性粉尘混合物出现的频繁程度和持续时间，将爆炸性粉尘环境分为三个区，即20区、

21 区、22 区。爆炸危险环境应选用防爆型、隔爆型灯具，灯具的选型如下表所示。

爆炸危险环境照明装置的选型

<table>
<tr><td colspan="2">等级场所</td><td colspan="3">有可燃气体、液体的场所</td><td colspan="2">有可燃粉尘、纤维的场所</td></tr>
<tr><td colspan="2">选型电气设备及其使用条件</td><td>连续出现或长期出现气体混合物的场所</td><td>在正常运行时可能出现爆炸性气体混合物的场所</td><td>在正常运行时不可能出现或即使出现也仅是短时间存在的爆炸性气体混合物的场所</td><td>连续出现或长期出现爆炸性粉尘混合物的场所</td><td>有时会将积留下的粉尘扬起而出现爆炸性粉尘混合物的场所</td></tr>
<tr><td rowspan="2">照明灯具</td><td>固定安装、移动式</td><td>防爆型、防爆通风充气型</td><td>任意一种防爆类型</td><td>密闭型</td><td>任意一级隔爆类型</td><td rowspan="3">密闭型</td></tr>
<tr><td>携带式</td><td>隔爆型</td><td>隔爆型</td><td>隔爆型、防爆安全型</td><td>任意一级隔爆类型</td></tr>
<tr><td colspan="2">配电装置</td><td>防爆型、防爆通风充气型</td><td>—</td><td>密闭型</td><td>任意一级隔爆类型、防爆通风充气型</td></tr>
</table>

5. 建筑高度大于 50 m 的乙、丙类厂房，室外消防用水量大于 30 L/s 的厂房宜设置非消防用电负荷电气火灾监控系统。

专题 11：厂房的内部装修

一、特别场所要求

1. 建筑内部装修不应擅自减少、改动、拆除、遮挡消防设施、疏散指示标志、安全出口、疏散出口、疏散走道和防火分区、防烟分区等。

2. 建筑内部消火栓箱门不应被装饰物遮掩，消火栓箱门四周的装修材料颜色应与消火栓箱门的颜色有明显区别或在消火栓箱门表面设置发光标志。

3. 疏散走道和安全出口的顶棚、墙面不应采用影响人员安全疏散的镜面反光材料。

4. 地上建筑的水平疏散走道和安全出口的门厅，其顶棚应采用 A 级装修材料，其他部位应采用不低于 B1 级的装修材料；地下民用建筑的疏散走道和安全出口的门厅，其顶棚、墙面和地面均应采用 A 级装修材料。

5. 疏散楼梯间和前室的顶棚、墙面和地面均应采用 A 级装修材料。

6. 建筑物内设有上下层相连通的中庭、走马廊、开敞楼梯、自动扶梯时，其连通部位的顶棚、墙面应采用 A 级装修材料，其他部位应采用不低于 B1 级的装修材料。

7. 建筑内部变形缝（包括沉降缝、伸缩缝、抗震缝等）两侧基层的表面装修应采用不低于 B1 级的装修材料。

8. 无窗房间内部装修材料的燃烧性能等级除 A 级外，应在规定的基础上提高一级。

9. 消防水泵房、机械加压送风排烟机房、固定灭火系统钢瓶间、配电室、变压器室、发电机房、储油间、通风和空调机房等，其内部所有装修均应采用 A 级装修材料。

10. 消防控制室等重要房间，其顶棚和墙面应采用 A 级装修材料，地面及其他装修应采用不低于 B1 级的装修材料。

11. 建筑物内的厨房，其顶棚、墙面、地面均应采用 A 级装修材料。

12. 经常使用明火器具的餐厅、科研试验室，其装修材料的燃烧性能等级除A级外，应在规定的基础上提高一级。

13. 照明灯具及电气设备、线路的高温部位，当靠近非A级装修材料或构件时，应采取隔热、散热等防火保护措施，与窗帘、帷幕、幕布、软包等装修材料的距离不应小于500 mm；灯饰应采用不低于B1级的材料。

14. 建筑内部的配电箱、控制面板、接线盒、开关、插座等不应直接安装在低于B1级的装修材料上；用于顶棚和墙面装修的木质类板材，当内部含有电器、电线等物体时，应采用不低于B1级的材料。

15. 当室内顶棚、墙面、地面和隔断装修材料内部安装电加热供暖系统时，室内采用的装修材料和绝热材料的燃烧性能等级应为A级。当室内顶棚、墙面、地面和隔断装修材料内部安装水暖（或蒸汽）供暖系统时，其顶棚采用的装修材料和绝热材料的燃烧性能应为A级，其他部位的装修材料和绝热材料的燃烧性能不应低于B1级，且应符合有关公共场所的规定。

16. 建筑内部不宜设置采用B3级装饰材料制成的壁挂、布艺等，当需要设置时，不应靠近电气线路、火源或热源，或采取隔离措施。

二、工业厂房内部各部位装修材料的燃烧性能等级

厂房内部各部位装修材料的燃烧性能等级

序号	厂房及车间的火灾危险性和性质	建筑规模	装修材料燃烧性能等级						
			顶棚	墙面	地面	隔断	固定家具	装饰织物	其他装饰材料
1	甲、乙类厂房； 丙类厂房中的甲、乙类生产车间； 有明火的丁类厂房、高温车间	—	A	A	A	A	A	B1	B1
2	劳动密集型丙类生产车间或厂房； 火灾荷载较高的丙类生产车间或厂房； 洁净车间	单、多层	A	A	B1	B1	B1	B2	B2
		高层	A	A	A	B1	B1	B1	B1
3	其他丙类生产车间或厂房	单、多层	A	B1	B2	B2	B2	B2	B2
		高层	A	B1	B1	B1	B1	B1	B1
4	丙类厂房	地下	A	A	A	B1	B1	B1	B1
5	无明火的丁、戊类厂房	单、多层	B1	B2	B2	B2	B2	B2	B2
		高层	B1	B1	B2	B2	B1	B1	B1
		地下	A	A	B1	B1	B1	B1	B1

注：（1）除特殊场所和部位外，当单、多层丙、丁、戊类厂房内同时设有火灾自动报警和自动灭火系统时，除顶棚外，其装修材料的燃烧性能等级可在本表规定的基础上降低一级。

（2）当厂房的地面为架空地板时，其地面应采用不低于B1级的装修材料。

（3）附设在工业建筑内的办公、研发、餐厅等辅助用房，当采用《建筑设计防火规范》规定的防火分隔和疏散设施时，其内部装修材料的燃烧性能等级可按民用建筑的规定执行。

（4）劳动密集型的生产车间主要指生产车间员工总数超过1 000人或者同一工作时段员工人数超过200人的服装、鞋帽、玩具、木制品、家具、塑料、食品加工和纺织、印染、印刷等劳动密集型企业。

专题 12：厂房的消防设施

一、室外消火栓系统

厂房周围应设置室外消火栓系统。耐火等级不低于二级且建筑体积不大于 3 000 m^3 的戊类厂房，可不设置室外消火栓系统。

二、室内消火栓系统

建筑占地面积大于 300 m^2 的厂房应设置室内消火栓系统。

三、消防软管卷盘或轻便消防水龙

以下建筑可不设置室内消火栓系统，但宜设置消防软管卷盘或轻便消防水龙。

（1）耐火等级为一、二级且可燃物较少的单、多层丁、戊类厂房。

（2）耐火等级为三、四级且建筑体积不大于 3 000 m^3 的丁类厂房；耐火等级为三、四级且建筑体积不大于 5 000 m^3 的戊类厂房。

四、自动喷水灭火系统

下列场所或部位应设置自动喷水灭火系统：

1．不小于 50 000 纱锭的棉纺厂的开包、清花车间，不小于 5 000 锭的麻纺厂的分级、梳麻车间，火柴厂的烤梗、筛选部位。

2．占地面积大于 1 500 m^2 或总建筑面积大于 3 000 m^2 的单、多层制鞋、制衣、玩具及电子等类似生产的厂房。

3．占地面积大于 1 500 m^2 的木器厂房。

4．泡沫塑料厂的预发、成型、切片、压花部位。

5．高层乙、丙类厂房。

6．建筑面积大于 500 m^2 的地下或半地下丙类厂房。

五、雨淋自动喷水灭火系统

下列场所或部位应设置雨淋自动喷水灭火系统：

1．火柴厂的氯酸钾压碾厂房，建筑面积大于 100 m^2 且生产或使用硝化棉、喷漆棉、火胶棉、赛璐珞胶片、硝化纤维的厂房。

2．乒乓球厂的轧坯、切片、磨球、分球检验部位。

3．日装瓶数量大于 3 000 瓶的液化石油气储配站的灌瓶间、实瓶库。

六、水喷雾灭火系统

下列场所或部位应设置水喷雾灭火系统：

1．单台容量在 40 MV·A 及以上的厂矿企业油浸变压器，单台容量在 90 MV·A 及以上的电厂油浸变压器，单台容量在 125 MV·A 及以上的独立变电站油浸变压器。

2．飞机发动机试验台的试车部位。

七、固定消防炮、自动跟踪定位射流装置

难以设置自动喷水灭火系统的丙类生产车间、库房等高大空间场所，应设置其他自动灭火系统，并宜采用固定消防炮等灭火系统。

八、防烟设施

1．厂房的下列场所或部位应设置防烟设施：

（1）防烟楼梯间及其前室。

（2）消防电梯间前室或合用前室。

（3）避难走道的前室、避难层（间）。

2．建筑高度不大于 50 m 的厂房，当其防烟楼梯间的前室或合用前室符合下列条件之一时，楼梯间可不设置防烟系统：

（1）前室或合用前室采用敞开的阳台、凹廊。

（2）前室或合用前室具有不同朝向的可开启外窗，且可开启外窗的面积满足自然排烟口的面积要求。

九、排烟设施

厂房的下列场所或部位应设置排烟设施：

1．人员或可燃物较多的丙类生产场所，丙类厂房内建筑面积大于 300 m^2 且经常有人停留或可燃物较多的地上房间。

2．建筑面积大于 5 000 m^2 的丁类生产车间。

3．占地面积大于 1 000 m^2 的丙类仓库。

4．高度大于 32 m 的高层厂房（仓库）内长度大于 20 m 的疏散走道，其他厂房（仓库）内长度大于 40 m 的疏散走道。

5．地下或半地下建筑（室）、地上建筑内的无窗房间，当总建筑面积大于 200 m^2 或一个房间建筑面积大于 50 m^2，且经常有人停留或可燃物较多时，应设置排烟设施。

十、火灾自动报警系统

下列场所或部位应设置火灾自动报警系统：

1．任一层建筑面积大于 1 500 m^2 或总建筑面积大于 3 000 m^2 的制鞋、制衣、玩具、电子等类似用途的厂房。

2．设置机械排烟、防烟系统、雨淋或预作用自动喷水灭火系统、固定消防水炮灭火系统等需与火灾自动报警系统连锁动作的场所或部位。

3．建筑内可能散发可燃气体、可燃蒸气的场所应设置可燃气体报警装置。

十一、疏散照明

1．厂房的下列部位应设置疏散照明：

（1）封闭楼梯间、防烟楼梯间及其前室、消防电梯间的前室或合用前室、避难走道、避难层（间）。

（2）人员密集的厂房内的生产场所及疏散走道。

2．厂房内疏散照明的地面最低水平照度：

（1）对于疏散走道，不应低于 1.0 lx。

（2）对于人员密集场所、避难层（间），不应低于 3.0 lx。

（3）对于楼梯间、前室或合用前室、避难走道，不应低于 5.0 lx；对于人员密集场所的楼梯间、前室或合用前室、避难走道，不应低于 10.0 lx。

3．消防控制室、消防水泵房、自备发电机房、配电室、防排烟机房以及发生火灾时仍需正常工作的消防设备房应设置备用照明，其作业面的最低照度不应低于正常照明的照度。

4．设置位置。

疏散照明灯具应设置在出口的顶部、墙面的上部或顶棚上；备用照明灯具应设置在墙面的上部或顶棚上。

十二、灯光疏散指示标志

高层厂房和甲、乙、丙类单、多层厂房，应设置灯光疏散指示标志，并应符合下列规定：

1．应设置在安全出口和人员密集场所的疏散门的正上方。

2．应设置在疏散走道及其转角处距地面高度 1 m 以下的墙面或地面上。灯光疏散指示标志的间距不应大于 20 m；对于袋形走道，不应大于 10 m；在走道转角区，不应大于 1 m。

十三、灭火器

厂房应设置灭火器。

（本章由陶昆编写）

第二章 仓库

陶 昆

专题 1：仓库的火灾危险性

一、储存物品的火灾危险性分类

储存物品的火灾危险性应根据储存物品的性质和储存物品中的可燃物数量等因素划分，可分为甲、乙、丙、丁、戊类，并应符合下表的规定。

储存物品的火灾危险性分类

类别	举 例
甲	1．闪点<28℃的液体（如己烷、戊烷、石脑油、环戊烷、二硫化碳、苯、甲苯、甲醇、乙醇、乙醚、甲酸甲酯、醋酸甲酯、硝酸乙酯、汽油、丙酮、丙烯、乙醚、38°及以上的白酒） 2．爆炸下限<10%的气体，受到水或空气中水蒸气的作用能产生爆炸下限<10%气体的固体物质（如乙炔、氢气、甲烷、乙烯、丙烯、丁二烯、环氧乙烷、水煤气、硫化氢、氯乙烯、液化石油气、电石、碳化铝） 3．常温下能自行分解或在空气中氧化能导致迅速自燃或爆炸的物质（如硝化棉、硝化纤维胶片、喷漆棉、火胶棉、赛璐珞棉、黄磷）

类别	举　例
甲	4．常温下受到水或空气中水蒸气的作用，能产生可燃气体并引起燃烧或爆炸的物质（如金属钾、钠、锂、钙、锶、氢化锂、四氢化锂铝、氢化钠） 5．遇酸、受热、撞击、摩擦以及遇有机物或硫黄等易燃的无机物，极易引起燃烧或爆炸的强氧化剂（如氯酸钾、氯酸钠、过氧化钾、过氧化钠、硝酸铵） 6．受撞击、摩擦或与氧化剂、有机物接触时能引起燃烧或爆炸的物质（如赤磷、五硫化二磷、三硫化二磷）
乙	1．闪点≥28℃，但<60℃的液体（如煤油、松节油、丁烯醇、异戊醇、丁醚、醋酸丁酯、硝酸戊酯、乙酰丙酮、环己胺、溶剂油、冰醋酸、樟脑油、甲酸） 2．爆炸下限≥10%的气体（如氨气、一氧化碳） 3．不属于甲类的氧化剂（如硝酸铜、铬酸、亚硝酸钾、重铬酸钠、铬酸钾、硝酸、硝酸汞、硝酸钴、发烟硫酸、漂白粉） 4．不属于甲类的易燃固体［如硫黄、镁粉、铝粉、赛璐珞板（片）、樟脑、萘、生松香、硝化纤维漆布、硝化纤维色片］ 5．助燃气体（如氧气、氟气、液氯） 6．常温下与空气接触能缓慢氧化，积热不散引起自燃的物品（如漆布及其制品、油布及其制品、油纸及其制品、油绸及其制品）
丙	1．闪点≥60℃的液体（如动物油、植物油、沥青、蜡、润滑油、机油、重油、闪点≥60℃的柴油、糠醛，采用瓶装等方式存放完成全部生产过程、可供销售的白酒、白兰地成品库） 2．可燃固体（如化学、人造纤维及其织物，纸张，棉、毛、丝、麻及其织物，谷物，面粉，粒径≥2 mm 的工业成品硫黄，天然橡胶及其制品，竹、木及其制品，中药材，电视机、收录机等电子产品，计算机房已录数据的磁盘储存间，冷库中的鱼、肉间）
丁	难燃烧物品（如自熄性塑料及其制品、酚醛泡沫塑料及其制品、水泥刨花板）
戊	不燃烧物品（如钢材、铝材、玻璃及其制品、搪瓷制品、陶瓷制品、不燃气体、玻璃棉、岩棉、陶瓷棉、硅酸铝纤维、矿棉、石膏及其无纸制品、水泥、石、膨胀珍珠岩）

二、仓库及其防火分区的火灾危险性的确定

1．按火灾危险性最大的物品确定：同一座仓库或仓库的任一防火分区内储存不同火灾危险性物品时，仓库或防火分区的火灾危险性应按火灾危险性最大的物品确定。

2．按丙类确定：丁、戊类储存物品仓库的火灾危险性，当可燃包装重量大于物品本身重量的 1/4 或可燃包装体积大于物品本身体积的 1/2 时，应按丙类确定。

专题 2：仓库的耐火等级

一、仓库耐火等级的选择

仓库耐火等级的选择

最低耐火等级	名称	说明
二级	1．高架仓库、高层仓库、甲类仓库、多层乙类仓库和储存可燃液体的多层丙类仓库 2．粮食筒仓 3．散装粮食平房仓	二级耐火等级的粮食筒仓可采用钢板仓 二级耐火等级的散装粮食平房仓可采用无防火保护的金属承重构件
三级	1．单层乙类仓库，单层丙类仓库，储存可燃固体的多层丙类仓库和多层丁、戊类仓库 2．粮食平房仓	—

二、仓库不同耐火等级构件的耐火极限

仓库的耐火等级可分为一、二、三、四级，相应建筑构件的燃烧性能和耐火极限，除另有规定外，不应低于下表的规定（与厂房相同）。

不同耐火等级仓库构件的燃烧性能和耐火极限　单位：h

构件名称		耐火等级			
		一级	二级	三级	四级
墙	防火墙	不燃性 3.00	不燃性 3.00	不燃性 3.00	不燃性 3.00
	承重墙	不燃性 3.00	不燃性 2.50	不燃性 2.00	难燃性 0.50
	楼梯间和前室的墙 电梯井的墙	不燃性 2.00	不燃性 2.00	不燃性 1.50	难燃性 0.50
	疏散走道两侧的隔墙	不燃性 1.00	不燃性 1.00	不燃性 0.50	难燃性 0.25
	非承重外墙、房间隔墙	不燃性 0.75	不燃性 0.50	难燃性 0.50	难燃性 0.25
柱		不燃性 3.00	不燃性 2.50	不燃性 2.00	难燃性 0.50
梁		不燃性 2.00	不燃性 1.50	不燃性 1.00	难燃性 0.50
楼板		不燃性 1.50	不燃性 1.00	不燃性 0.75	难燃性 0.50
屋顶承重构件		不燃性 1.50	不燃性 1.00	难燃性 0.50	可燃性
疏散楼梯		不燃性 1.50	不燃性 1.00	不燃性 0.75	可燃性
吊顶（包括吊顶搁栅）		不燃性 0.25	难燃性 0.25	难燃性 0.15	可燃性

注：(1) 甲、乙、丙类仓库内的防火墙，其耐火极限不应低于 4.00 h。

(2) 一、二级耐火等级单层仓库的柱，其耐火极限分别不应低于 2.50 h 和 2.00 h。

(3) 采用自动喷水灭火系统全保护的一级耐火等级单、多层仓库的屋顶承重构件，其耐火极限不应低于 1.00 h。

(4) 除甲、乙类仓库和高层仓库外，一、二级耐火等级建筑的非承重外墙，当采用不燃性墙体时，其耐火极限不应低于 0.25 h；当采用难燃性墙体时，不应低于 0.50 h。四层及四层以下的一、二级耐火等级丁、戊类地上仓库的非承重外墙，当采用不燃性墙体时，其耐火极限不限。

(5) 二级耐火等级仓库内的房间隔墙，当采用难燃性墙体时，其耐火极限应提高 0.25 h。

(6) 二级耐火等级多层仓库内采用预应力钢筋混凝土的楼板，其耐火极限不应低于 0.75 h。

(7) 一、二级耐火等级仓库的上人平屋顶，其屋面板的耐火极限分别不应低于 1.50 h 和 1.00 h。

(8) 一、二级耐火等级仓库的屋面板应采用不燃材料。屋面防水层宜采用不燃材料、难燃材料；当采用可燃防水材料且铺设在可燃、难燃保温材料上时，防水材料或可燃、难燃保温材料应采用不燃材料作为防护层。

(9) 建筑中的非承重外墙、房间隔墙和屋面板，当确需采用金属夹芯板材时，其芯材应为不燃材料，且耐火极限应符合《建筑设计防火规范》的有关规定。

(10) 除《建筑设计防火规范》另有规定外，以木柱承重且墙体采用不燃材料的仓库，其耐火等级可按四级确定。

(11) 预制钢筋混凝土构件的节点外露部位，应采取防火保护措施，且节点的耐火极限不应低于相应构件的耐火极限。

专题 3：仓库的防火分区

一、仓库的层数与面积

仓库的层数和面积

储存物品的火灾危险性类别		仓库的耐火等级	最多允许层数	每座仓库的最大允许占地面积和每个防火分区的最大允许建筑面积/m²						
				单层仓库		多层仓库		高层仓库		地下或半地下仓库（包括地下或半地下室）
				每座仓库	防火分区	每座仓库	防火分区	每座仓库	防火分区	防火分区
甲	第 3、第 4 项	一级	1	180	60	—	—	—	—	—
甲	第 1、第 2、第 5、第 6 项	一、二级	1	750	250	—	—	—	—	—
乙	第 1、第 3、第 4 项	一、二级	3	2 000	500	900	300	—	—	—
		三级	1	500	250	—	—	—	—	—
乙	第 2、第 5、第 6 项	一、二级	5	2 800	700	1 500	500	—	—	—
		三级	1	900	300	—	—	—	—	—
丙	第 1 项	一、二级	5	4 000	1 000	2 800	700	—	—	150
		三级	1	1 200	400	—	—	—	—	—
丙	第 2 项	一、二级	不限	6 000	1 500	4 800	1 200	4 000	1 000	300
		三级	3	2 100	700	1 200	400	—	—	—
丁		一、二级	不限	不限	3 000	不限	1 500	4 800	1 200	500
		三级	3	3 000	1 000	1 500	500	—	—	—
		四级	1	2 100	700	—	—	—	—	—
戊		一、二级	不限	不限	不限	不限	2 000	6 000	1 500	1 000
		三级	3	3 000	1 000	2 100	700	—	—	—
		四级	1	2 100	700	—	—	—	—	—

注：(1) 仓库内的防火分区之间必须采用防火墙分隔，甲、乙类仓库内防火分区之间的防火墙不应开设门、窗、洞口；地下或半地下仓库（包括地下或半地下室）的最大允许占地面积，不应大于相应类别地上仓库的最大允许占地面积。

(2) 石油库区内的桶装油品仓库应符合《石油库设计规范》(GB 50074—2014) 的规定。

(3) 一、二级耐火等级的煤均化库，每个防火分区的最大允许建筑面积不应大于 12 000 m²。

(4) 独立建造的硝酸铵仓库、电石仓库、聚乙烯等高分子制品仓库、尿素仓库、配煤仓库、造纸厂的独立成品仓库，当建筑的耐火等级不低于二级时，每座仓库的最大允许占地面积和每个防火分区的最大允许建筑面积可按《建筑设计防火规范》的规定增加 1 倍。

(5) 一、二级耐火等级粮食平房仓的最大允许占地面积不应大于 12 000 m²，每个防火分区的最大允许建筑面积不应大于 3 000 m²；三级耐火等级粮食平房仓的最大允许占地面积不应大于 3 000 m²，每个防火分区的最大允许建筑面积不应大于 1 000 m²。

(6) 一、二级耐火等级且占地面积不大于 2 000 m² 的单层棉花库房，其防火分区的最大允许建筑面积不应大于 2 000 m²。

(7) 一、二级耐火等级冷库的最大允许占地面积和防火分区的最大允许建筑面积，应符合《冷库设计规范》(GB 50072—2010) 的规定。

(8) 仓库内设置自动灭火系统时，除冷库的防火分区外，每座仓库的最大允许占地面积和每个防火分区的最大允许建筑面积可按本表规定增加 1 倍。冷库的防火分区的建筑面积已进行了较大调整，在防火分区内设置了自动灭火系统后，建筑面积不能再增加。

二、物流建筑的防火设计

1．当建筑功能以分拣、加工等作业为主时，应按有关厂房的规定确定，其中仓储部分应按中间仓库确定。

2．当建筑功能以仓储为主或建筑难以区分主要功能时，应按有关仓库的规定确定，但当分拣等作业区采用防火墙与储存区完全分隔时，作业区和储存区的防火要求可分别按有关厂房和仓库的规定确定。其中，当分拣等作业区采用防火墙与储存区完全分隔且符合下列条件时，除自动化控制的丙类高架仓库外，储存区的防火分区最大允许建筑面积和储存区部分建筑的最大允许占地面积，可按仓库的层数和面积（不含注）的规定增加3倍：

（1）储存除可燃液体、棉、麻、丝、毛及其他纺织品、泡沫塑料等物品外的丙类物品且建筑的耐火等级不低于一级。

（2）储存丁、戊类物品且建筑的耐火等级不低于二级。

（3）建筑内全部设置自动水灭火系统和火灾自动报警系统。

专题4：仓库的平面布置

一、地下或半地下

甲、乙类仓库不应设置在地下或半地下室。

二、员工宿舍

员工宿舍严禁设置在仓库内。

三、办公室、休息室

1．办公室、休息室等严禁设置在甲、乙类仓库内，也不应贴邻。

2．办公室、休息室设置在丙、丁类仓库内时，应采用耐火极限不低于2.50 h的防火隔墙和1.00 h的楼板与其他部位分隔，并设置独立的安全出口。隔墙上需开设相互连通的门时，应采用乙级防火门。

四、其他要求

甲、乙类仓库内不应设置铁路线。需要出入蒸汽机车和内燃机车的丙、丁、戊类仓库，其屋顶应采用不燃材料或采取其他防火措施。

专题5：仓库的防火间距

一、甲类仓库之间及与其他建筑、明火或散发火花地点、铁路、道路等的防火间距

甲类仓库之间及与其他建筑、明火或散发火花地点、铁路、道路等的防火间距　　单位：m

名称		甲类仓库及其储量/t			
		甲类储存物品第3、第4项		甲类储存物品第1、第2、第5、第6项	
		≤5	＞5	≤10	＞10
高层民用建筑、重要公共建筑		50			
裙房、其他民用建筑、明火或散发火花地点		30	40	25	30
甲类仓库		20	20	20	20
厂房和乙、丙、丁、戊类仓库	一、二级耐火等级	15	20	12	15
	三级耐火等级	20	25	15	20
	四级耐火等级	25	30	20	25
电力系统电压为35～500 kV且每台变压器容量在10 MV·A以上的室外变、配电站 工业企业的变压器 总油量大于5 t的室外降压变电站		30	40	25	30
厂外铁路线中心线		40			
厂内铁路线中心线		30			
厂外道路路边		20			
厂内道路路边	主要	10			
	次要	5			

注：甲类仓库之间的防火间距，当第3、第4项物品储量≤2 t，第1、第2、第5、第6项物品储量≤5 t时，不应＜12 m。甲类仓库与高层仓库的防火间距不应＜13 m。

二、乙、丙、丁、戊类仓库之间及与民用建筑的防火间距

乙、丙、丁、戊类仓库之间及与民用建筑的防火间距　　单位：m

名　　称			乙类仓库			丙类仓库				丁、戊类仓库			
			单、多层		高层	单、多层			高层	单、多层			高层
			一、二级	三级	一、二级	一、二级	三级	四级	一、二级	一、二级	三级	四级	一、二级
乙、丙、丁、戊类仓库	单、多层	一、二级	10	12	13	10	12	14	13	10	12	14	13
		三级	12	14	15	12	14	16	15	12	14	16	15
		四级	14	16	17	14	16	18	17	14	16	18	17
	高层	一、二级	13	15	13	13	15	17	13	13	15	17	13

名称			乙类仓库			丙类仓库				丁、戊类仓库			
			单、多层		高层	单、多层			高层	单、多层			高层
			一、二级	三级	一、二级	一、二级	三级	四级	一、二级	一、二级	三级	四级	一、二级
民用建筑	裙房，单、多层	一、二级	25			10	12	14	13	10	12	14	13
		三　级	25			12	14	16	15	12	14	16	15
		四　级	25			14	16	18	17	14	16	18	17
	高　层	一　级	50			20	25	25	20	15	18	18	15
		二　级	50			15	20	20	15	13	15	15	13

注：（1）单、多层戊类仓库之间的防火间距，可按《建筑设计防火规范》的规定减少 2 m。

（2）两座仓库的相邻外墙均为防火墙时，防火间距可以减小，但丙类仓库不应小于 6 m，丁、戊类仓库不应小于 4 m。两座仓库相邻较高一面外墙为防火墙，且总占地面积不大于《建筑设计防火规范》第 3.3.2 条关于一座仓库的最大允许占地面积规定时，其防火间距不限。

（3）除乙类第 6 项物品外的乙类仓库，与民用建筑的防火间距不宜小于 25 m，与重要公共建筑的防火间距不应小于 50 m，与铁路、道路等的防火间距不宜小于《建筑设计防火规范》中甲类仓库与铁路、道路等的防火间距。

三、丁、戊类仓库与民用建筑的防火间距减小情况

丁、戊类仓库与民用建筑的耐火等级均为一、二级时，仓库与民用建筑的防火间距可适当减小，但应符合下列规定。

1．当较高一面外墙为无门、窗、洞口的防火墙，或比相邻较低一座建筑屋面高 15 m 及以下范围内的外墙为无门、窗、洞口的防火墙时，其防火间距不限。

2．相邻较低一面外墙为防火墙，且屋顶无天窗或洞口、屋顶耐火极限不低于 1.00 h，或相邻较高一面外墙为防火墙，且墙上开口部位采取了防火措施，其防火间距可适当减小，但不应小于 4 m。

专题 6：仓库的安全疏散

一、仓库的安全出口设置位置和数量

1．设置位置。仓库的安全出口应分散布置。每个防火分区或一个防火分区的每个楼层，其相邻 2 个安全出口最近边缘之间的水平距离不应小于 5 m。

2．设置数量要求：

（1）每座仓库的安全出口不应少于 2 个。

（2）当一座仓库的占地面积不大于 300 m^2 时，可设置 1 个安全出口。

（3）仓库内每个防火分区通向疏散走道、楼梯或室外的出口不宜少于 2 个，当防火分区的建筑面积不大于 100 m^2 时，可设置 1 个出口。通向疏散走道或楼梯的门应为乙级防火门。

（4）地下或半地下仓库（包括地下或半地下室）的安全出口不应少于 2 个；当建筑面积不大于 100 m^2 时，可设置 1 个安全出口。

（5）地下或半地下仓库（包括地下或半地下室），当有多个防火分区相邻布置并采用防火墙分隔时，每个防火分区可利用防火墙上通向相邻防火分区的甲级防火门作为第二安全出口，但每个防火分区必须至少有 1 个直通室外的安全出口。

二、仓库的疏散楼梯

1．高层仓库的疏散楼梯应采用封闭楼梯间。

2．室内地面与室外出入口地坪高差大于 10 m 或 3 层及以上的地下、半地下建筑（室），其疏散楼梯应采用防烟楼梯间；其他地下或半地下建筑（室），其疏散楼梯应采用封闭楼梯间。

3．除一、二级耐火等级的多层戊类仓库外，其他仓库内供垂直运输物品的提升设施宜设置在仓库外，确需设置在仓库内时，应设置在井壁的耐火极限不低于 2.00 h 的井筒内。室内外提升设施通向仓库的入口应设置乙级防火门或符合规定的防火卷帘。

三、仓库内的疏散门

仓库的疏散门应采用向疏散方向开启的平开门，但丙、丁、戊类仓库首层靠墙的外侧可采用推拉门或卷帘门。

四、仓库疏散距离

《建筑设计防火规范》未规定仓库的疏散距离。

专题 7：仓库的灭火救援设施

一、消防车道

1．仓库区内应设置消防车道。占地面积大于 1 500 m^2 的乙、丙类仓库，应设置环形消防车道，确有困难时，应沿建筑物的两个长边设置消防车道。

2．供消防车取水的天然水源和消防水池应设置消防车道。消防车道的边缘距离取水点不宜大于 2 m。

3．环形消防车道至少应有两处与其他车道连通。尽头式消防车道应设置回车道或回车场，回车场的面积不应小于 12 m×12 m；对于高层建筑，不宜小于 15 m×15 m；供重型消防车使用时，不宜小于 18 m×18 m。

消防车道的路面、救援操作场地、消防车道和救援操作场地下面的管道和暗沟等，应能承受重型消防车的压力。

消防车道可利用城乡、厂区道路等，但该道路应满足消防车通行、转弯和停靠的要求。

4．消防车道不宜与铁路正线平交，确需平交时，应设置备用车道，且两车道的间距不应小于一列火车的长度。

5．消防车道还应符合下列要求：

（1）车道的净宽度和净空高度均不应小于 4 m。

（2）转弯半径应满足消防车转弯的要求。

（3）消防车道与建筑之间不应设置妨碍消防车操作的树木、架空管线等障碍物。

（4）消防车道靠建筑外墙一侧的边缘距离建筑外墙不宜小于 5 m。

（5）消防车道的坡度不宜大于 8%。

二、救援场地和入口

1．消防车登高操作场地。高层建筑应至少沿一个长边或周边长度的 1/4 且不小于一个长边长度的底边连续布置消防车登高操作场地，该范围内的裙房进深不应大于 4 m。注意长边是高层建筑主体的长边，建筑周边长度是高层建筑主体的周边长度。

建筑高度不大于 50 m 的建筑，连续布置消防车登高操作场地确有困难时，可间隔布置，但间隔距离不宜大于 30 m，且消防车登高操作场地的总长度仍应符合上述规定。

2．入口。建筑物与消防车登高操作场地相对应的范围内，应设置直通室外的楼梯或直通楼梯间的入口。仓库的外墙应在每层的适当位置设置可供消防救援人员进入的窗口。

3．设置要求。

仓库救援场地和入口的设置要求

类别	设置要求
消防车登高操作场地	1．场地与仓库之间不应设置妨碍消防车操作的树木、架空管线等障碍物和车库出入口。 2．场地的长度和宽度分别不应小于 15 m 和 10 m。对于建筑高度大于 50 m 的建筑，场地的长度和宽度分别不应小于 20 m 和 10 m。 3．场地及其下面的建筑结构、管道和暗沟等，应能承受重型消防车的压力。 4．场地应与消防车道连通，场地靠建筑外墙一侧的边缘距离建筑外墙不宜小于 5 m，且不应大于 10 m，场地的坡度不宜大于 3%
灭火救援窗	供消防救援人员进入的窗口的净高度和净宽度均不应小于 1 m，下沿距室内地面不宜大于 1.2 m，间距不宜大于 20 m 且每个防火分区不应少于 2 个，设置位置应与消防车登高操作场地相对应。窗口的玻璃应易于破碎，并应设置可在室外易于识别的明显标志

三、消防电梯

1．消防电梯适用范围。建筑高度大于 32 m 且设置电梯的高层仓库，每个防火分区内宜设置 1 台消防电梯，但建筑高度大于 32 m 且设置电梯，任一层工作平台上的人数不超过 2 人的高层塔架可不设置消防电梯。

2．符合消防电梯要求的客梯或货梯可兼作消防电梯。

3．除设置在仓库连廊、冷库穿堂或谷物筒仓工作塔内的消防电梯外，消防电梯应设置前室，并应符合下列规定：

（1）前室宜靠外墙设置，并应在首层直通室外或经过长度不大于 30 m 的通道通向室外。

（2）前室的使用面积不应小于 6 m^2，前室的短边不应小于 2.4 m；与防烟楼梯间合用的前室，高层仓库其使用面积不应小于 10 m^2。

（3）除前室的出入口、前室内设置的正压送风口外，前室内不应开设其他门、窗、洞口。

（4）前室或合用前室的门应采用乙级防火门，不应设置卷帘。

4．消防电梯设置要求：

（1）应能每层停靠。

（2）电梯的载重量不应小于 800 kg。

（3）电梯从首层至顶层的运行时间不宜大于 60 s。

（4）电梯的动力与控制电缆、电线、控制面板应采取防水措施。

（5）在首层的消防电梯入口处应设置供消防队员专用的操作按钮。

（6）电梯轿厢的内部装修应采用不燃材料。

（7）电梯轿厢内部应设置专用消防对讲电话。

5．消防电梯的井底应设置排水设施，排水井的容量不应小于 2 m^3，排水泵的排水量不应小于 10 L/s。

消防电梯间前室的门口宜设置挡水设施。

6. 消防电梯井、机房与相邻电梯井、机房之间应设置耐火极限不低于 2.00 h 的防火隔墙，隔墙上的门应采用甲级防火门。

专题8：仓库的防爆

仓库的防爆与泄压，还有赖于专门标准进行专项研究确定。有爆炸危险的仓库或仓库内有爆炸危险的部位，宜按厂房的防爆规定采取防爆措施、设置泄压设施。

一、仓库的泄压设施

1. 粮食筒仓在作业过程中，特别是在卸料期间易发生爆炸，由于筒壁设计通常较牢固，并且一旦受到破坏对周围建筑的危害也大，故在筒仓的顶部设置泄压面积，十分必要。有粉尘爆炸危险的筒仓，其顶部盖板应设置必要的泄压设施。粮食筒仓工作塔和上通廊的泄压面积应按厂房的防爆规定计算确定。有粉尘爆炸危险的其他粮食储存设施应采取防爆措施。

2. 甲、乙、丙类液体仓库应设置防止液体流散的设施。防止液体流散的基本做法有两种，一是在桶装仓库门洞处修筑漫坡，一般高为 150～300 mm。二是在仓库门口砌筑高度为 150～300 mm 的门槛，再在门槛两边填沙土形成漫坡，便于装卸。

3. 遇湿会发生燃烧爆炸的物品仓库应采取防止水浸渍的措施。防止水浸渍的措施有室内地面高出室外地面、仓库屋面严密遮盖等，防止渗漏雨水，装卸这类物品的仓库栈台应有防雨水的遮挡等措施。

二、有爆炸危险的仓库的泄压计算

仓库的泄压面积宜按下式计算，但当仓库的长径比大于 3 时，宜将建筑划分为长径比不大于 3 的多个计算段，长径比为建筑平面几何外形尺寸中的最长尺寸与其横截面周长的积和 4 倍的该建筑横截面积之比。各计算段中的公共截面不得作为泄压面积：

$$A = 10CV^{2/3}$$

式中，A——泄压面积，m^2；

C——泄压比；m^2/m^3，查下表可得；

V——厂房容积，m^3。

厂房内爆炸危险物质的类别与泄压比的规定值 C 单位：m^2/m^3

厂房爆炸危险等级	C
氨以及粮食、纸、皮革、铅、铬、铜等粉尘（$K_{尘}$<10 MPa·m/s）	≥0.030
木屑、碳屑、煤粉、锑、锡等粉尘（10 MPa·m/s≤$K_{尘}$≤30 MPa·m/s）	≥0.055
丙酮、汽油、甲醇、液化石油气、甲烷、喷漆间或干燥室以及苯酚树脂、铝、镁、锆等粉尘（$K_{尘}$>30 MPa·m/s）	≥0.110
乙烯	≥0.160
乙炔	≥0.200
氢	≥0.250

注：$K_{尘}$是粉尘爆炸指数。

专题9：仓库的电气

一、消防电源及其配电

1．建筑高度大于50 m的丙类仓库消防用电应按一级负荷供电。

2．下列建筑物、储罐（区）和堆场的消防用电应按二级负荷供电：

（1）室外消防用水量大于30 L/s的仓库。

（2）室外消防用水量大于35 L/s的可燃材料堆场、可燃气体储罐（区）和甲、乙类液体储罐（区）。

（3）粮食仓库及粮食筒仓。

3．消防用电按一、二级负荷供电的建筑，当采用自备发电设备作备用电源时，自备发电设备应设置自动和手动启动装置。当采用自动启动方式时，应能保证在30 s内供电。

4．消防用电设备应采用专用的供电回路，当建筑内的生产、生活用电被切断时，应仍能保证消防用电。备用消防电源的供电时间和容量，应满足该建筑火灾延续时间内各消防用电设备的要求。

5．消防配电干线宜按防火分区划分，消防配电支线不宜穿越防火分区。

6．消防控制室、消防水泵房、防烟和排烟风机房的消防用电设备及消防电梯等的供电，应在其配电线路的最末一级配电箱处设置自动切换装置。

7．按一、二级负荷供电的消防设备，其配电箱应独立设置；按三级负荷供电的消防设备，其配电箱宜独立设置。消防配电设备应设置明显标志。

8．消防配电线路应满足火灾时连续供电的需要，其敷设应符合下列规定：

（1）明敷时（包括敷设在吊顶内），应穿金属导管或采用封闭式金属槽盒保护，金属导管或封闭式金属槽盒应采取防火保护措施；当采用阻燃或耐火电缆并敷设在电缆井、沟内时，可不穿金属导管或采用封闭式金属槽盒保护；当采用矿物绝缘类不燃性电缆时，可直接明敷。

（2）暗敷时，应穿管并应敷设在不燃性结构内且保护层厚度不应小于30 mm。

（3）消防配电线路宜与其他配电线路分开敷设在不同的电缆井、沟内；确有困难需敷设在同一电缆井、沟内时，应分别布置在电缆井、沟的两侧，且消防配电线路应采用矿物绝缘类不燃性电缆。

二、电力线路及电气装置

1．架空电力线与甲、乙类厂房（仓库），可燃材料堆垛，甲、乙、丙类液体储罐，液化石油气储罐，可燃、助燃气体储罐的最近水平距离应符合下表的规定。

架空电力线与甲、乙类厂房（仓库），可燃材料堆垛等的最近水平距离　　单位：m

名称	架空电力线
甲、乙类厂房（仓库），可燃材料堆垛，甲、乙、丙类液体储罐，液化石油气储罐，可燃、助燃气体储罐	电杆（塔）高度1.5倍
直埋地下的甲、乙类液体储罐，可燃气体储罐	电杆（塔）高度0.75倍
丙类液体储罐	电杆（塔）高度1.2倍
直埋地下的丙类液体储罐	电杆（塔）高度0.6倍

35 kV及以上架空电力线与单罐容积大于200 m^3或总容积大于1 000 m^3的液化石油气储罐（区）的最近水平距离不应小于40 m。

2．电力电缆不应和输送甲、乙、丙类液体管道、可燃气体管道、热力管道敷设在同一管沟内。

3．开关、插座和照明灯具靠近可燃物时，应采取隔热、散热等防火措施。

卤钨灯和额定功率不小于100 W的白炽灯泡的吸顶灯、槽灯、嵌入式灯，其引入线应采用瓷管、矿棉等不燃材料作隔热保护。

额定功率不小于60 W的白炽灯、卤钨灯、高压钠灯、金属卤化物灯、荧光高压汞灯（包括电感镇流器）等，不应直接安装在可燃物体上或采取其他防火措施。

4．爆炸危险环境电力装置的设计应符合《爆炸危险环境电力装置设计规范》的规定。爆炸危险环境应选用防爆型、隔爆型灯具，灯具的选型如下表所示。

爆炸危险环境照明装置的选型

<table>
<tr><th colspan="2">等级场所</th><th colspan="3">有可燃气体、液体场所</th><th colspan="2">有可燃粉尘、纤维的场所</th></tr>
<tr><td colspan="2">选型电气设备及其使用条件</td><td>连续出现或长期出现气体混合物的场所</td><td>在正常运行时可能出现爆炸性气体混合物的场所</td><td>在正常运行时不可能出现或即使出现也仅是短时间存在的爆炸性气体混合物的场所</td><td>连续出现或长期出现爆炸性粉尘混合物的场所</td><td>有时会将积留下的粉尘扬起而出现爆炸性粉尘混合物的场所</td></tr>
<tr><td rowspan="2">照明灯具</td><td>固定安装、移动式</td><td>防爆型、防爆通风充气型</td><td>任意一种防爆类型</td><td>密闭型</td><td>任意一级隔爆类型</td><td rowspan="3">密闭型</td></tr>
<tr><td>携带式</td><td>隔爆型</td><td>隔爆型</td><td>隔爆型、防爆安全型</td><td>任意一级隔爆类型</td></tr>
<tr><td colspan="2">配电装置</td><td>防爆型、防爆通风充气型</td><td>—</td><td>密闭型</td><td>任意一级隔爆类型、防爆通风充气型</td></tr>
</table>

5．建筑高度大于50 m的丙类仓库，室外消防用水量大于30 L/s的仓库宜设置非消防用电负荷电气火灾监控系统。

专题10：仓库的内部装修

仓库装修一般较为简单，装修部位为顶棚、墙面、地面和隔断。仓库虽非人员聚集场所，但由于其储存物品、可燃物较多，火灾荷载大，物资昂贵，一旦发生火灾，燃烧时间较长，造成物质损失较大，因而对其装修材料应严格控制。

一、特别场所要求

1．建筑内部装修不应擅自减少、改动、拆除、遮挡消防设施、疏散指示标志、安全出口、疏散出口、疏散走道和防火分区、防烟分区等。

2．建筑内部消火栓箱门不应被装饰物遮掩，消火栓箱门四周的装修材料颜色应与消火栓箱门的颜色有明显区别或在消火栓箱门表面设置发光标志。

3．疏散走道和安全出口的顶棚、墙面不应采用影响人员安全疏散的镜面反光材料。

4．地上建筑的水平疏散走道和安全出口的门厅，其顶棚应采用A级装修材料，其他部位应采用不低于 B1 级的装修材料；地下民用建筑的疏散走道和安全出口的门厅，其顶棚、墙面和地面均应采用 A 级装修材料。

5．疏散楼梯间和前室的顶棚、墙面和地面均应采用 A 级装修材料。

6．建筑物内设有上下层相连通的中庭、走马廊、开敞楼梯、自动扶梯时，其连通部位的顶棚、墙面应采用 A 级装修材料，其他部位应采用不低于 B1 级的装修材料。

7．建筑内部变形缝（包括沉降缝、伸缩缝、抗震缝等）两侧基层的表面装修应采用不低于 B1 级的装修材料。

8．无窗房间内部装修材料的燃烧性能等级除 A 级外，应在规定的基础上提高一级。

9．消防水泵房、机械加压送风排烟机房、固定灭火系统钢瓶间、配电室、变压器室、发电机房、储油间、通风和空调机房等，其内部所有装修均应采用 A 级装修材料。

10．消防控制室等重要房间，其顶棚和墙面应采用 A 级装修材料，地面及其他装修应采用不低于 B1 级的装修材料。

11．建筑物内的厨房，其顶棚、墙面、地面均应采用 A 级装修材料。

12．照明灯具及电气设备、线路的高温部位，当靠近非 A 级装修材料或构件时，应采取隔热、散热等防火保护措施，与窗帘、帷幕、幕布、软包等装修材料的距离不应小于 500 mm；灯饰应采用不低于 B1 级的材料。

13．建筑内部的配电箱、控制面板、接线盒、开关、插座等不应直接安装在低于 B1 级的装修材料上；用于顶棚和墙面装修的木质类板材，当内部含有电器、电线等物体时，应采用不低于 B1 级的材料。

14．当室内顶棚、墙面、地面和隔断装修材料内部安装电加热供暖系统时，室内采用的装修材料和绝热材料的燃烧性能等级应为 A 级。当室内顶棚、墙面、地面和隔断装修材料内部安装水暖（或蒸汽）供暖系统时，其顶棚采用的装修材料和绝热材料的燃烧性能应为 A 级，其他部位的装修材料和绝热材料的燃烧性能不应低于 B1 级，且应符合有关公共场所的规定。

15．建筑内部不宜设置采用 B3 级装饰材料制成的壁挂、布艺等，当需要设置时，不应靠近电气线路、火源或热源，或采取隔离措施。

二、仓库内部各部位装修材料的燃烧性能等级

仓库内部各部位装修材料的燃烧性能等级

序号	厂房及车间的火灾危险性和性质	建筑规模	装修材料燃烧性能等级			
			顶棚	墙面	地面	隔断
1	甲、乙类仓库	—	A	A	A	A
2	丙类仓库	单层及多层仓库	A	A	B1	B1
		高层及地下仓库	A	A	A	A
		高架仓库	A	A	A	A
3	丁、戊类仓库	单层及多层仓库	A	B1	B1	B1
		高层及地下仓库	A	A	A	B1

高架仓库是指货架高度大于 7 m 且采用机械化操作或自动化控制的货架仓库。高架仓库货架高度超过 7 m、仓库内排架之间距离近、内部通道窄、火灾荷载大，并且使用现代化计算机技术控制搬运、装卸操作，线路复杂，火灾因素通常较多，极易引起电气火灾。起火后容易迅速蔓延扩大，排烟、疏散、扑救非常困难，因而对其装修材料应严格控制。

专题11：仓库的消防设施

一、室外消火栓系统

仓库、储罐（区）和堆场周围应设置室外消火栓系统。

二、室内消火栓系统

建筑占地面积大于300 m^2的仓库应设置室内消火栓系统。

三、消防软管卷盘或轻便消防水龙

下列建筑或场所，可不设置室内消火栓系统，但宜设置消防软管卷盘或轻便消防水龙：

1．耐火等级为一、二级且可燃物较少的单、多层丁、戊类仓库。

2．耐火等级为三、四级且建筑体积不大于5 000 m^3的戊类仓库。

3．粮食仓库、金库、远离城镇且无人值班的独立建筑。

四、自动喷水灭火系统

除另有规定和不宜用水保护或灭火的仓库外，下列仓库应设置自动灭火系统，并宜采用自动喷水灭火系统：

1．每座占地面积大于1 000 m^2的棉、毛、丝、麻、化纤、毛皮及其制品的仓库。单层占地面积不大于2 000 m^2的棉花库房，可不设置自动喷水灭火系统。

2．每座占地面积大于600 m^2的火柴仓库。

3．邮政建筑内建筑面积大于500 m^2的空邮袋库。

4．可燃、难燃物品的高架仓库和高层仓库。

5．设计温度高于0℃的高架冷库，设计温度高于0℃且每个防火分区建筑面积大于1 500 m^2的非高架冷库。

6．总建筑面积大于500 m^2的可燃物品地下仓库。

7．每座占地面积大于1 500 m^2或总建筑面积大于3 000 m^2的其他单层或多层丙类物品仓库。

五、雨淋自动喷水灭火系统

下列仓库应设置雨淋自动喷水灭火系统：

1．建筑面积大于60 m^2或储存量大于2 t的硝化棉、喷漆棉、火胶棉、赛璐珞胶片、硝化纤维的仓库。

2．日装瓶数量大于3 000瓶的液化石油气储配站的灌瓶间、实瓶库。

六、气体灭火系统

下列仓库应设置气体灭火系统：

1．A、B级电子信息系统机房内的主机房和基本工作间的已记录磁（纸）介质库。

2．中央和省级广播电视中心内建筑面积不小于120 m^2的音像制品库房。

3．国家、省级或藏书量超过100万册的图书馆内的特藏库；中央和省级档案馆内的珍藏库和非纸质档案库；大、中型博物馆内的珍品库房；一级纸绢质文物的陈列室。

七、防烟设施

1．仓库的下列场所或部位应设置防烟设施：

（1）防烟楼梯间及其前室。

（2）消防电梯间前室或合用前室。

（3）避难走道的前室、避难层（间）。

2．建筑高度不大于 50 m 的仓库，当其防烟楼梯间的前室或合用前室符合下列条件之一时，楼梯间可不设置防烟系统：

（1）前室或合用前室采用敞开的阳台、凹廊。

（2）前室或合用前室具有不同朝向的可开启外窗，且可开启外窗的面积满足自然排烟口的面积要求。

八、排烟设施

仓库的下列场所或部位应设置排烟设施：

1．占地面积大于 1 000 m^2 的丙类仓库。

2．高度大于 32 m 的高层仓库内长度大于 20 m 的疏散走道，其他仓库内长度大于 40 m 的疏散走道。

3．地下或半地下建筑（室）、地上建筑内的无窗房间，当总建筑面积大于 200 m^2 或一个房间建筑面积大于 50 m^2，且经常有人停留或可燃物较多时，应设置排烟设施。

九、火灾自动报警系统

需设置火灾自动报警系统的情况有：

1．每座占地面积大于 1 000 m^2 的棉、毛、丝、麻、化纤及其制品的仓库，占地面积大于 500 m^2 或总建筑面积大于 1 000 m^2 的卷烟仓库。

2．净高大于 2.6 m 且可燃物较多的技术夹层，净高大于 0.8 m 且有可燃物的闷顶或吊顶内。

3．电子信息系统的主机房及其控制室、记录介质库，特殊贵重或火灾危险性大的机器、仪表、仪器设备室、贵重物品库房。

4．设置机械排烟、防烟系统、雨淋或预作用自动喷水灭火系统、固定消防水炮灭火系统、气体灭火系统等需与火灾自动报警系统连锁动作的场所或部位。

5．建筑内可能散发可燃气体、可燃蒸气的场所应设置可燃气体报警装置。

十、疏散照明

仓库的下列场所或部位应设置疏散照明：

1．丙类仓库的封闭楼梯间、防烟楼梯间及其前室、消防电梯间的前室或合用前室、避难走道、避难层（间）应设置疏散照明。

2．消防控制室、消防水泵房、自备发电机房、配电室、防排烟机房以及发生火灾时仍需正常工作的消防设备房应设置备用照明，其作业面的最低照度不应低于正常照明的照度。

3．疏散照明灯具应设置在出口的顶部、墙面的上部或顶棚上。备用照明灯具应设置在墙面的上部或顶棚上。

4．仓库内疏散照明的地面最低水平照度应符合下列规定：

（1）对于疏散走道，不应低于 1.0 lx。

（2）对于人员密集场所、避难层（间），不应低于 3.0 lx。

（3）对于楼梯间、前室或合用前室、避难走道，不应低于 5.0 lx；对于人员密集场所的楼梯间、前室或合用前室、避难走道，不应低于 10.0 lx。

十一、灯光疏散指示标志

高层库房应设置灯光疏散指示标志，并符合下列规定：

1．应设置在安全出口和人员密集的场所的疏散门的正上方。

2．应设置在疏散走道及其转角处距地面高度 1 m 以下的墙面或地面上。灯光疏散指示标志的间距不应大于 20 m；对于袋形走道，不应大于 10 m；在走道转角区，不应大于 1 m。

十二、灭火器

仓库应设置灭火器。

（本章由陶昆编写）

第三章　民用建筑

陶　昆

专题 1：民用建筑的分类

一、民用建筑的分类

民用建筑的分类

名称	高层民用建筑		单、多层民用建筑
	一　类	二　类	
住宅建筑	建筑高度＞54 m 的住宅建筑（包括设置商业服务网点的住宅建筑）	建筑高度＞27 m，但≤54 m 的住宅建筑（包括设置商业服务网点的住宅建筑）	建筑高度≤27 m 的住宅建筑（包括设置商业服务网点的住宅建筑）
公共建筑	1．建筑高度＞50 m 的公共建筑 2. 建筑高度 24 m 以上部分任一楼层建筑面积＞1 000 m² 的商店、展览、电信、邮政、财贸金融建筑和其他多种功能组合的建筑 3．医疗建筑、重要公共建筑、独立建造的老年人照料设施 4．省级及以上的广播电视和防灾指挥调度建筑、网局级和省级电力调度建筑 5．藏书超过 100 万册的图书馆、书库	除一类高层公共建筑外的其他高层公共建筑	1．建筑高度＞24 m 的单层公共建筑 2．建筑高度≤24 m 的其他公共建筑

注：（1）表中未列入的建筑，其类别应根据本表类比确定。

（2）除另有规定外，宿舍、公寓等非住宅类居住建筑的防火要求，应符合有关公共建筑的规定。

（3）除另有规定外，裙房的防火要求应符合有关高层民用建筑的规定。

（4）“建筑高度 24 m 以上部分任一楼层建筑面积大于 1 000 m²”的“建筑高度 24 m 以上部分任一楼层”是指该层楼板的标高大于 24 m。

（5）没有治疗功能的休养性疗养院不属于医疗建筑，其防火设计应按旅馆建筑对待。

（6）建筑高度大于 24 m 的单层公共建筑，在实际工程中情况往往比较复杂，可能存在单层和多层组合建造的情况，难以确定是按单、多层建筑还是高层建筑进行防火设计。在防火设计时要根据建筑各使用功能的层数和建筑高度综合确定。如某体育馆建筑主体为单层，建筑高度 30.6 m，座位区下部设置 4 层辅助用房，第四层顶板标高 22.7 m，该体育馆可不按高层建筑进行防火设计。

二、其他多种功能组合的建筑

1. 其他多种功能组合的建筑是指公共建筑中具有两种或两种以上的公共使用功能，不包括住宅与公共建筑组合建造的情况。

2. 除商业服务网点外，住宅建筑与其他使用功能的建筑合建时，应符合下列规定：

（1）住宅部分与非住宅部分之间，应采用耐火极限不低于 2.00 h 且无门、窗、洞口的防火隔墙和 1.50 h 的不燃性楼板完全分隔；当为高层建筑时，应采用无门、窗、洞口的防火墙和耐火极限不低于 2.00 h 的不燃性楼板完全分隔。建筑外墙上、下层开口之间的防火措施应符合规定。

（2）住宅部分与非住宅部分的安全出口和疏散楼梯应分别独立设置；为住宅部分服务的地上车库应设置独立的疏散楼梯或安全出口，地下车库的疏散楼梯应按相关规定进行分隔。

（3）住宅部分和非住宅部分的安全疏散、防火分区和室内消防设施配置，可根据各自的建筑高度分别按照有关住宅建筑和公共建筑的规定执行；该建筑的其他防火设计应根据建筑的总高度和建筑规模按有关公共建筑的规定执行。

三、商业服务网点

商业服务网点是指设置在住宅建筑的首层或首层及二层，每个分隔单元建筑面积不大于 300 m^2 的商店、邮政所、储蓄所、理发店等小型营业性用房。

四、老年人照料设施

我国服务于老年人的设施可以按照民用建筑的分类方式划分为养老服务设施（老年人公共建筑）与老年人居住建筑。养老服务设施又可按是否提供照料服务划分为老年人照料设施和老年人活动设施。老年人照料设施可按提供照料服务的时段及类型进一步划分为老年人全日照料设施和老年人日间照料设施。

老年人照料设施是为老年人提供集中照料服务的设施，是老年人全日照料设施和老年人日间照料设施的统称，属于公共建筑。老年人照料设施区别于其他老年人设施的重要特征是能够为老年人提供全日或日间的照料服务，因此老年大学、老年活动中心、老年人住宅不属于老年人照料设施。老年人照料设施的建筑性质属于公共建筑。

老年人全日照料设施是为老年人提供住宿、生活照料服务及其他服务项目的设施，是养老院、老人院、福利院、敬老院、老年养护院等的统称。老年人全日照料设施的主要特点是为老年人提供住宿和生活照料服务。生活照料服务是指向老年人提供饮食、起居、清洁、卫生照护的活动。除生活照料服务之外，老年人全日照料设施还可根据实际运营需求，提供老年护理服务、康复服务、医疗服务等其他服务项目[具体服务项目及要求见《养老机构服务质量基本规范》（GB/T 35796—2017）]。符合上述特点的设施，无论其实际的设施名称如何，均应纳入本书所定义的“老年人全日照料设施”范畴。目前常见的设施名称有：养老院、老人院、福利院、敬老院、老年养护院、老年公寓等。需注意，部分老年公寓为供老年人居家养老使用的居住建筑，不属于老年人全日照料设施。

老年人日间照料设施是为老年人提供日间休息、生活照料服务及其他服务项目的设施，是托老所、日托站、老年人日间照料室、老年人日间照料中心等的统称。老年人日间照料设施区别于老年人全日照料设施的主要特征是只提供日间休息和相关服务。参考《社区老年人日间照料中心建设标准》（建标 143—2010）可知，其具体的服务项目通常包括膳食供应、个人照顾、保健康复、娱乐和交通接送等日间服务。通过对全国多地日间照料设施的调研可知，老年人日间照料设施的服务对象是较为多样的，既包括能力完好的老年人，也包括存在一定程度失能状况的老年人。老年人日间照料设施既可以是独立建设和运营的设施，也可以是老年人全日照料设施的组成部分。目前常见的设施名称有：托老所、日托站、老年人日间照料室、老年人日间照料中心等。

《建筑设计防火规范》中老年人照料设施是指现行行业标准《老年人照料设施建筑设计标准》（JGJ 450—2018）中床位总数（可容纳老年人总数）大于或等于20床（人），为老年人提供集中照料服务的公共建筑，包括老年人全日照料设施和老年人日间照料设施。其他专供老年人使用的、非集中照料的设施或场所，如老年大学、老年活动中心等不属于老年人照料设施。老年人照料设施包括3种形式，即独立建造的、与其他建筑组合建造的和设置在其他建筑内的老年人照料设施。其他专供老年人使用的、非集中照料的设施或场所，其防火设计要求按有关公共建筑的规定确定。

五、建筑高度的界定与自然层数计算

（一）建筑高度的界定

1．建筑屋面为坡屋面时，建筑高度为建筑室外设计地面至檐口与屋脊的平均高度。

2．建筑屋面为平屋面（包括有女儿墙的平屋面）时，建筑高度为建筑室外设计地面至屋面面层的高度。

3．同一座建筑有多种形式的屋面时，建筑高度按上述方法分别计算后，取其中最大值。

4．对于台阶式地坪，当位于不同高程地坪上的同一建筑之间有防火墙分隔，各自有符合规范规定的安全出口，且可沿建筑的两个长边设置贯通式或尽头式消防车道时，可分别确定各自的建筑高度。否则，建筑高度按其中建筑高度最大者确定。

5．局部突出屋顶的瞭望塔、冷却塔、水箱间、微波天线间或设施、电梯机房、排风和排烟机房以及楼梯出口小间等辅助用房占屋面面积不大于1/4时，无须计入建筑高度。

6．对于住宅建筑，设置在底部且室内高度不超过2.2 m的自行车库、储藏室、敞开空间，室内外高差或建筑的地下或半地下室的顶板面高出室外设计地面的高度不超过1.5 m的部分，不计入建筑高度。

（二）建筑的自然层数计算

建筑层数应按建筑的自然层数计算，下列空间可不计入建筑层数：

（1）室内顶板面高层室外设计地面的高度不大于1.5 m的地下或半地下室。

（2）设置在建筑底部且室内高度不大于2.2 m的自行车库、储藏室、敞开空间。

（3）建筑屋顶上突出的局部设备用房、出屋面的楼梯间等。

专题2：民用建筑的耐火等级

一、民用建筑耐火等级的选择

民用建筑的耐火等级应根据其建筑高度、使用功能、重要性和火灾扑救难度等确定。

1．地下或半地下建筑（室）和一类高层建筑的耐火等级不应低于一级。

2．单、多层重要公共建筑和二类高层建筑的耐火等级不应低于二级。

3．除木结构建筑外，老年人照料设施的耐火等级不应低于三级。

二、民用建筑不同耐火等级构件的耐火极限

1．民用建筑的耐火等级可分为一、二、三、四级。除另有规定外，不同耐火等级建筑相应构件的燃烧性能和耐火极限不应低于下表的规定。

不同耐火等级建筑相应构件的燃烧性能和耐火极限　　单位：h

构件名称		耐火等级			
		一级	二级	三级	四级
墙	防火墙	不燃性 3.00	不燃性 3.00	不燃性 3.00	不燃性 3.00
	承重墙	不燃性 3.00	不燃性 2.50	不燃性 2.00	难燃性 0.50
	非承重外墙	不燃性 1.00	不燃性 1.00	不燃性 0.50	可燃性
	楼梯间和前室的墙 电梯井的墙 住宅建筑单元之间的墙和分户墙	不燃性 2.00	不燃性 2.00	不燃性 1.50	难燃性 0.50
	疏散走道两侧的隔墙	不燃性 1.00	不燃性 1.00	不燃性 0.50	难燃性 0.25
	房间隔墙	不燃性 0.75	不燃性 0.50	难燃性 0.50	难燃性 0.25
柱		不燃性 3.00	不燃性 2.50	不燃性 2.00	难燃性 0.50
梁		不燃性 2.00	不燃性 1.50	不燃性 1.00	难燃性 0.50
楼板		不燃性 1.50	不燃性 1.00	不燃性 0.50	可燃性
屋顶承重构件		不燃性 1.50	不燃性 1.00	可燃性 0.50	可燃性
疏散楼梯		不燃性 1.50	不燃性 1.00	不燃性 0.50	可燃性
吊顶（包括吊顶搁栅）		不燃性 0.25	难燃性 0.25	难燃性 0.15	可燃性

注：（1）除本规范另有规定外，以木柱承重且墙体采用不燃材料的建筑，其耐火等级应按四级确定。
（2）住宅建筑构件的耐火极限和燃烧性能可按《住宅建筑规范》（GB 50368—2005）的规定执行。

2．其他要求。

（1）建筑高度大于 100 m 的民用建筑，其楼板的耐火极限不应低于 2.00 h。

（2）一、二级耐火等级建筑的上人平屋顶，其屋面板的耐火极限分别不应低于 1.50 h 和 1.00 h。

（3）一、二级耐火等级建筑的屋面板应采用不燃材料，但屋面防水层可采用可燃材料。

（4）二级耐火等级建筑内采用难燃性墙体的房间隔墙，其耐火极限不应低于 0.75 h；当房间的建筑面

积不大于 100 m^2 时，房间隔墙可采用耐火极限不低于 0.50 h 的难燃性墙体或耐火极限不低于 0.30 h 的不燃性墙体。

二级耐火等级多层住宅建筑内采用预应力钢筋混凝土的楼板，其耐火极限不应低于 0.75 h。

（5）二级耐火等级建筑内采用不燃材料的吊顶，其耐火极限不限。三级耐火等级的医疗建筑、中小学校的教学建筑、老年人照料设施及托儿所、幼儿园的儿童用房和儿童游乐厅等儿童活动场所的吊顶，应采用不燃材料；当采用难燃材料时，其耐火极限不应低于 0.25 h。二、三级耐火等级建筑内门厅、走道的吊顶应采用不燃材料。

（6）建筑内预制钢筋混凝土构件的节点外露部位，应采取防火保护措施，且节点的耐火极限不应低于相应构件的耐火极限。

专题 3：防火间距

一、民用建筑之间的防火间距

民用建筑之间的防火间距　　单位：m

建筑类别		高层民用建筑	裙房和其他民用建筑		
		一、二级	一、二级	三级	四级
高层民用建筑	一、二级	13	9	11	14
裙房和其他民用建筑	一、二级	9	6	7	9
	三级	11	7	8	10
	四级	14	9	10	12

注：（1）相邻两座单、多层建筑，当相邻外墙为不燃性墙体且无外露的可燃性屋檐，每面外墙上无防火保护的门、窗、洞口不正对开设且该门、窗、洞口的面积之和不大于外墙面积的 5%时，其防火间距可按本表的规定减少 25%。

（2）两座建筑相邻较高一面外墙为防火墙，或高出相邻较低一座一、二级耐火等级建筑的屋面 15 m 及以下范围内的外墙为防火墙时，其防火间距不限。

（3）相邻两座高度相同的一、二级耐火等级建筑中相邻任一侧外墙为防火墙，屋面板的耐火极限不低于 1.00 h 时，其防火间距不限。

（4）相邻两座建筑中较低一座建筑的耐火等级不低于二级，相邻较低一面外墙为防火墙且屋顶无天窗，屋面板的耐火极限不低于 1.00 h 时，其防火间距不应小于 3.5 m；对于高层建筑，不应小于 4 m。

（5）相邻两座建筑中较低一座建筑的耐火等级不低于二级且屋顶无天窗，相邻较高一面外墙高出较低一座建筑的屋面 15 m 及以下范围内的开口部位设置甲级防火门、窗，或设置符合《自动喷水灭火系统设计规范》规定的防火分隔水幕或《建筑设计防火规范》第 6.5.3 条规定的防火卷帘时，其防火间距不应小于 3.5 m；对于高层建筑，不应小于 4 m。

（6）相邻建筑通过连廊、天桥或底部的建筑物等连接时，其间距不应小于本表的规定。

（7）耐火等级低于四级的既有建筑，其耐火等级可按四级确定。

二、其他要求

1．民用建筑与单独建造的变电站（通常指 10 kV 及以下的预装式变电站）的防火间距可根据变电站的耐火等级按上表规定确定；民用建筑与 10 kV 及以下的预装式变电站的防火间距不应小于 3 m。

2．民用建筑与燃油、燃气或燃煤锅炉房的防火间距，可将锅炉房视为丁类厂房来确定有关防火间距，但与单台蒸汽锅炉的蒸发量不大于 4 t/h 或单台热水锅炉的额定热功率不大于 2.8 MW 的燃煤锅炉房的防火间距，可根据锅炉房的耐火等级按有关民用建筑的规定确定。

3．除高层民用建筑外，数座一、二级耐火等级的住宅建筑或办公建筑，当建筑物的占地面积总和不大于 2 500 m^2 时，可成组布置，但组内建筑物之间的间距不宜小于 4 m。组与组或组与相邻建筑物的防火间距不应小于上表的规定。

4．建筑高度大于 100 m 的民用建筑与相邻建筑的防火间距，当符合上述防火间距允许减小的条件时，仍不应减小。

专题 4：防火分区

一、民用建筑防火分区最大允许建筑面积

不同耐火等级建筑的允许建筑高度或层数、防火分区最大允许建筑面积

名称	耐火等级	允许建筑高度或层数	防火分区的最大允许建筑面积/m^2	备注
高层民用建筑	一、二级	按一类、二类高层民用建筑分类确定	1 500	对于体育馆、剧场的观众厅，防火分区的最大允许建筑面积可适当增加
单、多层民用建筑	一、二级	1.单层公共建筑的建筑高度不限。 2. 住宅建筑的建筑高度不大于 27 m。 3．其他民用建筑的建筑高度不大于 24 m	2 500	
单、多层民用建筑	三级	5 层	1 200	—
	四级	2 层	600	—
地下或半地下建筑（室）	一级	—	500	设备用房的防火分区最大允许建筑面积不应大于 1 000 m^2

注：(1) 表中规定的防火分区最大允许建筑面积，当建筑内设置自动灭火系统时，可按本表的规定增加 1 倍；局部设置时，防火分区的增加面积可按该局部面积的 1 倍计算。

(2) 裙房与高层建筑主体之间设置防火墙时，裙房的防火分区可按单、多层建筑的要求确定。

(3) 独立建造的一、二级耐火等级老年人照料设施的建筑高度不宜大于 32 m，不应大于 54 m；独立建造的三级耐火等级老年人照料设施，不应超过 2 层。

二、建筑内上、下层相连通的开口

建筑内连通上、下楼层的开口破坏了防火分区的完整性，会导致火灾在多个区域和楼层蔓延发展。自动扶梯、中庭、敞开楼梯、共享空间这样的开口，贯通建筑数个楼层，甚至从首层直通到顶层，四周与建筑物各楼层的廊道、营业厅、展览厅或窗口直接连通。自动扶梯、敞开楼梯也是连通上、下两层或数个楼层。火灾发生时，这些开口是火势竖向蔓延的主要通道，火势和烟气会从开口部位侵入上、下楼层，对人员疏散和火灾控制带来困难。因此，应对这些相连通的空间采取可靠的防火分隔措施，以防止火灾通过连通空间迅速向上蔓延。

特别需要注意的是，对于允许采用敞开楼梯间的建筑，如 5 层或 5 层以下的教学建筑、普通办公建筑等，该敞开楼梯间可以不按上、下层相连通的开口考虑。

1．建筑内设置自动扶梯、敞开楼梯等上、下层相连通的开口时，其防火分区的建筑面积应按上、下层相连通的建筑面积叠加计算；当叠加计算后的建筑面积大于上表规定时，应划分防火分区。

2．中庭。建筑内设置中庭时，其防火分区的建筑面积应按上、下层相连通的建筑面积叠加计算；当叠加计算后的建筑面积大于上表规定时，应符合下列规定：

(1) 与周围连通空间应进行防火分隔，采用防火隔墙时，其耐火极限不应低于 1.00 h。采用防火玻璃

墙时，其耐火隔热性和耐火完整性不应低于 1.00 h；采用耐火完整性不低于 1.00 h 的非隔热性防火玻璃墙时，应设置自动喷水灭火系统进行保护。采用防火卷帘时，其耐火极限不应低于 3.00 h，并应符合规定；与中庭相连通的门、窗，应采用火灾时能自行关闭的甲级防火门、窗。

（2）高层建筑内的中庭回廊应设置自动喷水灭火系统和火灾自动报警系统。

（3）中庭应设置排烟设施。

（4）中庭内不应布置可燃物。

三、建筑外（幕）墙

建筑外立面开口之间会导致火灾通过开口部位相互蔓延，建筑中采用落地窗，上、下层之间不设置实体墙的现象比较普遍，一旦发生火灾，易导致火灾通过外墙上的开口在水平和竖直方向上蔓延。建筑外墙上在上、下层开口之间的墙体高度或防火挑檐的挑出宽度，以及住宅建筑相邻套在外墙上的开口之间的墙体的水平宽度都有规定，以防止火势通过建筑外立面开口蔓延。

1．建筑外（幕）墙上、下开口之间应设置高度不小于 1.2 m 的实体墙或挑出高度不小于 1 m、长度不小于开口宽度的防火挑檐。当室内设置自动喷水灭火系统时，上、下开口之间的实体墙高度不应小于 0.8 m。当上、下开口之间设置实体墙确有困难时，可设置防火玻璃墙，但高层建筑的防火玻璃墙的耐火完整性不应低于 1.00 h，多层建筑的防火玻璃墙的耐火完整性不应低于 0.50 h。外窗的耐火完整性不应低于防火玻璃墙的耐火完整性要求。防火玻璃墙和外窗的耐火完整性都能达到规定的耐火完整性要求，耐火完整性按照《镶玻璃构件耐火试验方法》（GB/T 12513—2006）中对非隔热性镶玻璃构件的试验方法和判定标准进行测定。

2．住宅内着火后，在窗户开启或窗户玻璃破碎的情况下，火焰将从窗户蔓出并向上卷吸，因此着火房间的同层相邻房间受火的影响要小于着火房间的上一层房间。此外，当火焰在环境风的作用下偏向一侧时，住宅户与户之间突出外墙的隔板可以起到很好的阻火隔热作用，效果要优于外窗之间设置的墙体。根据火灾模拟分析，当住宅户与户之间设置突出外墙的隔板或在外窗之间设置不燃性墙体时，能够阻止火势向相邻住户蔓延。要求住宅建筑外墙上相邻户开口之间的墙体宽度不应小于 1 m，小于 1 m 时，应在开口之间设置突出外墙不小于 0.6 m 的隔板。

3．实体墙、防火挑檐和隔板的耐火极限和燃烧性能，均不应低于相应耐火等级建筑外墙的要求。幕墙与每层楼板、隔墙处的缝隙应采用防火封堵材料封堵。

四、有顶棚的商业步行街

有顶棚的商业步行街与商业建筑内的中庭是不同的，步行街如果没有顶棚，步行街两侧的建筑是相对独立的多座不同建筑，而中庭不是。步行街两侧的建筑也没有因步行街上部设置了顶棚而明显增大火灾蔓延的危险，不会导致火灾烟气在该空间内明显积聚。因此，其防火设计有别于建筑内的中庭。

餐饮、商店等商业设施通过有顶棚的步行街连接，且步行街两侧的建筑需利用步行街进行安全疏散时，应符合下列规定：

1．步行街两侧建筑的耐火等级不应低于二级。

2．步行街两侧建筑相对面的最近距离均不应小于《建筑设计防火规范》对相应高度建筑的防火间距的要求且不应小于 9 m。步行街的端部在各层均不宜封闭，确需封闭时，应在外墙上设置可开启的门窗，且可开启门窗的面积不应小于该部位外墙面积的一半。步行街的长度不宜大于 300 m。

3．步行街两侧建筑的商铺之间应设置耐火极限不低于 2.00 h 的防火隔墙，每间商铺的建筑面积不宜大于 300 m^2。

4．步行街两侧建筑的商铺，其面向步行街一侧的围护构件的耐火极限不应低于 1.00 h，并宜采用实体墙，其门、窗应采用乙级防火门、窗；当采用防火玻璃墙（包括门、窗）时，其耐火隔热性和耐火完整性不应低于 1.00 h；当采用耐火完整性不低于 1.00 h 的非隔热性防火玻璃墙（包括门、窗）时，应设置闭式自动喷水灭火系统进行保护。相邻商铺之间面向步行街一侧应设置宽度不小于 1 m、耐火极限不低于 1.00 h 的实体墙。

当步行街两侧的建筑为多个楼层时，每层面向步行街一侧的商铺均应设置防止火灾竖向蔓延的措施，并应符合《建筑设计防火规范》中建筑外墙上、下层开口之间防火措施的规定；设置回廊或挑檐时，其出挑宽度不应小于 1.2 m；步行街两侧的商铺在上部各层需设置回廊和连接天桥时，应保证步行街上部各层楼板的开口面积不应小于步行街地面面积的 37%，且开口宜均匀布置。

5．步行街两侧建筑内的疏散楼梯应靠外墙设置并宜直通室外，确有困难时，可在首层直接通至步行街；首层商铺的疏散门可直接通至步行街，步行街内任一点到达最近室外安全地点的步行距离不应大于 60 m。步行街两侧建筑二层及以上各层商铺的疏散门至该层最近疏散楼梯口或其他安全出口的直线距离不应大于 37.5 m。

6．步行街的顶棚材料应采用不燃或难燃材料，其承重结构的耐火极限不应低于 1.00 h。步行街内不应布置可燃物。

7.步行街的顶棚下檐距地面的高度不应小于 6 m，顶棚应设置自然排烟设施并宜采用常开式的排烟口，且自然排烟口的有效面积不应小于步行街地面面积的 25%。常闭式自然排烟设施应能在火灾时手动和自动开启。

8．两侧建筑的商铺外应每隔 30 m 设置 DN65 的消火栓，并应配备消防软管卷盘或消防水龙，商铺内应设置自动喷水灭火系统和火灾自动报警系统；每层回廊均应设置自动喷水灭火系统。步行街内宜设置自动跟踪定位射流灭火系统。

9．步行街两侧建筑的商铺内外均应设置疏散照明、灯光疏散指示标志和消防应急广播系统。

五、一、二级耐火等级建筑内的商店营业厅、展览厅的防火分区最大允许建筑面积

一、二级耐火等级建筑内的商店营业厅、展览厅，当设置自动灭火系统和火灾自动报警系统并采用不燃或难燃装修材料时，其每个防火分区的最大允许建筑面积应符合下列规定：

1．设置在高层建筑内时，不应大于 4 000 m^2。

2．设置在单层建筑或仅设置在多层建筑的首层内时，不应大于 10 000 m^2。

3．设置在地下或半地下时，不应大于 2 000 m^2。

六、超大规模地下或半地下商店

总建筑面积大于 20 000 m^2 的地下或半地下商店，应采用无门、窗、洞口的防火墙、耐火极限不低于 2.00 h 的楼板将其分隔为多个建筑面积不大于 20 000 m^2 的区域。这里的总建筑面积包括营业面积、储存面积及其他配套服务面积。相邻区域确需局部连通时，应采用下沉式广场等室外开敞空间、防火隔间、避难走道、防烟楼梯间等方式进行连通。

1．用于防火分隔的下沉式广场等室外开敞空间，应符合下列规定：

（1）分隔后的不同区域通向下沉式广场等室外开敞空间的开口最近边缘之间的水平距离不应小于 13 m。室外开敞空间除用于人员疏散外不得用于其他商业或可能导致火灾蔓延的用途，其中用于疏散的净面积不应小于 169 m^2。

（2）下沉式广场等室外开敞空间内应设置不少于 1 部直通地面的疏散楼梯。当连接下沉式广场的防火

分区需利用下沉式广场进行疏散时，疏散楼梯的总净宽度不应小于任一防火分区通向室外开敞空间的设计疏散总净宽度。

（3）确需设置防风雨篷时，防风雨篷不应完全封闭，四周开口部位应均匀布置，开口的面积不应小于该空间地面面积的25%，开口高度不应小于1 m；开口设置百叶时，百叶的有效排烟面积可按百叶通风口面积的60%计算。

2．防火隔间的设置应符合下列规定：

（1）防火隔间的建筑面积不应小于6 m^2。

（2）防火隔间的门应采用甲级防火门。

（3）不同防火分区通向防火隔间的门不应计入安全出口，门的最小间距不应小于4 m。

（4）防火隔间内部装修材料的燃烧性能应为A级。

（5）不应用于除人员通行外的其他用途。

3．避难走道的设置应符合下列规定：

（1）避难走道防火隔墙的耐火极限不应低于3.00 h，楼板的耐火极限不应低于1.50 h。

（2）避难走道直通地面的出口不应少于2个，并应设置在不同方向；当避难走道仅与一个防火分区相通且该防火分区至少有1个直通室外的安全出口时，可设置1个直通地面的出口。任一防火分区通向避难走道的门至该避难走道最近直通地面的出口的距离不应大于60 m。

（3）避难走道的净宽度不应小于任一防火分区通向该避难走道的设计疏散总净宽度。

（4）避难走道内部装修材料的燃烧性能应为A级。

（5）防火分区至避难走道入口处应设置防烟前室，前室的使用面积不应小于6 m^2，开向前室的门应采用甲级防火门，前室开向避难走道的门应采用乙级防火门。

（6）避难走道内应设置消火栓、消防应急照明、应急广播和消防专线电话。

4．防烟楼梯间的门应采用甲级防火门。

七、防火分区之间分隔

防火分区之间应采用防火墙分隔，确有困难时，可采用防火卷帘等防火分隔设施分隔。

专题5：民用建筑内设备用房的平面布置和防火设置要求

一、锅炉房、变压器室

1．燃油或燃气锅炉、油浸变压器、充有可燃油的高压电容器和多油开关等，宜设置在建筑外的专用房间内；确需贴邻民用建筑布置时，应采用防火墙与所贴邻的建筑分隔，且不应贴邻人员密集场所，该专用房间的耐火等级不应低于二级；确需布置在民用建筑内时，不应布置在人员密集场所的上一层、下一层或贴邻。

2．燃油或燃气锅炉房、变压器室应设置在首层或地下一层的靠外墙部位，但常（负）压燃油或燃气锅炉可设置在地下二层或屋顶上。设置在屋顶上的常（负）压燃气锅炉，距离通向屋面的安全出口不应小于6 m。采用相对密度（与空气密度的比值）不小于0.75的可燃气体为燃料的锅炉，不得设置在地下或半地下。

3．锅炉房、变压器室的疏散门均应直通室外或安全出口。

4．锅炉房、变压器室等与其他部位之间应采用耐火极限不低于2.00 h的防火隔墙和1.50 h的不燃性楼板分隔。在隔墙和楼板上不应开设洞口，确需在隔墙上设置门、窗时，应采用甲级防火门、窗。

5．锅炉房内设置储油间时，其总储存量不应大于 1 m^3，且储油间应采用耐火极限不低于 3.00 h 的防火隔墙与锅炉间分隔；确需在防火隔墙上设置门时，应采用甲级防火门。

6．变压器室之间、变压器室与配电室之间，应设置耐火极限不低于 2.00 h 的防火隔墙。

7．油浸变压器、多油开关室、高压电容器室，应设置防止油品流散的设施。油浸变压器下面应设置能储存变压器全部油量的事故储油设施。

8．应设置火灾报警装置。

9．应设置与锅炉、变压器、电容器和多油开关等的容量及建筑规模相适应的灭火设施。

10．锅炉的容量应符合《锅炉房设计规范》（GB 50041—2008）的规定。油浸变压器的总容量不应大于 1 260 kV·A，单台容量不应大于 630 kV·A。

11．燃气锅炉房应设置爆炸泄压设施。

12．燃油或燃气锅炉房应设置自然通风或机械通风设施；当采取机械通风时，机械通风设施应设置导除静电的接地装置，通风量应符合：①燃油锅炉房的正常通风量应按换气次数不少于 3 次/h 确定，事故排风量应按换气次数不少于 6 次/h 确定；②燃气锅炉房的正常通风量应按换气次数不少于 6 次/h 确定，事故排风量应按换气次数不少于 12 次/h 确定。

13．燃气锅炉房应选用防爆型的事故排风机。

二、柴油发电机房

1．宜布置在首层或地下一、二层。

2．不应布置在人员密集场所的上一层、下一层或贴邻。

3．应采用耐火极限不低于 2.00 h 的防火隔墙和 1.50 h 的不燃性楼板与其他部位分隔，门应采用甲级防火门。

4．机房内设置储油间时，其总储存量不应大于 1 m^3（储油间不应使用闪点低于 60 ℃的柴油），储油间应采用耐火极限不低于 3.00 h 的防火隔墙与发电机间分隔。确需在防火隔墙上开门时，应设置甲级防火门。

5．应设置火灾报警装置。

6．建筑内其他部位设置自动喷水灭火系统时，柴油发电机房应设置自动喷水灭火系统。

7．应在进入建筑物前和设备间内的管道上设置自动和手动切断阀。

8．储油间的油箱应密闭且应设置通向室外的通气管，通气管应设置带阻火器的呼吸阀，油箱的下部应设置防止油品流散的设施。

三、供建筑内使用的丙类液体燃料

供建筑内使用的丙类液体燃料，其储罐应布置在建筑外，并应符合下列规定：

1．当总容量不大于 15 m^3，且直埋于建筑附近、面向油罐一面 4 m 范围内的建筑外墙为防火墙时，储罐与建筑的防火间距不限。

2．当总容量大于 15 m^3 时，储罐的布置应符合《建筑设计防火规范》中甲、乙、丙类液体储罐（区）的防火间距的规定。

3．当设置中间罐时，中间罐的容量不应大于 1 m^3，并应设置在一、二级耐火等级的单独房间内，房间门应采用甲级防火门。

四、消防控制室

1．单独建造的消防控制室，其耐火等级不应低于二级。

2．附设在建筑内的消防控制室，宜设置在建筑内首层或地下一层，并宜布置在靠外墙部位。

3．不应设置在电磁场干扰较强及其他可能影响消防控制设备正常工作的房间附近。

4．疏散门应直通室外或安全出口。

5．附设在建筑内的消防控制室应采用耐火极限不低于 2.00 h 的防火隔墙和 1.50 h 的楼板与其他部位分隔，开向建筑内的门应采用乙级防火门。

6．消防控制室应采取防水淹的技术措施。

五、消防水泵房

1．单独建造的消防水泵房，其耐火等级不应低于二级。

2．附设在建筑内的消防水泵房，不应设置在地下三层及以下或室内地面与室外出入口地坪高差大于 10 m 的地下楼层。

3．疏散门应直通室外或安全出口。

4．附设在建筑内的消防水泵房应采用耐火极限不低于 2.00 h 的防火隔墙和 1.50 h 的楼板与其他部位分隔，并应设甲级防火门。

5．消防水泵房应采取防水淹的技术措施。

六、通风空气调节机房、变配电室、灭火设备室和防、排烟机房

1．附设在建筑内的通风空气调节机房、变配电室和灭火设备室，应采用耐火极限不低于 2.00 h 的防火隔墙和 1.50 h 的楼板与其他部位分隔。

2．通风、空气调节机房、变配电室和防、排烟机房开向建筑内的门应采用甲级防火门，灭火设备室开向建筑内的门应采用乙级防火门。

专题 6：民用建筑内特殊场所的平面布置防火

一、附属用房

民用建筑功能复杂，人员密集，如果内部布置生产车间及库房，一旦发生火灾，极易造成重大人员伤亡和财产损失。因此不应在民用建筑内布置生产车间、库房。民用建筑由于使用功能要求，可以布置部分附属库房。此类附属库房是指直接为民用建筑使用功能服务，在整座建筑中所占面积比例较小，且内部采取了一定防火分隔措施的库房，如建筑中的自用物品暂存库房、档案室和资料室等。除为满足民用建筑使用功能所设置的附属库房外，民用建筑内不应设置生产车间和其他库房。

经营、存放和使用甲、乙类火灾危险性物品的商店、作坊和储藏间，严禁附设在民用建筑内。如在民用建筑中存放或销售易燃、易爆物品，发生火灾或爆炸时，后果较严重。因此，对存放或销售这些物品的建筑的设置位置要严格控制，一般要采用独立的单层建筑。

二、商店建筑、展览建筑

1．商店建筑、展览建筑采用三级耐火等级建筑时，不应超过 2 层；采用四级耐火等级建筑时，应为单层。

2．营业厅、展览厅设置在三级耐火等级的建筑内时，应布置在首层或二层；设置在四级耐火等级的建筑内时，应布置在首层。

3．营业厅、展览厅不应设置在地下三层及以下楼层。

4．地下或半地下营业厅、展览厅不应经营、储存和展示甲、乙类火灾危险性物品。

三、托儿所、幼儿园的儿童用房和儿童游乐厅等儿童活动场所

儿童活动场所主要指设置在建筑内的儿童游乐厅、儿童乐园、儿童培训班、早教中心等类似用途的场所。这些场所与其他功能的场所混合建造时，不利于火灾时儿童疏散和灭火救援，应严格设置标准。托儿所、幼儿园或老年人活动场所等设置在高层建筑内时，一旦发生火灾，疏散更加困难。要进一步提高疏散的可靠性，避免与其他楼层和场所的疏散人员混合，故要求这些场所的安全出口和疏散楼梯要完全独立于其他场所，不与其他场所内的疏散人员共用，而仅供托儿所、幼儿园等的人员疏散用。

1．托儿所、幼儿园的儿童用房和儿童游乐厅等儿童活动场所宜设置在独立的建筑内，且不应设置在地下或半地下；当采用一、二级耐火等级的建筑时，不应超过 3 层；采用三级耐火等级的建筑时，不应超过 2 层；采用四级耐火等级的建筑时，应为单层；确需设置在其他民用建筑内时，应符合下列规定：

（1）设置在一、二级耐火等级的建筑内时，应布置在首层、二层或三层。

（2）设置在三级耐火等级的建筑内时，应布置在首层或二层。

（3）设置在四级耐火等级的建筑内时，应布置在首层。

（4）设置在高层建筑内时，应设置独立的安全出口和疏散楼梯。

（5）设置在单、多层建筑内时，宜设置独立的安全出口和疏散楼梯。

2．汽车库不应与托儿所、幼儿园组合建造。当符合下列要求时，汽车库可设置在托儿所、幼儿园的地下部分：

汽车库与托儿所、幼儿园建筑之间，应采用耐火极限不低于 2.00 h 的楼板完全分隔；

汽车库与托儿所、幼儿园的安全出口和疏散楼梯应分别独立设置。

四、医院和疗养院

1．医院和疗养院的住院部分不应设置在地下或半地下。

2．医院和疗养院的住院部分采用三级耐火等级建筑时，不应超过 2 层；采用四级耐火等级建筑时，应为单层；设置在三级耐火等级的建筑内时，应布置在首层或二层；设置在四级耐火等级的建筑内时，应布置在首层。

3．医院和疗养院的病房楼内相邻护理单元之间应采用耐火极限不低于 2.00 h 的防火隔墙分隔，隔墙上的门应采用乙级防火门，设置在走道上的防火门应采用常开防火门。

4．汽车库不应与病房楼组合建造。当符合下列要求时，汽车库可设置在病房楼的地下部分：

（1）汽车库与病房楼等建筑之间，应采用耐火极限不低于 2.00 h 的楼板完全分隔。

（2）汽车库与病房楼等的安全出口和疏散楼梯应分别独立设置。

五、教学建筑、食堂、菜市场

学校、食堂、菜市场等建筑是人员密集场所，人员组成复杂。建筑耐火等级较低时，层数不宜过多，以利于人员安全疏散。教学建筑、食堂、菜市场采用三级耐火等级建筑时，不应超过 2 层；采用四级耐火等级建筑时，应为单层；设置在三级耐火等级的建筑内时，应布置在首层或二层；设置在四级耐火等级的建筑内时，应布置在首层。

六、剧场、电影院、礼堂

剧院、电影院和礼堂是人员密集场所，人员组成复杂，安全疏散需要重点考虑。当设置在其他建筑内时，考虑在疏散时与其他场所的人员混合疏散。因此，要采用防火隔墙将这些场所与其他场所分隔，疏散楼梯尽量独立设置，不能完全独立设置时，也至少要保证一部疏散楼梯，仅供该场所使用，不与其他用途的场所或楼层共用。

剧场、电影院、礼堂宜设置在独立的建筑内；采用三级耐火等级建筑时，不应超过 2 层；确需设置在其他民用建筑内时，至少应设置 1 个独立的安全出口和疏散楼梯，并应符合下列规定：

1．应采用耐火极限不低于 2.00 h 的防火隔墙和甲级防火门与其他区域分隔。

2．设置在一、二级耐火等级的多层建筑内时，观众厅宜布置在首层、二层或三层；确需布置在四层及以上楼层时，一个厅、室的疏散门不应少于 2 个，且每个观众厅或多功能厅的建筑面积不宜大于 400 m^2。

3．设置在三级耐火等级的建筑内时，不应布置在三层及以上楼层。

4．设置在地下或半地下时，宜设置在地下一层，不应设置在地下三层及以下楼层。

5．设置在高层建筑内时，应设置火灾自动报警系统和自动喷水灭火系统等自动灭火系统。

七、建筑内的观众厅、会议厅、多功能厅

在民用建筑内设置的会议厅（包括宴会厅）等人员密集的厅、室，有的设在接近建筑的首层或较低的楼层，有的设在建筑的上部或顶层。设置在上部或顶层的，会给灭火救援和人员安全疏散带来很大困难。为使人员能在短时间内安全疏散完毕，尽可能布置在建筑的首层、二层或三层。

建筑内的会议厅、多功能厅等人员密集的场所，宜布置在首层、二层或三层。设置在三级耐火等级的建筑内时，不应布置在三层及以上楼层。确需布置在一、二级耐火等级建筑的其他楼层时，应符合下列规定：

1．一个厅、室的疏散门不应少于 2 个，且建筑面积不宜大于 400 m^2。

2．设置在地下或半地下时，宜设置在地下一层，不应设置在地下三层及以下楼层。

3．设置在高层建筑内时，应设置火灾自动报警系统和自动喷水灭火系统等自动灭火系统。

八、歌舞娱乐放映游艺场所

歌舞娱乐放映游艺场所为歌厅、舞厅、录像厅、夜总会、卡拉 OK 厅和具有卡拉 OK 功能的餐厅或包房、各类游艺厅、桑拿浴室的休息室和具有桑拿服务功能的客房、网吧等场所，不包括电影院和剧场的观众厅。

歌舞娱乐放映游艺场所的布置应符合下列规定：

1．不应布置在地下二层及以下楼层。

2．宜布置在一、二级耐火等级建筑内的首层、二层或三层的靠外墙部位。

3．不宜布置在袋形走道的两侧或尽端。

4．确需布置在地下一层时，地下一层的地面与室外出入口地坪的高差不应大于 10 m。

5．确需布置在地下或四层及以上楼层时，一个厅、室的建筑面积不应大于 200 m^2。“厅、室”是指歌舞娱乐放映游艺场所中相互分隔的独立房间，如卡拉 OK 的每间包房、桑拿浴的每间按摩房或休息室，这些房间是独立的防火分隔单元。单元之间或与其他场所之间的分隔构件上无任何门、窗、洞口，每个厅室的最大建筑面积限定在 200 m^2，即使设置自动喷水灭火系统，面积也不能增加，以便发生火灾时将火灾限制在该房间内。

6．厅、室之间及与建筑的其他部位之间，应采用耐火极限不低于 2.00 h 的防火隔墙和 1.00 h 的不燃性楼板分隔，设置在厅、室墙上的门和该场所与建筑内其他部位相通的门均应采用乙级防火门。

九、老年人照料设施

1．老年人照料设施宜独立设置。当老年人照料设施与其他建筑上、下组合时，老年人照料设施宜设置在建筑的下部，并应符合下列规定：

（1）独立建造的一、二级耐火等级老年人照料设施的建筑高度不宜大于 32 m，不应大于 54 m；独立建造的三级耐火等级老年人照料设施，不应超过 2 层。

（2）老年人照料设施部分应与其他场所进行防火分隔，应采用耐火极限不低于 2.00 h 的防火隔墙和 1.00 h 的楼板与其他场所或部位分隔，墙上必须设置的门、窗应采用乙级防火门、窗。

（3）当老年人照料设施中的老年人公共活动用房、康复与医疗用房设置在地下、半地下时，应设置在地下一层，每间用房的建筑面积不应大于 200 m^2 且使用人数不应大于 30 人。

（4）老年人照料设施中的老年人公共活动用房、康复与医疗用房设置在地上四层及以上时，每间用房的建筑面积不应大于 200 m^2 且使用人数不应大于 30 人。

2．汽车库不应与老年人照料设施建筑组合建造。当符合下列要求时，汽车库可设置在老年人照料设施建筑的地下部分：

（1）汽车库与老年人照料设施建筑之间，应采用耐火极限不低于 2.00 h 的楼板完全分隔。

（2）汽车库与老年人照料设施建筑的安全出口和疏散楼梯应分别独立设置。

专题 7：民用建筑的安全疏散

安全疏散是指建筑发生火灾时，确保建筑内所有人员及时撤离建筑物到达安全地点的措施。民用建筑的安全疏散和避难设施应根据其建筑高度、规模、使用功能和耐火等级等因素合理设置。建筑安全疏散的重点是通过安全出口的数量、疏散的最小净宽度、疏散距离、疏散人数参数来确定安全出口的设置和计算出每个安全出口的宽度。

一、公共建筑各类场所疏散人数

1．各类场所疏散人数计算：

（1）有固定座位的场所，疏散人数可按实际座位数的 1.1 倍计算。

（2）展览厅的疏散人数应根据展览厅的建筑面积和人员密度计算，展览厅内的人员密度不宜小于 0.75 人/m^2。

（3）歌舞娱乐放映游艺场所中录像厅的疏散人数，应根据厅、室的建筑面积按不小于 1.0 人/m^2 计算；其他歌舞娱乐放映游艺场所的疏散人数，应根据厅、室的建筑面积按不小于 0.5 人/m^2 计算。

（4）商店的疏散人数应按每层营业厅的建筑面积乘以下表规定的人员密度计算。对于建材商店、家具和灯饰展示建筑，其人员密度可按下表规定值的30%确定。

2．对于无标定人数的建筑物因所处城市、地段、规模等不同，使用人数有很大的不同，《民用建筑设计通则》（GB 50352—2005）规定除非有专用设计规范规定外，应经过调查分析，确定合理的使用人数，以人员密度为基数，计算出足够的安全出口。

各类场所疏散人数计算的指标

场所类型	场所厅、室	指标/（人/m^2）	备注
商店营业厅	地下二层	0.56	计算商店疏散人数时，营业厅的建筑面积包括展示货架、柜台、走道等顾客参与购物的场所，以及营业厅内的卫生间、楼梯间、自动扶梯等建筑面积。对于采用防火措施分隔且疏散时顾客无须进入营业厅内的仓储、设备房、工具间、办公室等可不计入。确定人员密度值时，应考虑商店的建筑规模，当建筑规模较小（如营业厅的建筑面积小于3 000 m^2）时宜取上限值，当建筑规模较大时，可取下限值。但对于建材商店、家具和灯饰展示建筑可按该表的30%确定
	地下一层	0.60	
	地上第一、第二层	0.43～0.60	
	地上第三层	0.39～0.54	
	地上第四层及以上各层	0.30～0.42	
	建材商店、家具灯饰	按商店类30%取值	

《民用建筑设计通则》第3.7.1条，对无标定人数的建筑物应按有关设计规范或经调查分析确定合理的使用人数，并以此为基数计算安全出口的宽度。

二、安全出口概念

安全出口是指供人员安全疏散用的楼梯间和室外楼梯的出入口或直通室内外安全区域的出口。室内安全区域包括符合规范要求的避难层、避难走道等。室外安全区域包括室外地面、符合要求并具有直接到达地面设施的上人屋面、平台及符合要求的天桥、连廊等。尽管将避难走道视为室内安全区域，但其安全性能有别于室外地面，因此设计的安全出口要直通室外，尽量避免通过避难走道再疏散到室外地面。高层建筑直通室外的安全出口上方，应设置挑出宽度不小于1 m的防护挑檐。

三、公共建筑安全出口数量

1．公共建筑内每个防火分区或一个防火分区的每个楼层，其安全出口的数量应经计算确定，且不应少于2个。建筑内的安全出口和疏散门应分散布置，且建筑内每个防火分区或一个防火分区的每个楼层相邻两个安全出口以及每个房间相邻两个疏散门最近边缘之间的水平距离不应小于5 m。

设置1个安全出口或1部疏散楼梯的公共建筑应符合下列条件之一：

（1）除托儿所、幼儿园外，建筑面积不大于200 m^2且人数不超过50人的单层公共建筑或多层公共建筑的首层。

（2）除医疗建筑，老年人照料设施，托儿所、幼儿园的儿童用房，儿童游乐厅等儿童活动场所和歌舞娱乐放映游艺场所等外，符合下表规定的公共建筑设置1部疏散楼梯。

耐火等级	最多层数	每层最大建筑面积/m^2	人　数
一、二级	3层	200	第二层和第三层的人数之和不超过50人
三级	3层	200	第二层和第三层的人数之和不超过25人
四级	2层	200	第二层人数不超过15人

2．一、二级耐火等级公共建筑内的安全出口全部直通室外确有困难的防火分区，可利用通向相邻防火分区的甲级防火门作为安全出口，但应符合下列要求：

（1）利用通向相邻防火分区的甲级防火门作为安全出口时，应采用防火墙与相邻防火分区进行分隔。

（2）建筑面积大于 1 000 m^2 的防火分区，直通室外的安全出口不应少于 2 个；建筑面积不大于 1 000 m^2 的防火分区，直通室外的安全出口不应少于 1 个。

（3）该防火分区通向相邻防火分区的疏散净宽度不应大于其按规定计算所需疏散总净宽度的 30%，建筑各层直通室外的安全出口总净宽度不应小于按照规定计算所需疏散总净宽度。

3．公共建筑内房间的疏散门数量应经计算确定且不应少于 2 个。

除托儿所、幼儿园、老年人照料设施、医疗建筑、教学建筑内位于走道尽端的房间外，符合下列条件之一的房间可设置 1 个疏散门：

（1）位于两个安全出口之间或袋形走道两侧的房间，对于托儿所、幼儿园、老年人照料设施，建筑面积不大于 50 m^2；对于医疗建筑、教学建筑，建筑面积不大于 75 m^2；对于其他建筑或场所，建筑面积不大于 120 m^2。

（2）位于走道尽端的房间，建筑面积小于 50 m^2 且疏散门的净宽度不小于 0.9 m，或由房间内任一点至疏散门的直线距离不大于 15 m、建筑面积不大于 200 m^2 且疏散门的净宽度不小于 1.4 m。

（3）歌舞娱乐放映游艺场所内建筑面积不大于 50 m^2 且经常停留人数不超过 15 人的厅、室。

4．设置不少于 2 部疏散楼梯的一、二级耐火等级多层公共建筑，如顶层局部升高，当高出部分的层数不超过 2 层、人数之和不超过 50 人且每层建筑面积不大于 200 m^2 时，高出部分可设置 1 部疏散楼梯，但至少应另外设置 1 个直通建筑主体上人平屋面的安全出口，且上人屋面应符合人员安全疏散的要求。

5．剧场、电影院、礼堂和体育馆的观众厅或多功能厅，其疏散门的数量应经计算确定且不应少于 2 个，并应符合下列规定：

（1）对于剧场、电影院、礼堂的观众厅或多功能厅，每个疏散门的平均疏散人数不应超过 250 人；当容纳人数超过 2 000 人时，其超过 2 000 人的部分，每个疏散门的平均疏散人数不应超过 400 人。

（2）对于体育馆的观众厅，每个疏散门的平均疏散人数为 400～700 人。

四、公共建筑的最小净宽度和净宽度指标

1．除另有规定外，公共建筑内疏散门和安全出口的净宽度不应小于 0.9 m，疏散走道和疏散楼梯的净宽度不应小于 1.1 m。公共建筑内楼梯间的首层疏散门、首层疏散外门、疏散走道和疏散楼梯的最小净宽度应符合下表的规定。

公共建筑内楼梯间的首次疏散门、首层疏散外门、疏散走道和疏散楼梯的最小净宽度　　单位：m

建筑类型	楼梯间的首层疏散门、首层疏散外门	疏散走道		疏散楼梯
		单面布房	双面布房	
单、多层公共建筑	1.1	1.1	1.1	1.1
高层医疗建筑	1.3	1.4	1.5	1.3
其他高层建筑	1.2	1.3	1.4	1.2

2．人员密集的公共场所、观众厅的疏散门不应设置门槛，其净宽度不应小于 1.4 m，且紧靠门口内外各 1.4 m 范围内不应设置踏步。人员密集的公共场所的室外疏散通道的净宽度不应小于 3 m，并应直接通向宽敞地带。

五、公共建筑房间疏散门、安全出口、疏散走道和疏散楼梯各自的总净宽度计算

除剧场、电影院、礼堂、体育馆外的其他公共建筑，其房间疏散门、安全出口、疏散走道和疏散楼梯的各自总净宽度应计算确定。

1．每层的房间疏散门、安全出口、疏散走道和疏散楼梯的各自总净宽度，应根据疏散人数按每 100 人的最小疏散净宽度不小于下表的规定计算确定。当每层疏散人数不等时，疏散楼梯的总净宽度可分层计算，地上建筑内下层楼梯的总净宽度应按该层及以上疏散人数最多一层的人数计算；地下建筑内上层楼梯的总净宽度应按该层及以下疏散人数最多一层的人数计算。

每层的房间疏散门、安全出口、疏散走道和疏散楼梯的每 100 人最小疏散净宽度　单位：m/百人

建筑层数		耐火等级		
		一、二级	三级	四级
地上楼层	1～2 层	0.65	0.75	1.00
	3 层	0.75	1.00	—
	≥4 层	1.00	1.25	—
地下楼层	与地面出入口地面的高差≤10 m	0.75	—	—
	与地面出入口地面的高差＞10 m	1.00	—	—

2．地下或半地下人员密集的厅、室和歌舞娱乐放映游艺场所，其房间疏散门、安全出口、疏散走道和疏散楼梯的各自总净宽度，应根据疏散人数按每 100 人不小于 1 m 计算确定。

3．首层外门的总净宽度应按该建筑疏散人数最多一层的人数计算确定，不供其他楼层人员疏散的外门，可按本层的疏散人数计算确定。

4．剧场、电影院、礼堂、体育馆等场所的疏散走道、疏散楼梯、疏散门、安全出口的各自总净宽度，应符合下列规定：

（1）观众厅内疏散走道的净宽度应按每 100 人不小于 0.6 m 计算，且不应小于 1 m；边走道的净宽度不宜小于 0.8 m。布置疏散走道时，横走道之间的座位排数不宜超过 20 排；纵走道之间的座位数：剧场、电影院、礼堂等，每排不宜超过 22 个；体育馆，每排不宜超过 26 个；前后排座椅的排距不小于 0.9 m 时，可增加 1 倍，但不得超过 50 个；仅一侧有纵走道时，座位数应减少一半。

（2）剧场、电影院、礼堂等场所供观众疏散的所有内门、外门、楼梯和走道的各自总净宽度，应根据疏散人数按每 100 人的最小疏散净宽度不小于下表的规定计算确定。

剧场、电影院、礼堂等场所每 100 人所需最小疏散净宽度　单位：m/百人

观众厅座位数/座			≤2 500	≤1 200
耐火等级			一、二级	三级
疏散部位	门和走道	平坡地面	0.65	0.85
		阶梯地面	0.75	1.00
	楼梯		0.75	1.00

5．体育馆供观众疏散的所有内门、外门、楼梯和走道的各自总净宽度，应根据疏散人数按每 100 人的最小疏散净宽度不小于下表的规定计算确定。

体育馆每 100 人所需最小疏散净宽度

单位：m/百人

观众厅座位数档次/座			3 000～5 000	5 001～10 000	10 001～20 000
疏散部位	门和走道	平坡地面	0.43	0.37	0.32
		阶梯地面	0.50	0.43	0.37
	楼梯		0.50	0.43	0.37

注：表中较大座位数档次按规定计算的疏散总宽度，不应小于相邻较小座位数档次按其最多座位数计算的疏散总宽度。

6．有等场需要的入场门不应作为观众厅的疏散门。

六、公共建筑的安全疏散距离

1．直通疏散走道的房间疏散门至最近安全出口的直线距离。

直通疏散走道的房间疏散门至最近安全出口的直线距离

单位：m

名　　称			位于两个安全出口之间的疏散门			位于袋形走道两侧或尽端的疏散门		
			一、二级	三级	四级	一、二级	三级	四级
托儿所、幼儿园 老年人照料设施			25	20	15	20	15	10
歌舞娱乐放映游艺场所			25	20	15	9	—	—
医疗建筑	单、多层		35	30	25	20	15	10
	高层	病房部分	24	—	—	12	—	—
		其他部分	30	—	—	15	—	—
教学建筑	单、多层		35	30	25	22	20	10
	高层		30	—	—	15	—	—
高层旅馆、展览建筑			30	—	—	15	—	—
其他建筑	单、多层		40	35	25	22	20	15
	高层		40	—	—	20	—	—

注：（1）建筑内开向敞开式外廊的房间疏散门至最近安全出口的直线距离可按本表的规定增加 5 m。

（2）直通疏散走道的房间疏散门至最近敞开楼梯间的直线距离，当房间位于两个楼梯间之间时，应按本表的规定减少 5 m；当房间位于袋形走道两侧或尽端时，应按本表的规定减少 2 m。

（3）建筑物内全部设置自动喷水灭火系统时，其安全疏散距离可按本表的规定［不包括注（1）和注（2）］增加 25%。

2．楼梯间应在首层直通室外，确有困难时，可在首层采用扩大的封闭楼梯间或防烟楼梯间前室。当层数不超过 4 层且未采用扩大的封闭楼梯间或防烟楼梯间前室时，可将直通室外的门设置在离楼梯间不大于 15 m 处。

3．房间内任一点至房间直通疏散走道的疏散门的直线距离，不应大于下表的袋形走道两侧或尽端的疏散门至最近安全出口的直线距离。

房间内任一点到疏散门的最大直线距离

单位：m

名　称	房间内任一点到疏散门的最大直线距离 （位于袋形走道两侧或尽端的疏散门）		
	一、二级	三级	四级
托儿所、幼儿园 老年人照料设施	20	15	10

名称			房间内任一点到疏散门的最大直线距离（位于袋形走道两侧或尽端的疏散门）		
			一、二级	三级	四级
歌舞娱乐放映游艺场所			9	—	—
医疗建筑	单、多层		20	15	10
	高层	病房部分	12	—	—
		其他部分	15	—	—
教学建筑	单、多层		22	20	10
	高层		15	—	—
高层旅馆、展览建筑			15	—	—
其他建筑	单、多层		22	20	15
	高层		20	—	—

4．一、二级耐火等级建筑内疏散门或安全出口不少于 2 个的观众厅、展览厅、多功能厅、餐厅、营业厅等，其室内任一点至最近疏散门或安全出口的直线距离不应大于 30 m；当疏散门不能直通室外地面或疏散楼梯间时，应采用长度不大于 10 m 的疏散走道通至最近的安全出口。当该场所设置自动喷水灭火系统时，室内任一点至最近安全出口的安全疏散距离可分别增加 25%。

七、公共建筑的疏散楼梯形式

1．一类高层公共建筑和建筑高度大于 32 m 的二类高层公共建筑，其疏散楼梯应采用防烟楼梯间。裙房和建筑高度不大于 32 m 的二类高层公共建筑，其疏散楼梯应采用封闭楼梯间。当裙房与高层建筑主体之间设置防火墙时，裙房的疏散楼梯可按有关单、多层建筑的要求确定。

2．下列多层公共建筑的疏散楼梯，除与敞开式外廊直接相连的楼梯间外，均应采用封闭楼梯间：

（1）医疗建筑、旅馆及类似使用功能的建筑。

（2）设置歌舞娱乐放映游艺场所的建筑。

（3）商店、图书馆、展览建筑、会议中心及类似使用功能的建筑。

（4）6 层及以上的其他建筑。

3．老年人照料设施的疏散楼梯或疏散楼梯间宜与敞开式外廊直接连通，不能与敞开式外廊直接连通的室内疏散楼梯应采用封闭楼梯间。建筑高度大于 24 m 的老年人照料设施，其室内疏散楼梯应采用防烟楼梯间。建筑高度大于 32 m 的老年人照料设施，宜在 32 m 以上部分增设能连通老年人居室和公共活动场所的连廊，各层连廊应直接与疏散楼梯、安全出口或室外避难场地连通。

4．高层公共建筑的疏散楼梯，当分散设置确有困难且从任一疏散门至最近疏散楼梯间入口的距离不大于 10 m 时，可采用剪刀楼梯间，但应符合下列规定：

（1）楼梯间应为防烟楼梯间。

（2）梯段之间应设置耐火极限不低于 1.00 h 的防火隔墙。

（3）楼梯间的前室应分别设置。

八、住宅的安全出口数量

1．建筑内的安全出口和疏散门应分散布置，且建筑内每个防火分区或一个防火分区的每个楼层、每个住宅单元每层相邻两个安全出口以及每个房间相邻两个疏散门最近边缘之间的水平距离不应小于 5 m。

2．住宅建筑安全出口的设置应符合下列规定：

（1）建筑高度不大于 27 m 的建筑，当每个单元任一层的建筑面积大于 650 m^2，或任一户门至最近安全出口的距离大于 15 m 时，每个单元每层的安全出口不应少于 2 个。

（2）建筑高度大于 27 m、不大于 54 m 的建筑，当每个单元任一层的建筑面积大于 650 m^2，或任一户门至最近安全出口的距离大于 10 m 时，每个单元每层的安全出口不应少于 2 个。

（3）建筑高度大于 54 m 的建筑，每个单元每层的安全出口不应少于 2 个。

3．建筑高度大于 27 m、不大于 54 m 的住宅建筑，每个单元设置一座疏散楼梯时，疏散楼梯应通至屋面，且单元之间的疏散楼梯应能通过屋面连通，户门应采用乙级防火门。当不能通至屋面或不能通过屋面连通时，应设置 2 个安全出口。

九、住宅建筑的户门、安全出口、疏散走道和疏散楼梯的各自总净宽度和最小净宽度

住宅建筑的户门、安全出口、疏散走道和疏散楼梯的各自总净宽度应经计算确定，且户门和安全出口的净宽度不应小于 0.9 m，疏散走道、疏散楼梯和首层疏散外门的净宽度不应小于 1.1 m。建筑高度不大于 18 m 的住宅中一边设置栏杆的疏散楼梯，其净宽度不应小于 1 m。

十、住宅安全疏散距离

1．直通疏散走道的户门至最近安全出口的直线距离不应大于下表的规定。

直通疏散走道的户门至最近安全出口的直线距离　　单位：m

住宅建筑类别	位于两个安全出口之间的户门			位于袋形走道两侧或尽端的户门		
	一、二级	三级	四级	一、二级	三级	四级
单、多层	40	35	25	22	20	15
高层	40	—	—	20	—	—

注：（1）开向敞开式外廊的户门至最近安全出口的最大直线距离可按规定增加 5 m。

（2）直通疏散走道的户门至最近敞开楼梯间的直线距离，当户门位于两个楼梯间之间时，应按规定减少 5 m；当户门位于袋形走道两侧或尽端时，应按规定减少 2 m。

（3）住宅建筑内全部设置自动喷水灭火系统时，其安全疏散距离可按本表的规定［不包括注（1）和注（2）］增加 25%。

（4）跃廊式住宅的户门至最近安全出口的距离，应从户门算起，小楼梯的一段距离可按其水平投影长度的 1.5 倍计算。

2．楼梯间应在首层直通室外，或在首层采用扩大的封闭楼梯间或防烟楼梯间前室。层数不超过 4 层时，可将直通室外的门设置在离楼梯间不大于 15 m 处。

3．户内任一点至直通疏散走道的户门的直线距离不应大于袋形走道两侧或尽端的疏散门至最近安全出口的最大直线距离。跃层式住宅，户内楼梯的距离可按其梯段水平投影长度的 1.5 倍计算。

十一、住宅疏散楼梯类型

1．住宅建筑的疏散楼梯的设置：

（1）建筑高度不大于 21 m 的住宅建筑可采用敞开楼梯间；与电梯井相邻布置的疏散楼梯应采用封闭楼梯间，当户门采用乙级防火门时，仍可采用敞开楼梯间。

（2）建筑高度大于 21 m、不大于 33 m 的住宅建筑应采用封闭楼梯间；当户门采用乙级防火门时，可采用敞开楼梯间。

（3）建筑高度大于 33 m 的住宅建筑应采用防烟楼梯间。户门不宜直接开向前室，确有困难时，每层

开向同一前室的户门不应大于3樘且应采用乙级防火门。

2．住宅单元剪刀楼梯间设置的条件及要求：

住宅单元的疏散楼梯，当分散设置确有困难且任一户门至最近疏散楼梯间入口的距离不大于10 m时，可采用剪刀楼梯间，但应符合下列规定：

（1）应采用防烟楼梯间。

（2）梯段之间应设置耐火极限不低于1.00 h的防火隔墙。

（3）楼梯间的前室不宜共用；共用时，前室的使用面积不应小于6 m^2。

（4）楼梯间的前室或共用前室不宜与消防电梯的前室合用；合用时，合用前室的使用面积不应小于12 m^2，且短边不应小于2.4 m。

（5）当两部剪刀楼梯间共用前室时，进入剪刀楼梯间前室的入口应该位于不同方位，不能通过同一个入口进入共用前室，入口之间的距离仍要不小于5 m；在首层的对外出口，要尽量分开设置在不同方向。当首层的公共区无可燃物且首层的户门不直接开向前室时，剪刀梯在首层的对外出口可以共用，但宽度需满足人员疏散的要求。

专题8：民用建筑的灭火救援设施

一、消防车道

1．消防车道应符合的要求：

（1）车道的净宽度和净空高度均不应小于4 m。

（2）转弯半径应满足消防车转弯的要求。

（3）消防车道与建筑之间不应设置妨碍消防车操作的树木、架空管线等障碍物。

（4）消防车道靠建筑外墙一侧的边缘距离建筑外墙不宜小于5 m。

（5）消防车道的坡度不宜大于8%。

2．高层民用建筑，超过3 000个座位的体育馆，超过2 000个座位的会堂，占地面积大于3 000 m^2的商店建筑、展览建筑等单、多层公共建筑应设置环形消防车道。

确有困难时，可沿建筑的两个长边设置消防车道；对于高层住宅建筑和山坡地或河道边临空建造的高层民用建筑，可沿建筑的一个长边设置消防车道，但该长边所在建筑立面应为消防车登高操作面。

3．环形消防车道至少应有两处与其他车道连通。尽头式消防车道应设置回车道或回车场，回车场的面积不应小于12 m×12 m；对于高层建筑，不宜小于15 m×15 m；供重型消防车使用时，不宜小于18 m×18 m。

4．街区内的道路应考虑消防车的通行，道路中心线间的距离不宜大于160 m。当建筑物沿街道部分的长度大于150 m或总长度大于220 m时，应设置穿过建筑物的消防车道。确有困难时，应设置环形消防车道。

5．有封闭内院或天井的建筑物，当内院或天井的短边长度大于24 m时，宜设置进入内院或天井的消防车道；当该建筑物沿街时，应设置连通街道和内院的人行通道（可利用楼梯间），其间距不宜大于80 m。在穿过建筑物或进入建筑物内院的消防车道两侧，不应设置影响消防车通行或人员安全疏散的设施。

6．供消防车取水的天然水源和消防水池应设置消防车道。消防车道的边缘距取水点不宜大于2 m。

7．消防车道的路面、救援操作场地、消防车道和救援操作场地下面的管道和暗沟等，应能承受重型消防车的压力。

8．消防车道可利用城乡、厂区道路等，但该道路应满足消防车通行、转弯和停靠的要求。

9. 消防车道不宜与铁路正线平交，确需平交时，应设置备用车道，且两车道的间距不应小于一列火车的长度。

二、救援场地

1. 消防车登高操作场地。高层建筑应至少沿一个长边或周边长度的 1/4 且不小于一个长边长度的底边连续布置消防车登高操作场地，该范围内的裙房进深不应大于 4 m。

建筑高度不大于 50 m 的建筑，连续布置消防车登高操作场地确有困难时，可间隔布置，但间隔距离不宜大于 30 m，且消防车登高操作场地的总长度仍应符合上述规定。

需要注意的是建筑周边长度是高层建筑主体的周边长度，消防车登高操作场地的有效计算长度应在高层建筑主体的对应范围内。

2. 入口。建筑物与消防车登高操作场地相对应的范围内，应设置直通室外的楼梯或直通楼梯间的入口。厂房的外墙应在每层的适当位置设置可供消防救援人员进入的窗口。

3. 设置要求。

救援场地设置要求

类别	设置要求
消防车登高操作场地	1. 场地与厂房、仓库、民用建筑之间不应设置妨碍消防车操作的树木、架空管线等障碍物和车库出入口。 2. 场地的长度和宽度分别不应小于 15 m 和 10 m。对于建筑高度大于 50 m 的建筑，场地的长度和宽度分别不应小于 20 m 和 10 m。 3. 场地及其下面的建筑结构、管道和暗沟等，应能承受重型消防车的压力。 4. 场地应与消防车道连通，场地靠建筑外墙一侧的边缘距离建筑外墙不宜小于 5 m，且不应大于 10 m，场地的坡度不宜大于 3%
灭火救援窗	供消防救援人员进入的窗口的净高度和净宽度均不应小于 1 m，下沿距室内地面不宜大于 1.2 m，间距不宜大于 20 m 且每个防火分区不应少于 2 个，设置位置应与消防车登高操作场地相对应。窗口的玻璃应易于破碎，并应设置在室外易于识别的明显标志

三、消防电梯

1. 消防电梯适用范围：

（1）建筑高度大于 33 m 的住宅建筑。

（2）一类高层公共建筑和建筑高度大于 32 m 的二类高层公共建筑、5 层及以上且总建筑面积大于 3 000 m^2（包括设置在其他建筑内五层及以上楼层）的老年人照料设施。

（3）设置消防电梯的建筑的地下或半地下室，埋深大于 10 m 且总建筑面积大于 3 000 m^2 的其他地下或半地下建筑（室）。

2. 消防电梯应分别设置在不同防火分区内，且每个防火分区不应少于 1 台。

3. 符合消防电梯要求的客梯或货梯可兼作消防电梯。

4. 除设置在仓库连廊、冷库穿堂或谷物筒仓工作塔内的消防电梯外，消防电梯应设置前室，并应符合下列规定：

（1）前室宜靠外墙设置，并应在首层直通室外或经过长度不大于 30 m 的通道通向室外。

（2）前室的使用面积不应小于 6 m^2，前室的短边不应小于 2.4 m；与防烟楼梯间合用的前室，其使用面积应符合前室的相关规定。

（3）除前室的出入口、前室内设置的正压送风口和《建筑设计防火规范》第 5.5.27 条规定的户门外，前室内不应开设其他门、窗、洞口。

（4）前室或合用前室的门应采用乙级防火门，不应设置卷帘。

5．消防电梯设置要求：

（1）应能每层停靠。

（2）电梯的载重量不应小于800 kg。

（3）电梯从首层至顶层的运行时间不宜大于60 s。

（4）电梯的动力与控制电缆、电线、控制面板应采取防水措施。

（5）在首层的消防电梯入口处应设置供消防队员专用的操作按钮。

（6）电梯轿厢的内部装修应采用不燃材料。

（7）电梯轿厢内部应设置专用消防对讲电话。

6．消防电梯的井底应设置排水设施，排水井的容量不应小于2 m^3，排水泵的排水量不应小于10 L/s。消防电梯间前室的门口宜设置挡水设施。

7．消防电梯井、机房与相邻电梯井、机房之间应设置耐火极限不低于 2.00 h 的防火隔墙，隔墙上的门应采用甲级防火门。

四、直升机停机坪

1．建筑高度大于100 m且标准层建筑面积大于2 000 m^2的公共建筑，宜在屋顶设置直升机停机坪或供直升机救助的设施。

2．直升机停机坪应符合下列规定：

（1）设置在屋顶平台上时，距离设备机房、电梯机房、水箱间、共用天线等突出物不应小于5 m。

（2）建筑通向停机坪的出口不应少于2个，每个出口的宽度不宜小于0.9 m。

3．四周应设置航空障碍灯，并应设置应急照明。

4．在停机坪的适当位置应设置消火栓。

5．其他要求应符合国家现行航空管理有关标准的规定。

专题9：避难层和避难间

一、避难层

1．建筑高度大于100 m的住宅建筑和公共建筑，应设置避难层（间）。

2．避难层（间）设置要求：

（1）第一个避难层（间）的楼地面至灭火救援场地地面的高度不应大于50 m，两个避难层（间）之间的高度不宜大于50 m。

（2）通向避难层（间）的疏散楼梯应在避难层分隔、同层错位或上下层断开。

（3）避难层（间）的净面积应能满足设计避难人数避难的要求，并宜按5人/m^2计算。

（4）避难层可兼作设备层。设备管道宜集中布置，其中的易燃、可燃液体或气体管道应集中布置，设备管道区应采用耐火极限不低于3.00 h的防火隔墙与避难区分隔。管道井和设备间应采用耐火极限不低于2.00 h 的防火隔墙与避难区分隔，管道井和设备间的门不应直接开向避难区；确需直接开向避难区时，与避难层区出入口的距离不应小于 5 m，且应采用甲级防火门。避难区内不应设置易燃、可燃液体或气体管道，不应开设除外窗、疏散门之外的其他开口。

（5）避难层应设置消防电梯出口。

（6）应设置消火栓和消防软管卷盘。

（7）应设置消防专线电话和应急广播。

（8）在避难层（间）进入楼梯间的入口处和疏散楼梯通向避难层（间）的出口处，应设置明显的指示标志。

（9）应设置直接对外的可开启窗口或独立的机械防烟设施，外窗应采用乙级防火窗。

二、高层病房楼设置的避难间

高层病房楼应在二层及以上的病房楼层和洁净手术部设置避难间。避难间的设置要求：

1. 避难间服务的护理单元不应超过 2 个，其净面积应按每个护理单元不小于 25 m^2 确定。
2. 避难间兼作其他用途时，应保证人员的避难安全，且不得减少可供避难的净面积。
3. 应靠近楼梯间，并应采用耐火极限不低于 2.00 h 的防火隔墙和甲级防火门与其他部位分隔。
4. 应设置消防专线电话和消防应急广播。
5. 避难间的入口处应设置明显的指示标志。
6. 应设置直接对外的可开启窗口或独立的机械防烟设施，外窗应采用乙级防火窗。

三、老年人照料设施设置的避难间

三层及三层以上总建筑面积大于 3 000 m^2（包括设置在其他建筑内三层及以上楼层）的老年人照料设施，应在二层及以上各层老年人照料设施部分的每座疏散楼梯间的相邻部位设置 1 间避难间；当老年人照料设施设置与疏散楼梯或安全出口直接连通的开敞式外廊、与疏散走道直接连通且符合人员避难要求的室外平台等时，可不设置避难间。避难间内可供避难的净面积不应小于 12 m^2，避难间可利用疏散楼梯间的前室或消防电梯的前室，其他要求应符合高层病房楼避难间的规定。当避难间利用疏散楼梯间的前室或消防电梯的前室时，该前室的使用面积不应小于 12 m^2，不需另外增加 12 m^2 避难面积。但考虑救援与上下疏散的人流交织情况，疏散楼梯间与消防电梯的合用前室不适合兼作避难间。避难间的净宽度要能满足救援中移动担架（床）等的要求，净面积大小还要根据该房间所服务区域的老年人实际身体状况等确定。

老年人照料设施的总建筑面积，当老年人照料设施独立建造时，为该老年人照料设施单体的总建筑面积；当老年人照料设施设置在其他建筑或与其他建筑组合建造时，为其中老年人照料设施部分的总建筑面积。

供失能老年人使用且层数大于 2 层的老年人照料设施，应按核定使用人数配备简易防毒面具。

专题 10：防火墙、防火隔墙、防火门、防火窗和防火卷帘

一、防火墙

防火墙是不低于 3.00 h 耐火极限的不燃性实体墙。甲、乙类厂房，甲、乙、丙类仓库内的防火墙，耐火极限不应低于 4.00 h。防火墙是分隔水平防火分区或防止建筑间火灾蔓延的重要分隔构件，对于减少火灾损失发挥着重要作用。防火墙能在火灾初期和灭火过程中，将火灾有效地控制在一定空间内，阻断火灾在防火墙一侧而不蔓延到另一侧。

1. 防火墙应直接设置在基础上或钢筋混凝土框架上。防火墙应截断可燃性墙体或难燃性墙体的屋顶结构，且应高出不燃性墙体屋面不小于 40 cm，高出可燃性墙体或难燃性墙体屋面不小于 50 cm。实际上防火墙应从建筑基础部分就与建筑物完全断开，独立建造。但目前在各类建筑物中设置的防火墙，大部分是建造在建筑框架上或与建筑框架相连接。要保证防火墙在火灾时真正发挥作用，就应保证防火墙的结构

安全且从上至下均应处在同一轴线位置，相应框架的耐火极限要与防火墙的耐火极限相适应。

2. 防火墙中心距天窗端面的水平距离小于 4 m，且天窗端面为可燃性墙体时，应采取防止火势蔓延的设施。设置防火墙就是为了防止火灾不能从防火墙任意一侧蔓延至另外一侧。通常屋顶是不开口的，一旦开口则有可能成为火灾蔓延的通道，因而也需要进行有效的防护。否则，防火墙的作用将被削弱，甚至失效。

3. 建筑外墙为难燃性或可燃性墙体时，防火墙应凸出墙的外表面 0.4 m 以上，且防火墙两侧的外墙均应为宽度不小于 2 m 的不燃性墙体，其耐火极限不应低于外墙的耐火极限。建筑外墙为不燃性墙体时，防火墙可不凸出墙的外表面，紧靠防火墙两侧的门、窗、洞口之间最近边缘的水平距离不应小于 2 m，采取设置乙级防火窗等防止火灾水平蔓延的措施时，该距离不限。

4. 建筑内的防火墙不宜设置在转角处，确需设置时，内转角两侧墙上的门、窗、洞口之间最近边缘的水平距离不应小于 4 m。采取设置乙级防火窗等防止火灾水平蔓延的措施时，该距离不限。

5. 防火墙上不应开设门、窗、洞口，确需开设时，应设置不可开启或火灾时能自动关闭的甲级防火门、窗。可燃气体和甲、乙、丙类液体的管道严禁穿过防火墙。防火墙内不应设置排气道。除可燃气体和甲、乙、丙类液体的管道以外的其他管道不宜穿过防火墙。确需穿过时，应采用防火封堵材料将墙与管道之间的空隙紧密填实，穿过防火墙处的管道保温材料，应采用不燃材料，当管道为难燃及可燃材料时，应在防火墙两侧的管道上采取防火措施。

6. 防火墙的构造应能在防火墙任意一侧的屋架、梁、楼板等受到火灾的影响而破坏时，不会导致防火墙倒塌。

二、防火隔墙

（一）防火隔墙的定义

防火隔墙为建筑内防止火灾蔓延至相邻区域且耐火极限不低于规定要求的不燃性墙体。建筑内的防火隔墙应从楼地面基层隔断至梁、楼板或屋面板的底面基层。为保证防火隔墙的有效性，有效控制火势和烟气蔓延，特别是烟气对人员安全的威胁，应注意将防火隔墙从地面或楼面砌至上一层楼板或屋面板底部。楼板与防火隔墙之间的缝隙、穿越墙体的管道及其缝隙、开口等应按照《建筑设计防火规范》有关规定采取防火措施。

（二）防火隔墙耐火极限要求汇总

1.《建筑设计防火规范》第 2.1.17 条，避难走道是采取防烟措施且两侧设置耐火极限不低于 3.00 h 的防火隔墙，用于人员安全通行至室外的走道。

2.《建筑设计防火规范》第 3.3.5 条，办公室、休息室设置在丙类厂房内时，应采用耐火极限不低于 2.50 h 的防火隔墙和 1.00 h 的楼板与其他部位分隔，并应至少设置 1 个独立的安全出口。如隔墙上需开设相互连通的门时，应采用乙级防火门。

3.《建筑设计防火规范》第 3.3.6 条，厂房内设置丁、戊类中间仓库时，应采用耐火极限不低于 2.00 h 的防火隔墙和 1.00 h 的楼板与其他部位分隔。

4.《建筑设计防火规范》第 3.3.7 条，厂房内的丙类液体中间储罐应设置在单独房间内，其容量不应大于 5 m^3。设置中间储罐的房间，应采用耐火极限不低于 3.00 h 的防火隔墙和 1.50 h 的楼板与其他部位分隔，房间门应采用甲级防火门。

5.《建筑设计防火规范》第 3.3.9 条，办公室、休息室设置在丙、丁类仓库内时，应采用耐火极限不低于 2.50 h 的防火隔墙和 1.00 h 的楼板与其他部位分隔，并应设置独立的安全出口。隔墙上需开设相互连通的门时，应采用乙级防火门。

6.《建筑设计防火规范》第 3.6.9 条，有爆炸危险的甲、乙类厂房的分控制室宜独立设置，当贴邻外墙设置时，应采用耐火极限不低于 3.00 h 的防火隔墙与其他部位分隔。

7.《建筑设计防火规范》第 3.6.10 条，有爆炸危险区域内的楼梯间、室外楼梯或有爆炸危险的区域与相邻区域连通处，应设置门斗等防护措施。门斗的隔墙应为耐火极限不低于 2.00 h 的防火隔墙，门应采用甲级防火门并应与楼梯间的门错位设置。

8.《建筑设计防火规范》第 5.3.2 条，建筑内中庭与周围连通空间应进行防火分隔，当采用防火隔墙时，其耐火极限不应低于 1.00 h。

9.《建筑设计防火规范》第 5.3.5 条，防火隔间的墙应为耐火极限不低于 3.00 h 的防火隔墙。

10.《建筑设计防火规范》第 5.3.6 条，步行街两侧建筑的商铺之间应设置耐火极限不低于 2.00 h 的防火隔墙，每间商铺的建筑面积不宜大于 300 m^2。

11.《建筑设计防火规范》第 5.4.4A 条，老年人照料设施部分应与其他场所进行防火分隔，防火分隔应采用耐火极限不低于 2.00 h 的防火隔墙和 1.00 h 的楼板与其他场所或部位分隔，墙上必须设置的门、窗应采用乙级防火门、窗。

12.《建筑设计防火规范》第 5.4.5 条，医院和疗养院的病房楼内相邻护理单元之间应采用耐火极限不低于 2.00 h 的防火隔墙分隔，隔墙上的门应采用乙级防火门，设置在走道上的防火门应采用常开防火门。

13.《建筑设计防火规范》第 5.4.7 条，剧场、电影院、礼堂设置在其他民用建筑内时，至少应设置 1 个独立的安全出口和疏散楼梯，应采用耐火极限不低于 2.00 h 的防火隔墙和甲级防火门与其他区域分隔。

14.《建筑设计防火规范》第 5.4.9 条，歌舞娱乐放映游艺场所（不含剧场、电影院）厅、室之间及与建筑的其他部位之间，应采用耐火极限不低于 2.00 h 的防火隔墙和 1.00 h 的不燃性楼板分隔，设置在厅、室墙上的门和该场所与建筑内其他部位相通的门均应采用乙级防火门。

15.《建筑设计防火规范》第 5.4.10 条，除商业服务网点外，住宅建筑与其他使用功能的建筑合建时，住宅部分与非住宅部分之间，应采用耐火极限不低于 2.00 h 且无门、窗、洞口的防火隔墙和 1.50 h 的不燃性楼板完全分隔；当为高层建筑时，应采用无门、窗、洞口的防火墙和耐火极限不低于 2.00 h 的不燃性楼板完全分隔。

16.《建筑设计防火规范》第 5.4.11 条，设置商业服务网点的住宅建筑，其居住部分与商业服务网点之间应采用耐火极限不低于 2.00 h 且无门、窗、洞口的防火隔墙和 1.50 h 的不燃性楼板完全分隔，住宅部分和商业服务网点部分的安全出口和疏散楼梯应分别独立设置。商业服务网点中每个分隔单元之间应采用耐火极限不低于 2.00 h 且无门、窗、洞口的防火隔墙相互分隔。

17.《建筑设计防火规范》第 5.4.12 条，锅炉房、变压器室等与其他部位之间应采用耐火极限不低于 2.00 h 的防火隔墙和 1.50 h 的不燃性楼板分隔。在隔墙和楼板上不应开设洞口，确需在隔墙上设置门、窗时，应采用甲级防火门、窗。锅炉房内设置储油间时，其总储存量不应大于 1 m^3，且储油间应采用耐火极限不低于 3.00 h 的防火隔墙与锅炉间分隔；确需在防火隔墙上设置门时，应采用甲级防火门。

18.《建筑设计防火规范》第 5.4.13 条，柴油发电机房应采用耐火极限不低于 2.00 h 的防火隔墙和 1.50 h 的不燃性楼板与其他部位分隔，门应采用甲级防火门；机房内设置储油间时，其总储存量不应大于 1 m^3，储油间应采用耐火极限不低于 3.00 h 的防火隔墙与发电机间分隔；确需在防火隔墙上开门时，应设置甲级防火门。

19.《建筑设计防火规范》第 5.5.6 条，直通建筑内附设汽车库的电梯，应在汽车库部分设置电梯候梯厅，并应采用耐火极限不低于 2.00 h 的防火隔墙和乙级防火门与汽车库分隔。

20.《建筑设计防火规范》第 5.5.10 条，高层公共建筑的疏散楼梯，当分散设置确有困难且从任一疏散门至最近疏散楼梯间入口的距离小于 10 m 时，可采用剪刀楼梯间，梯段之间应设置耐火极限不低于 1.00 h 的防火隔墙。

21.《建筑设计防火规范》第 5.5.23 条，避难层可兼作设备层。设备管道宜集中布置，其中的易燃、可燃液体或气体管道应集中布置，设备管道区应采用耐火极限不低于 3.00 h 的防火隔墙与避难区分隔。管道井和设备间应采用耐火极限不低于 2.00 h 的防火隔墙与避难区分隔，管道井和设备间的门不应直接开向避难区；确需直接开向避难区时，与避难层区出入口的距离不应小于 5 m，且应采用甲级防火门。

22.《建筑设计防火规范》第 5.5.24 条，高层病房楼应在二层及以上的病房楼层和洁净手术部设置避难间。避难间应靠近楼梯间，并应采用耐火极限不低于 2.00 h 的防火隔墙和甲级防火门与其他部位分隔。

23.《建筑设计防火规范》第 6.2.1 条，剧场等建筑的舞台与观众厅之间的隔墙应采用耐火极限不低于 3.00 h 的防火隔墙。舞台上部与观众厅闷顶之间的隔墙可采用耐火极限不低于 1.50 h 的防火隔墙，隔墙上的门应采用乙级防火门。舞台下部的灯光操作室和可燃物储藏室应采用耐火极限不低于 2.00 h 的防火隔墙与其他部位分隔。电影放映室、卷片室应采用耐火极限不低于 1.50 h 的防火隔墙与其他部位分隔，观察孔和放映孔应采取防火分隔措施。

24.《建筑设计防火规范》第 6.2.2 条，医疗建筑内的手术室或手术部、产房、重症监护室、贵重精密医疗装备用房、储藏间、实验室、胶片室等，附设在建筑内的托儿所、幼儿园的儿童用房和儿童游乐厅等儿童活动场所、老年人照料设施，应采用耐火极限不低于 2.00 h 的防火隔墙和 1.00 h 的楼板与其他场所或部位分隔，墙上必须设置的门、窗应采用乙级防火门、窗。

25.《建筑设计防火规范》第 6.2.3 条，建筑内的下列部位应采用耐火极限不低于 2.00 h 的防火隔墙与其他部位分隔，墙上的门、窗应采用乙级防火门、窗，确有困难时，可采用防火卷帘，但应符合《建筑设计防火规范》第 6.5.3 条的规定：甲、乙类生产部位和建筑内使用丙类液体的部位；厂房内有明火和高温的部位；甲、乙、丙类厂房（仓库）内布置有不同火灾危险性类别的房间；民用建筑内的附属库房，剧场后台的辅助用房；除居住建筑中套内的厨房外，宿舍、公寓建筑中的公共厨房和其他建筑内的厨房；附设在住宅建筑内的机动车库。

26.《建筑设计防火规范》第 6.2.7 条，附设在建筑内的消防控制室、灭火设备室、消防水泵房和通风空气调节机房、变配电室等，应采用耐火极限不低于 2.00 h 的防火隔墙和 1.50 h 的楼板与其他部位分隔。设置在丁、戊类厂房内的通风机房，应采用耐火极限不低于 1.00 h 的防火隔墙和 0.50 h 的楼板与其他部位分隔。通风、空气调节机房和变配电室开向建筑内的门应采用甲级防火门，消防控制室和其他设备房开向建筑内的门应采用乙级防火门。

27.《建筑设计防火规范》第 6.4.4 条，除住宅建筑套内的自用楼梯外，地下或半地下建筑（室）的疏散楼梯间，应在首层采用耐火极限不低于 2.00 h 的防火隔墙与其他部位分隔并应直通室外，确需在隔墙上开门时，应采用乙级防火门。建筑的地下或半地下部分与地上部分不应共用楼梯间，确需共用楼梯间时，应在首层采用耐火极限不低于 2.00 h 的防火隔墙和乙级防火门将地下或半地下部分与地上部分的连通部位完全分隔，并应设置明显的标志。

28.《建筑设计防火规范》第 7.3.6 条，消防电梯井、机房与相邻电梯井、机房之间应设置耐火极限不低于 2.00 h 的防火隔墙，隔墙上的门应采用甲级防火门。

防火隔墙的设置位置不同，耐火极限要求不相同，可以通过下表的排除记忆法，只需重点记忆防火隔墙耐火极限为 3.00 h、2.50 h、1.00 h 的设置部位，剩下的部位采用的防火隔墙的耐火极限是 2.00 h。

防火隔墙耐火极限要求	防火隔墙设置部位
3.00 h	1. 厂房内的丙类液体中间储罐的房间 2. 有爆炸危险的甲、乙类厂房的分控制室贴邻外墙 3. 柴油发电机房、锅炉房内设置储油间 4. 避难层易燃、可燃液体或气体管道的设备管道区 5. 剧场等建筑的舞台与观众厅之间 6. 避难走道两侧的隔墙
2.50 h	1. 办公室、休息室设置在丙类厂房内 2. 办公室、休息室设置在丙、丁类仓库内
1.00 h	1. 建筑内中庭与周围连通空间 2. 剪刀楼梯间，梯段之间 3. 丁、戊类厂房内的通风机房
2.00 h	除上述部位以外

三、防火门

防火门是在一定时间内，连同框架能满足耐火完整性、隔热性等要求的门。为便于针对不同情况采取不同的防火措施，规定了防火门的耐火极限和开启方式等。建筑内设置的防火门，既能保持建筑防火分隔的完整性，又能方便人员疏散和开启，还应保证门的防火、防烟性能符合《防火门》（GB 12955—2008）的有关规定和人员的疏散需要。防火门应经消防产品质量检测中心检测试验认证才能使用。

1．设置在建筑内经常有人通行处的防火门宜采用常开防火门。常开防火门应能在火灾时自行关闭，并应具有信号反馈的功能。疏散走道在防火分区处应设置常开甲级防火门。为方便平时经常有人通行而需要保持常开的防火门，要采取措施使之能在着火时以及人员疏散后自行关闭，如设置与报警系统联动的控制装置和闭门器等。

2．除允许设置常开防火门的位置外，其他位置的防火门均应采用常闭防火门。常闭防火门应在其明显位置设置“保持防火门关闭”等提示标识。

3．除管井检修门和住宅的户门外，防火门应具有自行关闭功能。双扇防火门应具有按顺序自行关闭的功能。

4．除规定外的防火门应能在其内外两侧手动开启。

5．设置在建筑变形缝附近时，防火门应设置在楼层较多的一侧，并应保证防火门开启时门扇不跨越变形缝。

6．防火门关闭后应具有防烟性能。在现实中，防火门因密封条在未达到规定的温度时不会膨胀，不能有效阻止烟气侵入，对宾馆、住宅、公寓、医院住院部等场所发生火灾后的安全带来隐患。

四、防火窗

防火窗是在一定时间内，连同框架能满足耐火完整性、隔热性等要求的窗。防火窗一般设置在防火间距不足部位的建筑外墙上的开口处或屋顶天窗部位、建筑内的防火墙或防火隔墙上需要进行观察和监控活动等的开口部位、需要防止火灾竖向蔓延的外墙开口部位。设置在防火墙、防火隔墙上的防火窗，应采用不可开启的窗扇或具有火灾时能自行关闭的功能。防火窗应符合《防火窗》（GB 16809—2008）的有关规定。

五、防火卷帘

防火卷帘是在一定时间内，连同框架能满足耐火稳定性和完整性要求的卷帘，由帘板、卷轴、电机、导轨、支架、防护罩和控制机构等组成。防火卷帘主要用于需要进行防火分隔的墙体，特别是防火墙、防火隔墙上因生产、使用等需要开设较大开口而又无法设置防火门时的防火分隔。在实际使用过程中，防火卷帘存在着防烟效果差、可靠性低等问题以及在部分工程中存在大面积使用防火卷帘的现象，导致建筑内的防火分隔可靠性差，造成火灾蔓延扩大。因此，设计中不仅要尽量减少防火卷帘的使用，而且要仔细研究不同类型防火卷帘在工程中运行的可靠性。

防火分隔部位设置防火卷帘时，应符合下列规定：

1．除中庭外，当防火分隔部位的宽度不大于 30 m 时，防火卷帘的宽度不应大于 10 m。当防火分隔部位的宽度大于 30 m 时，防火卷帘的宽度不应大于该部位宽度的 1/3，且不应大于 20 m。防火分隔部位的宽度是指某一防火分隔区域与相邻防火分隔区域两两之间需要进行分隔的部位的总宽度。如某防火分隔区域为 B，与相邻的防火分隔区域 A 有 1 条边 L_1 相邻，则 B 区的防火分隔部位的总宽度为 L_1。与相邻的防火分隔区域 A 有 2 条边 L_1、L_2 相邻，则 B 区的防火分隔部位的总宽度为 L_1 与 L_2 之和。与相邻的防火分隔区域 A 和 C 分别有 1 条边 L_1、L_2 相邻，则 B 区的防火分隔部位的总宽度可以分别按 L_1 和 L_2 计算，而不需要叠加。

2．防火卷帘应具有火灾时靠自重自动关闭功能。

3．除另有规定外，防火卷帘的耐火极限不应低于《建筑设计防火规范》对所设置部位墙体的耐火极限要求。当防火卷帘的耐火极限符合《门和卷帘的耐火试验方法》（GB/T 7633—2008）有关耐火完整性和耐火隔热性的判定条件时，可不设置自动喷水灭火系统保护。当防火卷帘的耐火极限仅符合《门和卷帘的耐火试验方法》有关耐火完整性的判定条件时，应设置自动喷水灭火系统保护。自动喷水灭火系统的设计应符合《自动喷水灭火系统设计规范》的规定，但火灾延续时间不应小于该防火卷帘的耐火极限。

4．防火卷帘应具有防烟性能，与楼板、梁、墙、柱之间的空隙应采用防火封堵材料封堵。

5．需在火灾时自动降落的防火卷帘，应具有信号反馈的功能。

6．防火卷帘其他要求应符合《防火卷帘》（GB 14102—2005）。

六、防火阀

防火阀是安装在通风、空气调节系统的送、回风管道上，平时呈开启状态，火灾时当管道内烟气温度达到 70℃时关闭，并在一定时间内能满足漏烟量和耐火完整性要求，起隔烟阻火作用的阀门。防火阀一般由阀体、叶片、执行机构和温感器等部件组成。通风和空气调节系统的风管是建筑内部火灾蔓延的途径之一，要采取措施防止火势穿过防火墙和不燃性防火分隔物等位置蔓延。

1．通风、空气调节系统的风管在下列部位应设置公称动作温度为 70℃的防火阀。

（1）穿越防火分区处。

（2）穿越通风、空气调节机房的房间隔墙和楼板处。

（3）穿越重要或火灾危险性大的场所的房间隔墙和楼板处。

（4）穿越防火分隔处的变形缝两侧。

（5）竖向风管与每层水平风管交接处的水平管段上。

（6）当建筑内每个防火分区的通风、空气调节系统均独立设置时，水平风管与竖向总管的交接处可不设置防火阀。

2．公共建筑的浴室、卫生间和厨房的竖向排风管，应采取防止回流措施并宜在支管上设置公称动作温度为 70℃的防火阀。公共建筑内厨房的排油烟管道宜按防火分区设置，且在与竖向排风管连接的支管处应设置公称动作温度为 150℃的防火阀。

3．防火阀的设置应符合下列规定：

（1）防火阀宜靠近防火分隔处设置。

（2）防火阀暗装时，应在安装部位设置方便维护的检修口。

（3）在防火阀两侧各 2 m 范围内的风管及其绝热材料应采用不燃材料。目前，不燃绝热材料、消声材料有超细玻璃棉、玻璃纤维、岩棉、矿渣棉等。

（4）防火阀应符合《建筑通风和排烟系统用防火阀门》的规定。

七、排烟防火阀

排烟防火阀是安装在机械排烟系统的管道上，平时呈开启状态，火灾时当排烟管道内烟气温度达到 280℃时关闭，并在一定时间内能满足漏烟量和耐火完整性要求，起隔烟阻火作用的阀门。排烟防火阀一般由阀体、叶片、执行机构和温感器等部件组成。排烟防火阀应符合《建筑通风和排烟系统用防火阀门》（GB 15930—2007）的有关规定。

排烟系统管道上安装排烟防火阀，在一定时间内能满足耐火稳定性和耐火完整性的要求，可起隔烟阻火作用。通常房间发生火灾时，房间内的排烟口开启，同时联动排烟风机启动排烟，人员进行疏散。当排烟管道内的烟气温度达到或超过 280℃时，烟气中有可能卷吸火焰或夹带火种。穿越防火分区的排烟管道应在穿越处设置排烟防火阀。

专题 11：住宅的消防设施

一、室外消火栓系统

1．民用建筑周围应设置室外消火栓系统。居住区人数不超过 500 人且建筑层数不超过 2 层的居住区，可不设置室外消火栓系统。

2．用于消防救援和消防车停靠的屋面上，应设置室外消火栓系统。

二、室内消火栓系统

建筑高度大于 21 m 的住宅建筑应设置室内消火栓系统。建筑高度不大于 27 m 的住宅建筑，设置室内消火栓系统确有困难时，可只设置干式消防竖管和不带消火栓箱的 DN65 的室内消火栓。

三、消防软管卷盘或轻便消防水龙

建筑高度大于 100 m 的建筑和建筑面积大于 200 m^2 的商业服务网点内应设置消防软管卷盘或轻便消防水龙。高层住宅建筑的户内宜配置轻便消防水龙。

四、自动灭火系统

建筑高度大于 100 m 的住宅建筑。

五、火灾自动报警系统

1．建筑高度大于 100 m 的住宅建筑，应设置火灾自动报警系统。

2．建筑高度大于 54 m、不大于 100 m 的住宅建筑，其公共部位应设置火灾自动报警系统，套内宜设置火灾探测器。

3．建筑高度不大于 54 m 的高层住宅建筑，其公共部位宜设置火灾自动报警系统。当设置需联动控制的消防设施时，公共部位应设置火灾自动报警系统。

4．高层住宅建筑的公共部位应设置具有语音功能的火灾声警报装置或应急广播。

六、防烟设施

1．防烟楼梯间及其前室、消防电梯间前室或合用前室、避难层（间）应设置防烟设施。

2．建筑高度不大于 100 m 的住宅建筑，当其防烟楼梯间的前室或合用前室采用敞开的阳台、凹廊，前室或合用前室具有不同朝向的可开启外窗，且可开启外窗的面积满足自然排烟口的面积要求时，楼梯间可不设防烟系统。

七、排烟设施

1．中庭。

2．建筑内长度大于 20 m 的疏散走道。

3．总建筑面积大于 200 m^2 或一个房间建筑面积大于 50 m^2，且经常有人停留或可燃物较多的地下或半地下建筑（室）、地上建筑内的无窗房间。

八、消防应急照明

1．疏散照明。建筑高度大于 27 m 的住宅建筑的封闭楼梯间、防烟楼梯间及其前室、消防电梯间的前室或合用前室、避难走道、避难层（间）。

2．备用照明。消防控制室、消防水泵房、自备发电机房、配电室、防排烟机房以及发生火灾时仍需正常工作的消防设备房应设置备用照明，其作业面的最低照度不应低于正常照明的照度。

九、灯光疏散指示标志

建筑高度大于 54 m 的住宅建筑应设置灯光疏散指示标志，并应设置在安全出口和人员密集的场所的疏散门的正上方。应设置在疏散走道及其转角处距地面高度 1 m 以下的墙面或地面上。灯光疏散指示标志的间距不应大于 20 m；对于袋形走道，不应大于 10 m；在走道转角区，不应大于 1 m。

十、灭火器

高层住宅建筑的公共部位应设置灭火器，其他住宅建筑的公共部位宜设置灭火器。

专题 12：公共建筑的消防设施

一、室外消火栓系统

公共建筑周围应设置室外消火栓系统；用于消防救援和消防车停靠的屋面上，应设置室外消火栓系统。

二、室内消火栓系统

1. 高层公共建筑。

2. 体积大于 5 000 m^3 的车站、码头、机场的候车（船、机）建筑、展览建筑、商店建筑、旅馆建筑、医疗建筑和图书馆建筑等单、多层建筑。

3. 特等、甲等剧场，超过 800 个座位的其他等级的剧场和电影院等，超过 1 200 个座位的礼堂、体育馆等单、多层建筑。

4. 建筑高度大于 15 m 或体积大于 10 000 m^3 的办公建筑、教学建筑和其他单、多层民用建筑。

5. 国家级文物保护单位的重点砖木或木结构的古建筑，宜设置室内消火栓系统。

三、消防软管卷盘或轻便消防水龙

1. 未规定设置室内消火栓的建筑或场所，宜设置消防软管卷盘或轻便消防水龙。

2. 远离城镇且无人值班的独立建筑。

3. 室内没有生产、生活给水管道，室外消防用水取自储水池且建筑体积不大于 5 000 m^3 的其他建筑。

4. 人员密集的公共建筑，建筑高度大于 100 m 的建筑，应设置消防软管卷盘或轻便消防水龙。注意 2、3 有关建筑可不设置室内消火栓系统，但宜设置消防软管卷盘或轻便消防水龙。

5. 老年人照料设施内应设置与室内供水系统直接连接的消防软管卷盘，消防软管卷盘的设置间距不应大于 30 m。

四、自动喷水灭火系统

除另有规定和不宜用水保护或灭火的场所外，下列民用建筑或场所应设置自动灭火系统，并宜采用自动喷水灭火系统：

1. 一类高层公共建筑（含裙房，游泳池、溜冰场除外）及其地下、半地下室。

2. 二类高层公共建筑（含裙房）及其地下、半地下室的公共活动用房、走道、办公室和旅馆的客房、可燃物品库房、自动扶梯底部。

3. 特等、甲等剧场，超过 1 500 个座位的其他等级的剧场，超过 2 000 个座位的会堂或礼堂，超过 3 000 个座位的体育馆，超过 5 000 人的体育场的室内人员休息室与器材间等。

4. 任一层建筑面积大于 1 500 m^2 或总建筑面积大于 3 000 m^2 的展览、商店、餐饮和旅馆建筑以及医院中同样建筑规模的病房楼、门诊楼和手术部。

5. 设置送回风道（管）的集中空气调节系统且总建筑面积大于 3 000 m^2 的办公建筑等。

6. 藏书量超过 50 万册的图书馆。

7. 大、中型幼儿园，老年人照料设施。

8. 总建筑面积大于 500 m^2 的地下或半地下商店。

9．设置在地下或半地下、地上四层及以上楼层的歌舞娱乐放映游艺场所（除游泳场所外），设置在首层、二层和三层且任一层建筑面积大于 300 m^2 的地上歌舞娱乐放映游艺场所（除游泳场所外）。

10．高层民用建筑内的歌舞娱乐放映游艺场所。

五、固定消防炮灭火系统

难以设置自动喷水灭火系统的展览厅、观众厅等人员密集的场所，应设置其他自动灭火系统，并宜采用固定消防炮等灭火系统。

六、火灾自动报警系统

应设置火灾自动报警系统的场所有：

1．任一层建筑面积大于 1 500 m^2 或总建筑面积大于 3 000 m^2 的商店、展览、财贸金融、客运和货运等类似用途的建筑；总建筑面积大于 500 m^2 的地下或半地下商店。

2．图书或文物的珍藏库，每座藏书超过 50 万册的图书馆，重要的档案馆。重要的档案馆主要指《档案馆设计规范》（JGJ 25—2010）规定的国家档案馆。其他专业档案馆，可视具体情况比照本规定确定。

3．地市级及以上广播电视建筑、邮政建筑、电信建筑，城市或区域性电力、交通和防灾等指挥调度建筑。

4．特等、甲等剧场，座位数超过 1 500 个的其他等级的剧场或电影院，座位数超过 2 000 个的会堂或礼堂，座位数超过 3 000 个的体育馆[剧场和电影院的级别，按《剧场建筑设计规范》（JGJ 57—2000）和《电影院建筑设计规范》（JGJ 58—2008）确定]。

5．大、中型幼儿园的儿童用房等场所，老年人照料设施，任一层建筑面积大于 1 500 m^2 或总建筑面积大于 3 000 m^2 的疗养院的病房楼、旅馆建筑和其他儿童活动场所，不少于 200 个床位的医院门诊楼、病房楼和手术部等。

6．歌舞娱乐放映游艺场所。

7．净高大于 2.6 m 且可燃物较多的技术夹层，净高大于 0.8 m 且有可燃物的闷顶或吊顶内。

8．电子信息系统的主机房及其控制室、记录介质库，特殊贵重或火灾危险性大的机器、仪表、仪器设备室、贵重物品库房。

9．二类高层公共建筑内建筑面积大于 50 m^2 的可燃物品库房和建筑面积大于 500 m^2 的营业厅。

10．其他一类高层公共建筑。

11．设置机械排烟、防烟系统、雨淋或预作用自动喷水灭火系统、固定消防水炮灭火系统等需与火灾自动报警系统连锁动作的场所或部位。

12．建筑内可能散发可燃气体、可燃蒸气的场所应设置可燃气体报警装置。

13．老年人照料设施中的老年人用房及其公共走道，均应设置火灾探测器和声警报装置或消防广播。

七、气体灭火系统

气体灭火系统主要包括高低压二氧化碳、七氟丙烷、三氟甲烷、氮气、IG541、IG55 等灭火系统。气体灭火剂不导电、一般不造成二次污染，是扑救电子设备、精密仪器设备、贵重仪器和档案图书等纸质、绢质或磁介质材料信息载体的良好灭火剂。气体灭火系统在密闭的空间里有良好的灭火效果，但系统投资较高，故《建筑设计防火规范》只要求在一些重要的机房、贵重设备室、珍藏室、档案库内设置。

1．国家、省级或人口超过 100 万的城市广播电视发射塔内的微波机房、分米波机房、米波机房、变配电室和不间断电源（UPS）室。

2．国际电信局、大区中心、省中心和一万路以上的地区中心内的长途程控交换机房、控制室和信令转接点室。

3．两万线以上的市话汇接局和六万门以上的市话端局内的程控交换机房、控制室和信令转接点室。

4．中央及省级公安、防灾和网局级及以上的电力等调度指挥中心内的通信机房和控制室。

5．A、B级电子信息系统机房内的主机房和基本工作间的已记录磁（纸）介质库。当有备用主机和备用已记录磁（纸）介质，且设置在不同建筑内或同一建筑内的不同防火分区内时，可采用预作用自动喷水灭火系统。

6．中央和省级广播电视中心内建筑面积不小于120 m^2的音像制品库房。

7．国家、省级或藏书量超过100万册的图书馆内的特藏库；中央和省级档案馆内的珍藏库和非纸质档案库；大、中型博物馆内的珍品库房；一级纸绢质文物的陈列室。

8．其他特殊重要设备室。

注：第1、第4、第5、第8款规定的部位，可采用细水雾灭火系统。

八、灭火器

公共建筑内应设置灭火器。

九、排烟设施

1．设置在首层、二层和三层且房间建筑面积大于100 m^2的歌舞娱乐放映游艺场所，设置在四层及以上楼层、地下或半地下的歌舞娱乐放映游艺场所。

2．中庭。

3．公共建筑内建筑面积大于100 m^2且经常有人停留的地上房间。

4．公共建筑内建筑面积大于300 m^2且可燃物较多的地上房间。

5．建筑内长度大于20 m的疏散走道。

6．总建筑面积大于200 m^2或一个房间建筑面积大于50 m^2，且经常有人停留或可燃物较多的地下或半地下建筑（室）、地上建筑内的无窗房间。

十、消防应急照明

除建筑高度小于27 m的住宅建筑外，民用建筑的下列部位应设置疏散照明：

1．封闭楼梯间、防烟楼梯间及其前室、消防电梯间的前室或合用前室、避难走道、避难层（间）。

2．观众厅、展览厅、多功能厅和建筑面积大于200 m^2的营业厅、餐厅、演播室等人员密集的场所。

3．建筑面积大于100 m^2的地下或半地下公共活动场所。

4．公共建筑内的疏散走道。

疏散照明灯具应设置在出口的顶部、墙面的上部或顶棚上；备用照明灯具应设置在墙面的上部或顶棚上。

建筑内疏散照明的地面最低水平照度应符合下列规定：

1．对于疏散走道，不应低于1.0 lx。

2．对于人员密集场所、避难层（间），不应低于3.0 lx；对于老年人照料设施、病房楼或手术部的避难间，不应低于10.0 lx。

3．对于楼梯间、前室或合用前室、避难走道，不应低于5.0 lx；对于人员密集场所、老年人照料设施、病房楼或手术部内的楼梯间、前室或合用前室、避难走道，不应低于10.0 lx。

4．消防控制室、消防水泵房、自备发电机房、配电室、防排烟机房以及发生火灾时仍需正常工作的消防设备房应设置备用照明，其作业面的最低照度不应低于正常照明的照度。

十一、灯光疏散指示标志

1．公共建筑应设置灯光疏散指示标志，应设置在安全出口和人员密集的场所的疏散门的正上方。应设置在疏散走道及其转角处距地面高度 1 m 以下的墙面或地面上，灯光疏散指示标志的间距不应大于20 m；对于袋形走道，不应大于 10 m；在走道转角区，不应大于 1 m。

2．下列建筑或场所应在疏散走道和主要疏散路径的地面上增设能保持视觉连续的灯光疏散指示标志或蓄光疏散指示标志：

（1）总建筑面积大于 8 000 m^2 的展览建筑。

（2）总建筑面积大于 5 000 m^2 的地上商店。

（3）总建筑面积大于 500 m^2 的地下或半地下商店。

（4）歌舞娱乐放映游艺场所。

（5）座位数超过 1 500 个的电影院、剧场，座位数超过 3 000 个的体育馆、会堂或礼堂。

（6）车站、码头建筑和民用机场航站楼中建筑面积大于 3 000 m^2 的候车室、候船厅和航站楼的公共区。

十二、灭火器

公共建筑内应设置灭火器。

专题 13：民用建筑的内装修

一、特别场所要求

1．建筑内部装修不应擅自减少、改动、拆除、遮挡消防设施、疏散指示标志、安全出口、疏散出口、疏散走道和防火分区、防烟分区等。

2．建筑内部消火栓箱门不应被装饰物遮掩，消火栓箱门四周的装修材料颜色应与消火栓箱门的颜色有明显区别或在消火栓箱门表面设置发光标志。

3．疏散走道和安全出口的顶棚、墙面不应采用影响人员安全疏散的镜面反光材料。

4．地上建筑的水平疏散走道和安全出口的门厅，其顶棚应采用 A 级装修材料，其他部位应采用不低于 B1 级的装修材料；地下民用建筑的疏散走道和安全出口的门厅，其顶棚、墙面和地面均应采用 A 级装修材料。

5．疏散楼梯间和前室的顶棚、墙面和地面均应采用 A 级装修材料。

6．建筑物内设有上、下层相连通的中庭、走马廊、开敞楼梯、自动扶梯时，其连通部位的顶棚、墙面应采用 A 级装修材料，其他部位应采用不低于 B1 级的装修材料。

7．建筑内部变形缝（包括沉降缝、伸缩缝、抗震缝等）两侧基层的表面装修应采用不低于 B1 级的装修材料。

8．无窗房间内部装修材料的燃烧性能等级除 A 级外，应在规定的基础上提高一级。

9．消防水泵房、机械加压送风排烟机房、固定灭火系统钢瓶间、配电室、变压器室、发电机房、储油间、通风和空调机房等，其内部所有装修均应采用 A 级装修材料。

10．消防控制室等重要房间，其顶棚和墙面应采用 A 级装修材料，地面及其他装修应采用不低于 B1 级的装修材料。

11．建筑物内的厨房，其顶棚、墙面、地面均应采用 A 级装修材料。

12．经常使用明火器具的餐厅、科研试验室，其装修材料的燃烧性能等级除 A 级外，应在规定的基础上提高一级。

13．民用建筑内的库房或贮藏间，其内部所有装修除应符合相应场所规定外，还应采用不低于 B1 级的装修材料。

14．展览性场所装修设计应符合下列规定：

（1）展台材料应采用不低于 B1 级的装修材料。

（2）在展厅设置电加热设备的餐饮操作区内，与电加热设备贴邻的墙面、操作台均应采用 A 级装修材料。

（3）展台与卤钨灯等高温照明灯具贴邻部位的材料应采用 A 级装修材料。

15．住宅建筑装修设计应符合下列规定：

（1）不应改动住宅内部烟道、风道。

（2）厨房内的固定橱柜宜采用不低于 B1 级的装修材料。

（3）卫生间顶棚宜采用 A 级装修材料。

（4）阳台装修宜采用不低于 B1 级的装修材料。

16．照明灯具及电气设备、线路的高温部位，当靠近非 A 级装修材料或构件时，应采取隔热、散热等防火保护措施，与窗帘、帷幕、幕布、软包等装修材料的距离不应小于 500 mm；灯饰应采用不低于 B1 级的材料。

17．建筑内部的配电箱、控制面板、接线盒、开关、插座等不应直接安装在低于 B1 级的装修材料上；用于顶棚和墙面装修的木质类板材，当内部含有电器、电线等物体时，应采用不低于 B1 级的材料。

18．当室内顶棚、墙面、地面和隔断装修材料内部安装电加热供暖系统时，室内采用的装修材料和绝热材料的燃烧性能等级应为 A 级。当室内顶棚、墙面、地面和隔断装修材料内部安装水暖（或蒸汽）供暖系统时，其顶棚采用的装修材料和绝热材料的燃烧性能应为 A 级，其他部位的装修材料和绝热材料的燃烧性能不应低于 B1 级，且应符合有关公共场所的规定。

19．建筑内部不宜设置采用 B3 级装饰材料制成的壁挂、布艺等，当需要设置时，不应靠近电气线路、火源或热源，或采取隔离措施。

二、单、多层民用建筑内部各部位装修材料的燃烧性能等级

单、多层民用建筑内部各部位装修材料的燃烧性能等级

序号	建筑物及场所	建筑规模、性质	装修材料燃烧性能等级							
			顶棚	墙面	地面	隔断	固定家具	装饰织物		其他装饰材料
								窗帘	帷幕	
1	候机楼的候机大厅、商店、餐厅、贵宾候机室、售票厅等	—	A	A	B1	B1	B1	B1	—	B1
2	汽车站、火车站、轮船客运站的候车（船）室、商店、餐饮场所等	建筑面积＞10 000 m^2	A	A	B1	B1	B1	B1	—	B2
		建筑面积≤10 000 m^2	A	B1	B1	B1	B1	B1	—	B2
3	观众厅、会议厅、多功能厅、等候厅等	每个厅建筑面积＞400 m^2	A	A	B1	B1	B1	B1	B1	B1
		每个厅建筑面积≤400 m^2	A	B1	B1	B1	B2	B1	B1	B2
4	体育馆	＞3 000 座位	A	A	B1	B1	B1	B1	B1	B2
		≤3 000 座位	A	B1	B1	B1	B2	B2	B1	B2

序号	建筑物及场所	建筑规模、性质	装修材料燃烧性能等级							
			顶棚	墙面	地面	隔断	固定家具	装饰织物		其他装饰材料
								窗帘	帷幕	
5	商场营业厅（此处除汽车站、火车站、轮船客运站以外的商店）	每层建筑面积＞1 500 m^2或总建筑面积＞3 000 m^2	A	B1	B1	B1	B1	B1	—	B2
		每层建筑面积≤1 500 m^2或总建筑面积≤3 000 m^2	A	B1	B1	B1	B2	B1	—	—
6	宾馆、饭店的客房及公共活动用房等	设有送回风（管）的集中空气调节系统	A	B1	B1	B1	B2	B2	—	B2
		其他	B1	B1	B2	B2	B2	B2	—	—
7	养老院、托儿所、幼儿园的居住及活动场所	—	A	A	B1	B1	B2	B1	—	B2
8	医院的病房区、诊疗区、手术区	—	A	A	B1	B1	B2	B1	—	B2
9	教学场所、教学实验场所	—	A	B1	B2	B2	B2	B2	B2	B2
10	纪念馆、展览馆、博物馆、图书馆、档案馆、资料馆等的公众活动场所	—	A	B1	B1	B1	B2	B1	—	B2
11	存放文物、纪念展览物品、重要图书、档案资料的场所	—	A	A	B1	B1	B2	B1	—	B2
12	歌舞娱乐游艺场所	—	A	B1	B1	B1	B1	B1	B1	B1
13	A、B级电子信息系统机房及装有重要机器仪器的房间	—	A	A	B1	B1	B1	B1	B1	B1
14	餐饮场所（此处除汽车站、火车站、轮船客运站以外的餐饮场所）	营业面积＞100 m^2	A	B1	B1	B1	B2	B1	—	B2
		营业面积≤100 m^2	B1	B1	B1	B2	B2	B2	—	B2
15	办公场所	设有送回风（管）的集中空气调节系统	A	B1	B1	B1	B2	B2	—	B2
		其他	B1	B1	B2	B2	B2	—	—	—
16	其他公共建筑	—	B1	B1	B2	B2	B2	—	—	—
17	住宅	—	B1	B1	B1	B1	B2	B2	—	B2

注：（1）除特别场所建筑内各部位装修的通用防火要求和本表中序号为11～13规定的部位外，单、多层民用建筑内面积小于100 m^2的房间，当采用耐火极限不低于2.00 h的防火隔墙和甲级防火门、窗与其他部位分隔时，其装修材料的燃烧性能等级可在本表的基础上降低一级。

（2）除特别场所建筑内各部位装修的通用防火要求和本表中序号为11～13规定的部位外，当单、多层民用建筑需做内部装修的空间内装有自动灭火系统时，除顶棚外，其内部装修材料的燃烧性能等级可在本表规定的基础上降低一级；当同时装有火灾自动报警装置和自动灭火系统时，其装修材料的燃烧性能等级可在本表规定的基础上降低一级。

三、高层民用建筑内部各部位装修材料的燃烧性能等级

高层民用建筑内部各部位装修材料的燃烧性能等级

序号	建筑物及场所	建筑规模、性质	装修材料燃烧性能等级									
			顶棚	墙面	地面	隔断	固定家具	装饰织物				其他装饰材料
								窗帘	帷幕	床罩	家具包布	
1	候机楼的候机大厅、商店、餐厅、贵宾候机室、售票厅等	—	A	A	B1	B1	B1	B1	—	—	—	B1
2	汽车站、火车站、轮船客运站的候车（船）室、商店、餐饮场所等	建筑面积＞10 000 m^2	A	A	B1	B1	B1	B1	—	—	—	B2
		建筑面积≤10 000 m^2	A	B1	B1	B1	B1	B1	—	—	—	B2
3	观众厅、会议厅、多功能厅、等候厅等	每个厅建筑面积＞400 m^2	A	A	B1	B1	B1	B1	B1	—	B1	B1
		每个厅建筑面积≤400 m^2	A	B1	B1	B1	B2	B1	B1	—	B1	B1

序号	建筑物及场所	建筑规模、性质	装修材料燃烧性能等级									
			顶棚	墙面	地面	隔断	固定家具	装饰织物				其他装饰材料
								窗帘	帷幕	床罩	家具包布	
4	商场营业厅（此处除汽车站、火车站、轮船客运站以外的商店）	每层建筑面积＞1 500 m^2 或总建筑面积＞3 000 m^2 的营业厅	A	B1	B1	B1	B1	B1	B1	—	B2	B1
		每层建筑面积≤1 500 m^2 或总建筑面积≤3 000 m^2 的营业厅	A	B1	B1	B1	B1	B1	B2	—	B2	B2
5	宾馆、饭店的客房及公共活动用房等	一类建筑	A	B1	B1	B1	B2	B2	—	B1	B2	B1
		二类建筑	B1	B1	B2	B2	B2	B2	—	B2	B2	B2
6	养老院、托儿所、幼儿园的居住及活动场所	—	A	A	B1	B1	B2	B1	—	B2	B2	B1
7	医院的病房区、诊疗区、手术区	—	A	A	B1	B1	B2	B1	B1	—	B2	B1
8	教学场所、教学实验场所	—	A	B1	B2	B2	B2	B1	B1	—	B1	B2
9	纪念馆、展览馆、博物馆、图书馆、档案馆、资料馆等的公众活动场所	一类建筑	A	B1	B1	B1	B2	B1	B1	—	B1	B1
		二类建筑	A	B1	B1	B1	B2	B1	B2	—	B2	B2
10	存放文物、纪念展览物品、重要图书、档案资料的场所	—	A	A	B1	B1	B2	B1	—	—	B1	B2
11	歌舞娱乐游艺场所	—	A	B1	B1	B1	B1	B1	B1	B1	B1	B1
12	A、B 级电子信息系统机房及装有重要机器仪器的房间	—	A	A	B1	B1	B1	B1	B1	—	B1	B1
13	餐饮场所（此处除汽车站、火车站、轮船客运站以外的餐饮场所）	—	A	B1	B1	B1	B2	B1	—	—	B1	B2
14	办公场所	一类建筑	A	B1	B1	B1	B2	B1	B1	—	B1	B1
		二类建筑	A	B1	B1	B1	B2	B1	B2	—	B2	B2
15	电信楼、财贸金融楼、邮政楼、广播电视楼、电力调度楼、防灾指挥调度楼	一类建筑	A	A	B1	B1	B1	B1	B1	—	B2	B1
		二类建筑	A	B1	B2	B2	B2	B1	B2	—	B2	B2
16	其他公共建筑	—	A	B1	B1	B1	B2	B2	B2	B2	B2	B2
17	住宅	—	B1	B1	B1	B1	B2	B1	—	B1	B2	B1

注：（1）除特别场所建筑内各部位装修的通用防火要求和本表中序号为 10～12 规定的部位外，高层民用建筑的裙房内面积小于 500 m^2 的房间，当设有自动灭火系统，并且采用耐火极限不低于 2.00 h 的防火隔墙和甲级防火门、窗与其他部位分隔时，顶棚、墙面、地面装修材料的燃烧性能等级可在本表规定的基础上降低一级。

（2）除特别场所建筑内各部位装修的通用防火要求和本表中序号为 10～12 规定的部位，以及大于 400 m^2 的观众厅、会议厅和 100 m 以上的高层民用建筑外，当设有火灾自动报警装置和自动灭火系统时，除顶棚外，其内部装修材料的燃烧性能等级可在本表规定的基础上降低一级。

（3）电视塔等特殊高层建筑的内部装修，装饰织物应采用不低于 B1 级的材料，其他均应采用 A 级装修材料。

四、地下民用建筑内部各部位装修材料的燃烧性能等级

地下民用建筑内部各部位装修材料的燃烧性能等级

序号	建筑物及场所	装修材料燃烧性能等级						
		顶棚	墙面	地面	隔断	固定家具	装饰织物	其他装饰材料
1	观众厅、会议厅、多功能厅、等候厅等，商店的营业厅	A	A	A	B1	B1	B1	B2
2	宾馆、饭店的客房及公共活动用房等	A	B1	B1	B1	B1	B1	B2
3	医院的诊疗区、手术区	A	A	B1	B1	B1	B1	B2
4	教学场所、教学实验场所	A	A	B1	B2	B2	B1	B2
5	纪念馆、展览馆、博物馆、图书馆、档案馆、资料馆等的公众活动场所	A	A	B1	B1	B1	B1	B1
6	存放文物、纪念展览物品、重要图书、档案资料的场所	A	A	A	A	A	B1	B1
7	歌舞娱乐游艺场所	A	A	B1	B1	B1	B1	B1
8	A、B 级电子信息系统机房及装有重要机器仪器的房间	A	A	B1	B1	B1	B1	B1
9	餐饮场所	A	A	A	B1	B1	B1	B2
10	办公场所	A	B1	B1	B1	B1	B2	B2
11	其他公共建筑	A	B1	B1	B2	B2	B2	B2
12	汽车库、修车库	A	A	B1	A	A	—	—

注：（1）地下民用建筑系指单层、多层、高层民用建筑的地下部分，单独建造在地下的民用建筑以及平战结合的地下人防工程。

（2）除特别场所建筑内各部位装修的通用防火要求和本表中序号为 6～8 规定的部位外，单独建造的地下民用建筑的地上部分，其门厅、休息室、办公室等内部装修材料的燃烧性能等级可在本表的基础上降低一级。

专题 14：民用建筑电气

一、消防电源及其配电

1．一类高层民用建筑的消防用电应按一级负荷供电。

2．下列建筑物、储罐（区）和堆场的消防用电应按二级负荷供电：

（1）二类高层民用建筑。

（2）座位数超过 1 500 个的电影院、剧场，座位数超过 3 000 个的体育馆，任一层建筑面积大于 3 000 m^2 的商店和展览建筑，省（市）级及以上的广播电视、电信和财贸金融建筑，室外消防用水量大于 25 L/s 的其他公共建筑。

3．消防用电按一、二级负荷供电的建筑，当采用自备发电设备作备用电源时，自备发电设备应设置自动和手动启动装置。当采用自动启动方式时，应能保证在 30 s 内供电。不同级别负荷的供电电源应符合《供配电系统设计规范》的规定。

4．建筑内消防应急照明和灯光疏散指示标志的备用电源的连续供电时间应符合下列规定：

（1）建筑高度大于 100 m 的民用建筑，不应小于 1.5 h。

（2）医疗建筑、老年人照料设施、总建筑面积大于 100 000 m^2 的公共建筑和总建筑面积大于 20 000 m^2

的地下、半地下建筑，不应少于 1 h。

（3）其他建筑，不应少于 0.5 h。

5. 消防用电设备应采用专用的供电回路，当建筑内的生产、生活用电被切断时，应仍能保证消防用电。

备用消防电源的供电时间和容量，应满足该建筑火灾延续时间内各消防用电设备的要求。

6. 消防配电干线宜按防火分区划分，消防配电支线不宜穿越防火分区。

7. 消防控制室、消防水泵房、防烟和排烟风机房的消防用电设备及消防电梯等的供电，应在其配电线路的最末一级配电箱处设置自动切换装置。

8. 按一、二级负荷供电的消防设备，其配电箱应独立设置；按三级负荷供电的消防设备，其配电箱宜独立设置。消防配电设备应设置明显标志。

9. 消防配电线路应满足火灾时连续供电的需要，其敷设应符合下列规定：

（1）明敷时（包括敷设在吊顶内），应穿金属导管或采用封闭式金属槽盒保护，金属导管或封闭式金属槽盒应采取防火保护措施；当采用阻燃或耐火电缆并敷设在电缆井、沟内时，可不穿金属导管或采用封闭式金属槽盒保护；当采用矿物绝缘类不燃性电缆时，可直接明敷。

（2）暗敷时，应穿管并应敷设在不燃性结构内且保护层厚度不应小于 30 mm。

（3）消防配电线路宜与其他配电线路分开敷设在不同的电缆井、沟内；确有困难需敷设在同一电缆井、沟内时，应分别布置在电缆井、沟的两侧，且消防配电线路应采用矿物绝缘类不燃性电缆。

二、电力线路及电气装置

1. 电力电缆不应和输送甲、乙、丙类液体管道，可燃气体管道，热力管道敷设在同一管沟内。

2. 开关、插座和照明灯具靠近可燃物时，应采取隔热、散热等防火措施。

卤钨灯和额定功率不小于 100 W 的白炽灯泡的吸顶灯、槽灯、嵌入式灯，其引入线应采用瓷管、矿棉等不燃材料作隔热保护。

额定功率不小于 60 W 的白炽灯、卤钨灯、高压钠灯、金属卤化物灯、荧光高压汞灯（包括电感镇流器）等，不应直接安装在可燃物体上或采取其他防火措施。

3. 爆炸危险环境电力装置的设计应符合《爆炸危险环境电力装置设计规范》的规定。爆炸危险环境应选用防爆型、隔爆型灯具，灯具的选型如下表所示。

爆炸危险环境照明装置的选型

<table>
<tr><td colspan="2">等级场所</td><td colspan="3">有可燃气体、液体场所</td><td colspan="2">有可燃粉尘、纤维的场所</td></tr>
<tr><td colspan="2">选型电气设备及其使用条件</td><td>连续出现或长期出现气体混合物的场所</td><td>在正常运行时可能出现爆炸性气体混合物的场所</td><td>在正常运行时不可能出现或即使出现也仅是短时间存在的爆炸性气体混合物的场所</td><td>连续出现或长期出现爆炸性粉尘混合物的场所</td><td>有时会将积留下的粉尘扬起而出现爆炸性粉尘混合物的场所</td></tr>
<tr><td rowspan="2">照明灯具</td><td>固定安装、移动式</td><td>防爆型、防爆通风充气型</td><td>任意一种防爆类型</td><td>密闭型</td><td>任意一级隔爆类型</td><td rowspan="3">密闭型</td></tr>
<tr><td>携带式</td><td>隔爆型</td><td>隔爆型</td><td>隔爆型、防爆安全型</td><td>任意一级隔爆类型</td></tr>
<tr><td colspan="2">配电装置</td><td>防爆型、防爆通风充气型</td><td></td><td>密闭型</td><td>任意一级隔爆类型、防爆通风充气型</td></tr>
</table>

4．老年人照料设施的非消防用电负荷应设置电气火灾监控系统。

5．下列建筑或场所的非消防用电负荷宜设置电气火灾监控系统：

（1）一类高层民用建筑。

（2）座位数超过 1 500 个的电影院、剧场，座位数超过 3 000 个的体育馆，任一层建筑面积大于 3 000 m^2 的商店和展览建筑，省（市）级及以上的广播电视、电信和财贸金融建筑，室外消防用水量大于 25 L/s 的其他公共建筑。

（3）国家级文物保护单位的重点砖木或木结构的古建筑。

专题 15：建筑保温

一、建筑外墙保温系统的类别

建筑保温是建筑节能的重大措施。建筑内外保温系统中保温材料的燃烧性能要达到基本要求。A 级材料属于不燃材料，火灾危险性很低，不会导致火焰蔓延。因此，在建筑的内、外保温系统中，要尽量选用 A 级保温材料。B2 级保温材料属于普通可燃材料，在点火源功率较大或有较强热辐射时，容易燃烧且火焰传播速度较快，有较大的火灾危险。如果必须要采用 B2 级保温材料，需采取严格的构造措施进行保护。同时，在施工过程中也要注意采取相应的防火措施，如分别堆放、远离焊接区域、上墙后立即做构造保护等。B3 级保温材料属于易燃材料，很容易被低能量的火源或电焊渣等点燃，而且火焰传播速度极为迅速，无论是在施工，还是在使用过程中，其火灾危险性都非常高。因此，在建筑的内、外保温系统中严禁采用 B3 级保温材料。建筑的内、外保温系统，宜采用燃烧性能为 A 级的保温材料，不宜采用 B2 级保温材料，严禁采用 B3 级保温材料。

建筑外墙保温分为外墙内保温系统、建筑外墙保温材料与两侧墙体构成无空腔复合保温结构、建筑外墙外保温系统。

建筑的内、外保温系统，宜采用燃烧性能为 A 级的保温材料，不宜采用 B2 级保温材料，严禁采用 B3 级保温材料。

1．外墙内保温系统：保温材料设置在建筑外墙室内一侧的保温系统。

2．建筑外墙采用保温材料与两侧墙体构成无空腔复合保温结构体：指夹心保温系统，保温层处于结构构件内部，保温层与两侧的墙体和结构受力体系共同作为建筑外墙使用，保温层与两侧的墙体和结构受力体系之间不存在空隙或空腔，该类保温体系的墙体，兼有墙体保温和建筑外墙体的功能。

3．建筑外墙外保温系统，又分为基层墙体、装饰层之间无空腔的建筑外墙外保温系统和基层墙体、装饰层之间有空腔的建筑外墙外保温系统。

基层墙体、装饰层之间无空腔的建筑外墙外保温系统类似薄抹灰的外保温系统，即保温材料与基层墙体及保护层、装饰层之间均无空腔（不包括采用粘贴方式施工时，保温材料与墙体找平层之间形成的空隙）。

基层墙体、装饰层之间有空腔的建筑外墙外保温系统是类似建筑幕墙与建筑基层墙体间存在空腔的保温系统。

二、建筑外墙内保温系统

1．对于人员密集场所，用火、燃油、燃气等具有火灾危险性的场所以及各类建筑内的疏散楼梯间、避难走道、避难间、避难层等场所或部位，应采用燃烧性能为 A 级的保温材料。

2．对于其他场所，应采用低烟、低毒且燃烧性能不低于 B1 级的保温材料。

3．保温系统应采用不燃材料做防护层。采用燃烧性能为 B1 级的保温材料时，防护层的厚度不应小于 10 mm。

三、建筑外墙采用保温材料与两侧墙体构成无空腔复合保温结构体

建筑外墙采用保温材料与两侧墙体构成无空腔复合保温结构体时，该结构体的耐火极限应符合《建筑设计防火规范》的有关规定；当保温材料的燃烧性能为 B1、B2 级时，保温材料两侧的墙体应采用不燃材料且厚度均不应小于 50 mm。

四、与基层墙体、装饰层之间无空腔的建筑外墙外保温系统

1．基层墙体、装饰层之间无空腔的建筑外墙外保温系统的技术要求。

基层墙体、装饰层之间无空腔的建筑外墙外保温系统的技术要求

建筑及场所	建筑高度	A 级保温材料	B1 级保温材料	B2 级保温材料
人员密集场所	—	应采用	不允许	不允许
住宅建筑	$h>100$ m	应采用	不允许	不允许
	27 m$<h\leq$100 m	宜采用	可采用：（1）每层设计防火隔离带。（2）建筑外墙上门、窗的耐火完整性不应低于 0.50 h	不允许
	$h\leq27$	宜采用	可采用，每层设计防火隔离带	可采用：（1）每层设计防火隔离带。（2）建筑外墙上门、窗的耐火完整性不应低于 0.50 h
除住宅建筑和设置人员密集场所的建筑外其他建筑	$h>50$ m	应采用	不允许	不允许
	24 m$<h\leq$50 m	宜采用	可采用：（1）每层设计防火隔离带。（2）建筑外墙上门、窗的耐火完整性不应低于 0.50 h	不允许
	$h\leq24$	宜采用	可采用，每层设计防火隔离带	可采用：（1）每层设计防火隔离带。（2）建筑外墙上门、窗的耐火完整性不应低于 0.50 h

2．住宅建筑与其他使用功能建筑合建时，整体建筑的外保温系统应按整体建筑的总高度确定，并应符合公共建筑的相关要求。

3．防火隔离带应采用燃烧性能为 A 级的材料，其高度不应小于 300 mm。

五、基层墙体、装饰层之间有空腔的建筑外墙外保温系统

1．设置人员密集场所的建筑，其外墙外保温材料的燃烧性能应为 A 级。

2．除设置人员密集场所的建筑外，与基层墙体、装饰层之间有空腔的建筑外墙外保温系统，其保温材料应符合下列规定：

（1）建筑高度大于 24 m 时，保温材料的燃烧性能应为 A 级。

（2）建筑高度不大于 24 m 时，保温材料的燃烧性能不应低于 B1 级。

3．建筑外墙外保温系统与基层墙体、装饰层之间的空腔，应在每层楼板处采用防火封堵材料封堵。

六、屋面外保温系统

建筑的屋面外保温系统，当屋面板的耐火极限不低于 1.00 h 时，保温材料的燃烧性能不应低于 B2 级；当屋面板的耐火极限低于 1.00 h 时，不应低于 B1 级。采用 B1、B2 级保温材料的外保温系统应采用不燃材料作防护层，防护层的厚度不应小于 10 mm。

当建筑的屋面和外墙外保温系统均采用 B1、B2 级保温材料时，屋面与外墙之间应采用宽度不小于 500 mm 的不燃材料设置防火隔离带进行分隔。

七、外墙装饰

建筑外墙的装饰层应采用燃烧性能为 A 级的材料，但建筑高度不大于 50 m 时，可采用 B1 级材料。

专题 16：木结构建筑

木结构建筑进行防火设计，其构件燃烧性能和耐火极限、层数和防火分区面积，以及防火间距等都要满足要求，建筑构件的燃烧性能和耐火极限应按《建筑设计防火规范》的规定。木结构建筑的其他防火设计应按《建筑设计防火规范》有关四级耐火等级建筑的规定，防火构造要求还应符合《木结构设计规范》（GB 50005—2017）等标准的规定。

一、木结构建筑或木结构组合建筑的允许层数和允许建筑高度

甲、乙、丙类厂房（库房）不应采用木结构建筑或木结构组合建筑。丁、戊类厂房（库房）和民用建筑，当采用木结构建筑或木结构组合建筑，其允许层数和允许建筑高度应按下表的规定。

木结构建筑或木结构组合建筑的允许层数和允许建筑高度

木结构建筑形式	普通木结构建筑	轻型木结构建筑	胶合木结构建筑	木结构建筑	木结构组合建筑
允许层数	2	3	1	3	7
允许建筑高度	10	10	不限	15	24

木结构建筑中防火墙间的允许建筑长度和每层最大允许建筑面积应符合下表的规定。

木结构建筑中防火墙间的允许建筑长度和每层最大允许建筑面积

层数/层	防火墙间的允许建筑长度/m	防火墙间的每层最大允许建筑面积/m^2
1	100	1 800
2	80	900
3	60	600

注：（1）当设置自动喷水灭火系统时，防火墙间的允许建筑长度和每层最大允许建筑面积可按上表规定增加 1 倍。当为丁、戊类地上厂房时，防火墙间的每层最大允许建筑面积不限。

（2）体育场馆等高大空间建筑，其建筑高度和建筑面积可适当增加。

二、其他要求

1．老年人照料设施，托儿所、幼儿园的儿童用房和活动场所设置在木结构建筑内时，应布置在首层

或二层。商店、体育馆和丁、戊厂房（库房）应采用单层木结构建筑。

2．设置在木结构住宅建筑内的机动车库、发电机间、配电间、锅炉间，应采用耐火极限不低于 2.00 h 的防火隔墙和 1.00 h 的不燃性楼板与其他部位分隔，不宜开设与室内相通的门、窗、洞口，确需开设时，可开设一樘不直通卧室的单扇乙级防火门。机动车库的建筑面积不宜大于 60 m^2。

3．管道、电气线路敷设在墙体内或穿过楼板、墙体时，应采取防火保护措施，与墙体、楼板之间的缝隙应采用防火封堵材料填塞密实。住宅建筑内厨房的明火或高温部位及排烟管道等应采用防火隔热措施。

4．木结构墙体、楼板及封闭吊顶或屋顶下的密闭空间内应采取防火分隔措施，且水平分隔长度或宽度均不应大于 20 m，建筑面积不应大于 300 m^2，墙体的竖向分隔高度不应大于 3 m。轻型木结构建筑的每层楼梯梁处应采取防火分隔措施。

（本章由陶昆编写）

第二篇
建筑消防设施

第四章 消防给水及消火栓系统

宋瑞明

专题 1：消防给水系统形式

一、高压消防给水系统

高压消防给水系统是指能够始终保持满足水灭火设施所需的工作压力和流量，火灾时无须消防水泵直接加压的供水系统（图 4-1）。

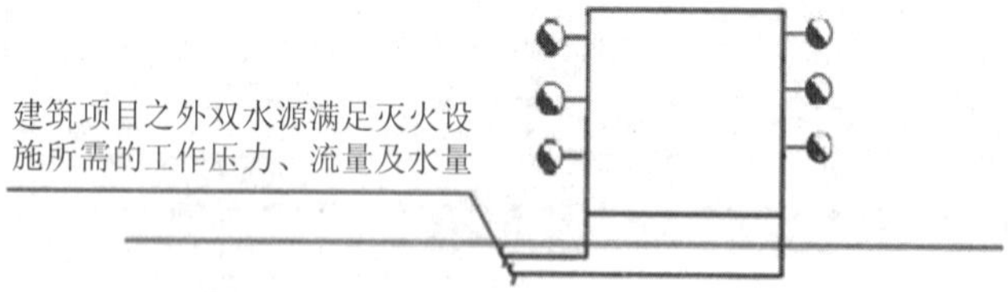

（a）管网高压系统示意

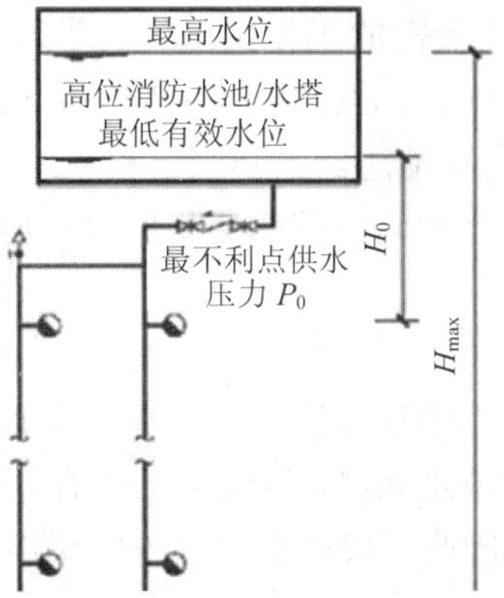

（b）重力高压系统示意

图 4-1　高压消防给水系统示意

二、临时高压消防给水系统

临时高压消防给水系统是指平时不能满足水灭火设施所需的工作压力和流量，火灾时能够自动启动消防水泵以满足水灭火设施所需的工作压力和流量的供水系统（图 4-2）。

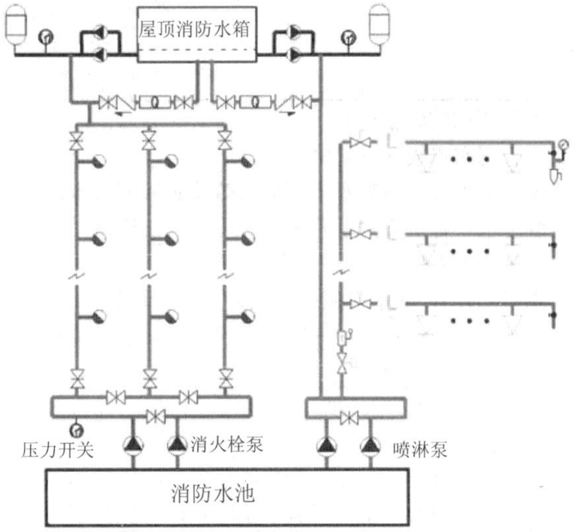

（a）采用消防加压设施的室内临时高压消防给水系统示意

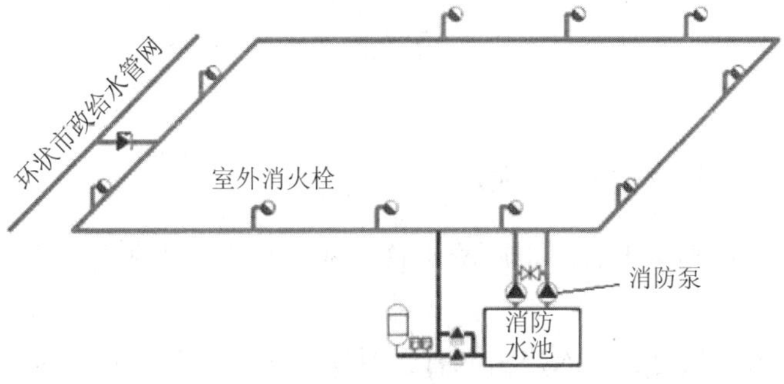

（b）采用消防加压设施的室外临时高压消防给水系统示意

图 4-2　临时高压消防给水系统示意

1．当给水系统不能满足水灭火设施所需的工作压力、流量以及水量中的任何一个时，需要启动消防加压设备以满足水灭火设施所需的工作压力、流量以及水量的供水系统则为临时高压消防给水系统。

2．当高位消防水池的有效容积满足《消防给水及消火栓系统技术规范》（GB 50974—2014）第4.3.11条第4款不小于50%储水量情况，且满足消防系统的流量、水压要求时，仍属于临时高压系统。

三、低压消防给水系统

低压消防给水系统能够满足车载或手抬移动消防水泵等取水所需的工作压力和流量的供水系统。

低压消防给水系统多用于室外消防给水系统，系统中不设消防水泵，因为室外给水管网一般埋地敷设，较高压力会导致管网渗漏，维修不便，因此一般建筑物室外宜采用低压消防给水系统，室内应采用高压或临时高压消防给水系统。

在低压消防给水系统管网中，平时最不利处消防用水点的水压和流量不能够满足灭火时的需要，在灭火时靠消防车的消防泵来加压，以满足最不利处消防用水点的水压和流量达到灭火的要求。其水源包括市政给水管网、区域给水管网或区域专用室外消防用水加压管网、室外消防水池。

专题2：消防水源

一、消防水源种类及要求

<table>
<tr><td rowspan="3">消防水源</td><td>市政给水</td><td>1. 市政给水管网可以连续供水。
2．市政给水管网布置成环状管网。
3．市政给水厂至少有两条输水干管向市政给水管网输水。
4．不同市政给水干管上不少于两条引入管向消防给水系统供水</td></tr>
<tr><td>消防水池</td><td>1. 消防水池有足够的有效容积。
2．应设取水口（井）；取水设施应有相应的保护设施。
3．与生活或其他用水合用时，应有确保消防用水不被挪用的技术措施。
4．寒冷地区应有防冻措施</td></tr>
<tr><td>天然水源</td><td>1. 江河湖海水库等作消防水源时，枯水流量保证率宜为90%～97%。应防止冰凌、漂浮物、悬浮物等物质堵塞消防设施。
2．枯水位能够确保消防车、固定和移动消防水泵取水。设置消防车道和消防车回车场或回车道。
3．井水作为消防水源时，水井不应少于两眼，且深井泵均采用一级供电负荷</td></tr>
<tr><td>备用水源</td><td colspan="2">雨水清水池、中水清水池、水景和游泳池</td></tr>
</table>

二、消防水池

（一）应设置消防水池情形（符合下列规定之一）

1．当生产、生活用水量达到最大时，市政给水管网或入户引入管不能满足室内、室外消防给水设计流量。

2．当采用一路消防供水或只有一条入户引入管，且室外消火栓设计流量大于20 L/s或建筑高度大于50 m。

3．市政消防给水设计流量小于建筑室内外消防给水设计流量。

（二）消防水池容积及相关要求

1．当市政给水管网能保证室外消防给水设计流量时，消防水池的有效容积应满足在火灾延续时间内室内消防用水量的要求。

2．当市政给水管网不能保证室外消防给水设计流量时，消防水池的有效容积应满足火灾延续时间内室内消防用水量和室外消防用水量不足部分之和的要求（即当市政供水仅能供应部分室外消火栓的市政消火栓用水量时，应将不能供给的室外消火栓用水量计入消防水池总用水量）。

3．当消防水池采用两路消防供水且在火灾情况下连续补水能满足消防要求时，消防水池的有效容积应根据计算确定，但不应小于 100 m^3，当仅设有消火栓系统时不应小于 50 m^3。

4．消防水池的总蓄水有效容积大于 500 m^3 时，宜设两格能独立使用的消防水池；当大于 1 000 m^3 时，应设置能够独立使用的两座消防水池。每格（或座）消防水池应设置独立的出水管，并应设置满足最低有效水位的连通管，且其管径应能满足消防给水设计流量的要求。

5．消防水池的给水管应根据其有效容积和补水时间确定，补水时间不宜大于 48 h，但当消防水池有效总容积大于 2 000 m^3 时，不应大于 96 h。消防水池进水管管径应计算确定，且不应小于 DN100。

（三）技术措施

1．消防用水与其他用水共用的水池，应采取确保消防用水量不作他用的技术措施。

2．消防用水与生产、生活用水合并时，为防止消防用水被生产、生活用水占用，因此要求有可靠的技术设施（例如，生产、生活用水的出水管设在消防水面之上或设置真空破坏器，以保证消防用水不作他用）（图 4-3）。

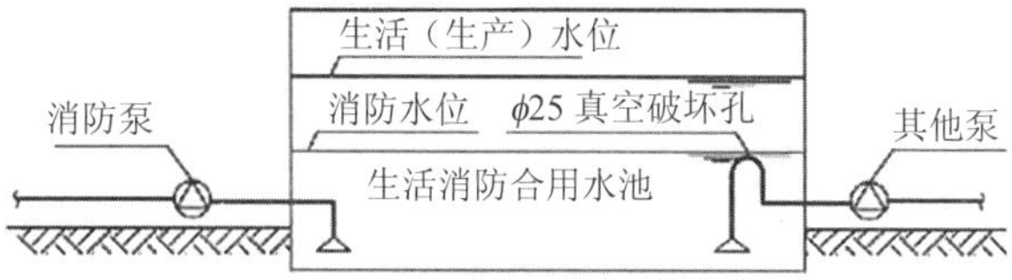

图 4-3　消防水池不作他用的技术措施

3．消防水池（箱）的有效水深是设计最高水位至消防水池（箱）最低有效水位之间的距离（图 4-4）。消防水泵吸水口的淹没深度应满足消防水泵在最低水位运行安全的要求，吸水管喇叭口在消防水池最低有效水位下的淹没深度应根据吸水喇叭口的水流速度和水力条件确定，但不应小于 600 mm（图 4-5）；当采用旋流防止器时，淹没深度不应小于 200 mm（消防水箱淹没深度不应小于 150 mm）（图 4-6，图 4-7）。

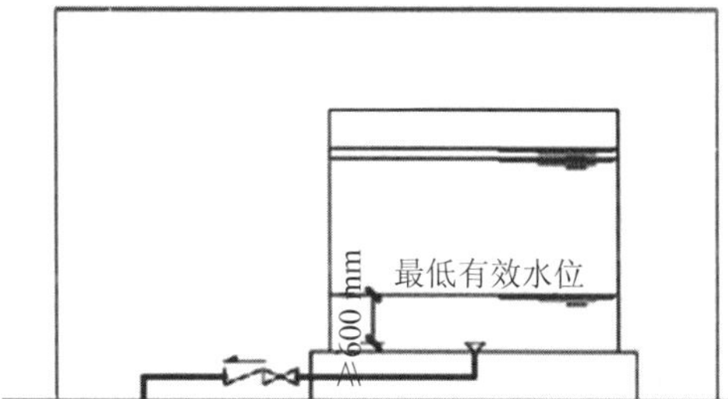

图 4-4　消防水箱出水管设喇叭口

图 4-5　吸水管喇叭口

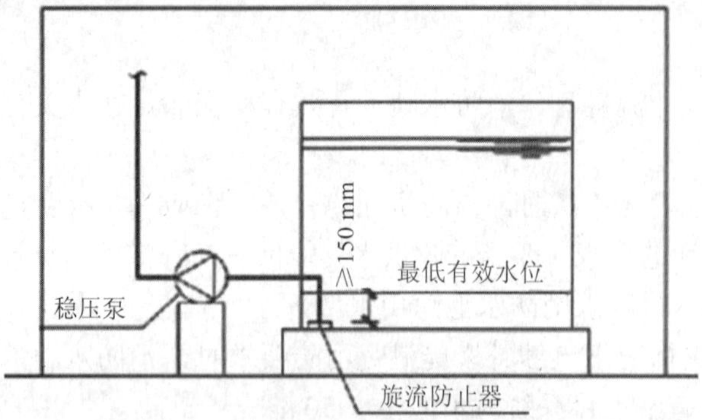

图 4-6　消防水箱出水管设旋流防止器

图 4-7　旋流防止器

（四）相关附件

1．消防水池应设置溢流水管和排水设施，并应采用间接排水。

2．消防水池应设置就地水位显示装置，并应在消防控制中心或值班室等地设置显示消防水池水位的装置，同时应有最高和最低报警水位，并应符合下列要求：

（1）在溢流水位、最低有效水位时应报警。

（2）水位低于正常水位 50～100 mm 时，应向消防控制中心或值班室报警。

（3）消防水泵启动后低于正常水位时报警应停止。

（4）室外水池的就地水位显示装置可采用电子显示装置。

专题 3：消防水泵

消防水泵是指专用消防水泵或达到《消防泵性能要求和试验方法》（GB 6245—1998）的普通清水泵。大多数消防水源提供的消防用水，都需要消防水泵进行加压，以满足灭火时对压力和流量的要求。

消防水泵通过叶轮的旋转将能量传递给水，从而增加了水的动能、压能，并将其输送到灭火设备处，以满足各种灭火设备的水量、水压要求，它是消防给水系统的心脏。目前消防给水系统中使用的水泵多为离心泵，因为该类水泵具有适应范围广、型号多、供水连续、可随意调节流量等优点。

消防水泵是在消防给水系统中（包括消火栓系统、喷淋系统和水幕系统等）用于保证系统给水压力和水量的给水泵。消防转输泵是指在串联消防泵给水系统和重力消防给水系统中用于提升水源至中间水箱或消防高位水箱的给水泵。

在临时高压消防给水系统、稳高压消防给水系统中均需设置消防泵。在串联消防给水系统和重力消防给水系统中，除了需设置消防泵，还需设置消防转输泵。消火栓给水系统与自动喷水灭火系统宜分别设置消防泵。

消防水泵和消防转输泵的设置均应设置备用泵。备用泵的工作能力不应小于最大一台消防工作泵。自动喷水灭火系统可按用一备一或用二备一的比例设置备用泵。

一、可不设置备用泵情形

1．建筑高度小于 54 m 的住宅和室外消防给水设计流量不大于 25 L/s 的建筑。

2．室内消防给水设计流量不大于 10 L/s 的建筑。

二、技术参数及设置要求

1．消防水泵的性能应满足消防给水系统所需流量和压力的要求。

2．消防水泵所配驱动器的功率应满足所选水泵流量扬程性能曲线上任何一点运行所需功率的要求。

3．单台消防水泵的最小额定流量不应小于 10 L/s，最大额定流量不宜大于 320 L/s。

4．消防水泵不应采用双电动机或基于柴油机等组成的双动力驱动水泵。零流量时的压力不应超过设计压力的 140%，且不宜小于设计额定压力的 120%。

5．当出口流量为设计流量的 150%时，其出口压力不应低于设计压力的 65%。

6．当采用电动机驱动的消防水泵时，应选择电动机干式安装的消防水泵。

7．消防给水同一泵组的消防水泵型号宜一致，且工作泵不宜超过 3 台。

8．多台消防水泵并联时，应校核流量叠加对消防水泵出口压力的影响。

三、吸水要求

1．消防水泵吸水应采取自灌式吸水。

2．消防水泵从市政管网直接抽水时，应在消防水泵出水管上设置空气隔断的倒流防止器。

3．当吸水口无吸水井时，吸水口处应设置旋流防止器。

对于立式消防水泵，消防水池应满足自灌式启泵的最低水位应高于水泵出水管中心线［图 4-8（a）］。对于卧式消防水泵，消防水池应满足自灌式启泵的最低水位应高于泵壳顶部放气孔［图 4-8（b）］。

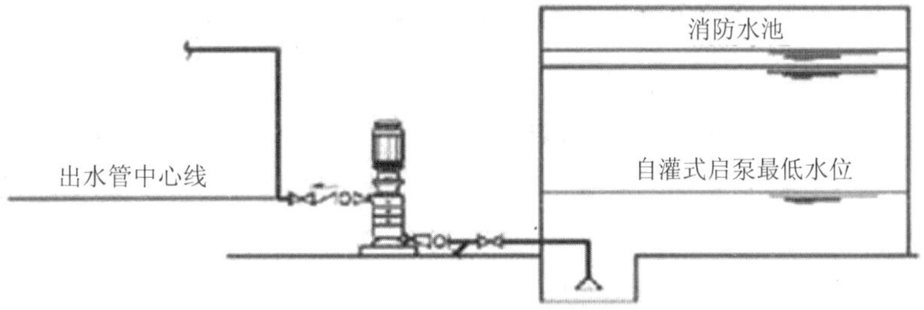

（a）立式消防水泵吸水示意

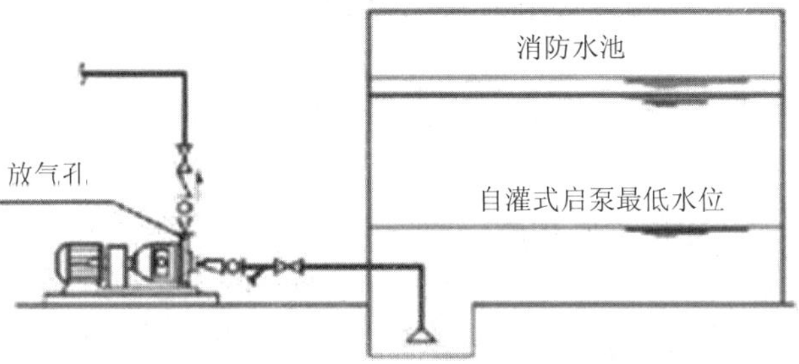

（b）卧式消防水泵吸水示意

图 4-8 消防水泵吸水示意

四、检测装置

1. 单台消防给水泵的流量不大于 20 L/s、设计工作压力不大于 0.50 MPa 时，泵组应预留测量用流量计和压力计接口，其他泵组宜设置泵组流量和压力测试装置。

2. 消防水泵流量检测装置的计量精度应为 0.4 级，最大量程的 75%应大于最大一台消防水泵设计流量值的 175%。

3. 消防水泵压力检测装置的计量精度应为 0.5 级，最大量程的 75%应大于最大一台消防水泵设计压力值的 165%。

4. 每台消防水泵出水管上应设置 DN65 的试水管，并应采取排水措施。

消防水泵流量和压力测试装置示意见图 4-9。

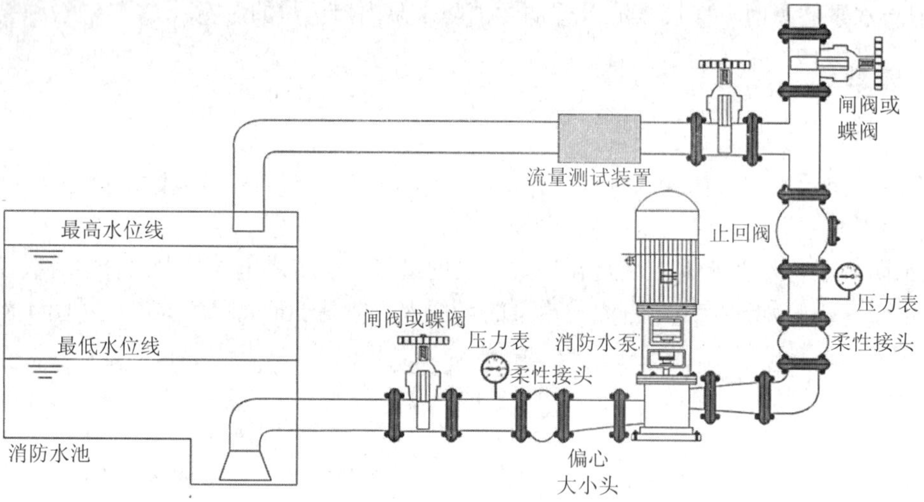

图 4-9 消防水泵流量和压力测试装置示意

五、操作与控制

1. 消防水泵控制柜设置在专用消防水泵控制室时，其防护等级不应低于 IP30；与消防水泵设置在同一空间时，其防护等级不应低于 IP55。

2. 消防水泵控制柜应设置在消防水泵房或专用消防水泵控制室内，并应符合下列要求（图 4-10）：

（1）消防水泵控制柜在平时应使消防水泵处于自动启泵状态。

（2）当自动水灭火系统为开式系统，且设置自动启动确有困难时，经论证后消防水泵可设置在手动启动状态，并应确保 24 h 有人值班。

（3）消防水泵不应设置自动停泵的控制功能，停泵应由具有管理权限的工作人员根据火灾扑救情况确定。

（4）消防控制柜或控制盘应设置专用线路连接的手动直接启泵按钮（图 4-11）。

（5）消火栓系统和预作用、水喷雾等自动灭火系统平时均应处于自动启泵状态，不可置于手动控制状态。

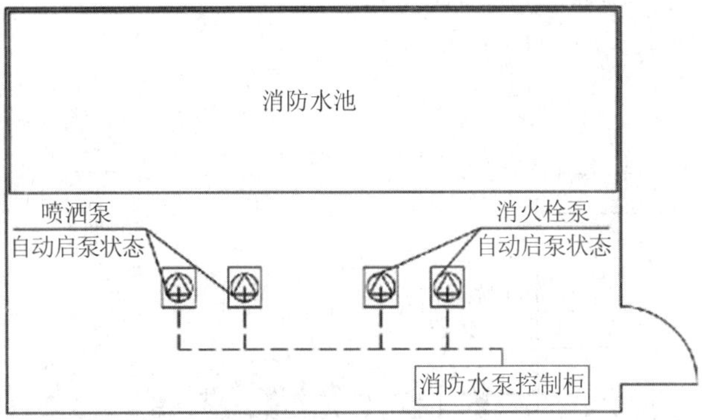

图 4-10　自动启泵状态与手动启泵状态

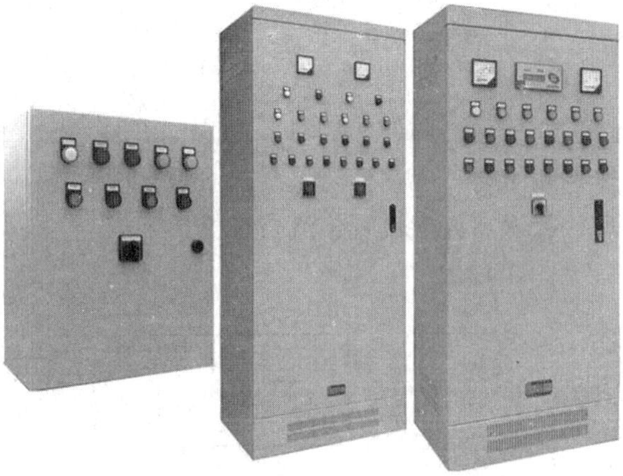

图 4-11　消防水泵控制柜

六、启动时间

1．消防水泵应确保从接到启泵信号到水泵正常运转的自动启动时间不大于 2 min。

2．自动直接启动或手动直接启动消防水泵时，消防水泵应在 55 s 内投入正常运行，且应无不良噪声和振动。

3．以备用电源切换方式或备用泵切换启动消防水泵时，消防水泵应分别在 1 min 或 2 min 内投入正常运行。

4．消防水泵控制柜应设置机械应急启泵功能，并应保证在控制柜内的控制线路发生故障时由有管理权限的人员在紧急时启动消防水泵。机械应急启动时，应确保消防水泵在报警 5 min 内正常工作。

七、消防水泵管道及附件

消防水泵管道及附件见图 4-12。

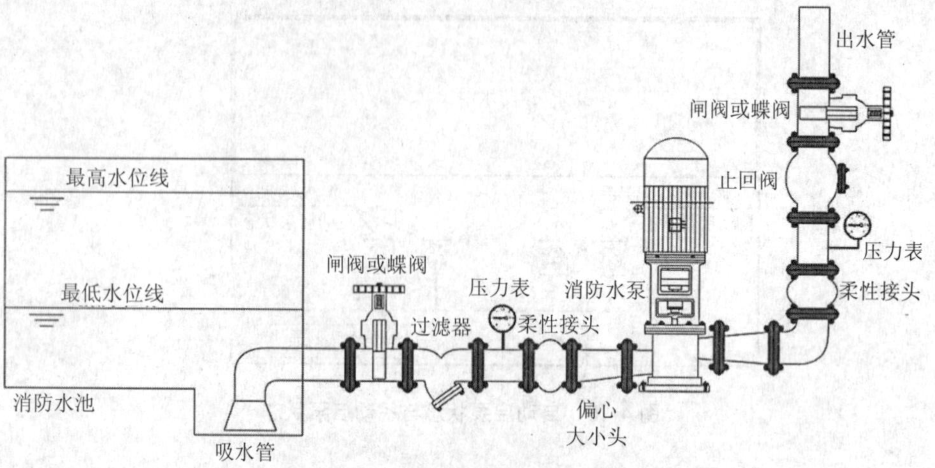

图 4-12　消防水泵管道及附件

(一) 消防水泵吸水管

1．水泵宜采用自灌式吸水。

(1) 消防水泵直接从市政管网吸水时，应在消防水泵出水管上设置减压型倒流防止器。

(2) 当吸水口处无吸水井时，吸水口处应设置旋流防止器。

几种消防水泵吸水管的布置见图 4-13。

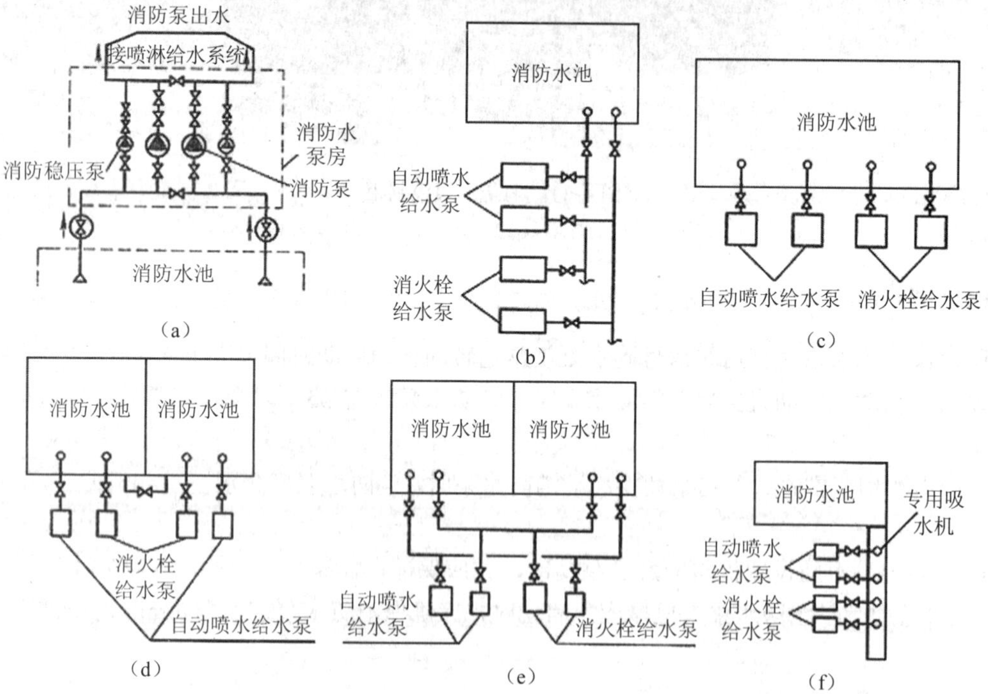

图 4-13　几种消防水泵吸水管的布置

2．每台消防泵应设独立的吸水管。当消防泵组采用共用吸水管时，机组的吸水管不应少于两条。有两条或两条以上吸水管时，如有一条吸水管损坏，其余吸水管的管径应仍能通过全部消防用水量。

3．当消防主泵为两台及以上时，消防备用泵可与消防主泵共用一条吸水管。

4．吸水管应尽量简短，减少不必要的配件和附件，以避免吸水管的阻力超过水泵的吸上真空高度。

5．吸水管宜有向水泵的上升坡度，一般的坡度为 0.005。吸水管应采用管顶平接的方式，特别是吸水管的异径管应采用偏心异径管，以防止在吸水管内聚集空气，使水泵叶轮产生汽蚀现象。

6．吸水管的直径小于 DN250 时，流速宜为 1.0～1.2 m/s；直径大于 DN250 时，流速宜为 1.2～1.6 m/s。

（二）消防水泵出水管

1．每台消防泵应设独立的出水管，且应设不少于两条出水管与供水管或室内环状管网相连接，当其中一条出水管关闭时，其余的出水管应能够供应全部用水量。

2．在水泵的出水管上应设止回阀、闸阀或蝶阀、压力表，当采用蝶阀时，必须带有自锁装置。出水管上还应设 DN65 的试水阀门，以供试验和检查之用。试水管应设置在水泵出口阀与止回阀之间（按水流方向），试水时关闭出水阀。

3．出水管上应设置闸阀和止回阀。DN≥300 mm 时，宜采用电动或水力闸阀。

4．消防水泵存在超压时，其出水管上应设防超压设施。

5．出水管内水流速度宜控制在：

$D<250$ mm，1.5 m/s$<V<$2.0 m/s

$D\geq250$ mm，2.0 m/s$<V<$2.5 m/s

（三）控制阀

1．消防水泵的吸水管上应设置明杆闸阀或带自锁装置的蝶阀，但当设置暗杆阀门时应设有开启刻度和标志；当管径超过 DN300 时，宜设置电动阀门。

2．消防水泵的出水管上应设止回阀、明杆闸阀；当采用蝶阀时，应带有自锁装置；当管径大于 DN300 时，宜设置电动阀门。

消防水泵吸水管、出水管阀门设置见图 4-14。

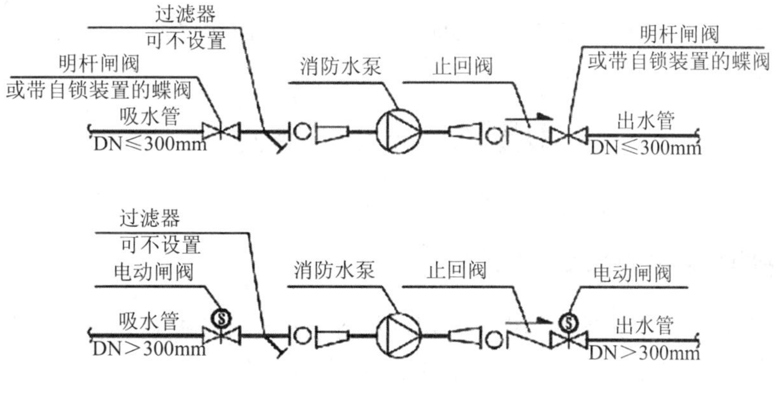

图 4-14 消防水泵吸水管、出水管阀门设置

（四）过滤器

消防水泵吸水管可设置管道过滤器，管道过滤器的过水面积应大于管道过水面积的 4 倍，且孔径不宜小于 3 mm。

（五）压力表

1. 消防水泵出水管压力表的最大量程不应低于其设计工作压力的 2 倍，且不应低于 1.6 MPa。

2. 消防水泵吸水管宜设置真空表、压力表或真空压力表，压力表的最大量程应根据工程具体情况确定，但不应低于 0.7 MPa，真空表的最大量程宜为-0.1 MPa。

3. 压力表的直径不应小于 100 mm，应采用直径不小于 6 mm 的管道与消防水泵进出口管相接，并应设置关断阀门。

（六）管顶平接

消防水泵吸水管水平管段上不应有气囊和漏气现象。变径连接时，应采用偏心异径管并应采用管顶平接（图 4-15）。

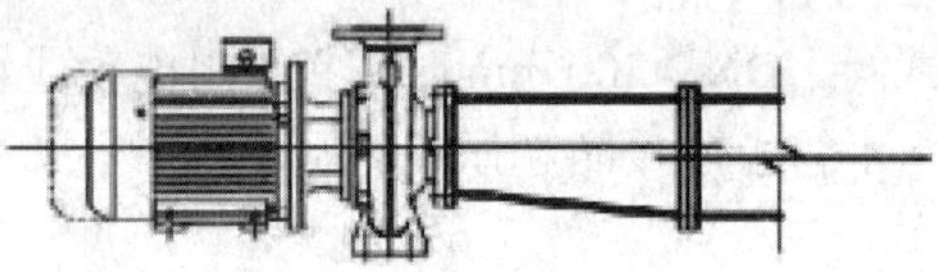

图 4-15　吸水管避免形成气囊—偏心异径管

（七）柔性接头

消防水泵的吸水管穿越消防水池时，应采用柔性套管；采用刚性防水套管时应在水泵吸水管上设置柔性接头，且管径不应大于 DN150。

（八）止回阀

消防水泵出水管上的止回阀宜采用水锤消除止回阀，当消防水泵供水高度超过 24 m 时，应采用水锤消除器。当消防水泵出水管上设有囊式气压水罐时，可不设水锤消除设施。

专题 4：消防水泵房

一、消防水泵机组的布置要求

1. 相邻两个机组及机组至墙壁间的净距，当电动机容量小于 22 kW 时，不宜小于 0.6 m；当电动机容量不小于 22 kW，且不大于 55 kW 时，不宜小于 0.8 m；当电动机容量大于 55 kW 且小于 255 kW 时，不宜小于 1.2 m；当电动机容量大于 255 kW 时，不宜小于 1.5 m。

2. 当消防水泵就地检修时，应至少在每个机组一侧设消防水泵机组宽度加 0.5 m 的通道，并应保证消防水泵轴和电动机转子在检修时能够拆卸；泵房内设有集中检修场地时，周围留有宽度不小于 0.7 m 的通道。

3. 当采用柴油机消防水泵时，机组间的净距宜增加 0.2 m，但不应小于 1.2 m。

4. 消防水泵房的主要通道宽度不应小于 1.2 m。

消防水泵机组的布置示意见图 4-16。

图 4-16　消防水泵机组的布置示意

二、消防水泵房的采暖、通风和排水设施要求

1. 严寒、寒冷等冬季结冰地区采暖温度不应低于 10℃，但当无人值守时不应低于 5℃。
2. 消防水泵房的通风宜按 6 次/h 设计。
3. 消防水泵房应设置排水设施。

三、消防水泵房的平面布置要求

1. 独立建造的消防水泵房耐火等级不应低于二级。
2. 附设在建筑物内的消防水泵房，不应设置在地下三层及以下，或室内地面与室外出入口地坪高差大于 10 m 的地下楼层。
3. 附设在建筑物内的消防水泵房，应采用耐火极限不低于 2.00 h 的防火隔墙和 1.50 h 的楼板与其他部位隔开，其疏散门应直通安全出口且开向疏散走道的门应采用甲级防火门。
4. 消防水泵房应采取防水淹没的技术措施。

专题 5：高位消防水箱

高位消防水箱指设置在高处直接向水灭火设施重力供应初期火灾消防用水量的储水设施。设置消防水箱的目的，一是提供系统启动初期的消防用水量和水压，在消防泵出现故障的紧急情况下应急供水，确保喷头开放后立即喷水，及时控制初期火灾，并为外援灭火争取时间；二是利用高位差为系统提供准工作状态下所需的水压，以达到管道内充水并保持一定压力的目的。

一、设置要求

室内采用临时高压消防给水系统时，高位消防水箱的设置应符合下列规定：

（1）高层民用建筑、总建筑面积大于 10 000 m^2 且层数超过 2 层的公共建筑和其他重要公共建筑，必须设置高位消防水箱。

（2）其他建筑应设置高位消防水箱，但当设置高位消防水箱确有困难，且采用安全可靠的消防给水形式时，可不设高位消防水箱，但应设稳压泵。

（3）当市政供水管网的供水能力在满足生产、生活最大小时用水量后，仍能满足初期火灾所需的消防流量和压力时，市政直接供水可替代高位消防水箱。

二、容积及静压要求

容积及静压要求

<table>
<tr><th>建筑类别</th><th>建筑高度</th><th>水箱容积/m³</th><th colspan="2">最不利点静水压力</th></tr>
<tr><td rowspan="5">公共建筑</td><td>150 m 以上</td><td>100</td><td colspan="2" rowspan="2">0.15 MPa</td></tr>
<tr><td>100 m 以上，150 m 以下</td><td>50</td></tr>
<tr><td>一类高层</td><td>36</td><td colspan="2">0.1 MPa</td></tr>
<tr><td>二类高层</td><td>18</td><td colspan="2">0.07 MPa</td></tr>
<tr><td>多层</td><td>18</td><td colspan="2">0.07 MPa</td></tr>
<tr><td rowspan="3">住宅建筑</td><td>一类住宅</td><td>18</td><td rowspan="2">高层住宅</td><td rowspan="2">不应低于 0.07 MPa</td></tr>
<tr><td>二类住宅</td><td>12</td></tr>
<tr><td>大于 21 m 的多层住宅</td><td>6</td><td>多层住宅</td><td>不宜低于 0.07 MPa</td></tr>
<tr><td rowspan="2">工业建筑</td><td>室内设计流量≤25 L/s</td><td>12</td><td colspan="2" rowspan="2">不低于 0.1 MPa
当体量＜20 000 m³，不宜低于 0.07 MPa</td></tr>
<tr><td>室内设计流量＞25 L/s</td><td>18</td></tr>
<tr><td rowspan="2">商店建筑</td><td>10 000 m²＜建筑总面积＜30 000 m²</td><td>36</td><td colspan="2">—</td></tr>
<tr><td>建筑总面积＞30 000 m²</td><td>50</td><td colspan="2">—</td></tr>
</table>

注：（1）高位水箱的容积和静水压力均不低于表中数值。

（2）当一类高层住宅建筑高度超过 100 m 时，水箱容积不应小于 36 m³。

（3）自动喷水灭火系统等自动水灭火系统应根据喷头灭火需求压力确定，但最小不应小于 0.1 MPa。

（4）转输水箱当作高位水箱时，按转输水箱容积计算。

（5）当表中第一项“公共建筑”与第四项“商店建筑”有冲突时取最大值，第一项建筑定性后取值，第四项中总面积指商业区面积。

三、管道及补水要求

高位消防水箱出水管管径应满足消防给水设计流量的出水要求，且不应小于 DN100。

进水管的管径应满足消防水箱 8 h 充满水的要求，但管径不应小于 DN32，进水管宜设置液位阀或浮球阀。

四、技术措施

1．消防水箱的最低有效水位应根据出水管喇叭口和旋流防止器的淹没深度确定，当采用喇叭口时，其技术要求同消防水池（不应小于 600 mm）；当采用旋流防止器时，淹没深度不应小于 150 mm 的保护高度（应注意同消防水池淹没深度不应小于 200 mm 保护高度的区分）。

2．严寒、寒冷等冬季结冰地区的消防水箱应设置在消防水箱间内，其他地区宜设置在室内，当必须在屋顶露天设置时，应采取防冻隔热等安全措施。

3．高位消防水箱间应通风良好，不应结冰，当必须设置在严寒、寒冷等冬季结冰地区的非采暖房间时，应采取防冻措施，环境温度或水温不应低于 5℃。

4. 高位消防水箱外壁与建筑本体结构墙面或其他池壁之间的净距离，应满足施工或装配的需要，无管道的侧面，净距不宜小于 0.7 m；有管道的侧面，净距不宜小于 1 m，且管道外壁与建筑本体墙面之间的通道宽度不宜小于 0.6 m，设有人孔的水箱顶，其顶面与其上面的建筑物本体板底的净空不应小于 0.8 m。

专题6：稳（增）压设备

对于采用临时高压消防给水系统的高层或多层建筑，当消防水箱设置高度不能够满足系统最不利点灭火设备所需的水压要求时，应设置增压稳压设备。增压稳压设备一般由稳压泵、隔膜式气压罐、管道附件及控制装置组成。

一、稳压泵

稳压泵是指在消防给水系统中用于稳定平时最不利点水压的给水泵。稳压泵通常选用小流量、高扬程的水泵。消防稳压泵也应设置备用泵，通常可按一用一备选用。

（一）设置条件

1. 高位消防水箱最低有效水位不能满足其所服务的水灭火设施最不利点处的静水压力时，应设稳压泵。
2. 独立的室外临时高压消防给水系统宜采用稳压泵维持系统的充水和压力。
3. 应设置高位消防水箱，但设置高位消防水箱确有困难，且采用安全可靠的消防给水形式时，可不设高位消防水箱，但应设置稳压泵。

（二）工作原理

稳压泵通过 3 个压力控制点（P，P_1，P_2）分别和压力继电器相连接，用来控制稳压泵的工作。当它向管网中持续充水时，管网内压力升高，当达到设定的压力值 P_2（稳压上线）时，稳压泵停止工作。由于管网存在渗漏或其他原因导致管网压力逐渐下降，当降到设定压力值 P_1（稳压下线）时，则稳压泵再次启动。周而复始，从而使管网的压力始终保持在 P_1～P_2。当稳压泵启动持续给管网补水，但管网压力还在继续下降时，则可认为有火灾发生，管网内的消防水正在被使用，因此，当压力继续降到设定压力值 P（消防主泵启动压力点）时，连锁启动消防主泵，同时稳压泵停止。

（三）流量的确定

1. 稳压泵的设计流量不应小于消防给水系统管网的正常泄漏量和系统自动启动流量。
2. 消防给水系统管网的正常泄漏量应根据管道材质、接口形式等确定，当没有管网泄漏量数据时，稳压泵的设计流量宜按消防给水设计流量的 1%～3%计，且不宜小于 1 L/s。
3. 消防给水系统所采用的报警阀压力开关等自动启动流量应根据产品确定。

（四）设计压力要求

1. 稳压泵的设计压力应满足系统自动启动和管网充满水的要求。
2. 稳压泵的设计压力应保持系统自动启泵压力设置点处的压力在准工作状态时大于系统设置的自动

启泵压力值，且增加值宜为 0.07～0.1 MPa。

3. 稳压泵的设计压力应保持系统最不利点处水灭火设施在准工作状态时的静水压力大于 0.15 MPa（图 4-17）。

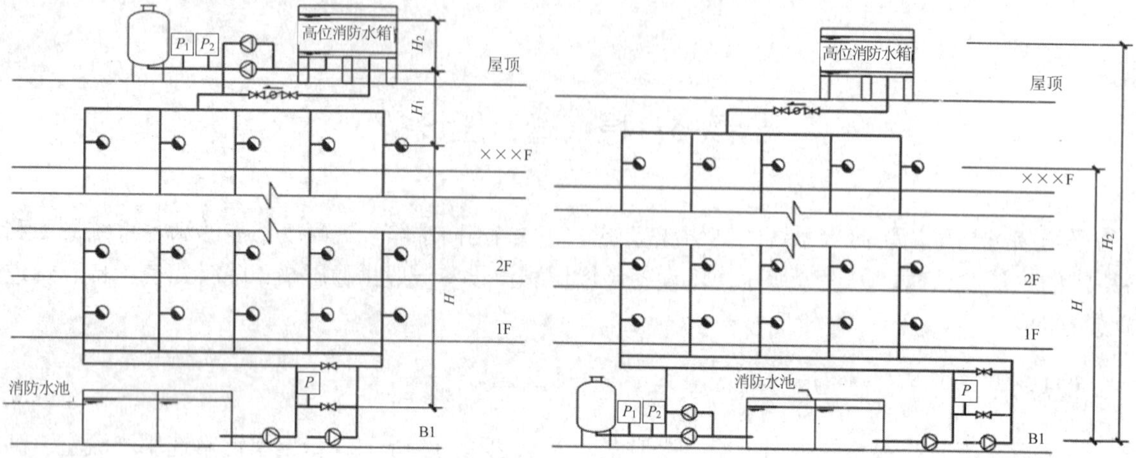

图 4-17　稳压泵设计压力确定

4. 设计压力的确定。

（1）稳压泵设置在屋顶时的压力计算

稳压泵启泵压力 $P_1>15-H_1$，且 $\geqslant H_2+7$。

稳压泵停泵压力 $P_2=P_1/0.8$。

消防泵启泵压力 $P=P_1+H_1+H-7$。

（2）稳压泵设置在底部时的压力计算

稳压泵启泵压力 $P_1>H+15$，且 $\geqslant H_1+10$。

稳压泵停泵压力 $P_2=P_1/0.85$。

消防泵启泵压力 $P=P_1-$（7～10）。

（五）供电要求

消防稳压泵的供电要求同消防泵的供电要求。

二、气压罐

（一）工作原理

实际运行中，由于各种原因，稳压泵常常频繁启动，不但泵易损，且对整个管网系统和电网系统不利，因此稳压泵常与小型气压罐配合使用。当采用气压水罐时，其调节容积应根据稳压泵启泵次数不大于 15 次/h 计算确定，但有效储水容积不宜小于 150 L。

在气压罐内设定的 P_0、P、P_1、P_2 4 个压力控制点中，P_0 为气压罐的设计最小工作压力，P 为水泵启动压力，P_1 为稳压泵启动压力。当罐内压力为 P_2 时，消防给水管网处于较高工作压力状态，稳压泵和消防水泵均处于停止状态；随着管网渗漏或其他原因泄压，罐内压力从 P_2 降至 P_1 时，便自动启动稳压泵，向气压罐补水，直到罐内压力增加到 P_2 时，稳压泵停止，从而保证了气压罐内消防储水的常备储存。若建筑发生火灾，随着灭火设备出水，气压罐内储水减少，压力下降，当压力从 P_2 降至 P_1 时，稳压泵启动，但稳压泵流量较小，其供水全部用于灭火设备，气压罐内的水得不到补充，罐内压力继续下降到 P 时，消防泵启动向管网供水，同时向控制中心报警。当消防泵启动后，稳压泵停止运转，消防增压稳压工作完成。

（二）工作压力

气压罐最小设计工作压力应满足系统最不利点灭火设备所需的水压要求。

（三）容积

气压罐容积包括四部分：消防储存水容积、缓冲水容积、稳压调节水容积和压缩空气容积。

1. 消火栓给水系统的气压罐消防储存水容积应满足火灾初期供两支水枪工作 30 s 的消防用水量要求，即 V_x=2×5×30=300 L。

2. 自动喷水灭火系统的储存水容积应满足火灾初期提供 5 个喷头工作 30 s 的消防用水量要求，即 V_x=5×1×30=150 L。

当消火栓系统与自动喷水灭火系统合用气压罐时，其容积应为 300+150=450 L。

专题 7：水泵接合器

水泵接合器是供消防车向消防给水管网输送消防用水的预留接口。它既可用于补充消防水量，也可用于提高消防给水管网的水压。

在火灾情况下，当建筑物内消防水泵发生故障或室内消防用水不足时，消防车从室外取水通过水泵接合器将水送到室内消防给水管网，供灭火使用。

一、设置范围

1. 下列场所的室内消火栓给水系统应设置消防水泵接合器：

（1）高层民用建筑。

（2）设有消防给水的住宅、超过 5 层的其他多层民用建筑。

（3）超过 2 层或建筑面积大于 10 000 m^2 的地下或半地下建筑（室）、室内消火栓设计流量大于 10 L/s 平战结合的人防工程。

（4）高层工业建筑和超过 4 层的多层工业建筑。

（5）城市交通隧道。

2. 自动喷水灭火系统、水喷雾灭火系统、泡沫灭火系统和固定消防炮灭火系统等水灭火系统，均应设置消防水泵接合器。

二、设置要求

1. 消防水泵接合器的给水流量宜按每个 10～15 L/s 计算。每种水灭火系统的消防水泵接合器设置的数量应按系统设计流量经计算确定，但当计算数量超过 3 个时，可根据供水可靠性适当减少。

2. 水泵接合器应设在室外便于消防车使用的地点，且距室外消火栓或消防水池的距离不宜小于 15 m，但不宜大于 40 m。

专题8：分区供水

一、分区供水条件

1. 当满足下列条件时应采用分区供水：

（1）消防给水系统工作压力大于2.4 MPa。

（2）消火栓栓口处静压大于1 MPa。

（3）自动水灭火系统报警阀处的工作压力大于1.6 MPa或喷头处的工作压力大于1.2 MPa。

2. 消防给水系统各压力的区别。

（1）系统工作压力

系统工作压力是指消防给水系统中可能运行的最大工作压力。

（2）设计工作压力

设计工作压力通常是指满足消防给水系统正常工作所需要的压力，该设计压力应满足所服务的各种水灭火系统最不利点处水灭火设施的压力要求。

（3）额定工作压力

额定工作压力是指满足设备正常工作需求时，设备能承受的最大工作压力。

（4）工作压力

工作压力是设备正常工作时的实际压力，可能随负载大小发生变化。

（5）试验压力

试验压力通常是指压力管道水压强度试验的试验压力。

3. 消防给水系统工作压力的确定：

（1）低压消防给水系统，应根据市政给水管网和其他给水管网等的系统工作压力确定，且不应小于0.6 MPa。

（2）高压消防给水系统（图4-18）：

①高位消防水池、水塔供水的高压消防给水系统的系统工作压力，应为高位消防水池、水塔最大静压。

②市政给水管网直接供水的高压消防给水系统的系统工作压力，应根据市政给水管网的工作压力确定。

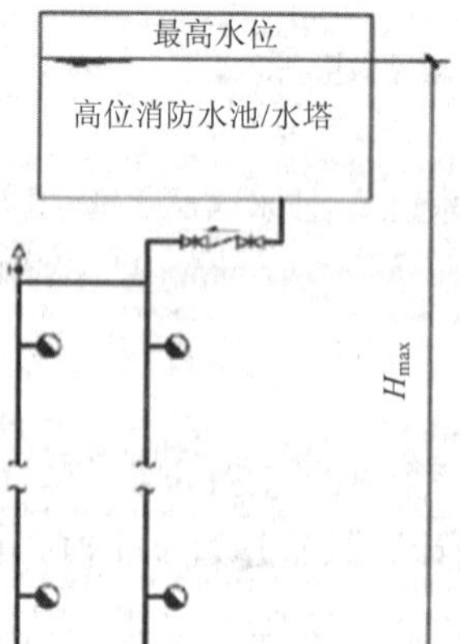

图4-18　高压消防给水系统的系统工作压力

（3）临时高压消防给水系统：

①采用高位消防水箱稳压的临时高压消防给水系统的系统工作压力，应为消防水泵零流量时的压力与水泵吸水口最大静水压力之和（图 4-19）。

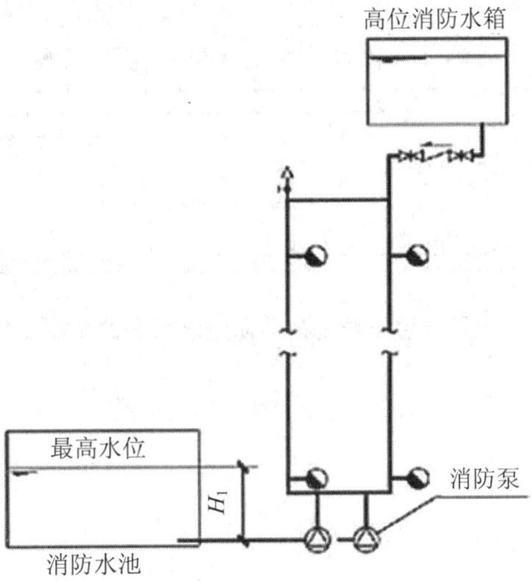

图 4-19　高位消防水箱稳压的临时高压消防给水系统的系统工作压力

②采用稳压泵稳压的临时高压消防给水系统的系统工作压力，应取消防水泵零流量时的压力、消防水泵吸水口最大静压二者之和与稳压泵维持系统压力时两者中的较大值。

如图 4-20 所示为稳压泵置于屋顶的情况，此时系统工作压力为 $H_{max}=H_1+H_0$，系统的静压为 P_2+H。H_0 为消防水泵零流量时的扬程。

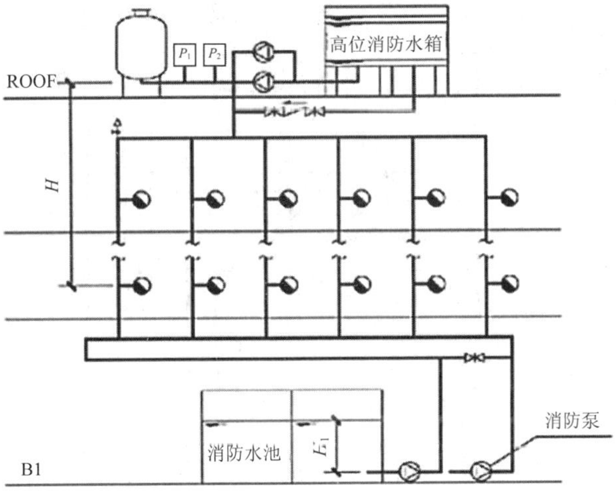

图 4-20　稳压泵置于屋顶的消防给水系统的系统工作压力

如图 4-21 所示为稳压泵置于消防泵房的情况，此时系统工作压力 H_{max} 为 H_1+H_0 和 P_2 的较大值，系统的静压为 P_2-H。H_0 为消防水泵零流量时的扬程。

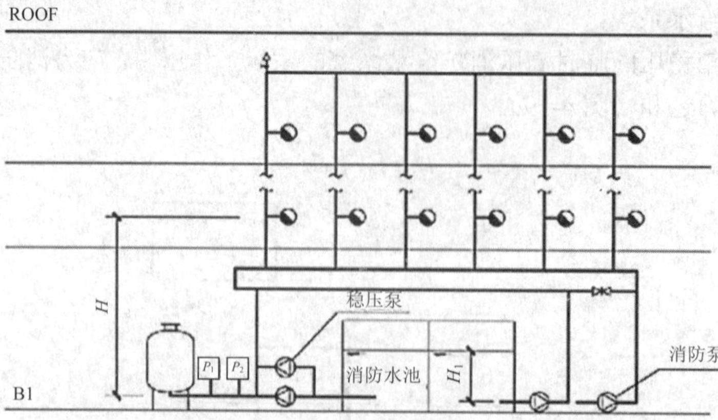

图 4-21　稳压泵置于泵房的消防给水系统的系统工作压力

二、分区供水方式

（一）采用消防水泵串联分区供水

1．当采用消防水泵转输水箱串联时，转输水箱的有效储水容积不应小于 60 m^3，转输水箱可作为高位消防水箱（图 4-22）。

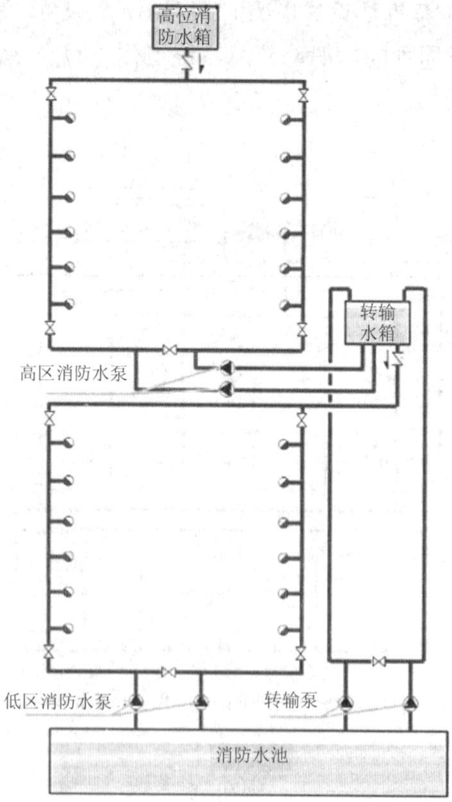

图 4-22　采用消防水泵转输水箱串联示意

2．串联转输水箱的溢流管宜连接到消防水池。

3．当采用消防水泵直接串联时，应采取确保供水可靠性的措施，且消防水泵从低区到高区应能依次顺序启动。

4．当采用消防水泵直接串联时，应校核系统供水压力，并应在串联消防水泵出水管上设置减压型倒流防止器（图 4-23）。

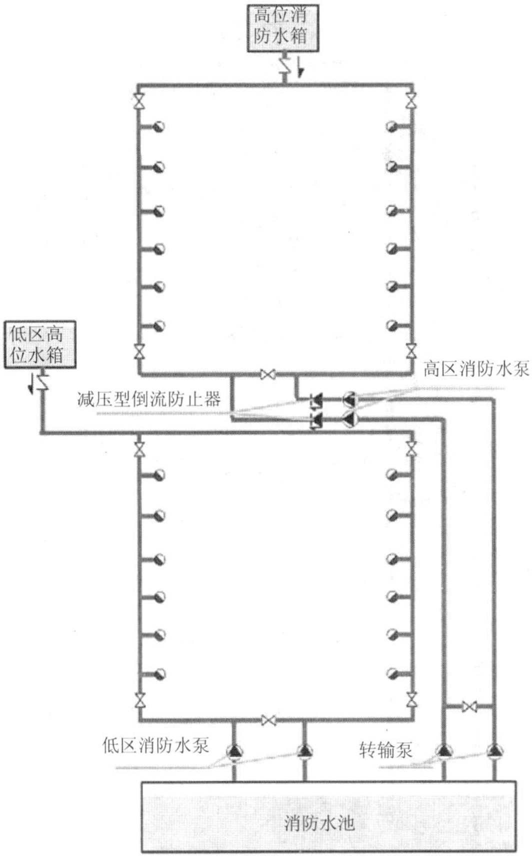

图 4-23　采用消防水泵直接串联示意

（二）采用减压水箱减压分区供水

1．减压水箱的有效容积、出水、排水、水位和设置场所，应保证消防用水不被挪作他用的技术措施，并符合消防水池关于出水、排水的相关规定；同时应符合高位消防水箱关于设置场所的规定。

2．减压水箱的布置和通气管、呼吸管等，应符合高位消防水箱的相关规定。

3．减压水箱的有效容积不应小于 18 m^3，且宜分为两格。

4．减压水箱应有两条进、出水管，且每条进、出水管应满足消防给水系统所需消防用水量的要求。

5．减压水箱进水管的水位控制应可靠，宜采用水位控制阀。

6．减压水箱进水管应设置防冲击和溢水的技术措施，并宜在进水管上设置紧急关闭阀门，溢流水宜回流到消防水池。

减压水箱分区系统示意图见图 4-24、图 4-25。

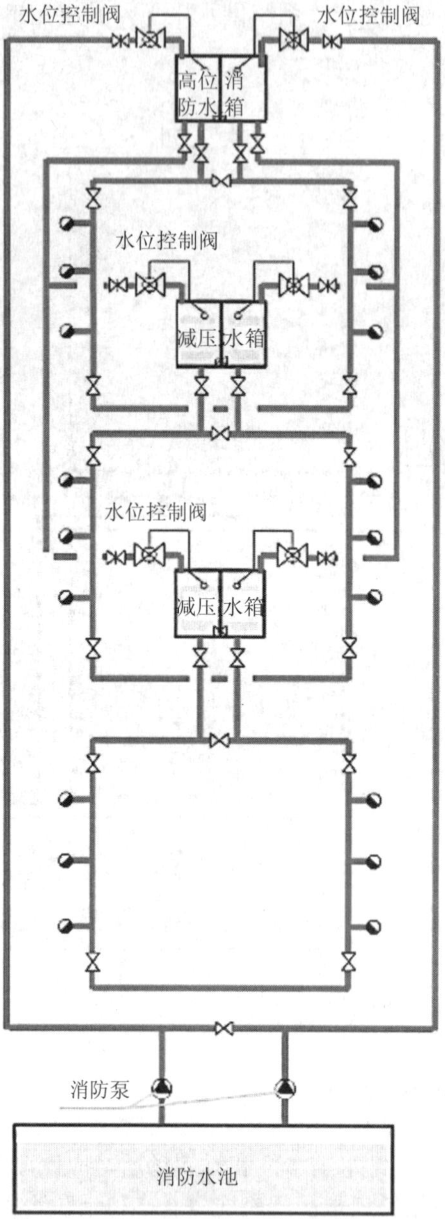

图 4-24 室内消火栓减压水箱分区系统示意

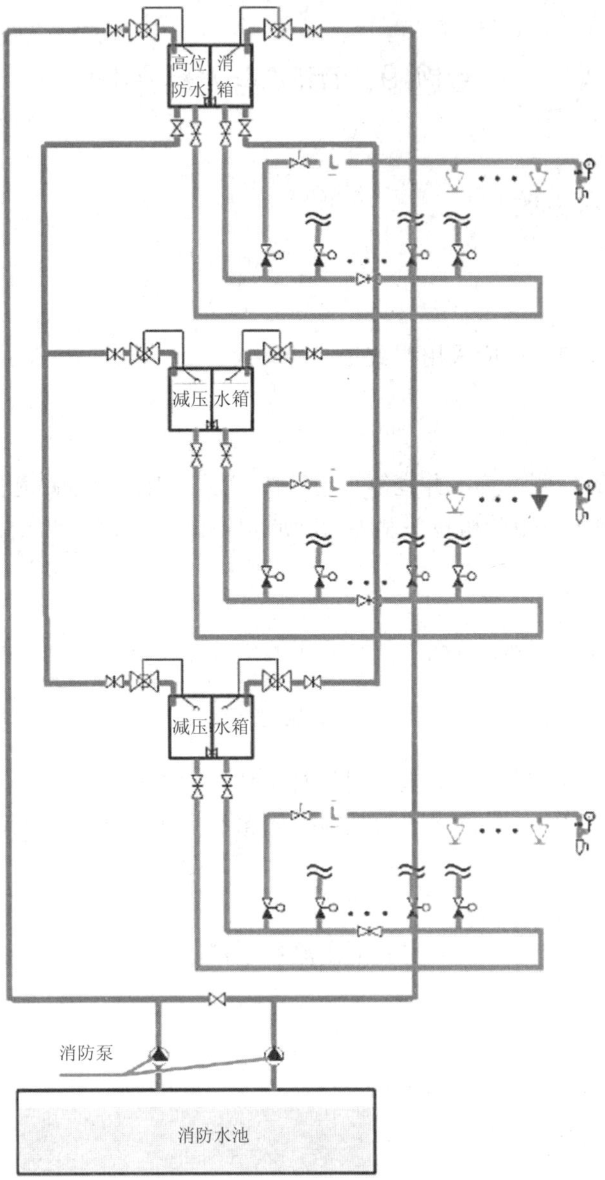

图 4-25 自动喷水灭火系统减压水箱分区系统示意

(三)减压阀减压分区供水

1．减压阀应根据消防给水设计流量和压力来选择，且设计流量应在减压阀流量压力特性曲线的有效段内，并校核在 150%设计流量时，减压阀的出口动压不应小于设计值的 65%。

2．每一供水分区应设置不少于两组的减压阀组，每组减压阀组宜设置备用减压阀。

3．减压阀仅应设置在单向流动的供水管上，不应设置在有双向流动的输水干管上。

4．减压阀宜采用比例式减压阀，当超过 1.2 MPa 时宜采用先导式减压阀。

5．减压阀的阀前、阀后压力比值不宜大于 3∶1，当一级减压阀减压不能满足要求时，可采用减压阀串联减压，但串联减压不应大于两级，第二级减压阀宜采用先导式减压阀，阀前后压力差不宜超过 0.4 MPa。

6．减压阀后应设置安全阀，安全阀的开启压力应能满足系统安全，且不应影响系统的供水安全性。

专题9：市政消火栓系统

一、设置要求及技术参数

（一）设置形式

市政消火栓和建筑室外消火栓应采用湿式消火栓系统。

（二）设置位置

市政消火栓宜在道路的一侧设置，并宜靠近十字路口，但当市政道路宽度超过 60 m 时，应在道路的两侧交叉错落设置市政消火栓。市政桥桥头和城市交通隧道出入口等市政公用设施处，应设置市政消火栓。

（三）半径间距

市政消火栓的保护半径不应超过 150 m，且间距不应大于 120 m。

（四）压力要求

当市政给水管网设有市政消火栓时，其平时运行工作压力不应低于 0.14 MPa，火灾时水力最不利市政消火栓的出流量不应小于 15 L/s，且供水压力从地面算起不应低于 0.1 MPa。

（五）出水流量

市政消火栓流量不低于 15 L/s，消防水鹤的出流量不宜低于 30 L/s。

（六）地下栓

地下式市政消火栓应有明显的永久性标志。地下消火栓井的直径不宜小于 1.5 m。

二、市政给水管网设置要求

1. 设有市政消火栓的市政给水管网宜为环状管网，但当城镇人口小于 2.5 万人时，可为枝状管网。

2. 接市政消火栓的环状给水管网的管径不应小于 DN150，枝状管网的管径不宜小于 DN200。当城镇人口小于 2.5 万人时，接市政消火栓的给水管网的管径可适当减少，环状管网时不应小于 DN100，枝状管网时不宜小于 DN150。

3. 工业园区、商务区和居住区等区域采用两路消防供水，当其中一条引入管发生故障时，其余引入管在保证满足 70%生产、生活给水的最大小时设计流量条件下，应仍能满足规定的消防给水设计流量。

专题10：室外消火栓系统

一、室外消火栓设置要求

1. 室外消火栓宜沿建筑周围均匀布置，且不宜集中布置在建筑一侧；建筑消防扑救面一侧的室外消火栓数量不宜少于 2 个。

2．与保护对象的距离在 5～40 m 范围内的市政消火栓，可计入室外消火栓的数量内。

3．室外消火栓与消防水泵接合器的距离，不宜小于 15 m，也不宜大于 40 m。

4．室外消火栓距路边不宜小于 0.5 m，不应大于 2 m；距建筑外墙（缘）不宜小于 5 m。

5．停车场的室外消火栓宜沿停车场周边设置，且与最近一排汽车的距离不宜小于 7 m，距加油站或油库不宜小于 15 m。

6．甲、乙、丙类液体储罐区和液化烃储罐区等构筑物的室外消火栓，应设在防火堤或防护墙外，数量应根据每个罐的设计流量经计算确定，但距罐壁 15 m 范围内的消火栓，不应计算在该罐可使用的数量内。

7．工艺装置区等采用高压或临时高压消防给水系统的场所，其周围应设置室外消火栓，数量应根据设计流量确定，且间距不应大于 60 m。当工艺装置区宽度大于 120 m 时，宜在该装置区内的路边设置室外消火栓。

8．甲、乙、丙类液体储罐区和液化石油气储罐区的消火栓应设置在防火堤或防护墙外，距罐壁 15 m 范围内的消火栓，不应计算在该罐可使用的数量内。

9．建筑室外消火栓的数量应根据室外消火栓设计流量和保护半径经计算确定，保护半径不应大于 150 m，每个室外消火栓的出流量宜按 10～15 L/s 计算。

10. 当室外消防给水引入管设有倒流防止器，且火灾时因其水头损失导致室外消火栓不能满足要求时，应在该倒流防止器设置一个室外消火栓。

二、给水形式及管网设置要求

1．室外消防给水采用两路消防供水时应采用环状管网，但当采用一路消防供水时可采用枝状管网。

2．管道的直径应根据流量、流速和压力要求经计算确定，但不应小于 DN100。

3．消防给水管道应利用阀门分成若干独立段，每段内室外消火栓的数量不宜超过 5 个。

4．管道设计的其他要求应符合《室外给水设计规范》（GB 50013—2006）的有关规定。

专题 11：室内消火栓系统

一、工作原理

室内消火栓系统的消防给水，有常高压和临时高压两种形式。实际运用中，主要采用临时高压消防给水系统设置消防水泵。在临时高压消防给水系统中，系统设有消防泵和高位消防水箱。当火灾发生后，现场的人员可打开消火栓箱，将水带与消火栓栓口连接，打开消火栓的阀门，按下消火栓箱内的启动按钮，消火栓即可投入使用。对于消火栓泵的启动，还可由消防泵现场、消防控制中心启动，消火栓泵一旦启动后不得自动停泵，其停泵只能由现场手动控制。

二、设置要求

（一）设置条件

1．设置室内消火栓的建筑，包括设备层在内的各层均应设置消火栓。

2．消防电梯前室应设室内消火栓，并应计入消火栓使用数量。

3．设有室内消火栓的建筑应设置带有压力表的试验消火栓。

4．停机坪出入口或非电器设备机房处设置消火栓，距机坪边缘不应小于 5 m。

（二）设置数量

室内消火栓的布置应满足同一平面有 2 支消防水枪的 2 股充实水柱同时达到任何部位的要求，但建筑高度不大于 24 m 且体积不大于 5 000 m^3 的多层仓库、建筑高度不大于 54 m 且每单元设置一部疏散楼梯的住宅，以及《消防给水及消火栓系统技术规范》（GB 50974—2014）表 3.5.2 中规定可采用 1 支水枪的场所，可采用 1 支水枪的 1 股充实水柱到达室内任何部位。

（三）保护间距

1．2 支枪保护的建筑，室内消火栓布置间距不应大于 30 m。

2．1 支枪保护的建筑，室内消火栓布置间距不应大于 50 m。

（四）栓口压力

室内消火栓栓口动压力不应大于 0.5 MPa；当大于 0.7 MPa 时，应设置减压装置。

高层建筑、厂房、库房和室内净空高度超过 8 m 的民用建筑等场所，消火栓栓口动压不应小于 0.35 MPa，且消防水枪充实水柱应按 13 m 计算；其他场所，栓口动压不应小于 0.25 MPa，且消防水枪充实水柱应按 10 m 计算。

（五）消防软管卷盘设置

消防软管卷盘由小口径消火栓、输水缠绕软管、小口径水枪等组成。与室内消火栓比，具有操作简便、机动灵活等优点。

消防软管卷盘的设置应符合下列要求：

1．栓口直径应为 25 mm，配备的胶带内径不应小于 19 mm，长度不应超过 40 m，水喉喷嘴口径不应小于 6 mm。

2．旅馆、办公楼、商业楼、综合楼内等的消防软管卷盘应设在走道内，且布置时应保证有一股水柱能达到室内任何部位。

3．剧院、会堂闷顶内的消防软管卷盘应设在走道入口处，以方便工作人员使用。

三、操作与控制

（一）操作与控制要求

1．联动控制方式。

联动控制方式应由消火栓系统出水干管上设置的低压压力开关、高位消防水箱出水管上设置的流量开关或报警阀压力开关等信号作为触发信号，直接控制启动消火栓泵，联动控制不应受消防联动控制器处于自动或手动状态影响。

消火栓按钮不宜作为直接启动消防水泵的开关，但可作为发出报警信号的开关或启动干式消火栓系统的快速启闭装置等。

2．手动控制方式。

手动控制方式应将消火栓泵控制箱（柜）的启动按钮用专用线路直接连接至设置在消防控制室内的消防联动控制器的手动控制盘，并应直接手动控制消火栓泵的启动。

消火栓泵的动作信号应反馈至消防联动控制器。

（二）室内消火栓系统启动逻辑

1．消防水泵应由消防水泵出水干管上设置的压力开关、高位消防水箱出水管上的流量开关或报警阀压力开关等开关信号直接自动启动消防水泵。消防水泵房内的压力开关宜引入消防水泵控制柜内。

2．消防水泵应确保从接到启泵信号到水泵正常运转的自动启动时间不应大于 2 min。

3．消防水泵控制柜应设置机械应急启泵功能，并应保证在控制柜内的控制线路发生故障时由有管理权限的人员在紧急时启动消防水泵。机械应急启动时，应确保消防水泵在报警后 5 min 内正常工作。

4．干式消火栓系统的充水时间不应大于 5 min。

四、管网设置要求

1．室内消火栓系统管网应布置成环状，当室外消火栓设计流量不大于 20 L/s，且室内消火栓不超过 10 个时，除《消防给水及消火栓系统技术规范》（GB 50974—2014）第 8.1.2 条的规定外，可布置成枝状。

2．当由室外生产、生活消防合用系统直接供水时，合用系统除应满足室外消防给水设计流量以及生产和生活最大小时设计流量的要求外，还应满足室内消防给水系统的设计流量和压力要求。

3．室内消防管道管径应根据系统设计流量、流速和压力要求经计算确定；室内消火栓竖管管径应根据竖管最低流量经计算确定，但不应小于 DN100。

4．室内消火栓环状给水管道检修时应符合下列规定：

（1）室内消火栓竖管应保证检修管道时关闭停用的竖管不超过 1 根，当竖管超过 4 根时，可关闭不相邻的 2 根。

（2）每根竖管与供水横干管相接处应设置阀门。

5．室内消火栓给水管网宜与自动喷水等其他水灭火系统的管网分开设置；当合用消防泵时，供水管路沿水流方向应在报警阀前分开设置。

专题 12：消防用水量计算

一、同一时间火灾起数

（　）仓库和民用建筑

仓库和民用建筑同一时间内的火灾起数应按 1 起确定。

（二）工厂、堆场和储罐区等

工厂、堆场和储罐区等同一时间火灾起数

占地面积/hm²	居住区人数/万人	同一时间火灾起数/起
≤100	≤1.5	1
	＞1.5	2 （其中居住区1起）
＞100	—	2 （最大两座各1起）

二、一起火灾灭火所需消防用水设计流量

室内外消火栓+自动灭火系统（取其中一个最大值）+水幕或固定冷却分隔。

三、灭火延续时间

1．消火栓及固定冷却水系统的灭火延续时间如下表所示。

消火栓及固定冷却水系统的灭火延续时间

建筑		场所与火灾危险性	火灾延续时间/h
工业建筑	仓库	甲、乙、丙类仓库	3.00
		丁、戊类仓库	2.00
	厂房	甲、乙、丙类厂房	3.00
		丁、戊类厂房	2.00
民用建筑	公共建筑	高层建筑中的商业楼、展览楼、综合楼，建筑高度大于50 m的财贸金融楼、图书馆、书库、重要的档案楼、科研楼和高级宾馆等	3.00
		其他公共建筑	2.00
	住宅		2.00
人防工程	建筑面积小于3 000 m²		1.00
	建筑面积不小于3 000 m²		2.00
地下建筑、地铁车站			2.00

2．自动喷水灭火系统的持续喷水时间应按火灾延续时间不小于1.00 h确定，仓库及类似场所根据仓库危险等级、仓库类型、储存方式、储物高度、喷头类型等不同而不同。

3．建筑内用于防火分隔的防火分隔水幕和防护冷却水幕的火灾延续时间应与其替代的防火墙的耐火极限一致。

4．汽车库、修车库火灾延续时间应按2.00 h计算，但自动喷水灭火系统可按1.00 h计算，泡沫灭火系统可按0.50 h计算。

四、室外消火栓设计流量

（一）工业建筑室外消火栓设计流量

工业建筑室外消火栓设计流量　　单位：L/s

<table>
<tr><th rowspan="2">耐火等级</th><th colspan="2">建筑物名称及类别</th><th colspan="6">建筑体积 V/m^3</th></tr>
<tr><th colspan="2"></th><th>$V≤1\ 500$</th><th>$1\ 500<V≤3\ 000$</th><th>$3\ 000<V≤5\ 000$</th><th>$5\ 000<V≤20\ 000$</th><th>$20\ 000<V≤50\ 000$</th><th>$V>50\ 000$</th></tr>
<tr><td rowspan="6">一、二级</td><td rowspan="3">厂房</td><td>甲、乙</td><td colspan="2">15</td><td>20</td><td>25</td><td>30</td><td>35</td></tr>
<tr><td>丙</td><td>15</td><td>20</td><td>25</td><td>30</td><td colspan="2">40</td></tr>
<tr><td>丁、戊</td><td colspan="4">15</td><td colspan="2">20</td></tr>
<tr><td rowspan="3">仓库</td><td>甲、乙</td><td>15</td><td colspan="2">25</td><td colspan="3">—</td></tr>
<tr><td>丙</td><td>15</td><td colspan="2">25</td><td>35</td><td colspan="2">45</td></tr>
<tr><td>丁、戊</td><td colspan="4">15</td><td colspan="2">20</td></tr>
<tr><td rowspan="2">三级</td><td colspan="2">乙、丙</td><td>15　20</td><td>30</td><td>40</td><td>45</td><td colspan="2">—</td></tr>
<tr><td colspan="2">丁、戊</td><td colspan="2">15</td><td>20</td><td>25</td><td colspan="2">35</td></tr>
<tr><td>四级</td><td colspan="2">丁、戊类工业建筑</td><td>15</td><td>20</td><td>25</td><td colspan="3">—</td></tr>
</table>

（二）民用建筑室外消火栓设计流量

民用建筑室外消火栓设计流量　　单位：L/s

<table>
<tr><th rowspan="2">耐火等级</th><th rowspan="2" colspan="2">建筑物名称及类别</th><th colspan="6">建筑体积 V/m^3</th></tr>
<tr><th>$V≤1\ 500$</th><th>$1\ 500<V≤3\ 000$</th><th>$3\ 000<V≤5\ 000$</th><th>$5\ 000<V≤20\ 000$</th><th>$20\ 000<V≤50\ 000$</th><th>$V>50\ 000$</th></tr>
<tr><td rowspan="3">一、二级</td><td colspan="2">住宅</td><td colspan="6">15</td></tr>
<tr><td rowspan="2">公共建筑</td><td>单、多层</td><td colspan="3">15</td><td>25</td><td>30</td><td>40</td></tr>
<tr><td>高层</td><td colspan="3">—</td><td>25</td><td>30</td><td>40</td></tr>
<tr><td>三级</td><td colspan="2">单、多层民用建筑</td><td colspan="2">15</td><td>20</td><td>25</td><td>30</td><td>—</td></tr>
<tr><td>四级</td><td colspan="2">单、多层民用建筑</td><td colspan="2">15</td><td>20</td><td>25</td><td colspan="2">—</td></tr>
</table>

（三）地下建筑与人防室外消火栓

地下建筑与人防室外消火栓　　单位：L/s

<table>
<tr><th rowspan="2">建筑物名称及类别</th><th colspan="6">建筑体积 V/m^3</th></tr>
<tr><th>$V≤1\ 500$</th><th>$1\ 500<V≤3\ 000$</th><th>$3\ 000<V≤5\ 000$</th><th>$5\ 000<V≤20\ 000$</th><th>$20\ 000<V≤50\ 000$</th><th>$V>50\ 000$</th></tr>
<tr><td>地下建筑（包括地铁）、平战结合的人防工程</td><td colspan="3">15</td><td>20</td><td>25</td><td>30</td></tr>
</table>

五、室内消火栓设计流量

（一）工业建筑室内消火栓设计流量

工业建筑室内消火栓设计流量

建筑物名称	高度 h/m、体积 V/m^3、火灾危险性			消火栓设计流量/（L/s）	同时使用消防水枪数/支	每根竖管最小流量/（L/s）
厂房	h≤24	甲、乙、丁、戊		10	2	10
		丙	V≤5 000	10	2	10
			V>5 000	20	4	15
	24<h≤50	乙、丁、戊		25	5	15
		丙		30	6	15
	h>50	乙、丁、戊		30	6	15
		丙		40	8	15
仓库	h≤24	甲、乙、丁、戊		10	2	10
		丙	V≤5 000	15	3	15
			V>5 000	25	5	15
	h>24	丁、戊		30	6	15
		丙		40	8	15

注：丁、戊类高层厂房（仓库）室内消火栓的设计流量可按本表减少 10 L/s，同时使用消防水枪数量可按本表减少 2 支。

（二）民用建筑室内消火栓设计流量

民用建筑室内消火栓设计流量

建筑物名称		高度 h/m、体积 V/m^3、座位数 n/个	消火栓设计流量/（L/s）	同时使用消防水枪数/支	每根竖管最小流量/（L/s）
单、多层	科研楼、试验楼	V≤10 000	10	2	10
		V>10 000	15	3	10
	车站、码头、机场的候车（船、机）楼和展览建筑（包括博物馆）等	5 000<V≤25 000	10	2	10
		25 000<V≤50 000	15	3	10
		V>50 000	20	4	15
	剧场、电影院、会堂、礼堂、体育馆等	800<n≤1 200	10	2	10
		1 200<n≤5 000	15	3	10
		5 000<n≤10 000	20	4	15
		n>10 000	30	6	15
	旅馆	5 000<V≤10 000	10	2	10
		10 000<V≤25 000	15	3	10
		V>25 000	20	4	15
	商店、图书馆、档案馆等	5 000<V≤10 000	15	3	10
		10 000<V≤25 000	25	5	15
		V>25 000	40	8	15
	病房楼、门诊楼等	5 000<V≤25 000	10	2	10
		V>25 000	15	3	10
	办公楼、教学楼、公寓、宿舍等其他建筑	h>15 或 V>10 000	15	3	10
	住宅	21<h≤27	5	2	5

建筑物名称		高度 h/m、体积 V/m³、座位数 n/个	消火栓设计流量/（L/s）	同时使用消防水枪数/支	每根竖管最小流量/（L/s）
高层	住宅	27＜h≤54	10	2	10
		h＞54	20	4	10
	二类公共建筑	h≤50	20	4	10
	一类公共建筑	h≤50	30	6	15
		h＞50	40	8	15
国家级文物保护单位的重点砖木或木结构的古建筑		V≤10 000	20	4	10
		V＞10 000	25	5	15

注：（1）消防软管卷盘、轻便消防水龙及多层住宅楼梯间中的干式消防竖管，其消火栓的设计流量可不计入室内消防给水设计流量。

（2）当一座多层建筑有多种使用功能时，室内消火栓设计流量应分别按表中不同功能计算，且应取最大值。

（三）地下建筑及人防工程室内消火栓设计流量

地下建筑及人防工程室内消火栓设计流量

建筑物名称		体积 V/m³	消火栓设计流量/（L/s）	同时使用消防水枪数/支	每根竖管最小流量/（L/s）
地下建筑		V≤5 000	10	2	10
		5 000＜V≤10 000	20	4	15
		10 000＜V≤25 000	30	6	15
		V＞25 000	40	8	20
人防工程	展览厅、影院、剧场、礼堂、健身体育场所等	V≤1 000	5	1	5
		1 000＜V≤2 500	10	2	10
		V＞2 500	15	3	10
	商场、餐厅、旅馆、医院等	V≤5 000	5	1	5
		5 000＜V≤10 000	10	2	10
		10 000＜V≤25 000	15	3	10
		V＞25 000	20	4	10
	丙、丁、戊类生产车间、自行车车库	V≤2 500	5	1	5
		V＞2 500	10	2	10
	丙、丁、戊类物品库房、图书资料档案库	V≤3 000	5	1	5
		V＞3 000	10	2	10

（四）几种特殊情况室内消火栓设计流量的确定

1．当建筑物室内设有自动喷水灭火系统、水喷雾灭火系统、泡沫灭火系统或固定消防炮灭火系统等一种或两种以上自动水灭火系统全保护时，高层建筑高度不超过 50 m 且室内消火栓设计流量超过 20 L/s 时，其室内消防用水量可减少 5 L/s，多层建筑室内消火栓设计流量可减少 50%，但不应小于 10 L/s。

2．宿舍、公寓等非住宅类居住建筑的室内消火栓设计流量，当为多层建筑时，应按宿舍、公寓确定；当为高层建筑时，应按公共建筑确定。

3．地铁地下车站室内消火栓设计流量不应小于 20 L/s，区间隧道不应小于 10 L/s。

4．多层综合楼消防水量计算，取全部建筑体积和总高度，按不同功能查表中流量，选取最大值作为消防水量。

六、消防用水量

一起火灾灭火用水量应按需要同时作用的室内、室外消防给水用水量之和计算，两栋或两座及以上建筑合用时，应取最大值，并应按下列公式计算：

$$V = V_1 + V_2$$

$$V_1 = 3.6\sum_{i=1}^{i=n} q_{1i} t_{1i}$$

$$V_2 = 3.6\sum_{i=1}^{i=m} q_{2i} t_{2i}$$

式中，V——建筑消防给水一起火灾灭火用水总量，m^3；

V_1——室外消防给水一起火灾灭火用水量，m^3；

V_2——室内消防给水一起火灾灭火用水量，m^3；

q_{1i}——室外第 i 种水灭火系统的设计流量，L/s；

t_{1i}——室外第 i 种水灭火系统的火灾延续时间，h；

n——建筑需要同时作用的室外水灭火系统数量；

q_{2i}——室内第 i 种水灭火系统的设计流量，L/s；

t_{2i}——室内第 i 种水灭火系统的火灾延续时间，h；

m——建筑需要同时作用的室内水灭火系统数量。

七、汽车库、修车库、停车场的消防用水量

1．汽车库、修车库的消防用水量应按室内、室外消防用水量之和计算。其中，汽车库、修车库内设置消火栓、自动喷水、泡沫等灭火系统时，其室内消防用水量应按需要同时开启的灭火系统用水量之和计算。

2．除规范另有规定外，汽车库、修车库、停车场应设置室外消火栓给水系统，其室外消防用水量应按消防用水量最大的一座计算，并应符合下列规定：

（1）Ⅰ、Ⅱ类汽车库、修车库、停车场，不应小于 20 L/s。

（2）Ⅲ类汽车库、修车库、停车场，不应小于 15 L/s。

（3）Ⅳ类汽车库、修车库、停车场，不应小于 10 L/s。

3．汽车库、修车库应设室内消火栓给水系统，其消防用水量应符合下列规定：

（1）Ⅰ、Ⅱ、Ⅲ类汽车库及Ⅰ、Ⅱ类修车库的用水量不应小于 10 L/s，且应保证相邻 2 个消火栓的水枪充实水柱同时到达室内任何部位。

（2）Ⅳ类汽车库及Ⅲ、Ⅳ类修车库的用水量不应小于 5 L/s，且应保证 1 个消火栓的水枪充实水柱到达室内任何部位。

（本章由宋瑞明编写）

第五章　自动水灭火系统

宋瑞明

专题 1：系统设置场所及系统选型

一、系统设置场所

（一）宜采用自动喷水灭火系统的建筑部位

1．厂房：

（1）不小于 50 000 纱锭的棉纺厂的开包、清花车间，不小于 5 000 锭的麻纺厂的分级、梳麻车间，火柴厂的烤梗、筛选部位。

（2）占地面积大于 1 500 m^2 或总建筑面积大于 3 000 m^2 的单、多层制鞋、制衣、玩具及电子等类似生产的厂房。

（3）占地面积大于 1 500 m^2 的木器厂房。

（4）泡沫塑料厂的预发、成型、切片、压花部位。

（5）高层乙、丙类厂房。

（6）建筑面积大于 500 m^2 的地下或半地下丙类厂房。

2．仓库：

（1）每座占地面积大于 1 000 m^2 的棉、毛、丝、麻、化纤、毛皮及其制品的仓库。

注：单层占地面积不大于 2 000 m^2 的棉花库房，可不设置自动水灭火系统。

（2）每座占地面积大于 600 m^2 的火柴仓库。

（3）邮政建筑内建筑面积大于 500 m^2 的空邮袋库。

（4）可燃、难燃物品的高架仓库和高层仓库。

（5）设计温度高于 0℃的高架冷库，设计温度高于 0℃且每个防火分区建筑面积大于 1 500 m^2 的非高架冷库。

（6）总建筑面积大于 500 m^2 的可燃物品地下仓库。

（7）每座占地面积大于 1 500 m^2 或总建筑面积大于 3 000 m^2 的其他单层或多层丙类物品仓库。

3．单、多层民用建筑：

（1）特等、甲等剧场，超过 1 500 个座位的其他等级的剧场，超过 2 000 个座位的会堂或礼堂，超过 3 000 个座位的体育馆，超过 5 000 人的体育场的室内人员休息室与器材间等。

（2）任一层建筑面积大于 1 500 m^2 或总建筑面积大于 3 000 m^2 的展览、商店、餐饮和旅馆建筑以及医院中同样建筑规模的病房楼、门诊楼和手术部。

（3）设置送回风道（管）的集中空气调节系统且总建筑面积大于 3 000 m^2 的办公建筑等。

（4）藏书量超过 50 万册的图书馆。

（5）大型、中型幼儿园，老年人照料设施。

（6）总建筑面积大于 500 m^2 的地下或半地下商店。

（7）设置在地下、半地下或地上四层及以上楼层的歌舞娱乐放映游艺场所（除游泳场所外），设置在首层、二层和三层且任一层建筑面积大于 300 m^2 的地上歌舞娱乐放映游艺场所（除游泳场所外）。

4. 高层民用建筑：

（1）一类高层公共建筑（除游泳池、溜冰场外）及其地下、半地下室。

（2）二类高层公共建筑及其地下、半地下室的公共活动用房、走道、办公室和旅馆的客房、可燃物品库房、自动扶梯底部。

（3）高层民用建筑内的歌舞娱乐放映游艺场所。

（4）建筑高度大于 100 m 的住宅建筑。

（二）宜设置水幕系统的建筑部位

1. 特等、甲等剧场，超过 1 500 个座位的其他等级的剧场，超过 2 000 个座位的会堂或礼堂和高层民用建筑内超过 800 个座位的剧场或礼堂的舞台口及上述场所内与舞台相连的侧台、后台的洞口。

2. 应设置防火墙等防火分隔物而无法设置的局部开口部位。

3. 需要防护冷却的防火卷帘或防火幕的上部。

注：舞台口也可采用防火幕进行分隔，侧台、后台的较小洞口宜设置乙级防火门、窗。

（三）应设置雨淋自动喷水灭火系统的建筑部位

1. 火柴厂的氯酸钾压碾厂房，建筑面积大于 100 m^2 且生产或使用硝化棉、喷漆棉、火胶棉、赛璐珞胶片、硝化纤维的厂房。

2. 乒乓球厂的轧坯、切片、磨球、分球检验部位。

3. 建筑面积大于 60 m^2 或储存量大于 2t 的硝化棉、喷漆棉、火胶棉、赛璐珞胶片、硝化纤维的仓库。

4. 日装瓶数量大于 3 000 瓶的液化石油气储配站的灌瓶间、实瓶库。

5. 特等、甲等剧场，超过 1 500 个座位的其他等级剧场和超过 2 000 个座位的会堂或礼堂的舞台葡萄架下部。

6. 建筑面积不小于 400 m^2 的演播室，建筑面积不小于 500 m^2 的电影摄影棚。

二、系统选型

1. 环境温度不低于 4℃且不高于 70℃的场所，应采用湿式系统。

2. 环境温度低于 4℃或高于 70℃的场所，应采用干式系统。

3. 具有下列要求之一的场所，应采用预作用系统：

（1）系统处于准工作状态时严禁误喷的场所。

（2）系统处于准工作状态时严禁管道充水的场所。

（3）用于替代干式系统的场所。

4. 具有下列条件之一的场所，应采用雨淋系统：

（1）火灾的水平蔓延速度快、闭式洒水喷头的开放不能及时使喷水有效覆盖着火区域的场所。

（2）设置场所的净空高度超过规定，且必须迅速扑救初期火灾的场所。

（3）火灾危险等级为严重危险级Ⅱ级的场所（如舞台葡萄架下方、摄影棚等场所）。

三、喷头

设置闭式系统的场所，洒水喷头类型和场所的最大净空高度应符合下表的规定；仅用于保护室内钢屋架等建筑构件的洒水喷头和设置货架内置洒水喷头的场所，可不受此表规定的限制。

洒水喷头类型和场所净空高度

<table>
<tr><th colspan="2" rowspan="2">设置场所</th><th colspan="3">喷头类型</th><th rowspan="2">场所净空高度 h/m</th></tr>
<tr><th>一只喷头的保护面积</th><th>响应时间性能</th><th>流量系数 K</th></tr>
<tr><td rowspan="5">民用建筑</td><td rowspan="2">普通场所</td><td>标准覆盖面积洒水喷头</td><td>快速响应喷头
特殊响应喷头
标准响应喷头</td><td>$K \geqslant 80$</td><td rowspan="2">$h \leqslant 8$</td></tr>
<tr><td>扩大覆盖面积洒水喷头</td><td>快速响应喷头</td><td>$K \geqslant 80$</td></tr>
<tr><td rowspan="3">高大空间场所</td><td>标准覆盖面积洒水喷头</td><td>快速响应喷头</td><td>$K \geqslant 115$</td><td rowspan="2">$8 < h \leqslant 12$</td></tr>
<tr><td colspan="3">非仓库型特殊应用喷头</td></tr>
<tr><td colspan="3">非仓库型特殊应用喷头</td><td>$12 < h \leqslant 18$</td></tr>
<tr><td colspan="2" rowspan="4">厂房</td><td>标准覆盖面积洒水喷头</td><td>特殊响应喷头
标准响应喷头</td><td>$K \geqslant 80$</td><td rowspan="2">$h \leqslant 8$</td></tr>
<tr><td>扩大覆盖面积洒水喷头</td><td>标准响应喷头</td><td>$K \geqslant 80$</td></tr>
<tr><td>标准覆盖面积洒水喷头</td><td>特殊响应喷头
标准响应喷头</td><td>$K \geqslant 115$</td><td rowspan="2">$8 < h \leqslant 12$</td></tr>
<tr><td colspan="3">非仓库型特殊应用喷头</td></tr>
<tr><td colspan="2" rowspan="3">仓库</td><td>标准覆盖面积洒水喷头</td><td>特殊响应喷头
标准响应喷头</td><td>$K \geqslant 80$</td><td>$h \leqslant 9$</td></tr>
<tr><td colspan="3">仓库型特殊应用喷头</td><td>$h \leqslant 12$</td></tr>
<tr><td colspan="3">早期抑制快速响应喷头</td><td>$h \leqslant 13.5$</td></tr>
</table>

专题 2：湿式自动喷水灭火系统

一、工作原理

（一）系统工作原理

湿式系统在准工作状态时，由消防水箱或稳压泵、气压给水设备等稳压设施维持管道内充水的压力。发生火灾时，在火灾温度的作用下，闭式喷头的热敏元件动作，喷头开启并开始喷水。此时，管网中的水由静止变为流动，水流指示器动作送出电信号，在报警控制器上显示某一区域喷水的信息。由于持续喷水泄压造成湿式报警阀的上部水压低于下部水压，在压力差的作用下，原来处于关闭状态的湿式报警阀自动开启。此时压力水通过湿式报警阀流向管网，同时打开通向水力警铃的通道，延迟器充满水后，水力警铃发出声响警报，压力开关动作并输出启动供水泵的信号。供水泵投入运行后，完成系统的启动过程。

（二）湿式报警阀工作原理

湿式报警阀是只允许水单方向流入喷水灭火系统，并在规定的压力和流量下驱动配套部件报警的一种单向阀。湿式报警阀上设有进水口、报警口、测试口、检修口和出水口，阀内部设有阀瓣、阀座等组件，是控制水流方向的主要可动密封件。

在准工作状态，阀瓣上下充满水，水压近似相等。由于阀瓣上面与水接触的面积大于下面的水接触面积，阀瓣受到的水压合力向下。在水压力及自重的作用下，阀瓣坐落在阀座上，处于关闭状态。当水源压力出现波动或冲击时，通过补偿器（或补水单向阀）使上下腔压力保持一致，水力警铃不发生报警，压力开关不接通，阀瓣仍处于准工作状态（补偿器具有防止误报或误动作功能）。

发生火灾或系统检测时，打开末端试水装置、末端试水阀，此时系统侧由于闭式喷头破裂或者试水接头排水，水压迅速下降，补偿器来不及补水，当下降到使下腔的水压足以开启阀瓣时，阀瓣被下腔水压（下腔水压通常来自高位消防水箱、稳压泵或者气压给水设施）顶开，报警阀开启。

下腔消防用水通过报警管路进入延迟器，经过延迟后进入水力警铃、压力开关。水力警铃发出声响报警，同时压力开关发出电信号直接启动消防水泵。消防水泵启动后持续供水以支撑自动喷水灭火系统的后续灭火工作（火灾延续时间）。

二、系统设置要求

（一）民用建筑和厂房采用湿式系统的设计基本参数

民用建筑和厂房采用湿式系统的设计基本参数

火灾危险等级		净空高度 h/m	喷水强度/[L/（min·m^2）]	作用面积/m^2
轻危险级		$h\leqslant 8$	4	160
中危险级	Ⅰ级		6	
	Ⅱ级		8	
严重危险级	Ⅰ级		12	260
	Ⅱ级		16	

注：系统最不利点处喷头的工作压力不应低于 0.05 MPa。

装设网格、栅板类通透性吊顶的场所，系统的喷水强度应按上表规定值的 1.3 倍确定。

商场等公共建筑，由于内装修的需要，往往装设网格状、条栅状等不挡烟的通透性吊顶，此类吊顶会严重阻碍喷头的洒水分布性能和动作性能，进而影响系统的控、灭火性能。因此应适当增大系统的喷水强度，并且喷头的布置仍应遵循一定的要求。

（二）民用建筑高大空间场所采用湿式系统的设计基本参数

民用建筑高大空间场所采用湿式系统的设计基本参数

适用场所		最大净空高度 h/m	喷水强度/[L/（min·m^2）]	作用面积/m^2	喷头最大间距 S/m
民用建筑	中庭、体育馆、航站楼等	$8<h\leqslant 12$	12	160	$1.8\leqslant S\leqslant 3$
		$12<h\leqslant 18$	15		
	影剧院、音乐厅、会展中心等	$8<h\leqslant 12$	15		
		$12<h\leqslant 18$	20		
厂房	制衣制鞋、玩具、木器、电子生产车间等	$8<h\leqslant 12$	15		
	棉纺厂、麻纺厂、泡沫塑料生产车间等		20		

注：（1）表中未列入的场所，应根据本表规定场所的火灾危险性类比确定。

（2）当民用建筑高大空间场所的最大净空高度为 12 m$<h\leqslant$18 m 时，应采用非仓库型特殊应用喷头。

（3）最大净空高度超过 8 m 的超级市场采用湿式系统的设计基本参数应按《自动喷水灭火系统设计规范》第 5.0.4 条和第 5.0.5 条的规定执行（仓库及类似场所）。

（三）仓库及类似场所采用湿式系统的设计基本参数

1．仓库危险级Ⅰ级场所的系统设计基本参数如下表所示。

仓库危险级Ⅰ级场所的系统设计基本参数

储存方式	最大净空高度/m	最大储物高度 h_s/m	喷水强度/[L/（min·m^2）]	作用面积/m^2	持续喷水时间/h
堆垛、托盘	9	$h_s \leqslant 3.5$	8	160	1.00
		$3.5 < h_s \leqslant 6$	10	200	1.50
		$6 < h_s \leqslant 7.5$	14		
单排、双排、多排货架		$h_s \leqslant 3$	6	160	
		$3 < h_s \leqslant 3.5$	8		
单排、双排货架		$3.5 < h_s \leqslant 6$	18	200	
		$6 < h_s \leqslant 7.5$	14＋1J		
多排货架		$3.5 < h_s \leqslant 4.5$	12		
		$4.5 < h_s \leqslant 6$	18		
		$6 < h_s \leqslant 7.5$	18＋1J		

注：（1）货架储物高度大于 7.5 m 时，应设置货架内置洒水喷头。顶板下洒水喷头的喷水强度不应低于 18 L/（min·m^2），作用面积不应小于 200 m^2，持续喷水时间不应小于 2.00 h。

（2）表中字母“J”表示货架内置洒水喷头，“J”前的数字表示货架内置洒水喷头的层数。

（3）影响仓库设计参数的因素包括货品的性质、堆放形式、堆积高度及室内净空高度等。各因素的变化，均影响设计参数的改变。例如，货品堆高增大，火灾竖向蔓延速度迅速增长，不仅使灭火难度增大，而且使喷水因货品的阻挡而难以直接送达燃烧面，只能沿货品表面流淌后最终到达燃烧面。其结果是造成送达到位的直接灭火水量锐减。因此，货品堆高增大时，采取提高喷水强度、保证系统灭火能力的措施是必要的。

2．仓库危险级Ⅱ级场所的系统设计基本参数。

仓库危险级Ⅱ级场所的系统设计基本参数

储存方式	最大净空高度/m	最大储物高度 h_s/m	喷水强度/[L/（min·m^2）]	作用面积/m^2	持续喷水时间/h
堆垛、托盘	9	$h_s \leqslant 3.5$	8	160	1.00
		$3.5 < h_s \leqslant 6$	16	200	2.00
		$6 < h_s \leqslant 7.5$	22		
单排、双排、多排货架		$h_s \leqslant 3$	8	160	1.50
		$3 < h_s \leqslant 3.5$	12	200	
单排、双排货架		$3.5 < h_s \leqslant 6$	24	280	2.00
		$6 < h_s \leqslant 7.5$	22＋1J	200	
多排货架		$3.5 < h_s \leqslant 4.5$	18		
		$4.5 < h_s \leqslant 6$	18＋1J		
		$6 < h_s \leqslant 7.5$	18＋1J		

注：货物储存高度大于 7.5 m 时，应设置货架内置洒水喷头。顶板下洒水喷头的喷水强度不应低于 20 L/（min·m^2），作用面积不应小于 200 m^2，持续喷水时间不应小于 2.00 h。

3．货架储存时仓库危险级Ⅲ级场所的系统设计基本参数如下表所示。

货架储存时仓库危险级Ⅲ级场所的系统设计基本参数

序号	最大净空高度/m	最大储物高度 h_s/m	货架类型	喷水强度/[L/（min·m^2）]	货架内置洒水喷头		
					层数	高度/m	流量系数 K
1	4.5	1.5＜h_s≤3	单、双、多	12	—	—	—
2	6	1.5＜h_s≤3	单、双、多	18	—	—	—
3	7.5	3＜h_s≤4.5	单、双、多	24.5	—	—	—
4	7.5	3＜h_s≤4.5	单、双、多	12	1	3.0	80
5	7.5	4.5＜h_s≤6	单、双	24.5	—	—	—
6	7.5	4.5＜h_s≤6	单、双、多	12	1	4.5	115
7	9	4.5＜h_s≤6	单、双、多	18	1	3.0	80
8	8	4.5＜h_s≤6	单、双、多	24.5	—	—	—
9	9	6＜h_s≤7.5	单、双、多	18.5	1	4.5	115
10	9	6＜h_s≤7.5	单、双、多	32.5	—	—	—
11	9	6＜h_s≤7.5	单、双、多	12	2	3.0，6.0	80

注：（1）作用面积不应小于200 m^2，持续喷水时间不应低于2.00 h。

（2）序号4、6、7、11：货架内设置一排货架内置洒水喷头时，喷头的间距不应大于3 m；设置两排或多排货架内置洒水喷头时，喷头的间距不应大于3 m×2.4 m。

（3）序号8：应采用流量系数 K 等于161、202、242、363的洒水喷头。

（4）序号9：货架内设置一排货架内置洒水喷头时，喷头的间距不应大于2.4 m，设置两排或多排货架内置洒水喷头时，喷头的间距不应大于2.4 m×2.4 m。

（5）序号10：应采用流量系数 K 等于242、363的洒水喷头。

（6）货架储物高度大于7.5 m时，应设置货架内置洒水喷头，顶板下洒水喷头的喷水强度不应低于22.0 L/（min·m^2），作用面积不应小于200 m^2，持续喷水时间不应小于2.00 h。

4．堆垛储存时仓库危险级Ⅲ级场所的系统设计基本参数如下表所示。

堆垛储存时仓库危险级Ⅲ级场所的系统设计基本参数

最大净空高度/m	最大储物高度/m	喷水强度/[L/（min·m^2）]			
		A	B	C	D
7.5	1.5	8			
4.5	3.5	16	16	12	12
6		24.5	22	20.5	16.5
9		32.5	28.5	24.5	18.5
6	4.5	24.5	22	20.5	16.5
7.5	6	32.5	28.5	24.5	18.5
9	7.5	36.5	34.5	28.5	22.5

注：（1）A——袋装与无包装的发泡塑料橡胶；B——箱装的发泡塑料橡胶；
C——袋装与无包装的不发泡塑料橡胶；D——箱装的不发泡塑料橡胶。

（2）作用面积不应小于240 m^2，持续喷水时间不应低于2.00 h。

5．仓库及类似场所采用早期抑制快速响应喷头时系统的设计基本参数详见《自动喷水灭火系统设计规范》表5.0.5。

6．仓库及类似场所采用仓库型特殊应用喷头的湿式系统设计基本参数详见《自动喷水灭火系统设计规范》表5.0.6。

三、操作与控制

（一）操作与控制要求

湿式系统、干式系统应由消防水泵出水干管上设置的压力开关、高位消防水箱出水管上的流量开关和报警阀组压力开关直接自动启动消防水泵。

对于湿式系统与干式系统，在《自动喷水灭火系统设计规范》中规定仅采用报警阀压力开关信号直接连锁启泵这一种启泵方式，但根据目前应用现状，压力开关存在易堵塞、启泵时间长等缺点。因此，《自动喷水灭火系统设计规范》在维持原有启泵方式的基础上，新增了采用消防水泵出水干管上设置的压力开关、高位消防水箱出水管上的流量开关直接启泵方式，此启动方式也同《消防给水及消火栓系统技术规范》是协调统一的。

规定不同的启泵方式，并不是要求系统均应设置这几种启泵方式，而是指任意一种方式均应能直接启动消防水泵（“或”的关系）；由于需和消火栓系统的启动方式相统一，在实际执行过程中，部分地方消防规定要求同时采用三种启动方式（“和”的关系），在进行自动喷水灭火系统的设计时不应忽视地方性规定的重要性。

基于稳压泵电接点压力表亦具有直接启动消防水泵的功能，在实际设计和施工活动中，亦有通过稳压泵直接启动消防水泵的做法。但该做法由于相关规范没有明确界定，不应用以替代报警阀阀体上的压力开关、高位水箱出水管的流量开关或出水干管上的低压压力开关，可以将其视为一种增补的保险启动措施。

（二）消防水泵除具有自动控制启动方式外，还应具备的启动方式

1．消防控制室（盘）远程控制。
2．消防水泵房现场应急操作。

（三）反馈信号

消防控制室（盘）应能显示水流指示器、压力开关、信号阀、消防水泵、消防水池及水箱水位、有压气体管道气压以及电源和备用动力等是否处于正常状态的反馈信号，并应能控制消防水泵、电磁阀、电动阀等的操作。

自动喷水灭火系统灭火失败的教训，很多是由于维护不当和误操作等原因造成的。加强对系统状态的监视与控制，能有效消除事故隐患。对系统的监视与控制要求，包括：监视电源及备用动力的状态；监视系统的水源、水箱（罐）及信号阀的状态；可靠控制水泵的启动并显示反馈信号；可靠控制雨淋报警阀、电磁阀、电动阀的开启并显示反馈信号；监视水流指示器、压力开关的动作和复位状态；可靠控制补气装置，并显示气压。

四、系统组件

湿式自动喷水灭火系统组件示意见图 5-1。

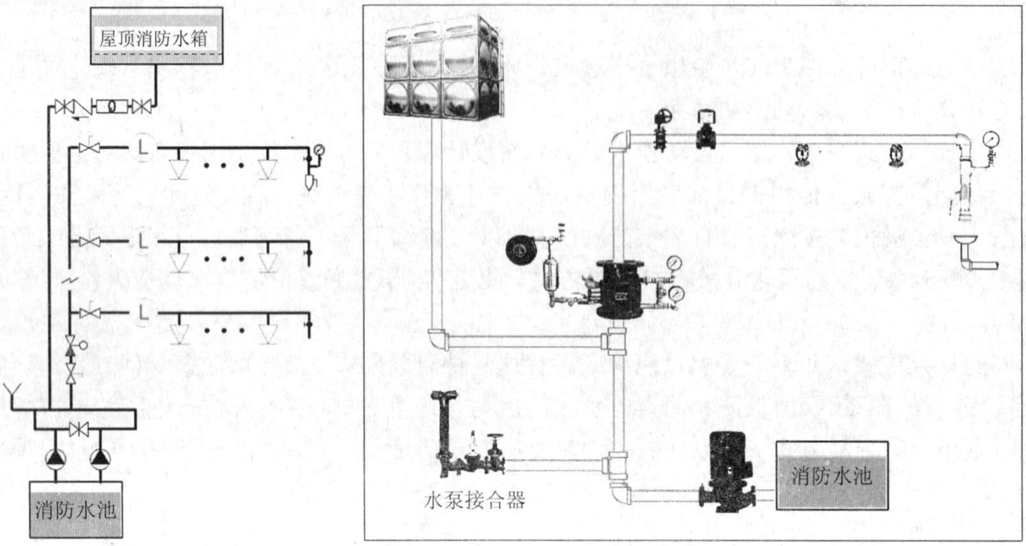

图 5-1　湿式自动喷水灭火系统组件示意

（一）湿式报警阀

湿式报警阀在系统中的位置见图 5-2，湿式报警阀及其组件示意见图 5-3。

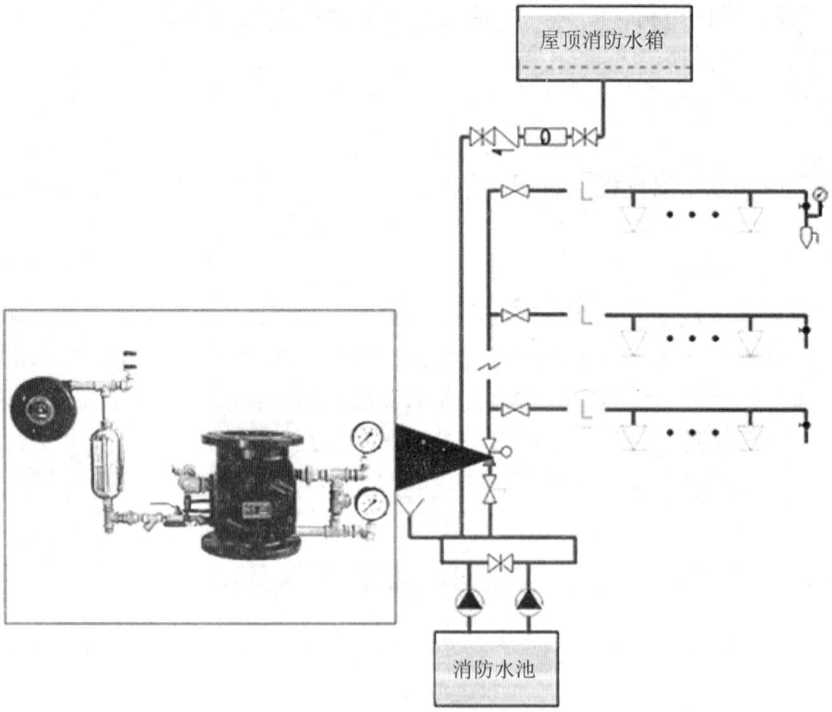

图 5-2　湿式报警阀在系统中的位置

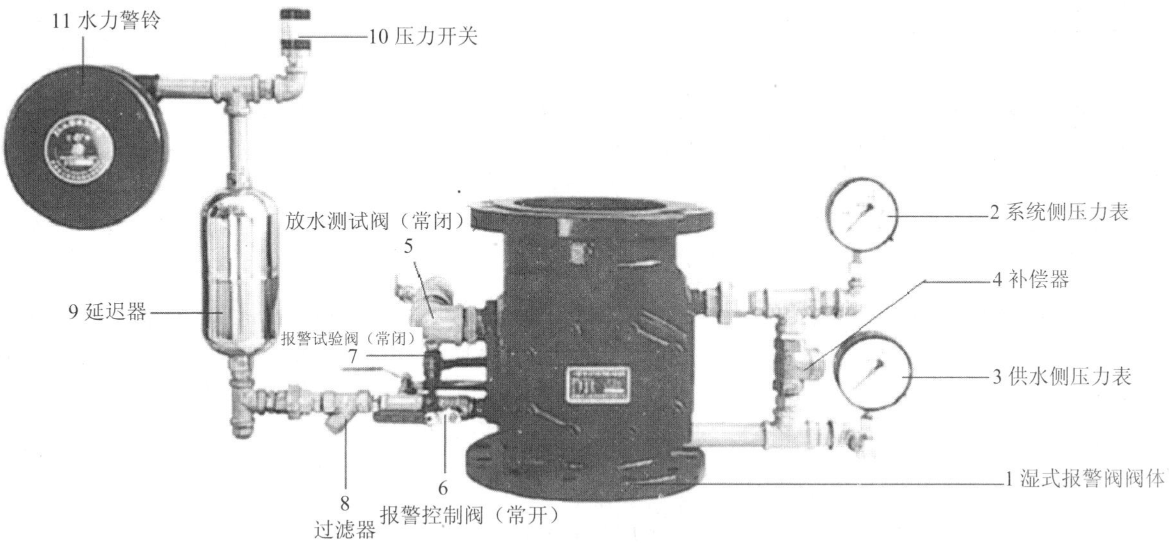

图 5-3　湿式报警阀及其组件示意

（二）信号阀

连接报警阀进出口的控制阀应采用信号阀（图 5-4）。当不采用信号阀时，控制阀应设锁定阀位的锁具（通常为对夹蝶阀）。

图 5-4　信号蝶阀

（三）系统侧压力表/供水侧压力表

用于监控阀体上腔、下腔的压力水平，两侧压力表其型号、规格、量程应一致。

（四）补偿器

补偿器是湿式报警阀上下腔压力的平衡补偿装置，其功能是在一定程度内减少水源压力波动或冲击造成的误报警，以一定压差时打开让一定的流量通过来实现少量补水，以维持上下腔压力保持在控制阀瓣关闭的水平。

（五）放水测试阀

打开放水测试阀后，可以用阀体处直接排放系统侧用水，泄压后上腔压力降低，阀体打开，水力警铃报警，压力开关启动。通过放水测试阀测试阀体启闭功能是一种非常简单易行的就地调试、检测手段。

（六）报警控制阀

用于在调试检修时关闭报警控制管路的球阀，准工作状态时应常开。若误关闭报警管路控制阀，则会导致阀体打开后下腔水流无法进入报警管路，继而导致水力警铃未报警，压力开关未启动。

（七）报警试验阀

报警试验阀又称试警铃球阀，是用于测试水力警铃、压力开关而设置的控制阀，其管路设置在报警管路控制阀阀后。打开报警试验阀后，从供水侧直接供水至报警管路。报警试验阀可以避免频繁泄放系统侧消防用水带来的水渍损耗和频繁启闭阀瓣带来的阀瓣磨损，在针对水力警铃、压力开关的单独调试测试中，是一种极为简便的测试检测手段。

（八）过滤器

报警管路上若未安装过滤器或安装了过滤器但长期未清洗，易造成报警管路堵塞，导致水流进入延迟器时间过长，无法顺利触发水力警铃及压力开关。

（九）延迟器

延迟器的作用是最大限度地减少由于水源压力波动或冲击而造成的误报警，但是延迟器不能起平衡上下腔压力的作用，而是以空容积来换取时间，以在延迟时间内防止水流对报警装置的冲击来防止误报警。

（十）压力开关

压力开关是一种压力传感器，是自动喷水灭火系统中的一个部件，其作用是将系统的压力信号转化为电信号。报警阀开启后，报警管道充水，压力开关受到水压的作用后接通电触点，输出报警阀开启及启动供水泵的信号，报警阀关闭时电触点断开。压力开关启动消防水泵的信号不应受到联动控制器处于自动、手动状态的影响。在《自动喷水灭火系统设计规范》中，新增了消防水泵出水干管上设置的压力开关、高位消防水箱出水管上的流量开关直接启动消防泵的技术措施。

（十一）水力警铃

水力警铃依靠水力进行驱动，安装在延迟器后的管路上，报警阀开启后，水流进入水力警铃，并形成一股高速射流冲击水轮带动铃锤快速旋转，敲击铃盖发出声响报警。

水力警铃工作压力不应小于 0.05 MPa，报警铃声声强在 3 m 处不应小于 70 dB。

水力警铃应设置在有人值班的地点附近或公共通道的外墙上。

水力警铃与报警阀连接的管道，其管径应为 20 mm，总长不宜大于 20 m。

（十二）水流指示器

水流指示器是用于自动喷水灭火系统中将水流信号转换成电信号的一种水流报警装置。水流指示器的叶片与水流方向垂直，喷头开启后引起管道中的水流动，当桨片或膜片感知水流的作用力时带动传动轴动作，接通延时线路，延时器开始计时。到延时设定时间后叶片仍向水流方向偏转无法回位，电触点闭合输出信号。当水流停止时，叶片和动作杆复位，触点断开，信号消除。

除报警阀组控制的喷头只保护不超过防火分区面积的同层场所外，每个防火分区、每个楼层均应设水流指示器。当水流指示器前端设置控制阀时，应采用信号阀。仓库内顶板下喷头与货架内喷头应分别设置水流指示器。

水流指示器的最大工作压力为 1.2 MPa，具有延迟功能的水流指示器，延迟时间应可以调节，延迟时间应在 2～90 s 范围内。

（十三）末端试水装置

末端试水装置由试水阀、压力表以及试水接头等组成，其作用是检验系统的可靠性，测试干式系统和预作用系统的管道充水时间（图 5-5）。

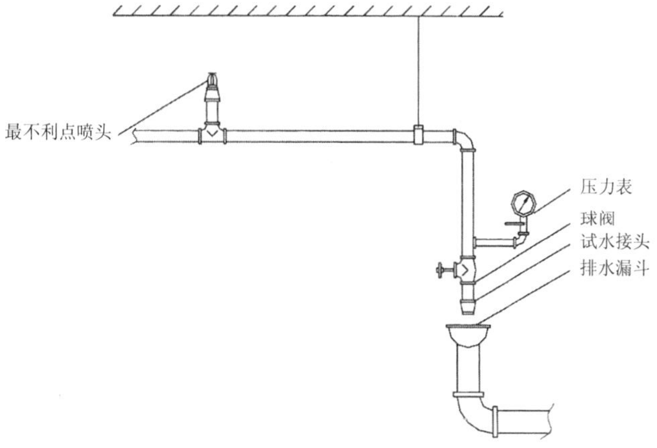

图 5-5　末端试水装置

每个报警阀组控制的最不利点洒水喷头处应设末端试水装置，其他防火分区、楼层均应设直径为 25 mm 的试水阀。末端试水装置应由试水阀、压力表以及试水接头组成。试水接头出水口的流量系数，应等同于同楼层或防火分区内的最小流量系数洒水喷头。末端试水装置的出水，应采取孔口出流的方式排入排水管道，排水立管宜设伸顶通气管，且管径不应小于 75 mm。

末端试水装置和试水阀应有标识，距地面的高度宜为 1.5 m，并应采取不被他用的措施。

五、管网设置

1．配水管道的工作压力不应大于1.2 MPa，并不应设置其他用水设施。

2．管道的直径应经水力计算确定。配水管道的布置，应使配水管入口的压力均衡。轻危险级、中危险级场所中各配水管入口的压力均不宜大于0.4 MPa。

3．配水管两侧每根配水支管控制的标准流量洒水喷头数量，轻危险级、中危险级场所不应超过8只，同时在吊顶上下设置喷头的配水支管，上下侧均不应超过8只。严重危险级及仓库危险级场所均不应超过6只。

4．短立管及末端试水装置的连接管，其管径不应小于25 mm。

5．水平设置的管道宜有坡度，并应坡向泄水阀。充水管道的坡度不宜小于2‰，准工作状态不充水管道的坡度不宜小于4‰。

自动喷水灭火系统的管道要求有坡度，并坡向泄水管。规定此条的目的在于充水时易于排气，维修时易于排尽管内积水。

6．一个报警阀组控制的洒水喷头数，湿式系统不宜超过800只。

7．配水管道可采用内外壁热镀锌钢管、涂覆钢管、铜管、不锈钢管和氯化聚氯乙烯（PVC-C）管。当报警阀入口前管道采用不防腐的钢管时，应在报警阀前设置过滤器。

专题3：干式自动喷水灭火系统

一、工作原理

(一)系统工作原理

干式系统在准工作状态时，由消防水箱或稳压泵、气压给水设备等稳压设施维持干式报警阀入口前管道内充水的压力，报警阀出口后的管道内充满有压气体（通常采用压缩空气），报警阀处于关闭状态。发生火灾时，在火灾温度的作用下，闭式喷头的热敏元件动作，闭式喷头开启，使干式阀出口压力下降，加速器动作后促使干式报警阀迅速开启，管道开始排气充水，剩余压缩空气从系统最高处的排气阀和开启的喷头处喷出，此时通向水力警铃和压力开关的通道被打开，水力警铃发出声响警报，压力开关动作并输出启泵信号，启动系统供水泵；管道完成排气充水过程后，开启的喷头开始喷水。从闭式喷头开启至供水泵投入运行前，由消防水箱、气压给水设备或稳压泵等供水设施为系统的配水管道充水。

(二)干式报警阀工作原理

启动前，干式报警阀前（与水源相连一侧）的管道内充以压力水，干式报警阀后的管道内充以压缩空气，报警阀处于关闭状态［图5-6（a）］。发生火灾时，闭式喷头热敏感元件动作，喷头开启，管道中的压缩空气从喷头喷出，使干式阀出口侧压力下降，造成报警阀前部水压力大于后部气压力，干式报警阀被自动打开，压力水进入供水管道，将剩余的压缩空气从已打开的喷头处推出，然后喷水灭火。在干式报警阀被打开的同时，通向水力警铃和压力开关的通道也被打开，水流冲击水力警铃和压力开关，并启动水泵加压供水［图5-6（b）］。

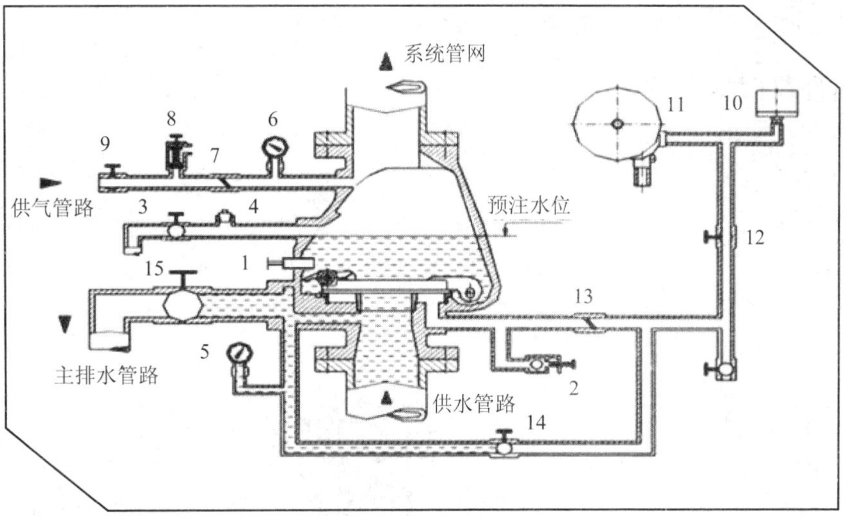

（a）干式报警阀伺应状态

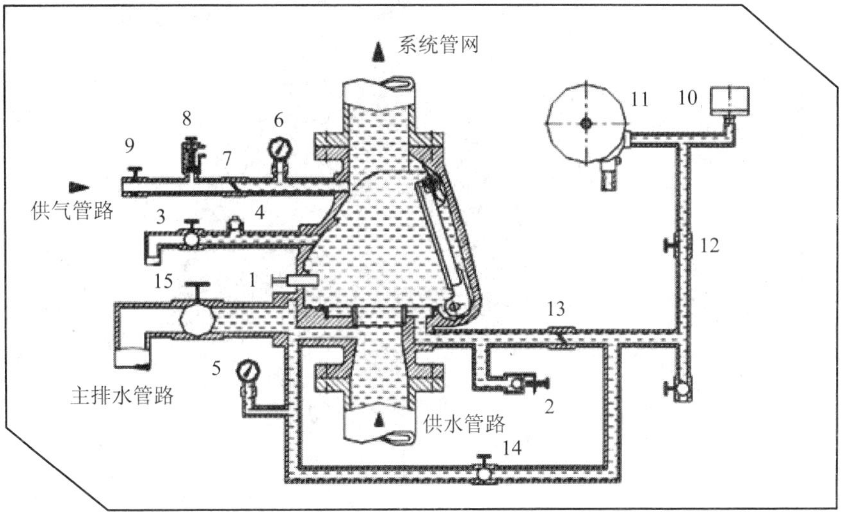

（b）干式报警阀报警状态

1—防复位装置；2—自动滴水阀（与延迟器功能相似）；3—排水阀（排除多余水）；4—注水阀；5—供水侧压力表；6—系统侧压力表；7—止回阀；8—安全阀；9—供气闸阀；10—压力开关；11—水力警铃；12—闸阀（铃响截止闸阀）；13—止回阀；14—试警铃阀；15—主排水阀

图 5-6　干式报警阀状态示意

二、系统设置要求

（同“专题 2　湿式自动喷水灭火系统”相同处略去）

干式系统的喷水强度应根据湿式系统喷头强度的 1.3 倍进行设计。

三、操作与控制要求

（同“专题 2　湿式自动喷水灭火系统”相同处略去）

1．干式系统应由消防水泵出水干管上设置的压力开关、高位消防水箱出水管上的流量开关和报警阀组压力开关直接自动启动消防水泵。

2．快速排气阀入口前的电动阀应在启动消防水泵的同时开启。

四、系统组件及技术参数

（同“专题2　湿式自动喷水灭火系统”相同处略去）

（一）干式报警阀

干式报警阀及其组件示意见图5-7。

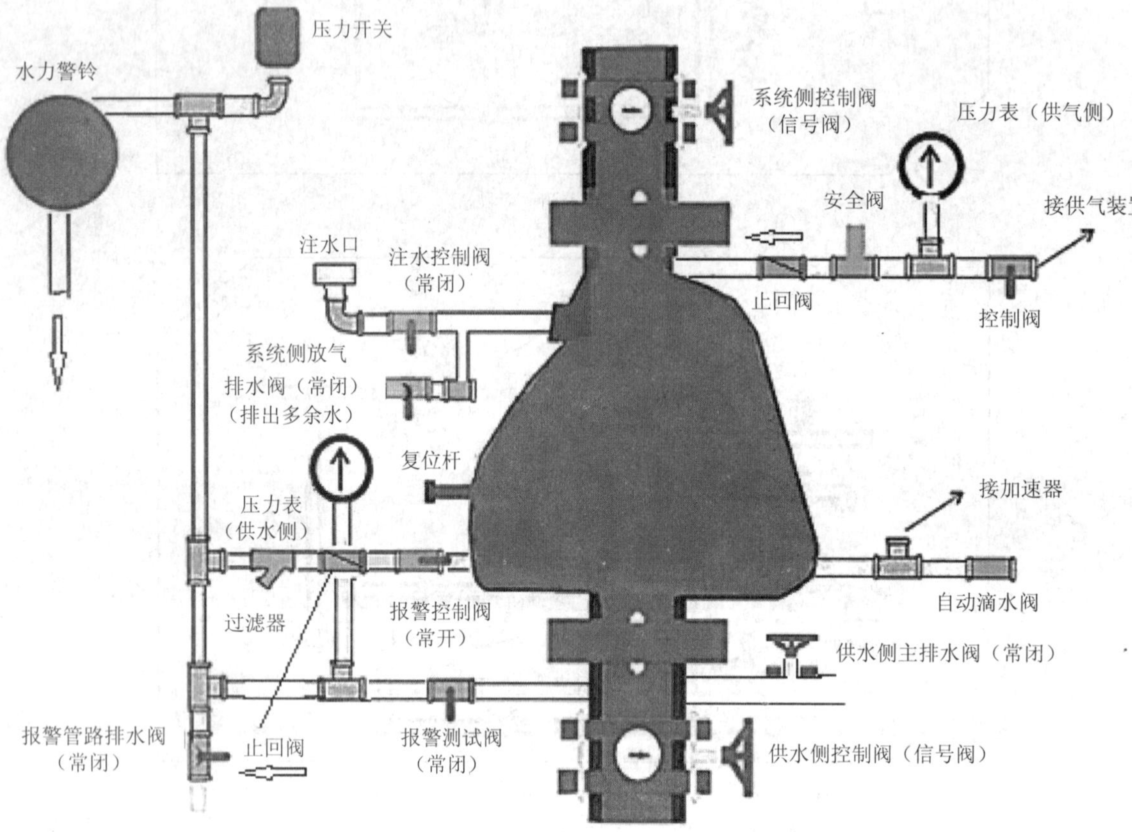

图5-7　干式报警阀及其组件示意

（二）复位杆

因干式报警阀存在防复位装置，因此在启动后需要进行手动复位，转动或推动复位杆可以将阀瓣从防复位装置中释放，以进行后续的复位操作。

干式系统干式报警阀防复位功能是指防止阀瓣组件在动作以后重新回到其关闭位置上的锁止机构。设置防复位功能的目的是当火灾时闭式喷头开放或检查测试时，打开末端试水装置，干式阀阀瓣开启，系统启动，灭火结束或检查测试后，系统需要重新回到伺应状态，此时必须把系统侧管网余水排出，才能充气。如果干式阀没有防复位装置，系统侧管网余水静压使阀瓣复位，排水就只能靠注水管路的排水阀来排出余水，而注水管路的管径较小，排水需很长时间；如果干式阀设有防复位装置，就可以使用主排水阀排出系统侧管网余水。

（三）加速器

通常管网容量较大的干式自动喷水灭火系统会增设加速器，由于管网容量的缘故，单个喷头破裂后排气速度较慢，导致阀体打开速度和排气冲水速度不能达到 1 min 的规范要求。此时增设加速器可以起到缩短排气时间，能够快速打开干式报警阀组的阀瓣，从而弥补由于管网容量过大造成阀体开启速度过慢的影响。

（四）电动阀

干式系统和预作用系统的配水管道应设快速排气阀。有压充气管道的快速排气阀入口前应设电动阀。快速排气阀入口前的电动阀应在启动消防水泵的同时开启。

（五）快速排气阀

排气阀必须垂直安装，且通常安装于管道的最高点（图 5-8）。由于快速排气阀接触有压气体后就会高速排气，因此针对干式系统、预作用系统，在快速排气阀前设置电动阀。当有排气充水需要时，打开快速排气阀前的电动阀使有压气体同快速排气阀接触，此时快速排气阀立即动作并开始高速排出管道内的有压气体，实现迅速排气充水的目的。

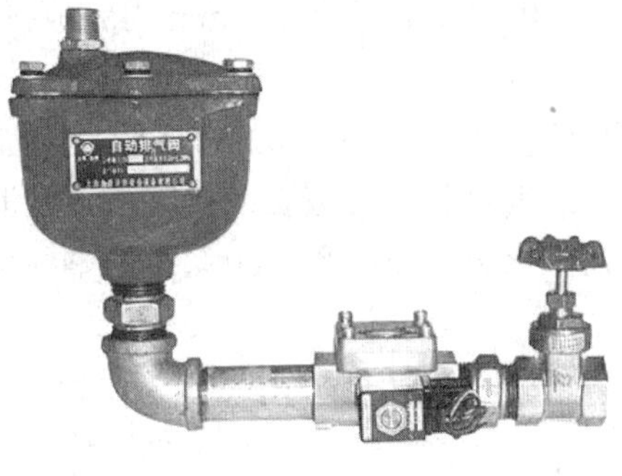

图 5-8　快速排气阀

（六）充气管路上的压力开关

干式报警阀充气管路上的压力开关是一种“双向开关”，当管网发生泄漏时，压力开关将侦测管网气压缓慢降低（气体泄漏），从而连锁空压机进行补气动作；当实际发生火灾，或者打开末端试水装置进行检测时，此时管网中会发生稳定、匀速的气体泄漏，压力开关在此种情况下将连锁启动加速器，加速报警阀阀瓣的开启。

五、管网设置

1．干式系统配水管道充水时间不宜大于 1 min。

2．干式系统的供气管道，采用钢管时，管径不宜小于 15 mm；采用铜管时，管径不宜小于 10 mm。

3．利用有压气体作为系统启动介质的干式系统和预作用系统，其配水管道内的气压值应根据报警阀的技术性能来确定。

专题4：预作用自动喷水灭火系统

一、工作原理

（一）系统工作原理

系统处于准工作状态时，由消防水箱或稳压泵、气压给水设备等稳压设施维持雨淋阀入口前管道内充水的压力，雨淋阀后的管道内平时无水或充以有压气体。发生火灾时，由火灾自动报警系统自动开启雨淋报警阀，配水管道开始排气充水，使系统在闭式喷头动作前转换成湿式系统，并在闭式喷头开启后立即喷水。

在《自动喷水灭火系统设计规范》中针对不同应用场所的预作用系统提出了不同要求，对于伺应状态下严禁误喷的场所，要求以火灾自动报警系统来启动预作用系统（以下简称单连锁系统）；对于伺应状态下管道严禁充水的场所以及用于替代干式系统的场所，要求以火灾自动报警系统和供气管路上的低压压力开关组成“与”逻辑触发信号后启动预作用系统（以下简称双连锁系统）。针对双连锁系统，由于其启动时间较长，基本等同于干式系统技术要求，要求其应在1 min内完成排气充水，且系统作用面积应按照1.3倍进行考虑。

在预作用系统的系统侧充以有压气体（不宜小于0.03 MPa，且不宜大于0.05 MPa），其目的是为了监控日常运行过程中的管道泄漏，及时发现喷头异常破裂或者管道异常泄漏点。若无该项措施，系统内若出现损坏点将难以被察觉，导致实际发生火灾时影响预作用系统的整体可靠性（图5-9）。

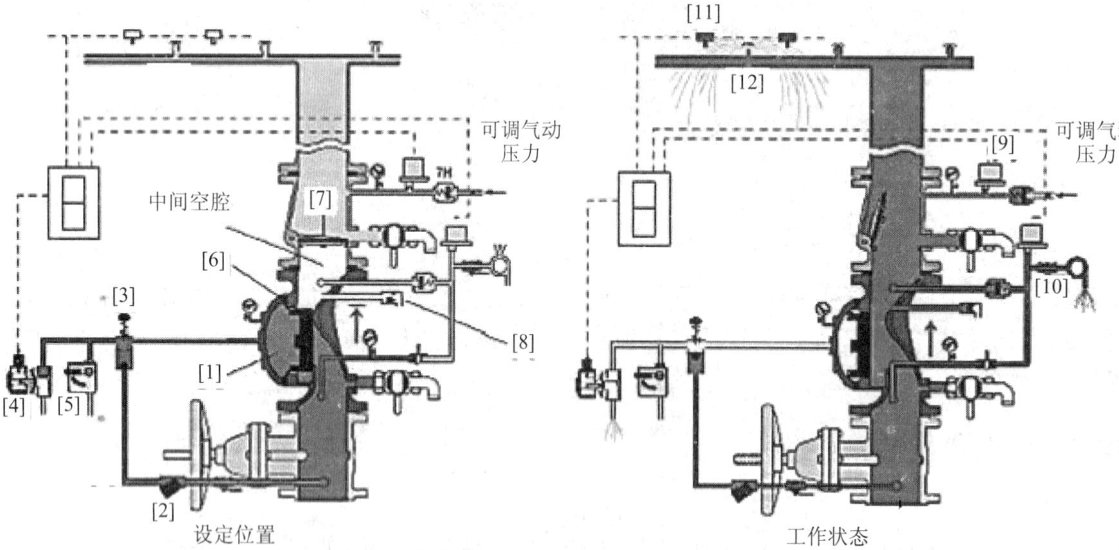

[1]—压力腔；[2]—过滤器；[3]—止回阀；[4]—电磁阀；[5]—手动快开阀（常闭）；[6]—雨淋阀体；[7]—湿式报警阀；[8]—自动滴水阀；[9]—压力开关；[10]—水力警铃；[11]—火灾探测器；[12]—闭式喷头

图5-9　预作用自动喷水灭火系统

（二）预作用报警装置工作原理

1．预作用阀下方为雨淋阀，上方为湿式报警阀干式安装（隔离单向阀）。处于伺应状态时，系统侧充有有压气体，下方雨淋阀则依靠压力腔或者隔膜腔控制水源侧的压力。

2．发生火灾时，两只独立的感烟探测器形成“与”逻辑报警信号，逻辑控制器发出控制信号打开预作用报警阀组上的电磁阀（或就地打开手动快开阀），压力腔泄压。管网消防用水发生流动后触发流量开关、低压压力开关，有压水进入报警管路后触发压力开关、水力警铃，同时打开快速排气阀前的电动阀。

整个系统在 1 min 或 2 min 内完成排气冲水。

二、系统设置要求

预作用系统的设计要求应符合下列规定：

1．当系统采用仅由火灾自动报警系统直接控制预作用装置（单连锁）时，系统的作用面积应按湿式系统的规定值确定。

2．当系统采用由火灾自动报警系统和充气管道上设置的压力开关控制预作用装置（双连锁）时，系统的作用面积应按湿式系统规定值的 1.3 倍确定（即双连锁系统视为等同干式系统确定作用面积）。

3．利用有压气体作为系统启动介质的预作用系统，其配水管道内的气压值应根据报警阀的技术性能确定；利用有压气体检测管道是否严密的预作用系统，配水管道内的气压值不宜小于 0.03 MPa，且不宜大于 0.05 MPa。

三、操作与控制

（一）自动控制方式

预作用装置的自动控制方式可采用仅由火灾自动报警系统直接控制，或由火灾自动报警系统和充气管道上设置的压力开关控制，并应符合下列要求：

1．处于准工作状态时严禁误喷的场所，宜采用仅由火灾自动报警系统直接控制的预作用系统。

2．处于准工作状态时严禁管道充水的场所和用于替代干式系统的场所，宜采用由火灾自动报警系统和充气管道上设置的压力开关控制的预作用系统。

（二）预作用系统应同时具备 3 种开启报警阀组的控制方式

1．自动控制。

2．消防控制室（盘）远程控制。

3．预作用装置现场手动应急操作（此处指手动快开装置，并非消防水泵就地启动或消防水泵机械应急启动）。

注：快速排气阀入口前的电动阀应在启动消防水泵的同时开启。

四、系统组件

（一）预作用报警阀组

预作用报警阀及其组件实际见图 5-10，示意见图 5-11。

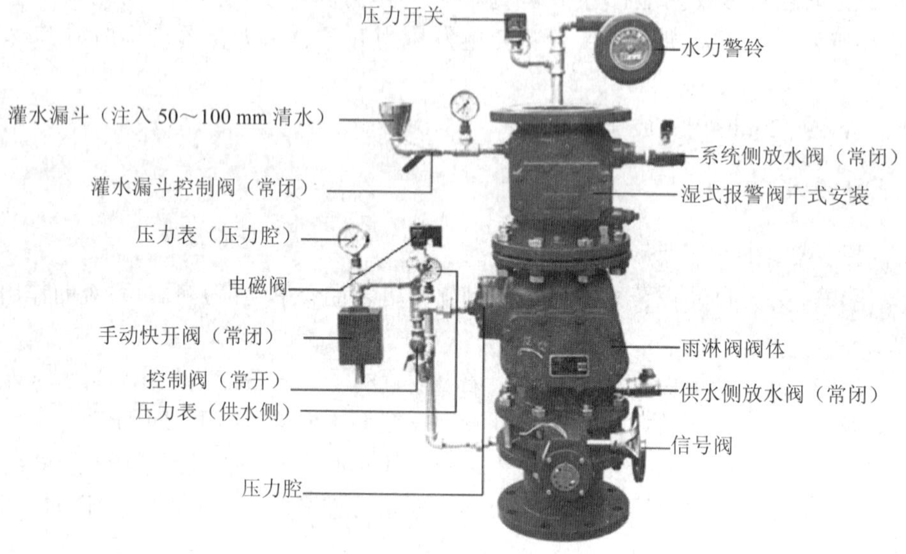

图 5-10　预作用报警阀及其组件实际

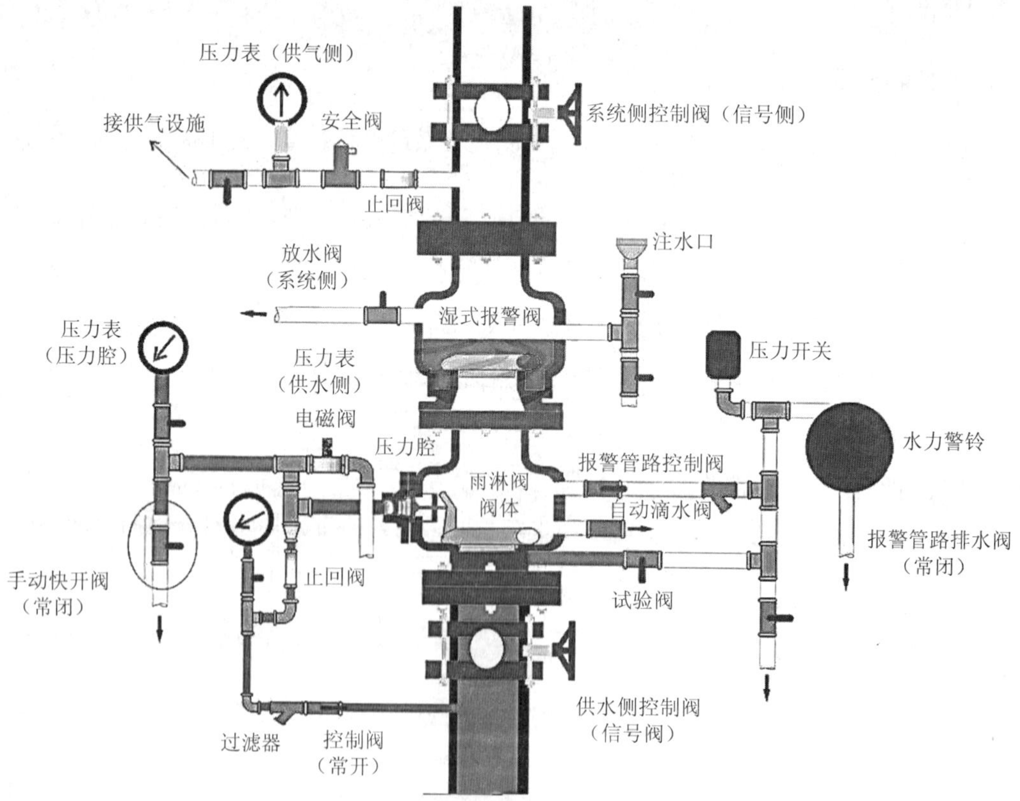

图 5-11　预作用报警阀及其组件示意

一个预作用报警阀组控制的洒水喷头数不宜超过 800 只。

（二）电磁阀

雨淋报警阀组的电磁阀，其入口应设过滤器。

电磁阀通常分为直动式电磁阀、分布直动式电磁阀、先导式电磁阀。在消防工程应用中通常采用直动式电磁阀。电磁阀采用电磁效应以实现对管路的控制，断电时，阀芯呈释放状态，能够对管路进行控制；如需打开管路时，电磁阀通电，电磁线圈产生电磁力后吸合阀芯，以此打开管路。

（三）手动快开阀

手动快开装置通常由球阀及保护外壳组成。由于手动快开阀安装在雨淋阀的泄压管路上，打开后同电磁阀释放的效用相同，如在日常检测维护的过程中不慎打开将会立即误打开雨淋阀，对严禁在准工作状态下管道充水的预作用系统将会造成不可估量的损失。考虑这一情形，对手动快开阀加装了保护盒，在日常消防管理中，如需加强该阀体的管理，可考虑增设便于快速开启的锁具。

（四）供气管路上的压力开关

预作用报警阀组供气管路上的原理开关同样也是“双向开关”，管道发生缓慢、偶然气体泄漏时，需要侦测气体泄漏并及时连锁开启空压机以补足管道气压。当在双连锁系统设置条件下，压力开关同时也参与逻辑控制，当管网发生均匀、快速气体泄漏时，压力开关将会判断喷头破裂，同感烟探测器形成“与”逻辑以启动预作用报警阀组阀体。

五、管网设置

1．由火灾自动报警系统和充气管道上设置的压力开关开启预作用装置的预作用系统，其配水管道充水时间不宜大于 1 min。

2．仅由火灾自动报警系统联动开启预作用装置的预作用系统，其配水管道充水时间不宜大于 2 min。

3．预作用系统的供气管道，采用钢管时，管径不宜小于 15 mm；采用铜管时，管径不宜小于 10 mm。

4．水平设置的管道宜有坡度，并应坡向泄水阀。充水管道的坡度不宜小于 2‰，准工作状态不充水管道的坡度不宜小于 4‰。

专题 5：雨淋系统

一、工作原理

（一）系统工作原理

系统处于准工作状态时，由消防水箱或稳压泵、气压给水设备等稳压设施维持雨淋阀入口前管道内的充水压力。发生火灾时，由火灾自动报警系统或传动管自动控制开启雨淋报警阀和供水泵，向系统管网供水，由雨淋阀控制的开式喷头同时喷水。

（二）雨淋阀阀体工作原理

处于伺应状态（准工作状态）时，下腔及压力腔由高位消防水箱、稳压设施或气压给水设施提供压力，通过压力腔的杠杆原理使阀体保持关闭状态。

当电磁阀接到火灾自动报警系统（逻辑控制器）的信号，或就地打开手动快开阀，压力腔泄压，随后杠杆失衡，下腔有压水顶开阀瓣，阀体开启。

有压水进入报警管路后，激活压力开关、水力警铃，压力开关直接连锁启动消防水泵，持续供水至火灾被扑灭。

（三）传动管启动雨淋阀工作原理

1．针对有防爆需求的场所、不适合安装探测器的场所，可以采用传动管启动雨淋阀的技术措施。传动管技术即使用一个或多个闭式喷头直接连接至压力腔，在压力腔和闭式喷头充以有压水（液动）或有压气体（气动）。

2．当火灾发生时，温度升高使该防火分区或者该防护区连接至压力腔的闭式喷头热熔元件破裂，喷头破裂后泄放传动管管路中的有压水或有压气体，继而使压力腔泄压，达到自动开启雨淋阀的目的（即在传动管启动的雨淋系统中，同时存在开式喷头和闭式喷头，此时系统中的闭式喷头仅用于开启压力腔或隔膜腔）。

二、系统设置要求

雨淋阀的喷水强度和作用面积应按下表的规定值确定，且每个雨淋报警阀控制的喷头面积不宜大于此表的作用面积。

雨淋阀的喷水强度和作用面积

<table>
<tr><th colspan="2">火灾危险等级</th><th>净空高度/m</th><th>喷水强度[L/（min·m²）]</th><th>作用面积/m²</th></tr>
<tr><td colspan="2">轻危险级</td><td rowspan="5">≤8</td><td>4</td><td rowspan="3">160</td></tr>
<tr><td rowspan="2">中危险级</td><td>Ⅰ级</td><td>6</td></tr>
<tr><td>Ⅱ级</td><td>8</td></tr>
<tr><td rowspan="2">严重危险级</td><td>Ⅰ级</td><td>12</td><td rowspan="2">260</td></tr>
<tr><td>Ⅱ级</td><td>16</td></tr>
</table>

装设网格、栅板类通透性吊顶的场所，系统的喷水强度应按上表规定值的1.3倍确定。

三、操作与控制

1．雨淋报警阀的自动控制方式可采用电动、液（水）动或气动。当雨淋报警阀采用充液（水）传动管自动控制时，闭式喷头与雨淋报警阀之间的高程差，应根据雨淋报警阀的性能确定。

2．雨淋系统和自动控制的水幕系统，应同时具备下列3种开启报警阀组的控制方式：

（1）自动控制。

（2）消防控制室（盘）远程控制。

（3）雨淋报警阀处现场手动应急操作（手动快开装置或手动快开阀就地启动）。

四、系统组件

雨淋阀通常分为杠杆式、隔膜式两类，而隔膜式雨淋阀又分为直通式和角式两类，由于技术特性不同，传动管系统通常在隔膜式雨淋阀中采用。

（一）雨淋阀阀体

雨淋阀及其组件实际见图 5-12。

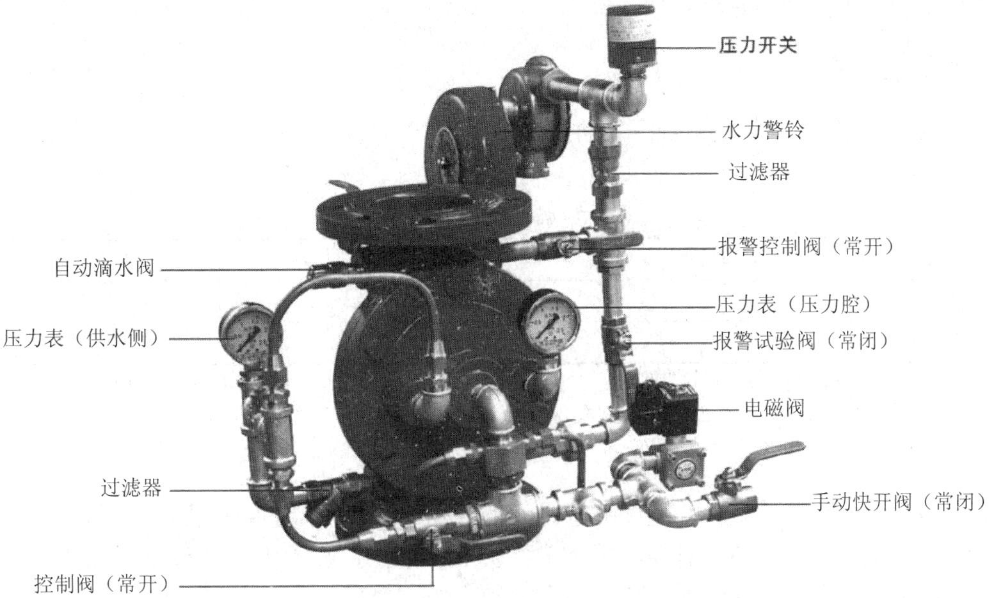

图 5-12　雨淋阀及其组件实际

（二）自动滴水阀

自动滴水阀连接至雨淋阀阀体的上腔，在伺应状态时，由于水力波动或其他原因，供水侧渗漏到系统侧的水可以经滴水阀自动排出。当阀体启动后由于有压水灌入，滴水阀自动关闭（低泄高封）。

（三）压力开关

雨淋系统和防火分隔水幕，其水流报警装置应采用压力开关。

由于雨淋系统和水幕系统均采用开式喷头，在伺应状态时系统侧不充水，系统启动后的管道充水阶段，管道内水的流速较快，容易因突然冲击损伤水流指示器。因此在雨淋系统和水幕系统中通常采用压力开关作为水流反馈信号装置。

专题 6：水幕系统

一、水幕系统的设置场所限制

（水幕系统采用雨淋阀，同专题 5 相同处略去）

1．除甲类厂房外的一、三级耐火等级广房，当设置防火墙进行防火分隔确有困难时，可采用防火卷帘或防火分隔水幕分隔。

2．仓库内的防火分区之间必须采用防火墙分隔，甲、乙类仓库内防火分区之间的防火端不应开设门、窗、洞口，丙、丁、戊类的仓库内防火端可以局部采用防火分隔水幕进行替代，但其开口部位一般控制在 6 m（宽）×4 m（高）以下，以保证该部位分隔的有效性。

3．民用建筑内采用相邻防火分区间借用疏散门的情形，必须采用防火墙、甲级防火门进行防火分隔，此种情形下不可采用防火分隔水幕进行局部替代。

二、系统设置要求

1．水幕系统的设计基本参数应符合下表的规定。

水幕系统的设计基本参数

水幕类别	喷水点高度/m	喷水强度/[L/（s·m）]	喷头工作压力/MPa
防火分隔水幕	≤12	2	0.1
防护冷却水幕	≤4	0.5	

注：（1）防护冷却水幕的喷水点高度每增加 1 m，喷水强度应增加 0.1 L/（s·m），但超过 9 m 时喷水强度仍采用 1.0 L/（s·m）。

（2）系统持续喷水时间不应小于系统设置部位的耐火极限要求。

（3）喷头布置应符合《自动喷水灭火系统设计规范》第 7.1.16 条的规定。

防火分隔水幕用于替代防火墙，其持续喷水时间不应小于该防火墙的耐火极限。例如，用于替代民用建筑防火分隔部位防火墙，持续喷水时间不应小于 3.00 h，若用于替代甲、乙类厂房内的防火分隔部位的防火墙，持续喷水时间不应小于 4.00 h。

防护冷却水幕用于补足被防护对象耐火隔热性的情形，其持续喷水时间不应小于被防护部位耐火隔热性的要求。例如，用于补足公共建筑中庭环廊防火玻璃墙耐火隔热性的情形，其持续喷水时间不应小于 1.00 h。

2．防护冷却水幕应直接将水喷向被防护对象。

3．防火分隔水幕不宜用于尺寸超过 15 m（宽）×8 m（高）的开口（舞台开口除外）。

4．防火分隔水幕的喷头布置，应保证水幕的宽度不小于 6 m。采用水幕喷头时，喷头不应少于 3 排；采用开式洒水喷头时，喷头不应少于 2 排。防护冷却水幕的喷头宜布置成单排（洒水喷头及水幕喷头分析及拓展见本章专题 8）。

5．当采用防护冷却系统保护防火卷帘、防火玻璃墙等防火分隔设施时，系统应独立设置，且应符合下列要求：

（1）喷头设置高度不应超过 8 m；当设置高度为 4 ～8 m 时，应采用快速响应洒水喷头。

（2）喷头设置高度不超过 4 m 时，喷水强度不应小于 0.5 L/（s·m）；当超过 4 m 时，每增加 1 m，喷水强度应增加 0.1 L/（s·m）。

（3）喷头的设置应确保喷洒到被保护对象后布水均匀，喷头间距应为 1.8～2.4 m；喷头溅水盘与防火分隔设施的水平距离不应大于 0.3 m，与顶板的距离应符合《自动喷水灭火系统设计规范》第 7.1.15 条的规定。

（4）持续喷水时间不应小于系统设置部位的耐火极限要求。

需要注意的是，当防护冷却系统用以针对补足被保护部位耐火隔热性的情形，其系统应独立设置，不应将配水管直接接入用以灭火或者用以防火分隔的自动喷水灭火系统管路中。

（5）当防火卷帘、防火玻璃墙等防火分隔设施需采用防护冷却系统保护时，喷头应根据可燃物的情况一侧或两侧布置；外墙可只在需要保护的一侧布置。

专题 7：防护冷却系统

防火分隔水幕与防护冷却水幕都是水幕系统，是开式系统；防护冷却系统是湿式系统，是闭式系统。防火冷却水幕与防护冷却系统都是用来给防火卷帘、防火玻璃墙冷却的；防火分隔水幕是用来代替防火卷帘或防火玻璃墙做防火分隔用的。

一、组成

防护冷却系统由闭式洒水喷头、湿式报警阀组等组成，是发生火灾时用于冷却防火卷帘、防火玻璃墙等防火分隔设施的闭式系统。

二、设置要求

1. 当采用防护冷却系统保护防火卷帘、防火玻璃墙等防火分隔设施时，系统应独立设置。

2. 喷头设置高度不应超过 8 m；当设置高度为 4～8 m 时，应采用快速响应洒水喷头。

3. 喷头设置高度不超过 4 m 时，喷水强度不应小于 0.5 L/（s·m）；当超过 4 m 时，每增加 1 m，喷水强度应增加 0.1 L/（s·m）。

4. 喷头的设置应确保喷洒到被保护对象后布水均匀，喷头间距应为 1.8～2.4 m；喷头溅水盘与防火分隔设施的水平距离不应大于 0.3 m，与顶板的距离应符合《自动喷水灭火系统设计规范》第 7.1.15 条的规定。

5. 持续喷水时间不应小于系统设置部位的耐火极限要求。

6. 当防火卷帘、防火玻璃墙等防火分隔设施需采用防护冷却系统保护时，喷头应根据可燃物的情况一侧或两侧布置；外墙可只在需要保护的一侧布置。

7. 保护防火卷帘、防火玻璃墙等防火分隔设施的防护冷却系统，系统的设计流量应按计算长度内喷头同时喷水的总流量确定。

8. 持续喷水时间不应小于系统设置部位的耐火极限要求。

9. 保护防火卷帘、防火玻璃墙等防火分隔设施的防护冷却系统，系统的设计流量应按计算长度内喷头同时喷水的总流量确定。计算长度应符合下列要求：

（1）当设置场所设有自动喷水灭火系统时，计算长度不应小于规范规定的长边长度（水力计算选定的最不利点处作用面积宜为矩形，其长边应平行于配水支管，其长度不宜小于作用面积平方根的 1.2 倍）。

（2）当设置场所未设置自动喷水灭火系统时，计算长度不应小于任意一个防火分区内所有需保护的防火分隔设施总长度之和。

注：《自动喷水灭火系统设计规范》规定了采用防护冷却系统保护防火分隔设施时的系统用水量计算要求。设置场所设有自动喷水灭火系统时，发生火灾时可认为火灾不会蔓延出设定的作用面积之外，因此其保护长度也不会超出系统设计作用面积的长边长度。当该场所没有设置常规的自动喷水灭火系统时，则按照一个防火分区整体考虑。

10. 保护防火卷帘、防火玻璃墙等防火分隔的防护冷却系统，洒水喷头可以采用边墙型洒水喷头，也可以采用防护冷却专用喷头。

三、设置场所

1. 当防火分区间采用防火卷帘分隔时，防火卷帘的耐火极限不符合要求时，应采用自动喷水灭火系统保护。

2．建筑内中庭与周围连通空间，以及步行街两侧建筑商铺面向步行街一侧的围护构件采用耐火完整性不低于1.00 h的非隔热性防火玻璃墙时，要设置自动喷水灭火系统对防火玻璃进行保护。

3．可以采用湿式自动喷水灭火系统保护防火卷帘、防火玻璃墙等防火分区设施，使之达到耐火完整性和耐火隔热性的要求。

专题8：自动喷水灭火系统喷头

一、喷头的分类、名称、定义

喷头的分类、名称、定义

分类依据	分类名称	定义
根据结构形式分类	闭式喷头	具有释放机构的洒水喷头
	开式喷头	无释放机构的洒水喷头
根据热敏感元件分类	易熔元件喷头	通过易熔元件受热熔化而开启的喷头
	玻璃球喷头	玻璃球内充装的液体受热膨胀使玻璃球爆破而开启的喷头
根据安装位置和水的分布分类	通用型喷头	可直立安装也可下垂安装，在一定的保护面积内，将水呈球状分布向下喷洒并向上方喷洒的喷头
	直立型喷头	直立安装，水流向上冲向溅水盘的喷头
	下垂型喷头	下垂安装，水流向下冲向溅水盘的喷头
	边墙型喷头	靠墙安装，在一定的保护面积内，将水向一边（半个抛物线）喷洒分布的喷头
根据喷头灵敏度分类	快速响应喷头	响应时间系数（RTI）≤50（m·s）$^{0.5}$的闭式洒水喷头
	特殊响应喷头	响应时间系数（RTI）为50＜RTI≤80（m·s）$^{0.5}$的闭式洒水喷头
	标准响应喷头	响应时间系数（RTI）为80＜RTI≤350（m·s）$^{0.5}$的闭式洒水喷头
特殊类型喷头	干式直立喷头	由一个特殊短管和安装于特殊短管出口的喷头组成，在短管入口处有一个密封物。在喷头动作前，此密封物可阻止水进入短管
	齐平式喷头	喷头的部分本体（包括根部螺纹）安装在吊顶下平面以上，而部分或全部热敏感元件在吊顶下平面以下的喷头
	嵌入式喷头	除根部螺纹外，喷头的全部或部分本体被安装在嵌入吊顶的护罩内的喷头
	隐蔽式喷头	带有装饰盖板的嵌入式喷头
	带涂层喷头	在无镀层或有镀层喷头外部蘸覆有蜂蜡或沥青等易熔防腐材料的喷头
	带防水罩的喷头	用于货架或开放网架，带有固定于热敏感元件上方的防水罩，可防止安装于高处的喷头将水喷洒在热敏感元件上的喷头
不同流量应用喷头	标准流量洒水喷头	流量系数K=80的标准覆盖面积洒水喷头
	扩大覆盖面积洒水喷头	流量系数K≥80，一只喷头的最大保护面积大于标准覆盖面积洒水喷头的保护面积，且超过36 m^{2}的洒水喷头，包括直立型、下垂型和边墙型扩大覆盖面积洒水喷头
	早期抑制快速响应喷头	流量系数K≥161，响应时间指数RTI≤28±8（m·s）$^{0.5}$，用于保护堆垛与高架仓库的标准覆盖面积洒水喷头
	特殊应用喷头	流量系数K≥161，具有较大水滴粒径，在通过标准试验验证后，可用于民用建筑高大空间场所和仓库的标准覆盖面积的洒水喷头，包括非仓库型特殊应用喷头和仓库型特殊应用喷头
不同覆盖面积喷头	标准覆盖面积洒水喷头	流量系数K≥80，一只喷头的最大保护面积不超过20 m^{2}的直立型、下垂型洒水喷头及一只喷头的最大保护面积不超过18 m^{2}的边墙型洒水喷头
	扩大覆盖面积洒水喷头	流量系数K≥80，一只喷头的最大保护面积大于标准覆盖面积洒水喷头的保护面积，且不超过36 m^{2}的洒水喷头，包括直立型、下垂型和边墙型扩大覆盖面积洒水喷头
居住建筑	家用喷头	适用于住宅建筑和非住宅类居住建筑的一种快速响应洒水喷头

二、喷头选型与设置要求

喷头选型与设置要求

喷头类型	应用场所及使用条件
直立型喷头 ZSTZ	无吊顶的场所，配水支管在喷头下方。可用于湿式系统、干式系统、预作用系统
下垂型喷头 ZSTX	有吊顶场所，或无吊顶时配水支管在喷头上方的场所，只能用于湿式系统
干式下垂型喷头 ZSTG	专门用于干式系统或预作用系统，可以下垂式安装的喷头
吊顶型喷头： 齐平式喷头 ZSTDQ 嵌入式喷头 ZSTDR 隐蔽式喷头 ZSTDY	安装在吊顶平面以上或嵌入吊顶，或带有装饰盖板的喷头，共有 3 种形式。主要用于湿式系统，保护设有吊顶而又有装饰要求的场所，或易受外部机械损伤的场所。不宜选用隐蔽式洒水喷头；确需采用时，应仅适用于轻危险级和中危险级 I 级场所
边墙型喷头： 水平式 ZSTBS 直立式 ZSTBZ 下垂式 ZSTBX	顶板为水平面的轻危险级、中危险级 I 级住宅建筑、宿舍、旅馆建筑客房、医疗建筑病房和办公室，可采用边墙型洒水喷头。安装在边墙上方的闭式喷头，按安装位置有 3 种形式
快速响应喷头 ZSTY	用于公共娱乐场所、中庭环廊；医院、疗养院的病房及治疗区域，老年、少儿、残疾人的集体活动场所；超出水泵接合器供水高度的楼层；地下的商业场所
早期抑制快速响应喷头 ESFR	专门为高堆垛与高货架仓库设计，较普通喷头具有快速响应火灾、流量大、水滴直径大、灭火效率高等优点，是灭火型喷头，只能用于湿式系统
扩大覆盖面积洒水喷头 EC	顶板为水平面，且无梁、通风管道等障碍物影响喷头洒水的场所，可采用扩大覆盖面积洒水喷头
家用喷头 RES	住宅建筑和宿舍、公寓等非住宅类居住建筑宜采用家用喷头
雨淋喷头 DS	用于大空间场所或露天堆场，能够将水喷洒成雨滴状，均匀分布在保护区域内的大流量喷头
水幕喷头 ZSTM	用于冷却防火卷帘、防火玻璃墙等防火分隔设施的水幕系统的喷头

示例 1：M1 ZSTX 15-93℃表示 M1 型，标准响应、下垂安装，公称口径为 15 mm，公称动作温度为 93℃的喷头。

示例 2：GB2 K-ZSTBX 20-68℃表示 GB2 型，快速响应、边墙型、下垂安装，公称口径为 20 mm，公称动作温度为 68℃的喷头。

示例 3：ESFR—202/68℃ P，表示流量系数 K=202，公称动作温度为 68℃下垂型 ESFR 喷头。

示例 4：ESFR-363/74℃ U，表示流量系数 K=363，公称动作温度为 74℃的直立型 ESFR 喷头。

示例 5：M1 EC-SP 80-93℃表示 M1 型，下垂安装，流量系数 K–80，公称动作温度为 93℃的 EC 喷头。

示例 6：GB 2 QR-EC-HSW 115-68℃表示 GB2 型，快速响应、水平边墙型，流量系数 K=115，公称动作温度为 68℃的 EC 喷头。

示例 7：A1 RES-SP 60-57℃表示 A1 型，下垂安装，公称流量系数 K=60，公称动作温度为 57℃的家用喷头。

示例 8：C2 RES-HSW 70-68℃表示 C2 型，边墙型、水平安装，公称流量系数 K−70，公称动作温度为 68℃的家用喷头。

示例 9：DSBI-300 表示边墙型、撞击式，额定流量系数 K=300 的非探测型雨淋喷头。

示例 10：T-DSXC-500 表示下垂型、离心式，额定流量系数 K=500 的探测型雨淋喷头。

示例 11：ZSTM A-T 40/120 表示 A 型、通用型，公称流量系数 K=40，水幕展角为 120°的水幕喷头。

示例 12：ZSTM D-L 60/150 表示 D 型、防护冷却用，公称流量系数 K=60，水幕展角为 150°的水幕喷头。

三、洒水喷头类型和场所净空高度

设置闭式系统的场所，洒水喷头类型和场所的最大净空高度应符合下表的规定；仅用于保护室内钢屋架等建筑构件的洒水喷头和设置货架内置洒水喷头的场所，可不受此表规定的限制。

洒水喷头类型和场所净空高度

<table>
<tr><th colspan="2" rowspan="2">设置场所</th><th colspan="3">喷头类型</th><th rowspan="2">场所净空高度 h/m</th></tr>
<tr><th>一只喷头的保护面积</th><th>响应时间性能</th><th>流量系数 K</th></tr>
<tr><td rowspan="5">民用建筑</td><td rowspan="2">普通场所</td><td>标准覆盖面积洒水喷头</td><td>快速响应喷头
特殊响应喷头
标准响应喷头</td><td>$K \geqslant 80$</td><td rowspan="2">$h \leqslant 8$</td></tr>
<tr><td>扩大覆盖面积洒水喷头</td><td>快速响应喷头</td><td>$K \geqslant 80$</td></tr>
<tr><td rowspan="3">高大空间场所</td><td>标准覆盖面积洒水喷头</td><td>快速响应喷头</td><td>$K \geqslant 115$</td><td rowspan="2">$8 \lt h \leqslant 12$</td></tr>
<tr><td colspan="3">非仓库型特殊应用喷头</td></tr>
<tr><td colspan="3">非仓库型特殊应用喷头</td><td>$12 \lt h \leqslant 18$</td></tr>
<tr><td colspan="2" rowspan="4">厂房</td><td>标准覆盖面积洒水喷头</td><td>特殊响应喷头
标准响应喷头</td><td>$K \geqslant 80$</td><td rowspan="2">$h \leqslant 8$</td></tr>
<tr><td>扩大覆盖面积洒水喷头</td><td>标准响应喷头</td><td>$K \geqslant 80$</td></tr>
<tr><td>标准覆盖面积洒水喷头</td><td>特殊响应喷头
标准响应喷头</td><td>$K \geqslant 115$</td><td rowspan="2">$8 \lt h \leqslant 12$</td></tr>
<tr><td colspan="3">非仓库型特殊应用喷头</td></tr>
<tr><td colspan="2" rowspan="3">仓库</td><td>标准覆盖面积洒水喷头</td><td>特殊响应喷头
标准响应喷头</td><td>$K \geqslant 80$</td><td>$h \leqslant 9$</td></tr>
<tr><td colspan="3">仓库型特殊应用喷头</td><td>$h \leqslant 12$</td></tr>
<tr><td colspan="3">早期抑制快速响应喷头</td><td>$h \leqslant 13.5$</td></tr>
</table>

四、喷头的布置要求

1．直立型、下垂型标准覆盖面积洒水喷头的布置。

直立型、下垂型标准覆盖面积洒水喷头的布置，包括同一根配水支管上喷头的间距及相邻配水支管的间距，应根据设置场所的火灾危险等级、洒水喷头类型和工作压力确定，并不应大于下表的规定，且不应小于 1.8 m。

直立型、下垂型标准覆盖面积洒水喷头的布置

<table>
<tr><th rowspan="2">火灾危险等级</th><th rowspan="2">正方形布置的边长/m</th><th rowspan="2">矩形或平行四边形布置的长边边长/m</th><th rowspan="2">一只喷头的最大保护面积/m^2</th><th colspan="2">喷头与端墙的距离/m</th></tr>
<tr><th>最大</th><th>最小</th></tr>
<tr><td>轻危险级</td><td>4.4</td><td>4.5</td><td>20</td><td>2.2</td><td rowspan="4">0.1</td></tr>
<tr><td>中危险级Ⅰ级</td><td>3.6</td><td>4</td><td>12.5</td><td>1.8</td></tr>
<tr><td>中危险Ⅱ级</td><td>3.4</td><td>3.6</td><td>11.5</td><td>1.7</td></tr>
<tr><td>严重危险级、仓库危险级</td><td>3</td><td>3.6</td><td>9</td><td>1.5</td></tr>
</table>

注：（1）设置单排洒水喷头的闭式系统，其洒水喷头间距应按地面不留漏喷空白点确定。

（2）严重危险级或仓库危险级场所宜采用流量系数大于 80 的洒水喷头。

2．直立型、下垂型扩大覆盖面积洒水喷头的布置。

直立型、下垂型扩大覆盖面积洒水喷头应采用正方形布置，其布置间距不应大于下表的规定，且不应小于 2.4 m。

直立型、下垂型扩大覆盖面积洒水喷头的布置

火灾危险等级	正方形布置的边长/m	一只喷头的最大保护面积/m^2	喷头与端墙的距离/m	
			最大	最小
轻危险级	5.4	29	2.7	0.1
中危险级Ⅰ级	4.8	23	2.4	
中危险Ⅱ级	4.2	17.5	2.1	
严重危险级、仓库危险级	3.6	13	1.8	

3．除吊顶型洒水喷头及吊顶下设置的洒水喷头外，直立型、下垂型标准覆盖面积洒水喷头和扩大覆盖面积洒水喷头溅水盘与顶板的距离应为 75～150 mm，并应符合下列规定：

（1）当在梁或其他障碍物底面下方的平面上布置洒水喷头时，溅水盘与顶板的距离不应大于 300 mm，同时溅水盘与梁等障碍物底面的垂直距离应为 25～100 mm。

（2）当在梁间布置洒水喷头时，洒水喷头与梁的距离应符合《自动喷水灭火系统设计规范》第 7.2.1 条的规定。确有困难时，溅水盘与顶板的距离不应大于 550 mm。梁间布置的洒水喷头，溅水盘与顶板距离达到 550 mm，仍不能达到上述要求时应在梁底面的下方增设洒水喷头。

（3）密肋梁板下方的洒水喷头，溅水盘与密肋梁板底面的垂直距离应为 25～100 mm。

（4）无吊顶的梁间洒水喷头布置可采用不等距方式，但喷水强度仍应符合相应的要求。

4．喷头溅水盘与顶板的垂直距离。

喷头溅水盘与顶板的垂直距离　　单位：mm

闭式喷头的类型			溅水盘与顶板的距离	
			不应小于	不应大于
1	吊顶型及吊顶下安装的喷头		不限制	不限制
2	直立型、下垂型标准喷头		75	150
3	边墙型喷头	直立型	100	150
		水平型	150	300
4	ESFR 喷头	直立型	100	150
		下垂型	150	360

专题 9：水喷雾灭火系统

一、水喷雾灭火机理

（一）表面冷却

水喷雾系统以水雾滴形态喷出水雾时比直射流形态喷出时的表面积要大几百倍，当水雾滴喷射到燃烧表面时，因换热面积大而吸收大量的热能并迅速汽化，使燃烧物质表面温度迅速降到物质热分解所需要的温度以下，使热分解中断，燃烧即终止。

表面冷却的效果不仅取决于喷雾液滴的表面积，同时还取决于灭火用水的温度与可燃物闪点的温度差，闪点愈高，与喷雾用水两者之间温差愈大，冷却效果亦愈好。对于气体和闪点低于灭火所使用的水的温度的液体火灾，表面冷却是无效的。

（二）窒息

水雾滴受热后汽化形成原体积 1 680 倍的水蒸气，可使燃烧物质周围空气中的氧含量降低，燃烧将会因缺氧而受抑或中断。实现窒息灭火的效果取决于能否在瞬间生成足够的水蒸气并完全覆盖整个着火面。

（三）乳化

乳化只适用于不溶于水的可燃液体，当水雾滴喷射到正在燃烧的液体表面时，由于水雾滴的冲击，在液体表层造成搅拌作用，从而造成液体表层的乳化，由于乳化层的不燃性使燃烧中断。对于某些轻质油类，乳化层只在连续喷射水雾的条件下存在，但对黏度大的重质油类，乳化层在喷射停止后仍能保持相当长的时间，有利于防止复燃。

（四）稀释

对于水溶性液体火灾，可利用水来稀释液体，使液体的燃烧速度降低而较易扑灭。灭火的效果取决于水雾的冷却、窒息和稀释的综合效应。

二、系统适用范围

水喷雾灭火系统按防护目的主要分为灭火控火和防护冷却两大类，其适用范围随不同的防护目的而设定。

（一）灭火控火的适用范围

以灭火控火为目的的水喷雾系统主要适用于以下范围：

1. 固体火灾。水喷雾系统适用于扑救固体火灾。
2. 可燃液体火灾。水喷雾系统可用于扑救闪点高于60℃的可燃液体火灾，如燃油锅炉、发电机油箱、输油管道火灾等。
3. 电气火灾。水喷雾系统的离心雾化喷头喷出的水雾具有良好的电气绝缘性，因此水喷雾系统可以用于扑灭油浸式电力变压器、电缆隧道、电缆沟、电缆井、电缆夹层等电气火灾。

（二）防护冷却的适用范围

以防护冷却为目的的水喷雾系统主要适用于以下范围：

1. 可燃气体和甲、乙、丙类液体的生产、储存、装卸、使用设施和装置的防护冷却。
2. 火灾危险性大的化工装置及管道，如加热器、反应器、蒸馏塔等的冷却防护。

三、系统设置场所

根据应用方式，水喷雾系统可设置在不同的场所和部位。

（一）固定式水喷雾灭火系统

固定式水喷雾灭火系统可设置在以下场所：

1．建筑内燃油、燃气的锅炉房，可燃油油浸电力变压器室，充可燃油的高压电容器和多油开关室，自备发电机房。

2．单台容量在 40 MW 及以上的厂矿企业可燃油油浸电力变压器，单台容量在 90 MW 及以上可燃油油浸电厂电力变压器，单台容量在 125 MW 及以上的独立变电所可燃油油浸电力变压器。

（二）自动喷水—水喷雾混合配置系统

自动喷水—水喷雾混合配置系统适用于用水量比较少、保护对象比较单一的室内场所，如建筑室内燃油、燃气锅炉房等。对于设置有自动喷水灭火系统的建筑，为了降低工程造价，可以将自动喷水灭火系统的配水干管或配水管作为建筑内局部场所应用的自动喷水—水喷雾混合配置系统的供水管。

（三）泡沫—水喷雾联用系统

泡沫—水喷雾联用系统适用于采用泡沫灭火比采用水灭火效果更好的某些对象，或者灭火后需要进行冷却，防止火灾复燃的场所。例如，某些水溶性液体火灾，采用喷水和喷泡沫均可达到控火的目的，但单独喷水时，虽控火效果比较好，但灭火时间长，造成的火灾及水渍损失较大；单纯喷泡沫时，系统的运行维护费用又较高。又如，金属构件周围发生的火灾，采用泡沫灭火后，仍需进一步防护冷却，防止泡沫灭火后因金属构件温度较高而导致火灾复燃，对于类似场所，可采用泡沫—水喷雾联用系统。目前，泡沫—水喷雾联用系统主要用于公路交通隧道。

四、系统设计参数

水喷雾系统的设计基本参数应根据系统的保护对象和防护目的确定。

（一）水雾喷头的工作压力

用于灭火控火目的时，水雾喷头的工作压力不应小于 0.35 MPa；用于防护冷却目的时，水雾喷头的工作压力不应小于 0.2 MPa。

（二）水喷雾灭火系统的响应时间

响应时间是指由火灾报警设备发出信号至系统中最不利点水雾喷头喷出水雾的时间，它是系统由报警到实施喷水灭火的时间参数。用于灭火控火目的时，系统的响应时间不应大于 45 s；用于液化气生产、储存装置或装卸设施的防护冷却目的时，系统响应时间不应大于 60 s；用于其他设施的防护冷却目的时，系统响应时间不应大于 300 s。

（三）水喷雾灭火系统的保护面积

保护面积是指保护对象全部暴露的外表面面积。水喷雾系统主要用于保护室外的大型专用设施或设备，同时也用于保护建筑物内的设施或设备，保护面积可按以下原则确定：

1．按保护对象的规则外表面面积确定。

2．当保护对象的外表面面积不规则时，应按包容保护对象的最小规则形体的外表面面积确定。

3．变压器的保护面积除应按扣除底面面积以外的变压器外表面面积确定外，还应包括油枕、冷却器的外表面面积和集油坑的投影面积。

4．分层敷设电缆的保护面积应按整体包容的最小规则形体的外表面面积确定。

5．输送机皮带的保护面积应按上行皮带的上表面面积确定。

6．开口可燃液体容器的保护面积应按液面面积确定。

7．当水喷雾系统用于室内保护对象时，保护面积可按室内建筑面积或保护对象的外表面积确定。

（四）喷雾强度和持续喷雾时间

系统的设计喷雾强度和持续喷雾时间应按下表的规定。由自动喷水配水干管或配水管供水的水喷雾系统，供水管所提供的水压和流量应满足《水喷雾灭火系统设计规范》（GB 50219—2014）的要求。

设计喷雾强度和持续喷雾时间

<table>
<tr><th>防护目的</th><th colspan="4">保护对象</th><th>设计喷雾强度/[L/（min·m²）]</th><th>持续喷雾时间/h</th></tr>
<tr><td rowspan="6">灭火控火</td><td colspan="4">固体火灾</td><td>15</td><td>1.00</td></tr>
<tr><td rowspan="2">液体火灾</td><td colspan="3">闪点在60～120℃的液体</td><td>20</td><td rowspan="2">0.50</td></tr>
<tr><td colspan="3">闪点＞120℃的液体</td><td>13</td></tr>
<tr><td rowspan="3">电气火灾</td><td colspan="3">油浸式电力变压器、油开关</td><td>20</td><td rowspan="3">0.40</td></tr>
<tr><td colspan="3">油浸式电力变压器的集油坑</td><td>6</td></tr>
<tr><td colspan="3">电缆</td><td>13</td></tr>
<tr><td rowspan="11">防护冷却</td><td rowspan="3">甲_B、乙、丙类液体储罐</td><td colspan="3">固定顶罐</td><td>2.5</td><td rowspan="3">直径＞20 m的固定顶罐为6.00 h，其他为4.00 h</td></tr>
<tr><td colspan="3">浮顶罐</td><td>2</td></tr>
<tr><td colspan="3">相邻罐</td><td>2</td></tr>
<tr><td rowspan="6">液化烃或类似液体储罐</td><td colspan="3">全压力、半冷冻式储罐</td><td>9</td><td rowspan="8">6</td></tr>
<tr><td rowspan="4">全冷冻式储罐</td><td rowspan="2">单、双容罐</td><td>罐壁</td><td>2.5</td></tr>
<tr><td>罐顶</td><td>4</td></tr>
<tr><td rowspan="2">全容罐</td><td>罐顶泵平台、管道进出口等局部危险部位</td><td>20</td></tr>
<tr><td>管带</td><td>10</td></tr>
<tr><td colspan="3">液氨储罐</td><td>6</td></tr>
<tr><td colspan="4">甲、乙类液体及可燃气体生产、输送、装卸设施</td><td rowspan="2">9</td></tr>
<tr><td colspan="4">液化石油气灌瓶间、瓶库</td></tr>
</table>

（五）自动喷水—水喷雾混合配置系统设计

自动喷水—水喷雾混合配置系统的设计应符合下列要求：

1．自动喷水—水喷雾混合配置系统中自动喷水系统的设计应符合《自动喷水灭火系统设计规范》的规定，水喷雾系统的设计应符合《水喷雾灭火系统设计规范》的规定。

2．高层建筑内的用水量较小的水喷雾系统的供水管道可以由自动喷水灭火系统的配水干管或配水管直接引出。

3．由自动喷水配水干管或配水管供水的水喷雾系统，供水管提供的水压和流量应满足水喷雾系统的要求。

（六）泡沫—水喷雾联用系统设计

泡沫—水喷雾联用系统的设计应符合下列规定：

1．泡沫系统的设计应按《泡沫灭火系统设计规范》（GB 50151—2010）执行。

2．泡沫供给时间不应小于10 min。

五、喷头和管道布置

(一)喷头布置

1．保护对象所需水雾喷头数量应根据设计供给强度、保护面积和水雾喷头特性，按《水喷雾灭火系统技术规范》(本专题简称“规范”)第 7.1.1 条和第 7.1.2 条的规定计算确定。除此规范另有规定外，喷头的布置应使水雾直接喷向并覆盖保护对象，当不能满足要求时，应增设水雾喷头。

$$q = K\sqrt{10P}$$

式中，q——水雾喷头的流量，L/min；

P——水雾喷头的工作压力，MPa；

K——水雾喷头的流量系数，取值由生产厂提供。

$$N = \frac{S \cdot W}{q}$$

式中，N——保护对象的水雾喷头的计算数量；

S——保护对象的保护面积，m^2；

W——保护对象的设计喷雾强度，L/（min·m^2）。

2．水雾喷头与保护对象之间的距离不得大于水雾喷头的有效射程。

3．水雾喷头的平面布置方式可为矩形或菱形。当按矩形布置时，水雾喷头之间的距离不应大于 1.4 倍水雾喷头的水雾锥底圆半径；当按菱形布置时，水雾喷头之间的距离不应大于 1.7 倍水雾喷头的水雾锥底圆半径。水雾锥底圆半径应按下式计算：

$$R = B\tan\frac{\theta}{2}$$

式中，R——水雾锥底圆半径，m；

B——水雾喷头的喷口与保护对象之间的距离，m；

θ——水雾喷头的雾化角，(°)，θ 的取值为 45°、60°、90°、120°、150°五个规格。

4．当保护对象为油浸式电力变压器时，水雾喷头的布置应符合下列要求：

(1)变压器绝缘子升高座孔口、油枕、散热器、集油坑应设水雾喷头保护。

(2)水雾喷头之间的水平距离与垂直距离应满足水雾锥相交的要求。

5. 当保护对象为甲、乙、丙类液体和可燃气体储罐时，水雾喷头与保护储罐外壁之间的距离不应大于 0.7 m。

6．当保护对象为球罐时，水雾喷头的布置尚应符合下列规定：

(1)水雾喷头的喷口应朝向球心。

(2)水雾锥沿纬线方向应相交，沿经线方向应相接。

(3)当球罐的容积不小于 1 000 m^3 时，水雾锥沿纬线方向应相交，沿经线方向宜相接，但赤道以上环管之间的距离不应大于 3.6 m。

(4)无防护层的球罐钢支柱和罐体液位计、阀门等处应设水雾喷头保护。

7．当保护对象为卧式储罐时，水雾喷头的布置应使水雾完全覆盖裸露表面，罐体液位计、阀门等处也应设水雾喷头保护。

8．当保护对象为电缆时，水雾喷头的布置应使水雾完全包围电缆。

9．当保护对象为输送机皮带时，水雾喷头的布置应使水雾完全包裹输送机的机头、机尾和上行皮带上表面。

10. 当保护对象为室内燃油锅炉、电液装置、氢密封油装置、发电机、油断路器、汽轮机油箱、磨煤机润滑油箱时，水雾喷头宜布置在保护对象的顶部周围，并应使水雾直接喷向并完全覆盖保护对象。

（二）管道布置

1. 用于保护甲$_B$、乙、丙类液体储罐的系统，其设置应符合下列规定：

（1）固定顶储罐和按固定顶储罐对待的内浮顶储罐的冷却水环管宜沿罐壁顶部单环布置，当采用多环布置时，着火罐顶层环管保护范围内的冷却水供给强度应按规范表3.1.2规定的2倍计算。

（2）储罐抗风圈或加强圈无导流设施时，其下面应设置冷却水环管。

（3）当储罐上的冷却水环管分割成两个或两个以上弧形管段时，各弧形管段间不应连通，并应分别从防火堤外连接水管，且应分别在防火堤外的进水管道上设置能识别启闭状态的控制阀。

（4）冷却水立管应用管卡固定在罐壁上，其间距不宜大于3 m。立管下端应设置锈渣清扫口，锈渣清扫口距罐基础顶面应大于300 mm，且集锈渣的管段长度不宜小于300 mm。

2. 用于保护液化烃或类似液体储罐和甲$_B$、乙、丙类液体储罐的系统，其立管与罐组内的水平管道之间的连接应能消除储罐沉降引起的应力。

3. 液化烃储罐上环管支架之间的距离宜为3～3.5 m。

六、系统组件设置要求

1. 水雾喷头的选型应符合下列要求：

（1）扑救电气火灾，应选用离心雾化型水雾喷头。

（2）室内有粉尘的场所设置的水雾喷头应带防尘帽，室外设置的水雾喷头宜戴防尘帽。

（3）离心雾化型水雾喷头应带柱状过滤网。

2. 响应时间不大于120 s的系统，应设置雨淋报警阀组，雨淋报警阀组的功能及配置应符合下列要求：

（1）接收电控信号的雨淋报警阀组应能电动开启，接收传动管信号的雨淋报警阀组应能液动或气动开启。

（2）应具有远程手动控制和现场应急机械启动功能。

（3）在控制盘上应能显示雨淋报警阀开、闭状态。

（4）宜驱动水力警铃报警。

（5）雨淋报警阀进出口应设置压力表。

（6）电磁阀前应设置可冲洗的过滤器。

3. 当系统供水控制阀采用电动控制阀或气动控制阀时，应符合下列规定：

（1）应能显示阀门的开、闭状态。

（2）应具备接收控制信号开、闭阀门的功能。

（3）阀门的开启时间不宜大于45 s。

（4）应能在阀门故障时报警，并显示故障原因。

（5）应具备现场应急机械启动功能。

（6）当阀门安装在阀门井内时，宜将阀门的阀杆加长，并宜使电动执行器高于井顶。

（7）气动阀宜设置储备气罐，气罐的容积可按与气罐连接的所有气动阀启闭3次所需气量计算。

4. 雨淋报警阀前的管道应设置可冲洗的过滤器，过滤器滤网应采用耐腐蚀金属材料，其网孔基本尺寸应为0.6～0.71 mm。

5．给水管道应符合下列规定：

（1）过滤器与雨淋报警阀之间及雨淋报警阀后的管道，应采用内外热浸镀锌钢管、不锈钢管或铜管；需要进行弯管加工的管道应采用无缝钢管。

（2）管道工作压力不应大于 1.6 MPa。

（3）系统管道采用镀锌钢管时，公称直径不应小于 25 mm；采用不锈钢管或铜管时，公称直径不应小于 20 mm。

（4）系统管道应采用沟槽式管接件（卡箍）、法兰或丝扣连接，普通钢管可采用焊接。

（5）沟槽式管接件（卡箍），其外壳的材料应采用牌号不低于 QT 450—12 的球墨铸铁。

（6）防护区内的沟槽式管接件（卡箍）密封圈、非金属法兰垫片应通过规范附录 A 规定的干烧试验。

（7）应在管道的低处设置放水阀或排污口。

七、系统操作与控制

1．系统应具有自动控制、手动控制和应急机械启动三种控制方式；但当响应时间大于 120s 时，可采用手动控制和应急机械启动两种控制方式。

2．与系统联动的火灾自动报警系统的设计应符合《火灾自动报警系统设计规范》（GB 50116—2013）的规定。

3．当系统使用传动管探测火灾时，应符合下列规定：

（1）传动管宜采用钢管，长度不宜大于 300 m，公称直径宜为 15～25 mm，传动管上闭式喷头之间的距离不宜大于 2.5 m。

（2）电气火灾不应采用液动传动管。

（3）在严寒与寒冷地区，不应采用液动传动管；当采用压缩空气传动管时，应采取防止冷凝水积存的措施。

4．用于保护液化烃储罐的系统，在启动着火罐雨淋报警阀的同时，应能启动需要冷却的相邻储罐的雨淋报警阀。

5．用于保护甲 $_B$、乙、丙类液体储罐的系统，在启动着火罐雨淋报警阀（或电动控制阀、气动控制阀）的同时，应能启动需要冷却的相邻储罐的雨淋报警阀（或电动控制阀、气动控制阀）。

6．分段保护输送机皮带的系统，在启动起火区段的雨淋报警阀的同时，应能启动起火区段下游相邻区段的雨淋报警阀，并应能同时切断皮带输送机的电源。

7．当自动水喷雾灭火系统误动作会对保护对象造成不利影响时，应采用两个独立火灾探测器的报警信号进行连锁控制；当保护油浸电力变压器的水喷雾灭火系统采用两路相同的火灾探测器时，系统宜采用火灾探测器的报警信号和变压器的断路器信号进行连锁控制。

8．水喷雾灭火系统的控制设备应具有下列功能：

（1）监控消防水泵的启、停状态。

（2）监控雨淋报警阀的开、闭状态。

（3）监控电动或气动控制阀的开、闭状态。

（4）监控主、备用电源的自动切换。

9．水喷雾灭火系统供水泵的动力源应具备下列条件之一：

（1）一级电力负荷的电源。

（2）二级电力负荷的电源，同时设置作备用动力的柴油机。

（3）主动力源、备动力源全部采用柴油机。

专题10：细水雾灭火系统

一、细水雾灭火系统灭火机理

细水雾的灭火机理主要是表面冷却、窒息、辐射热阻隔和浸湿作用。除此之外，细水雾还具有乳化等作用，而在灭火过程中，往往会有几种作用同时发生，从而有效灭火。

（一）吸热冷却

细小水滴在受热后易于汽化，在气、液相态变化过程中从燃烧物质表面或火灾区域吸收大量的热量。物质表面温度迅速下降后，使热分解中断，燃烧随即终止。对于相同的水量，细水雾雾滴所形成的表面积至少比传统水喷淋喷头（包括水喷雾喷头）喷出的水滴大100倍，因此细水雾灭火系统的冷却作用是非常明显的。

（二）隔氧窒息

雾滴在受热后汽化形成原体积1 680倍的水蒸气，最大限度地排斥火场的空气，使燃烧物质周围的氧含量降低，燃烧即会因缺氧而受抑制或中断。系统启动后形成水蒸气在完全覆盖整个着火面的情况下，时间越短，窒息作用越明显。

（三）辐射热阻隔

细水雾喷入火场后，形成的水蒸气迅速将燃烧物、火焰和烟羽笼罩，对火焰的辐射热具有极佳的阻隔能力，能够有效抑制辐射热引燃周围其他物品，达到防止火焰蔓延的效果。

（四）浸湿作用

颗粒大、冲量大的雾滴会冲击到燃烧物表面，从而使燃烧物得到浸湿，阻止固体挥发可燃气体的进一步发生。另外，系统还可以充分将着火位置以外的燃烧物浸湿，从而抑制火灾的蔓延和发展。

二、基本术语

细水雾：水在最小设计工作压力下，经喷头喷出并在喷头轴线下方1 m处的平面上形成的直径Dv0.50小于200 μm、Dv0.99小于400 μm的水雾滴。

雾滴直径Dv0.99：喷雾液体总体积中，在该直径以下雾滴所占体积的百分比为99%。

细水雾灭火系统：由供水装置、过滤装置、控制阀、细水雾喷头等组件和供水管道组成，能自动和人工启动并喷放细水雾进行灭火或控火的固定灭火系统。

细水雾喷头：在设计工作压力范围内，能够产生并释放细水雾用于灭火的喷头。

防护区：能满足系统应用条件的有限空间。

泵组系统：用泵组对系统进行加压供水的系统。

瓶组系统：采用储水容器储水、储气容器进行加压供水的系统。

开式系统：采用开式细水雾喷头的系统，包括全淹没应用方式和局部应用方式的系统。

闭式系统：采用闭式细水雾喷头的系统。

分区控制阀：接收系统控制盘的控制信号而开启，使细水雾喷头向对应的防护对象喷放以实施灭火的控制阀。

全淹没应用方式：向整个防护区内喷放细水雾，保护其内部所有保护对象的系统应用方式。

局部应用方式：向保护对象直接喷放细水雾，保护空间内某具体保护对象的系统应用方式。

响应时间：系统从火灾自动报警系统发出灭火指令起至系统中最不利点喷头喷出细水雾的时间。

系统额定工作压力：指正常工作条件下系统分配管网中流动介质的最大压力。

低压系统：系统额定工作压力小于 1.2 MPa。

中压系统：系统额定工作压力不小于 1.2 MPa 且小于 3.5 MPa。

高压系统：系统额定工作压力不小于 3.5 MPa。

单流体系统：使用单个管道向每个喷头供给灭火介质的细水雾灭火系统。

双流体系统：水和雾化介质分管供给并在喷头处混合的细水雾灭火系统。

注：《船用细水雾灭火系统通用技术条件》（GB/T 22241—2008）中，细水雾灭火系统按工作压力分类为：

（1）低压系统：系统分配管网工作压力不大于 1.21 MPa 的系统。

（2）中压系统：系统分配管网工作压力大于 1.21 MPa 且小于 3.45 MPa 的系统。

（3）高压系统：系统分配管网工作压力不小于 3.45 MPa 的系统。

三、系统适用范围

细水雾灭火系统适用于扑救以下火灾：

（一）可燃固体火灾（A 类）

细水雾灭火系统可以有效扑救相对封闭空间内可燃固体表面火灾，包括纸张、木材、纺织品和塑料泡沫、橡胶等固体火灾等。

（二）可燃液体火灾（B 类）

细水雾灭火系统可以有效扑救相对封闭空间内的可燃液体火灾，包括正庚烷、汽油等低闪点可燃液体和润滑油、液压油等中、高闪点可燃液体火灾。

（三）电气火灾火灾（E 类）

细水雾灭火系统可以有效扑救电气火灾，包括电缆、控制柜等电子、电气设备火灾和变压器火灾等。

四、系统选型级设计参数

（一）系统选型

细水雾灭火系统的设计，应综合考虑保护对象的火灾危险性及其火灾特件、防护目标和环境条件等因素，合理选型。

1．下列场所宜选择全淹没应用方式的开式系统：

液压站，配电室、电缆隧道、电缆夹层，电子信息系统机房，文物库，以及密集柜存储的图书库、资料库和档案库。

2．下列场所宜选择局部应用方式的开式系统：

油浸变压器室、涡轮机房、柴油发电机房、润滑油站、燃油锅炉房、厨房内烹饪设备及其排烟罩和排烟管道部位。

3．下列场所可选择闭式系统：

采用非密集柜储存的图书库、资料库和档案库。

4．下列场所宜采用瓶组系统：

难以设置泵房或消防供电不能满足系统工作要求的场所，可选择瓶组系统，但闭式系统不应采用瓶组系统。

（二）系统设计参数

1．喷头的最低设计工作压力不应小于1.2 MPa。

2．闭式系统的设计参数。当喷头的设计工作压力不小于10 MPa时，闭式系统可根据喷头的安装高度按下表确定系统的最小喷雾强度和喷头的布置间距。

闭式系统的设计参数

应用场所	喷头的安装高度 h/m	系统的最小喷雾强度/[L/（min·m^2）]	喷头的布置间距 l/m
采用非密集柜储存的图书库、资料库、档案库	$3<h\leqslant5$	3	$2<l\leqslant3$
	$h\leqslant3$	2	
作用面积	≥140 m^2		
每套泵组	喷头数量≤100只		

注：闭式系统的作用面积不宜小于140 m^2，每套泵组所带喷头数量不应超过100只。

3．全淹没应用方式的开式系统的设计参数如下表所示。

全淹没应用方式的开式系统的设计参数

应用场所		喷头的工作压力 P/MPa	喷头的安装高度 h/m	系统的最小喷雾强度/[L/（min·m^2）]	喷头的最大布置间距/m
油浸变压器室、液压站、润滑油站、柴油发电机室、燃油锅炉房等		$1.2<P\leqslant3.5$	$h\leqslant7.5$	2	2.5
电缆隧道、电缆夹层			$h\leqslant5$	2	
文物库，以密集柜存储的图书库、资料库、档案库			$h\leqslant3$	0.9	
油浸变压器室、涡轮机室等		$P\geqslant10$	$h\leqslant7.5$	1.2	3
液压站、柴油发电机室、燃油锅炉房等			$h\leqslant5$	1	
电缆隧道、电缆夹层			$3<h\leqslant5$	2	
			$h\leqslant3$	1	
文物库、以密集柜存储的图书库、资料库、档案库			$3<h\leqslant5$	2	
			$h\leqslant3$	1	
电子信息系统机房、通信机房	主机工作空间		$h\leqslant3$	0.7	
	地板夹层		$h\leqslant0.5$	0.3	

注：全淹没应用方式的开式系统，其单个防护区的容积，泵组系统不宜大于3 000 m^3，瓶组系统不宜超过260 m^3。

4．系统设计响应时间与系统持续喷雾时间如下表所示。

系统设计响应时间与系统持续喷雾时间

场所	设计持续喷雾时间
配电室、电气设备间、电缆夹层、电缆隧道、电子信息机房、通信机房等电子机房、图书库、资料库、档案库、文物库	30 min
油浸变压器室、柴油发电机房、液压站、润滑油站、燃油锅炉房、涡轮机房	20 min
厨房烹饪设备、排烟罩、排烟管道	持续喷雾时间 15 s，冷却时间 15 min

系统	系统设计响应时间
开式系统	≤30 s
瓶组式系统	动作响应时差≤2 s

五、系统组件及要求

（一）喷头

1．喷头的选择：

（1）对于喷头的喷孔易被外部异物堵塞的场所，应选用具有相应防护措施且不影响细水雾喷放效果的喷头，如粉尘场所应选用带防尘罩（端盖）的喷头，但在喷雾时不应造成喷雾阻挡和对人员造成伤害。

（2）对于电子数据处理机房、通信机房的地板夹层，宜选择适用于低矮空间的喷头。

（3）对于闭式系统，应选择响应时间指数不大于 50 $(m\cdot s)^{0.5}$ 的喷头，其公称动作温度宜高于环境最高温度 30℃，且同一防护区内应采用相同热敏性能的喷头。

（4）对于腐蚀性环境应选用使用防腐材料或具有防腐镀层的喷头。

（5）对于电气火灾危险场所的细水雾灭火系统不宜采用撞击雾化型细水雾喷头。

2．喷头的布置如下表所示。

喷头的布置

闭式系统喷头布置	1．喷头与墙壁的距离不应大于喷头最大布置间距的 1/2。 2．喷头与其他遮挡物的距离应保证遮挡物不影响喷头正常喷放细水雾；当无法避免时，应采取补偿措施。 3．喷头的感温组件与顶棚或梁底的距离不宜小于 75 mm，并不宜大于 150 mm。当场所内设置吊顶时，喷头可贴邻吊顶布置	
开式系统喷头布置	1．喷头与墙壁的距离不应大于喷头最大布置间距的 1/2。 2．喷头与其他遮挡物的距离应保证遮挡物不影响喷头正常喷放细水雾；当无法避免时，应采取补偿措施。 3．对于电缆隧道或夹层，喷头宜布置在电缆隧道或夹层的上部，并应能使细水雾完全覆盖整个电缆或电缆桥架	
局部应用方式的开式系统喷头布置	喷头与保护对象的距离不宜小于 0.5 m。用于保护室内油浸变压器时，喷头的布置应符合下列规定： 1．当变压器高度超过 4 m 时，喷头宜分层布置。 2．当冷却器距变压器本体超过 0.7 m 时，应在其间隙内增设喷头。 3．喷头不应直接对准高压进线套管。 4．当变压器下方设置集油坑时，喷头布置应能使细水雾完全雾化	
喷头与无绝缘带电设备的最小距离	110 kV＜V≤220 kV	≥2.2 m
	35 kV＜V≤110 kV	≥1.1 m
	V≤35 kV	≥0.5 m

注：V 是带电设备额定电压等级。

3．喷头备品。系统应按喷头的型号规格存储备用喷头，其数量不应小于相同型号规格喷头实际设计使用总数的1%，且每种不应少于5只。

（二）分区控制阀

1．开式系统应按防护区设置分区控制阀。每个分区控制阀上或阀后邻近位置，宜设置泄放试验阀。

2．闭式系统应按楼层或防火分区设置分区控制阀。分区控制阀应为带开关锁定或开关指示的阀组。

3．分区控制阀宜靠近防护区设置，并应设置在防护区外便于操作、检查和维护的位置。分区控制阀上宜设置系统动作信号反馈装置。分区控制阀后的主管道上设置压力开关等信号反馈装置，是为了反馈系统是否喷放细水雾的信号，并不是用于启动水泵。当系统选择雨淋阀组等本身带有压力开关的阀组作为分区控制阀时，无须增设压力开关。

4．闭式系统的最高点处宜设置手动排气阀，每个分区控制阀后的管网应设置试水阀，其设置应符合下列规定：

（1）试水阀前应设置压力表。

（2）试水阀出口的流量系数应与一只喷头的流量系数等效。

（3）试水阀的接口大小应与管网末端的管道一致，测试水的排放不应对人员和设备等造成危害。

（三）过滤器

1．过滤器的材质应为不锈钢、铜合金或其他耐腐蚀性能不低于不锈钢、铜合金的材料。

2．过滤器的网孔孔径不应大于喷头最小喷孔孔径的80%。

3．在储水箱进水口处、出水口或控制阀前应设置过滤器，过滤器的设置位置应便于维护、更换和清洗。

（四）系统管网

1．系统管道应采用冷拔法制造的奥氏体不锈钢钢管，或其他耐腐蚀和耐压性能相当的金属管道。管道的材质和性能应符合《流体输送用不锈钢无缝钢管》（GB/T 14976—2012）和《流体输送用不锈钢焊接钢管》（GB/T 12771—2008）的有关规定。

2．系统最大工作压力不小于3.5 MPa时，应采用符合《不锈钢和耐热钢牌号及化学成分》（GB/T 20878—2007）中规定牌号为022Cr17Ni12 Mo2的奥氏体不锈钢无缝钢管，或其他耐腐蚀和耐压性能不低于牌号为022Cr17Ni12 Mo2的金属管道。

3．系统管道连接件的材质应与管道相同。系统管道宜采用专用接头或法兰连接，也可采用氩弧焊焊接。

4．系统组件、管道和管道附件的公称压力不应小于系统的最大设计工作压力。对于泵组系统，水泵吸水口至储水箱之间的管道、管道附件、阀门的公称压力，不应小于1 MPa。

5．设置在有爆炸危险环境中的系统，其管网和组件应采取静电导除措施。

六、系统操作与控制

1．瓶组系统应具有自动、手动和机械应急操作控制方式，其机械应急操作应能在瓶组间直接手动启动系统。泵组系统应具有自动、手动控制方式。

2．开式系统的自动控制应能在接收到两个独立的火灾报警信号后自动启动。闭式系统的自动控制应能在喷头动作后，由动作信号反馈装置直接连锁自动启动。

3．在消防控制室内和防护区入口处，应设置系统手动启动装置。

4．手动启动装置和机械应急操作装置应能在一处完成系统启动的全部操作，并应采取防止误操作的措施。

手动启动装置和机械应急操作装置上应设置与所保护场所对应的明确标识。

设置系统的场所以及系统的手动操作位置，应在明显位置设置系统操作说明。

5．防护区或保护场所的入口处应设置声光报警装置和系统动作指示灯。

6．开式系统分区控制阀应符合下列规定：

（1）应具有接收控制信号实现启动、反馈阀门启闭或故障信号的功能。

（2）应具有自动、手动启动和机械应急操作启动功能，关闭阀门应采用手动操作方式。

（3）应在明显位置设置对应于防护区或保护对象的永久性标识，并应标明水流方向。

7．火灾报警联动控制系统应能远程启动水泵或瓶组、开式系统分区控制阀，并应能接收水泵的工作状态、分区控制阀的启闭状态及细水雾喷放的反馈信号。

8．系统应设置备用电源。系统的主备电源应能自动和手动切换。

9．系统启动时，应联动切断带电保护对象的电源，并应同时切断或关闭防护区内或保护对象的可燃气体、液体或可燃粉体供给等影响灭火效果或因灭火可能带来次生危害的设备和设施。

10．与系统联动的火灾自动报警和控制系统的设计，应符合《火灾自动报警系统设计规范》的有关规定。

（本章由宋瑞明编写）

第六章　气体灭火系统

杨　晨

专题 1：系统基础

一、适用范围

1．气体灭火系统适用于扑救下列火灾：

（1）电气火灾。

（2）固体表面火灾。

（3）液体火灾。

（4）灭火前能切断气源的气体火灾。

注：除电缆隧道（夹层、井）及自备发电机房外，K 型和其他型热气溶胶预制灭火系统不得用于其他电气火灾。

2．气体灭火系统不适用于扑救下列火灾：

（1）硝化纤维、硝酸钠等氧化剂或含氧化剂的化学制品火灾。

（2）钾、镁、钠、钛、锆、铀等活泼金属火灾。

（3）氰化钾、氢化钠等金属氢化物火灾。

（4）过氧化氢、联胺等能自行分解的化学物质火灾。

（5）可燃固体物质的深位火灾（二氧化碳系统可以使用）。

3．热气溶胶预制灭火系统不应设置在人员密集场所、有爆炸危险性的场所及有超净要求的场所。K型及其他型热气溶胶预制灭火系统不得用于电子计算机房、通信机房等场所。

二、系统分类

气体灭火系统分类

按灭火剂分类	二氧化碳系统、七氟丙烷系统、惰性气体灭火系统（洁净气体灭火系统）	
按系统结构特点分类	无管网灭火系统	又称预制灭火系统
	管网灭火系统	组合分配系统
		单元独立系统
按应用方式分类	全淹没灭火系统	
	局部应用灭火系统	
按加压方式分类	自压式气体灭火系统	
	内储压式气体灭火系统	
	外储压式气体灭火系统	

三、系统参数

气体灭火系统参数

	七氟丙烷灭火系统	IG541 混合气体灭火系统	二氧化碳灭火系统	热气溶胶预制灭火系统
设计浓度	1. 灭火设计浓度不应小于灭火浓度的 1.3 倍，惰化设计浓度不应小于惰化浓度的 1.1 倍。 2. 固体表面火灾的灭火浓度为 5.8%。 3. 图书、档案、票据和文物资料库等防护区，灭火设计浓度宜采用 10%。 4. 油浸变压器室、带油开关的配电室和自备发电机房等防护区，灭火设计浓度宜采用 9%。 5. 通信机房和电子计算机房等防护区，灭火设计浓度宜采用 8%。 6. 防护区实际应用的浓度不应大于灭火设计浓度的 1.1 倍	1. 灭火设计浓度不应小于灭火浓度的 1.3 倍，惰化设计浓度不应小于惰化浓度的 1.1 倍。 2. 固体表面火灾的灭火浓度为 28.1%	全淹没 CO_2 设计浓度不应小于灭火浓度的 1.7 倍，并不得低于 34%。当防护区内存有两种及两种以上可燃物时，防护区的二氧化碳设计浓度应采用可燃物中最大的二氧化碳设计浓度	1. 热气溶胶预制灭火系统的灭火设计密度不应小于灭火密度的 1.3 倍。 2. S 型和 K 型热气溶胶灭固体表面火灾的灭火密度为 100 g/m^3。 3. 通信机房和电子计算机房等场所的电气设备火灾，S 型热气溶胶的灭火设计密度不应小于 130 g/m^3。 4. 电缆隧道（夹层、井）及自备发电机房火灾，S 型和 K 型热气溶胶的灭火设计密度不应小于 140 g/m^3
设计喷放时间	在通信机房和电子计算机房等防护区，设计喷放时间不应大于 8 s；在其他防护区，设计喷放时间不应大于 10 s	IG541 混合气体灭火剂喷放至设计用量的 95%时，其喷放时间不应大于 60 s，且不应小于 48 s	1.全淹没 CO_2 喷放时间不应大于 1 min。当扑救固体深位火灾时，喷放时间不应大于 7 min，并应在前 2 min 内使二氧化碳的浓度达到 30%。 2. 局部应用 CO_2 喷射时间不应小于 0.5 min。对于燃点温度低于沸点温度的液体和可熔化固体的火灾，二氧化碳的喷射时间不应小于 1.5 min	在通信机房、电子计算机房等防护区，灭火剂喷放时间不应大于 90 s，喷口温度不应大于 150℃；在其他防护区，喷放时间不应大于 120 s，喷口温度不应大于 180℃

	七氟丙烷灭火系统	IG541 混合气体灭火系统	二氧化碳灭火系统	热气溶胶预制灭火系统
灭火浸渍时间	1. 木材、纸张、织物等固体表面火灾，灭火浸渍时间宜采用 20 min。 2. 通信机房、电子计算机房内的电气设备火灾，应采用 5 min。 3. 其他固体表面火灾，宜采用 10 min。 4. 气体和液体火灾，不应小于 1 min	1. 木材、纸张、织物等固体表面火灾，宜采用 20 min。 2. 通信机房、电子计算机房内的电气设备火灾，宜采用 10 min。 3. 其他固体表面火灾，宜采用 10 min	—	1. 木材、纸张、织物等固体表面火灾，应采用 20 min。 2. 通信机房、电子计算机房等防护区火灾及其他固体表面火灾，应采用 10 min

四、系统组成

气体灭火系统一般由储存容器、驱动气体瓶、单向阀、选择阀、减压装置、驱动装置、集流管、连接管、喷嘴、信号反馈装置、安全泄放装置、控制盘、检漏装置、低泄高封阀、管路管件等部件构成，组成如图 6-1 所示。

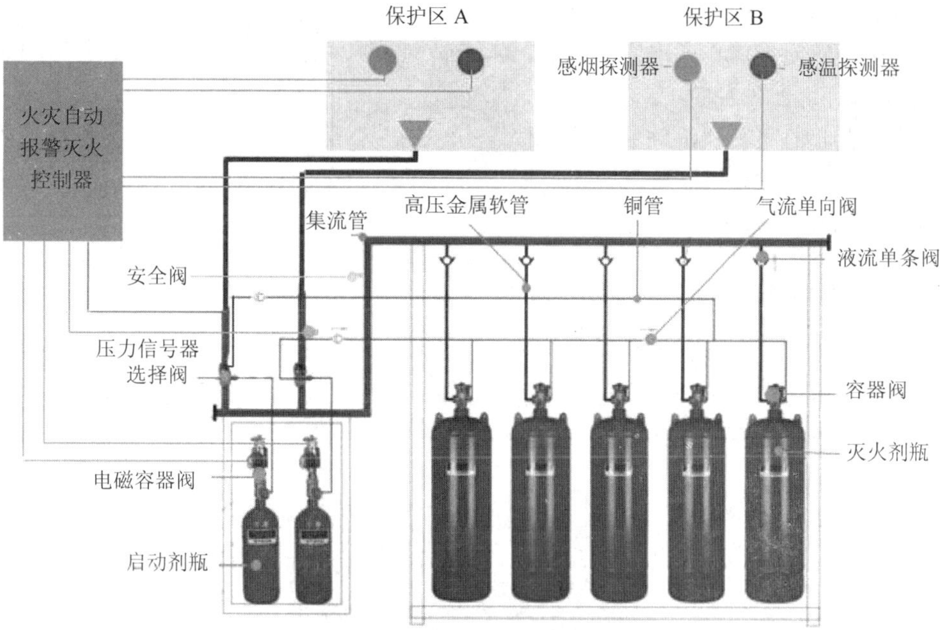

图 6-1　气体灭火系统组成示意

同一系统各部件应固定牢固、连接可靠，部件安装位置正确，整体布局合理，便于操作、检查和维修。系统中相同功能部件的规格应一致（选择阀、喷嘴除外），各灭火剂贮存容器的容积、充装密度或充装压力应一致。

五、系统组件

（一）储存装置

管网系统的储存装置应由储存容器、容器阀和集流管等组成，容器阀和集流管之间应采用柔性连接，储存容器和集流管应采用支架固定，储存装置上应设耐久的固定铭牌，并应标明每个容器的编号、容积、皮重、灭火剂名称、充装量、充装日期和充压压力等（图 6-2）。

图 6-2　管网灭火系统的储存装置

管网灭火系统的储存装置宜设在专用储瓶间内。储瓶间宜靠近防护区，并应符合建筑物耐火等级不低于二级的有关规定及有关压力容器存放的规定，且应有直接通向室外或疏散走道的出口。储瓶间和设置预制灭火系统的防护区的环境温度应为−10～50℃。

储存装置的布置应便于操作、维修及避免阳光照射。操作面距墙面或两操作面之间的距离，不宜小于 1 m，且不应小于储存容器外径的 1.5 倍。

储存装置的储存容器与其他组件的公称工作压力，不应小于在最高环境温度下所承受的工作压力。气动驱动装置储存容器内气体压力不应低于设计压力，且不得超过设计压力的 5%，气体驱动管道上的单向阀应启闭灵活，无卡阻现象。

（二）安全泄压装置

在储存容器或容器阀上，应设安全泄压装置和压力表。组合分配系统的集流管，应设安全泄压装置。安全泄压装置的动作压力，应符合相应气体灭火系统的设计规定。系统组件与管道的公称工作压力，不应小于在最高环境温度下所承受的工作压力（图 6-3）。

图 6-3　安全泄压装置

（三）集流管

同一集流管上的储存容器，其规格、充压压力和充装量应相同。同一防护区，当设计两套或三套管网时，集流管可分别设置，系统启动装置必须共用。各管网上喷头流量均应按同一灭火设计浓度、同一喷放时间进行设计（图 6-4）。

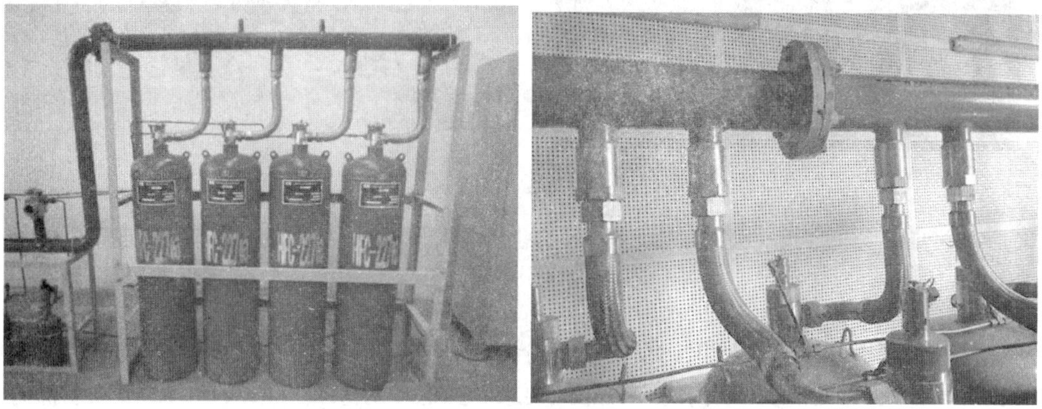

图 6-4　集流管

（四）选择阀

组合分配系统中的每个防护区应设置控制灭火剂流向的选择阀，其公称直径应与该防护区灭火系统的主管道公称直径相等。选择阀的位置应靠近储存容器且便于操作。选择阀应设有标明其工作防护区的永久性铭牌（图 6-5）。

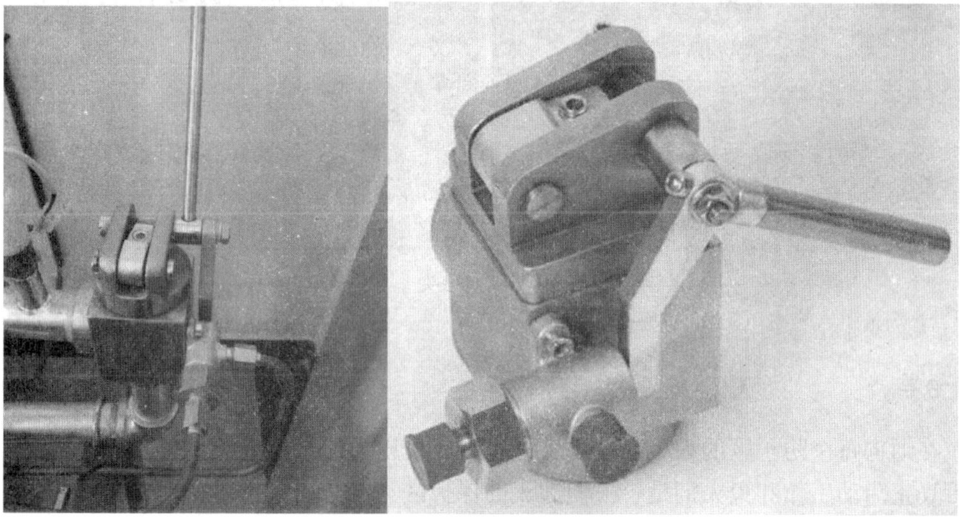

图 6-5　选择阀

（五）管道

当公称直径不大于 80 mm 时，管道宜采用螺纹连接；大于 80 mm 时，宜采用法兰连接。钢制管道附件应进行内外防腐处理，防腐处理宜采用符合环保要求的方式。在腐蚀性较大的环境里使用，应采用不锈钢的管道附件。管网上不应采用四通管件进行分流（图 6-6）。

图 6-6　管道

（六）喷头

喷头应有型号、规格的永久性标识。设置在有粉尘、油雾等防护区的喷头，应有防护装置。喷头的布置应满足喷放后气体灭火剂在防护区内均匀分布的要求。当保护对象属可燃液体时，喷头射流方向不应朝向液体表面（图 6-7）。

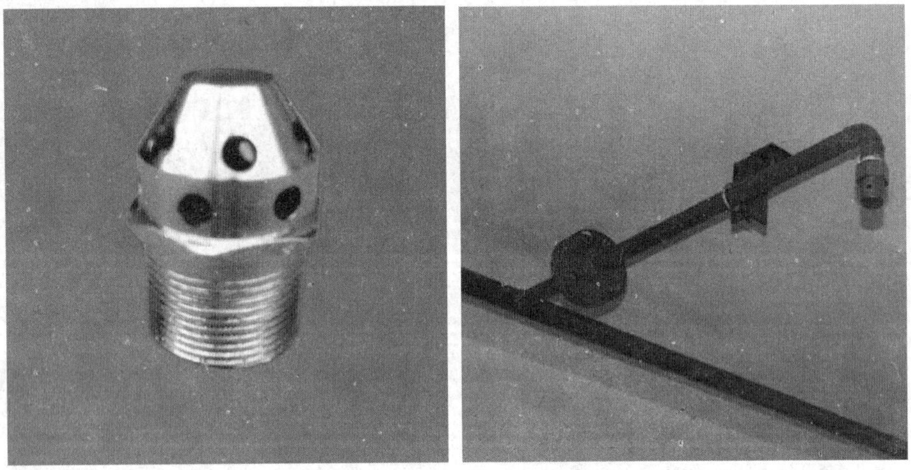

图 6-7　喷头

（七）信号器

灭火系统在通向每个防护区的灭火系统主管道上，应设压力信号器或流量信号器。其用途为：一是确认本系统是否真正启动工作和灭火剂是否喷向起火的保护区；二是用其信号操作保护区的警告指示门灯，禁止人员进入已实施灭火的防护区。

（八）低泄高封阀

安装在系统启动管路上，正常情况下处于开启状态。用来排出由于气源泄漏积聚在启动管路内的气体，只有进口压力达到设定压力时才关闭的阀门。组合分配系统的集流管上应安装低泄高封阀，驱动气体控制管路上应安装低泄高封阀（图 6-8）。

图 6-8　低泄高封阀

（九）七氟丙烷灭火系统组件专用要求

（1）储存容器、容器阀以及组合分配系统集流管上的安全泄压装置的动作压力，应符合下列规定：

①储存容器增压压力为 2.5 MPa 时，应为（5±0.25）MPa（表压）。

②储存容器增压压力为 4.2 MPa，最大充装量为 950 kg/m^3 时，应为（7±0.35）MPa（表压）；最大充装量为 1 120 kg/m^3 时，应为（8.4±0.42）MPa（表压）。

③储存容器增压压力为 5.6 MPa 时，应为（10±0.5）MPa（表压）。

（2）增压压力为 2.5 MPa 的储存容器宜采用焊接容器；增压压力为 4.2 MPa 的储存容器，可采用焊接容器或无缝容器；增压压力为 5.6 MPa 的储存容器，应采用无缝容器。

（3）在容器阀和集流管之间的管道上应设单向阀。

（十）IG541 混合气体灭火系统组件专用要求

储存容器应采用无缝容器。储存容器或容器阀以及组合分配系统集流管上的安全泄压装置的动作压力，应符合下列规定：

（1）一级充压（15 MPa）系统，应为（20.7±1）MPa（表压）。

（2）二级充压（20 MPa）系统，应为（27.6±1.4）MPa（表压）。

（十一）热气熔胶预制灭火系统组件专用要求

一台以上灭火装置之间的电启动线路应采用串联连接。每台灭火装置均应具备启动反馈功能。

专题 2：系统设计要求

一、一般要求

（一）灭火设计用量

采用气体灭火系统保护的防护区，其灭火设计用量或惰化设计用量，应根据防护区内可燃物相应的灭火设计浓度或惰化设计浓度经计算确定。

有爆炸危险的气体、液体类火灾的防护区，应采用惰化设计浓度；无爆炸危险的气体、液体类火灾和固体类火灾的防护区，应采用灭火设计浓度。

几种可燃物共存或混合时，其灭火设计浓度或惰化设计浓度应按其中最大的灭火设计浓度或惰化设计浓度确定。

（二）灭火剂储存量

组合分配系统的灭火剂储存量，应按储存量最大的防护区确定。灭火剂储存量应为防护区的灭火设计用量、储存容器内的灭火剂剩余量和管网内的灭火剂剩余量之和。储存装置 72 h 内不能重新充装恢复工作的，应按系统原储存量的 100%设置备用量。

（三）系统容量

两个或两个以上的防护区采用组合分配系统时，一个组合分配系统所保护的防护区不应超过 8 个。

一个防护区设置的预制灭火系统，其装置数量不宜超过 10 台。同一防护区内的预制灭火系统装置多于 1 台时，必须能同时启动，其动作响应时间差不得大于 2s。

（四）防护区要求

防护区要求

防护区的划分	1．防护区宜以单个封闭空间划分；同一区间的吊顶层和地板下需同时保护时，可合为一个防护区。 2．采用管网灭火系统时，一个防护区的面积不宜大于 800 m^2，且容积不宜大于 3 600 m^3。 3．采用预制灭火系统时，一个防护区的面积不宜大于 500 m^2，且容积不宜大于 1 600 m^3
耐火性能	1．防护区围护结构及门窗的耐火极限均不宜低于 0.50 h；吊顶的耐火极限不宜低于 0.25 h。 2．全淹没灭火系统防护区建筑物构件耐火时间（一般为 30 min）包括探测火灾时间、延时时间、释放灭火剂时间及保持灭火剂设计浓度的浸渍时间
耐压性能	防护区围护结构承受内压的允许压强，不宜低于 1 200 Pa
泄压口	防护区应设置泄压口，七氟丙烷灭火系统的泄压口应位于防护区净高的 2/3 以上
封闭性能	喷放灭火剂前，防护区内除泄压口外的开口应能自行关闭
环境温度	防护区的最低环境温度不应低于−10℃

（五）喷头布置

喷头的最大保护高度不宜大于 6.5 m，最小保护高度不应小于 0.3 m。当喷头安装高度小于 1.5 m 时，保护半径不宜大于 4.5 m；当喷头安装高度不小于 1.5 m 时，保护半径不应大于 7.5 m。喷头宜贴近防护区顶面安装，距顶面的最大距离不宜大于 0.5 m。

二、二氧化碳灭火系统

（一）全淹没二氧化碳灭火系统

防护区应设置泄压口，并宜设在外墙上，其高度应大于防护区净高的 2/3。当防护区设有防爆泄压孔时，可不单独设置泄压口。

对气体、液体、电气火灾和固体表面火灾，防护区在喷放二氧化碳前不能自动关闭的开口，其面积不应大于防护区总内表面积的3%，且开口不应设在底面。

当组合分配系统保护5个及以上的防护区或保护对象，或者在48 h内不能恢复时，二氧化碳应有备用量，备用量不应小于系统设计的储存量。对于高压系统和单独设置备用储存容器的低压系统，备用量的储存容器应与系统管网相连，应能与主储存容器切换使用。低压二氧化碳灭火系统制冷装置的供电应采用消防电源，制冷装置应采用自动控制，且应设手动操作装置。

（二）局部应用二氧化碳灭火系统

局部应用灭火系统的保护对象周围的空气流动速度不宜大于 3 m/s，必要时，应采取挡风措施。在喷头与保护对象之间，喷头喷射角范围内不应有遮挡物。当保护对象为可燃液体时，液面至容器缘口的距离不得小于150 mm。

局部应用灭火系统的二氧化碳喷射时间不应小于0.5 min。对于燃点温度低于沸点温度的液体和可熔化固体的火灾，二氧化碳的喷射时间不应小于1.5 min。

（三）二氧化碳灭火系统组件要求

1．储存容器设置要求。

储存容器设置要求

	高压系统	低压系统
组成构件	储存容器、容器阀、单向阀、灭火剂泄漏检测装置和集流管	储存容器、容器阀、安全泄压装置、压力表、压力报警装置和制冷装置
压力要求	储存容器的工作压力不应小于15 MPa，储存容器或容器阀上应设泄压装置，其泄压动作压力应为（19±0.95）MPa	储存容器的设计压力不应小于2.5 MPa，并应采取良好的绝热措施。储存容器上至少应设置两套安全泄压装置，其泄压动作压力应为（2.38±0.12）MPa。储存装置的高压报警压力设定值应为2.2 MPa，低压报警压力设定值应为1.8 MPa
容器阀	应能在喷出要求的二氧化碳量后自动关闭	
泄漏检测	当储存容器中充装的二氧化碳损失量达到其初始充装量的10%时，应能发出声、光报警信号并及时补充	
容器间	不具备自然通风条件时，应设机械排风装置，排风口距储存容器间地面高度不宜大于0.5 m，排出口应直接通向室外，正常排风量宜按换气次数不小于4次/h确定，事故排风量应按换气次数不小于8次/h确定	

2．选择阀的设置要求。

选择阀的工作压力：高压系统不应小于12 MPa，低压系统不应小于2.5 MPa。系统在启动时，选择阀应在二氧化碳储存容器的容器阀动作之前打开或同时打开；采用灭火剂自身作为启动气源打开的选择阀，可不受此限制。

3．管道及附件的设置要求。

高压系统管道及其附件应能承受最高环境温度下二氧化碳的储存压力；低压系统管道及其附件应能承受4 MPa的压力。

管网中阀门之间的封闭管段应设置泄压装置，其泄压动作压力：高压系统应为（15±0.75）MPa，低压系统应为（2.38±0.12）MPa。

三、七氟丙烷灭火系统

储存容器增压压力及充装量

分级	增压压力（表压）/MPa	充装量/（kg/m^3）
一级	2.5+0.1	不应大于 1 120
二级	4.2+0.1	不应大于 950（焊接结构） 不应大于 1 120（无缝结构）
三级	5.6+0.1	不应大于 1 080

注：（1）管网的管道内容积，不应大于流经该管网的七氟丙烷储存量体积的 80%。

（2）七氟丙烷灭火系统应采用氮气增压输送。氮气的含水量不应大于 0.006%。

四、IG-541 混合气体灭火系统

储存容器增压压力及充装量应满足下列要求：

1．一级充压（15 MPa）系统，充装量应为 211.15 kg/m^3。

2．二级充压（20 MPa）系统，充装量应为 281.06 kg/m^3。

五、热气溶胶预制灭火系统

热气溶胶预制灭火系统设置要求

保护容积	单台装置的保护容积不应大于 160 m^3
间距要求	设置多台装置时，其相互间的距离不得大于 10 m
防护区要求	高度不宜大于 6 m
设置要求	喷头高度宜高于防护区地面 2 m；喷口前 1 m 内，装置的背面、侧面、顶部 0.2 m 内不应设置或存放设备、器具等

六、操作与控制

（一）操控要求

气体灭火系统操控要求

启动方式		管网灭火系统：自动控制、手动控制、机械应急操作 预制灭火系统：自动控制、手动控制 二氧化碳局部应用灭火系统用于经常有人的场所时可不设自动控制
启动条件		自动控制装置应在接到两个独立的火灾信号后才能启动
延迟喷射		自动控制启动方式时，有人工作防护区应有不大于 30s 的可控延迟喷射；无人工作的防护区，可设置为无延迟的喷射
手动自动转换	设置前提	1．灭火设计浓度或实际使用浓度大于无毒性反应浓度（NOAEL 浓度）的防护区。 2．采用热气溶胶预制灭火系统的防护区
	设置形式	1．人员进入防护区时，应能将灭火系统转换为手动控制方式。 2．人员离开时，应能恢复为自动控制方式。 3．防护区内外应设手动、自动控制状态的显示装置

控制装置设置要求	1. 手动控制装置和手动与自动转换装置应设在防护区疏散出口的门外便于操作的地方，安装高度为中心点距地面 1.5 m。 2. 机械应急操作装置应设在储瓶间内或防护区疏散出口门外便于操作的地方
操作控制要求	1. 操作与控制，应包括对开口封闭装置、通风机械和防火阀等设备的联动操作与控制。 2. 组合分配系统启动时，选择阀应在容器阀开启前或同时打开。 3. 设有消防控制室的场所，各防护区灭火控制系统的有关信息，应传送给消防控制室

（二）系统控制方式

1. 自动控制。

气体灭火控制器直接连接火灾探测器时，应由同一防护区域内两只独立的火灾探测器的报警信号、一只火灾探测器与一只手动火灾报警按钮的报警信号或防护区外的紧急启动信号，作为系统的联动触发信号，探测器的组合宜采用感烟火灾探测器和感温火灾探测器。

气体灭火控制器在接收到任一防护区域内设置的感烟火灾探测器、其他类型火灾探测器或手动火灾报警按钮的首次报警信号后应启动设置在该防护区内的火灾声光警报器，在接收到同一防护区域内与首次报警的火灾探测器或手动火灾报警按钮相邻的感温火灾探测器、火焰探测器或手动火灾报警按钮的报警信号后，应发出联动控制信号，关闭防护区域的送（排）风机及送（排）风阀门；停止通风和空气调节系统及关闭设置在该防护区域的电动防火阀；联动控制防护区域开口封闭装置的启动，包括关闭防护区域的门、窗；启动气体灭火装置，可设定不大于 30 s 的延迟喷射时间。

平时无人工作的防护区，可设置为无延迟的喷射，应在接收到满足联动逻辑关系的首个联动触发信号后，关闭防护区域的送（排）风机及送（排）风阀门；停止通风和空气调节系统及关闭设置在该防护区域的电动防火阀；联动控制防护区域开口封闭装置的启动，包括关闭防护区域的门、窗；在接收到第二个联动触发信号后，应启动气体灭火装置，可设定无延迟喷射。气体灭火剂喷射后启动设置在防护区入口处表示气体喷洒的火灾声光警报器。

气体灭火控制器不直接连接火灾探测器时，联动触发信号应由火灾报警控制器或消防联动控制器发出。联动触发信号和联动控制要求与上述控制要求相同。

2. 手动控制。

在防护区疏散出口的门外应设置气体灭火装置的手动启动和停止按钮，手动启动按钮按下时，气体灭火控制器联动关闭该防护区域的送（排）风机及送（排）风阀门；停止通风和空气调节系统及关闭设置在该防护区域的电动防火阀；联动控制防护区域开口封闭装置的启动，包括关闭防护区域的门、窗；启动气体灭火装置，可设定不大于 30s 的延迟喷射时间，气体灭火剂喷射后启动设置在防护区入口处表示气体喷洒的火灾声光警报器。手动停止按钮按下时，气体灭火控制器应停止正在执行的联动操作。

3. 机械应急操作。

机械应急操作装置应设在储瓶间内或防护区疏散出口门外便于操作的地方。当控制器失效时，在确保防护区无人的情况下，手动关闭联动设备并切断电源；打开对应防护区选择阀，成组或逐个打开对应防护区储瓶组上的容器阀，实施灭火。

七、安全要求

气体灭火系统安全要求

安全疏散	1．防护区疏散通道和安全出口的设置应保证防护区内所有人员在 30 s 内撤离完毕。 2．防护区的门应向疏散方向开启，并能自行关闭；用于疏散的门必须能从防护区内打开；储瓶间的门应向外开启
应急灯具	1．防护区内的疏散通道及出口，应设消防应急照明灯具和疏散指示标志灯，储瓶间内应设应急照明。 2．防护区内应设火灾声音报警器，必要时，可增设闪光报警器。 3．防护区的入口处应设火灾声、光报警器和灭火剂喷放指示灯，防护区设置相应气体灭火系统的永久性标志牌。 4．灭火剂喷放指示灯，应开启直至防护区通风换气后，以手动方式解除
通风要求	1．灭火后的防护区应通风换气，地下防护区和无窗或设固定窗扇的地上防护区，应设置机械排风装置，排风口宜设在防护区的下部并应直通室外。 2．通信机房、电子计算机房等场所的通风换气次数应不小于每小时 5 次
储瓶间	储瓶间应有良好的通风条件，地下储瓶间应设机械排风装置，排风口应设在下部，可通过排风管排出室外
防静电	经过有爆炸危险和变电、配电场所的管网，以及布设在以上场所的金属箱体等，应设防静电接地
毒性要求	有人工作防护区的灭火设计浓度或实际浓度，不应大于产生毒性反应浓度
预制充压压力	防护区内设置的预制灭火系统的充压压力不应大于 2.5 MPa
防止误操作	灭火系统的手动控制与应急操作应有防止误操作的警示显示与措施
空呼要求	设有气体灭火系统的场所，宜配置空气呼吸器

（本章由杨晨编写）

第七章　泡沫灭火系统

宋瑞明

专题 1：泡沫灭火系统分类

一、按喷射方式分

（一）液上喷射系统

泡沫从液面上喷入被保护储罐内的灭火系统，与液下喷射灭火系统相比较，这种系统有泡沫不易受油的污染、可以使用廉价的普通蛋白泡沫等优点。它有固定式、半固定式、移动式 3 种应用形式。

固定式液上喷射泡沫灭火系统（环泵式）示意见图 7-1，液上喷射系统示意见图 7-2。

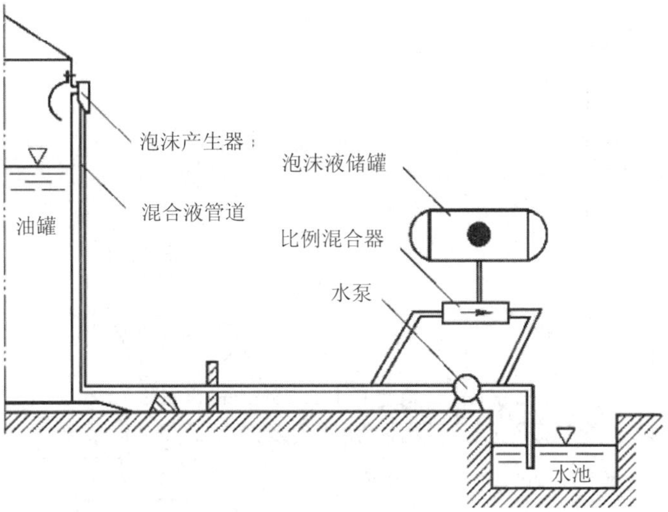

图 7-1　固定式液上喷射泡沫灭火系统（环泵式）示意

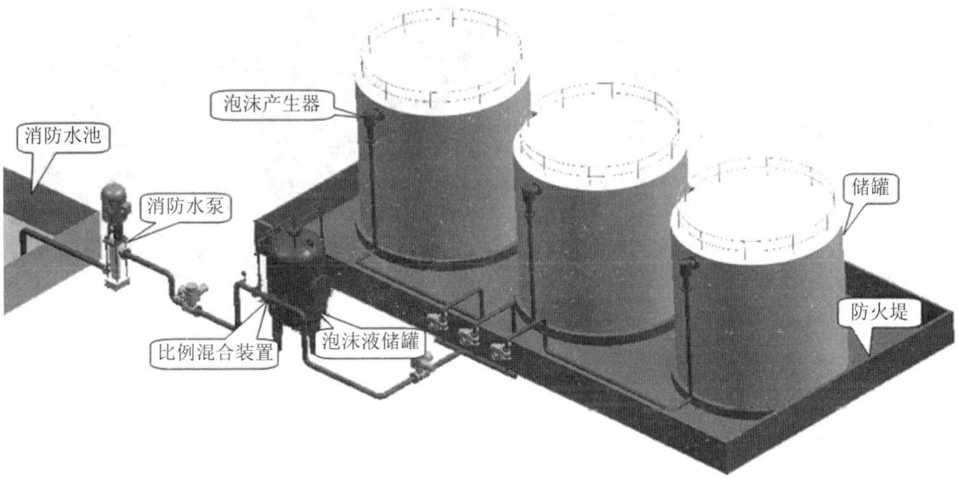

图 7-2　液上喷射系统示意

（二）液下喷射系统

泡沫从液面下喷入被保护储罐内的灭火系统。泡沫在注入液体燃烧层下部之后，上升至液体表面并扩散开，形成一个泡沫层的灭火系统，液下用的泡沫液必须是氟蛋白泡沫灭火液或是水成膜泡沫液。该系统通常设计为固定式和半固定式两种。

固定式液下喷射泡沫灭火系统示意见图 7-3，液下喷射系统示意见图 7-4。

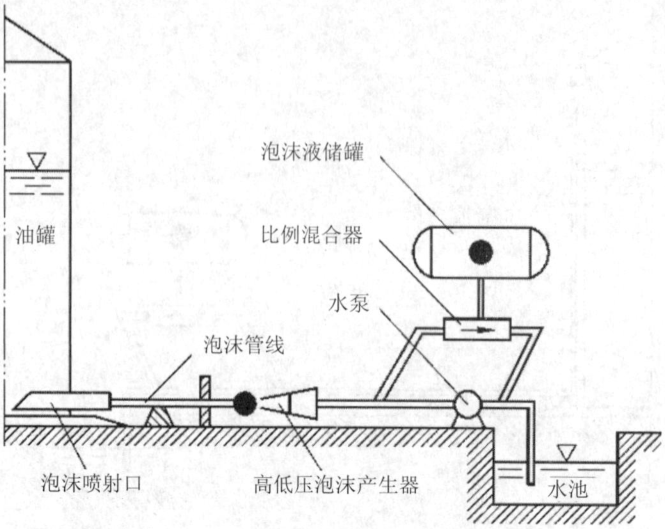

图 7-3 固定式液下喷射泡沫灭火系统（环泵式）示意

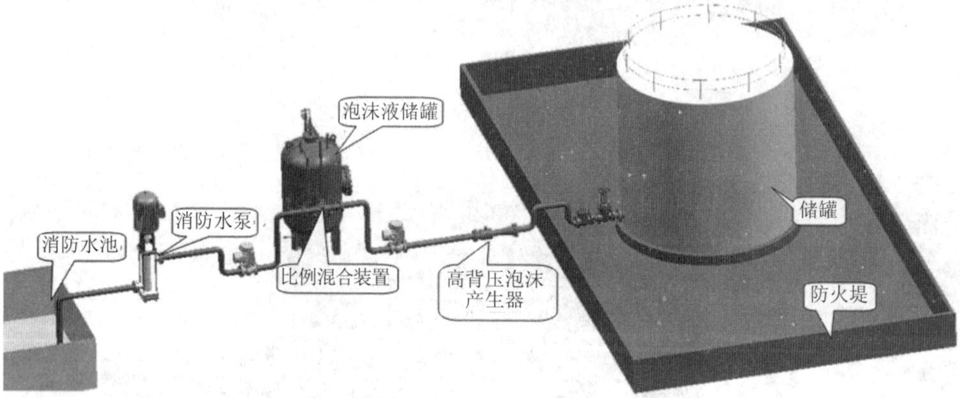

图 7-4 液下喷射系统示意

（三）半液下喷射系统

泡沫从储罐底部注入，并通过软管浮升到液体燃料表面进行灭火的泡沫灭火系统（图 7-5）。

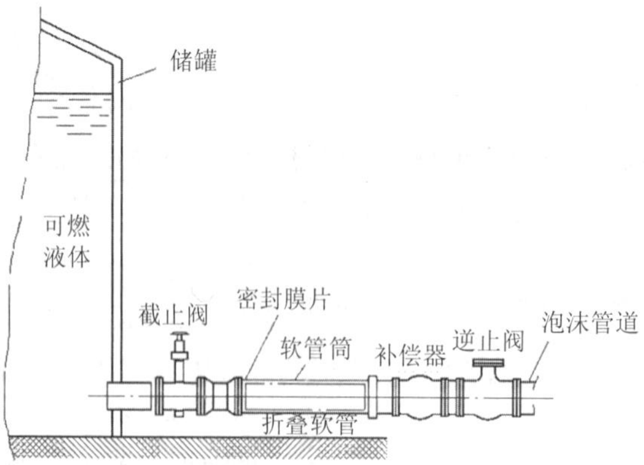

图 7-5 半液下喷射泡沫灭火系统示意

二、按系统结构分

（一）固定式系统

固定式系统由固定的泡沫消防泵、泡沫比例混合器、泡沫产（发）生装置和管道等组成的灭火系统。

（二）半固定式系统

半固定式系统由固定的泡沫产（发）生装置及部分连接管道，泡沫消防车或机动泵，用水带连接组成的灭火系统。

（三）移动式系统

移动式系统由消防车或机动消防泵、泡沫比例混合器、移动式泡沫产（发）生装置，用水带临时连接组成的灭火系统。

三、按发泡倍数分

（一）低倍数泡沫灭火系统

低倍数泡沫灭火系统是指发泡倍数小于 20 的泡沫灭火系统。该系统是甲、乙、丙类液体储罐及石油化工装置区等场所的首选灭火系统。

（二）中倍数泡沫灭火系统

中倍数泡沫灭火系统是指发泡倍数为 21～200 的泡沫灭火系统。中倍数泡沫灭火系统在实际工程中应用较少，且多用作辅助灭火设施。

（三）高倍数泡沫灭火系统

高倍数泡沫灭火系统是指发泡倍数为 201～1 000 的泡沫灭火系统。

四、按系统形式分

（一）全淹没式泡沫灭火系统

全淹没系统是指用管道输送高倍数泡沫液和水，发泡后连续地将高倍数泡沫施放并按规定的高度充满被保护区域，并将泡沫保持到规定的时间，从而进行控火或灭火的固定灭火系统。

（二）局部应用式泡沫灭火系统

局部应用系统是指向局部空间喷放高倍数泡沫或中倍数泡沫，进行控火或灭火的固定、半固定灭火系统。

（三）移动式泡沫灭火系统

移动式泡沫灭火系统是指车载式或便携式系统，移动式高倍数灭火系统可作为固定系统的辅助设施，也可作为独立系统用于某些场所。移动式中倍数泡沫灭火系统适用于发生火灾部位难以接近的较小火灾场所、流淌面积不超过 100 m^2 的液体流淌火灾场所。

专题 2：泡沫灭火系统选型

1．甲、乙、丙类液体储罐的灭火系统设置，应符合下列规定：

（1）单罐容量大于 1 000 m^3 的固定顶罐应设置固定式泡沫灭火系统。

（2）罐壁高度小于 7 m 或容量不大于 200 m^3 的储罐可采用移动式泡沫灭火系统。

（3）其他储罐宜采用半固定式泡沫灭火系统。

2．储罐区低倍数泡沫灭火系统的选型：

（1）非水溶性甲、乙、丙类液体固定顶储罐，应选用液上喷射、液下喷射或半液下喷射系统。

（2）水溶性甲、乙、丙类液体和其他对普通泡沫有破坏作用的甲、乙、丙类液体固定顶储罐，应选用液上喷射系统或半液下喷射系统。

（3）外浮顶和内浮顶储罐应选用液上喷射系统。

（4）非水溶性液体外浮顶储罐、内浮顶储罐、直径大于 18 m 的固定顶储罐及水溶性甲、乙、丙类液体立式储罐，不得选用泡沫炮作为主要灭火设施。

（5）高度大于 7 m 或直径大于 9 m 的固定顶储罐，不得选用泡沫枪作为主要灭火设施。

3．中倍数泡沫灭火系统的选型：

（1）全淹没系统可用于小型封闭空间场所与设有阻止泡沫流失的固定围墙或其他围挡设施的小场所。

（2）局部应用系统可用于下列场所：

①四周不完全封闭的 A 类火灾场所。

②限定位置的流散 B 类火灾场所。

③固定位置、面积不大于 100 m^2 的流满的 B 类火灾场所。

（3）移动式系统可用于下列场所：

①发生火灾的部位难以确定或人员难以接近的较小火灾场所。

②流散的 B 类火灾场所。

③不大于 100 m^2 的流淌的 B 类火灾场所。

4．高倍数泡沫灭火系统的选型：

（1）全淹没系统可用于下列场所：

①封闭空间场所。

②设有阻止泡沫流失的固定围墙或其他围挡设施的场所。

（2）局部应用系统可用于下列场所：

①四周不完全封闭的 A 类火灾与 B 类火灾场所。

②天然气液化站与接收站的集液池或储罐围堰区。

（3）移动式系统可用于下列场所：

①发生火灾的部位难以确定或人员难以接近的场所。

②流淌的 B 类火灾场所。

③发生火灾时需要排烟、降温或排除有害气体的封闭空间。

专题 3：泡沫液的选择、储存

一、泡沫液的选择

泡沫液的选择

类型	泡沫液的选择
非水溶性甲、乙、丙类液体储罐低倍数泡沫液的选择	1. 当采用液上喷射系统时，应选用蛋白、氟蛋白、成膜氟蛋白或水成膜泡沫液。 2. 当采用液下喷射系统时，应选用氟蛋白、成膜氟蛋白或水成膜泡沫液。 3. 当选用水成溴泡沫液时，其抗烧水平不应低于《泡沫灭火剂》(GB 15308—2006）规定的 C 级
保护非水溶性液体的泡沫—水喷淋系统、泡沫枪系统、泡沫炮系统泡沫液的选择	1. 当采用吸气型泡沫产生装置时，应选用蛋白、氟蛋白、水成膜或成膜氟蛋白泡沫液。 2. 当采用非吸气型喷射装置时，应选用水成膜或成膜氟蛋白泡沫液
中倍数泡沫灭火系统泡沫液的选择	1. 用于油罐的中倍数泡沫灭火剂应采用专用 8%型氟蛋白泡沫液。 2. 除油罐外的其他场所，可选用中倍数泡沫液或高倍数泡沫液
高倍数泡沫灭火系统	利用热烟气发泡时，应采用耐温耐烟型高倍数泡沫液
其他要求： 1. 水溶性甲、乙、丙类液体和其他对普通泡沫有破坏作用的甲、乙、丙类液体，以及用一套系统同时保护水溶性和非水溶性甲、乙、丙类液体的，必须选用抗溶泡沫液。 2. 当采用海水作为系统水源时，必须选择适用于海水的泡沫液。 3. 对于在汽油中添加醚、醇等含氧添加剂的车用燃料，如果其含氧添加剂含量体积比大于 10%，用普通泡沫难以灭火，需用抗溶泡沫，即这类燃料也属于对普通泡沫有破坏作用的甲、乙、丙类液体	

二、泡沫液的储存

泡沫液宜储存在通风干燥的房间或敞棚内。储存的环境温度应符合泡沫液的使用温度的要求，一般泡沫液的储存温度为 0～40℃。

专题 4：泡沫灭火系统组件

一、泡沫消防水泵

（一）泡沫消防水泵设置要求

泡沫消防水泵、泡沫混合液泵应选择特性曲线平缓的离心泵，且其工作压力和流量应满足系统设计要求。当采用水力驱动式平衡式比例混合装置时，应将其消耗的水流量计入泡沫消防水泵的额定流量内；当采用环泵式比例混合器时，泡沫混合液泵的额定流量应为系统设计流量的 1.1 倍。泵进口管道上，应设置真空压力表或真空表；泵出口管道上，应设置压力表、单向阀和带控制阀的回流管。

（二）泡沫液泵设置要求

泡沫液泵的工作压力和流量应满足系统最大设计要求，并应与所选比例混合装置的工作压力范围和流量范围相匹配，同时应保证在设计流量下泡沫液供给压力大于最大水压力。泡沫液泵的结构形式、密封或填充类型应适宜输送所选的泡沫液，其材料应耐泡沫液腐蚀且不影响泡沫液的性能。除水力驱动型泵外，泡沫液泵应按《泡沫灭火剂》对泡沫消防泵的相关规定设置动力源和备用泵，备用泵的规格型号应与工作泵相同，工作泵故障时应能自动与手动切换到备用泵。泡沫液泵应耐受时长不低于 10 min 的空载运行。

二、泡沫比例混合器

泡沫比例混合器是一种使水与泡沫原液按规定比例混合成的混合液，以供泡沫产生设备发泡的装置。我国目前生产的泡沫比例混合器有环泵式泡沫比例混合器、压力式泡沫比例混合器、平衡压力式泡沫比例混合器、管线式泡沫比例混合器。

（一）环泵式泡沫比例混合器

环泵式泡沫比例混合器固定安装在泡沫消防泵的旁路上。环泵式泡沫比例混合器的限制条件较多，设计难度较大，达到混合比时间较长。但其结构简单、工程造价低且配套的泡沫液储罐为常压储罐，便于操作、维护、检修、试验。环泵式泡沫比例混合器适用于建有独立泡沫消防泵站的场所，尤其适用于储罐规格较单一的甲、乙、丙类液体储罐区（图 7-6）。

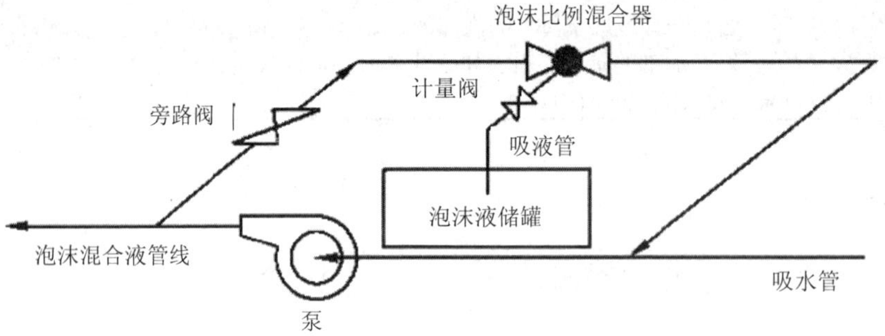

图 7-6 环泵式泡沫比例混合器

（二）压力式泡沫比例混合器

压力式泡沫比例混合器适用于低倍数泡沫灭火系统，也可用于集中控制流量基本不变的一个或多个防护区的全淹没式高倍数泡沫灭火系统和局部应用式高倍数泡沫灭火系统。

压力式泡沫比例混合器分为无囊式压力比例混合器和囊式压力比例混合装置 2 种，它们主要由比例混合器与泡沫液压力储罐及管路构成（图 7-7）。压力式泡沫比例混合器是工厂生产的由比例混合器与泡沫液储罐组成一体的独立装置，安装时不需要再调整其混合比等，其产品样本中一并给出了安装图，所以设计与安装方便、配置简单、有利于自动控制。它适用于全厂统一采用高压或稳高压消防给水系统的石油化工企业，尤其适用于分散设置独立泡沫站的石油化工生产装置区。

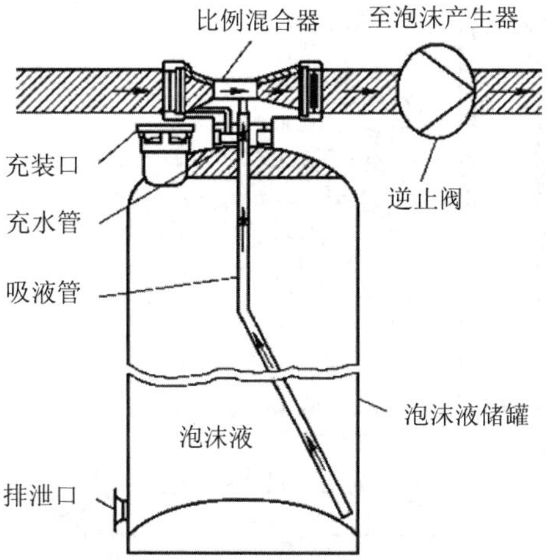

（a）无囊式压力比例混合装置

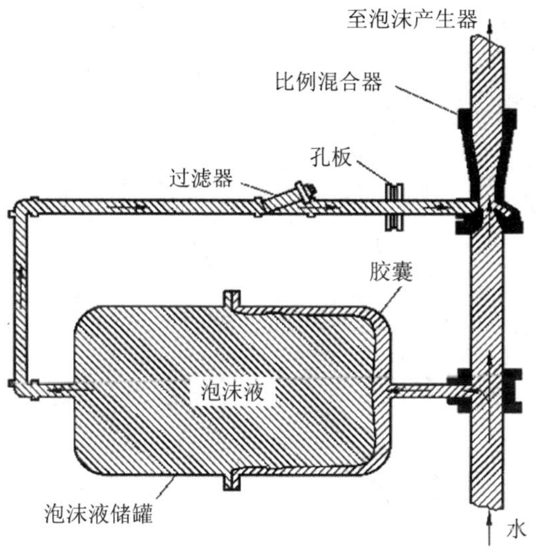

（b）囊式压力比例混合装置

图 7-7　压力式泡沫比例混合器

（三）平衡压力式泡沫比例混合器

平衡压力式泡沫比例混合装置的比例混合精度较高，适用的泡沫混合液流量范围较大，泡沫液储罐为常压储罐（图 7-8）。平衡压力流量控制阀与泡沫比例混合器有分体式和一体式 2 种。平衡压力式泡沫比例混合器的适用范围较广，目前工程中采用较多。尤其设置若干个独立泡沫站的大型甲、乙、丙类液体储罐区，多采用水力驱动式平衡压力式泡沫比例混合装置。

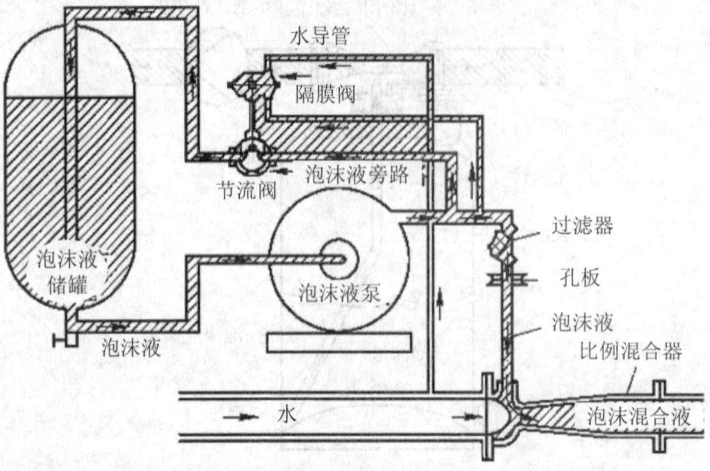

图 7-8　平衡压力式泡沫比例混合流程

（四）管线式泡沫比例混合器

管线式泡沫比例混合器是利用文丘里管的原理在混合腔内形成负压，在大气压力作用下将容器内的泡沫液吸到腔内与水混合（图 7-9）。不同的是管线式泡沫比例混合器直接安装在主管线上，泡沫液与水直接混合形成混合液，系统压力损失较大。由于管线式泡沫比例混合器的混合比精度通常不高，因此在固定式泡沫灭火系统中很少使用，其主要用于移动式泡沫灭火系统，与泡沫炮、泡沫枪、泡沫产生器装配一体使用。

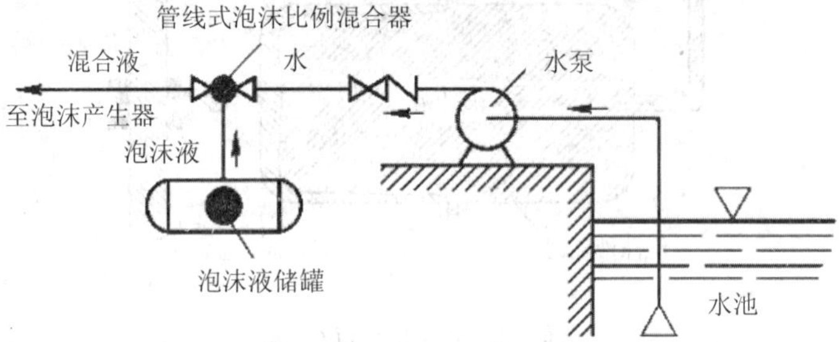

图 7-9　管线式泡沫比例混合器

三、泡沫产生装置

泡沫产生装置的作用是将泡沫混合液与空气混合形成空气泡沫，输送至燃烧物的表面上，并且分为低倍数泡沫产生器、中倍数泡沫产生器、高倍数泡沫发生器、高背压泡沫发生器四种。

（一）低倍数泡沫产生器

低倍数泡沫产生器有横式和竖式两种，均安装在油罐壁的上部，仅安装形式不同，构造和工作原理是相同的。低倍数泡沫产生器应符合下列规定：

1. 固定顶储罐、按固定顶储罐对待的内浮顶储罐，宜选用立式泡沫产生器。

2. 泡沫产生器进口的工作压力应为其额定值±0.1 MPa。

3．泡沫产生器的空气吸入口及露天的泡沫喷射口，应设置防止异物进入的金属网。
4．横式泡沫产生器的出口，应设置长度不小于 1 m 的泡沫管。
5．外浮顶储罐上的泡沫产生器，不应设置密封玻璃。

（二）中倍数泡沫产生器

中倍数泡沫发生器分为吸气型和吹气型两种。吸气型的发泡原理和低倍数泡沫产生器相同，吹气型的发泡原理和高倍数泡沫产生器相同。吸气型泡沫产生器的发泡倍数要低于吹气型的泡沫产生器。中倍数泡沫产生器应符合下列规定：
1．发泡网应采用不锈钢材料。
2．安装于油罐上的中倍数泡沫产生器，其进空气口应高出罐壁顶。

（三）高倍数泡沫发生器

高倍数泡沫发生器是高倍数泡沫灭火系统中产生并喷放高倍数泡沫的装置。水和高倍数泡沫液按所要求的比例混合后，以一定的压力进入泡沫发生器，通过喷嘴以雾化形式均匀喷向发泡网，在网的内表面上形成一层混合液薄膜，由风叶送来的气流将混合液薄膜吹胀成大量的气泡（泡沫群）。高倍数泡沫产生器应符合下列规定：
1．在防护区内设置并利用热烟气发泡时，应选用水力驱动型泡沫产生器。
2．在防护区内固定设置泡沫产生器时，应采用不锈钢材料的发泡网。

（四）高背压泡沫发生器

高背压泡沫发生器是从贮罐内底部液下喷射空气泡沫扑救油罐火灾的主要设备。高背压泡沫产生器应符合下列规定：
1．进口工作压力应在标定的工作压力范围。
2．出口工作压力应大于泡沫管道的阻力和罐内液体静压力之和。
3．发泡倍数不应小于 2，且不应大于 4。

专题 5：泡沫灭火系统基本设计参数

一、低倍数泡沫灭火系统

（一）各类储罐保护面积的确定

储罐保护面积的确定

类型	保护面积
固定顶储罐	固定顶储罐的保护面积应按其横截面积确定。固定顶储罐的燃液暴露面为其储罐的横截面，泡沫须覆盖全部燃液表面方能灭火，所以保护面积应按其横截面积计算确定
外浮顶储罐	钢制单盘式与双盘式外浮顶储罐的保护面积，应按罐壁与泡沫堰板间的环形面积确定
内浮顶储罐	钢制单盘式、双盘式与敞口隔舱式内浮顶储罐的保护面积，应按罐壁与泡沫堰板间的环形面积确定；其他内浮顶储罐应按固定顶储罐对待（其他如由铝合金或人工合成材料等制作浮盘的内浮顶储罐，因其浮盘易损，与钢制单盘式、双盘式与敞口隔舱式内浮顶储罐相比，安全性有较大差距，火灾案例较多，且多表现为浮盘被破坏的火灾）

（二）固定顶储罐

泡沫混合液供给强度及连续供给时间应符合下列规定：

1．非水溶性液体储罐液上喷射系统，其泡沫混合液供给强度和连续供给时间不应小于下表的规定。

非水溶性液体储罐液上喷射系统的泡沫混合液供给强度和连续供给时间

系统形式	泡沫液种类	供给强度/[L/（min·m²）]	连续供给时间/min	
			甲、乙类	丙类
固定、半固定式系统	蛋白	6	40	30
	氟蛋白、水成膜、成膜氟蛋白	5	45	30
移动式系统	蛋白、氟蛋白	8	60	45
	水成膜、成膜氟蛋白	6.5	60	45

注：（1）如果采用大于本表规定的混合液供给强度，混合液连续供给时间可按相应的比例缩短，但不得小于本表规定时间的80%。

（2）沸点低于45℃的非水溶性液体，设置泡沫灭火系统的适用性及其泡沫混合液供给强度，应由试验确定。

2．非水溶性液体储罐液下或半液下喷射系统，其泡沫混合液供给强度不应小于5 L/（min·m²）、连续供给时间不应小于40 min。沸点低于45℃的非水溶性液体、储存温度超过50℃或黏度大于40 mm²/s的非水溶性液体，液下喷射系统的适用性及其泡沫混合液供给强度，应由试验确定。

3．水溶性液体和其他对普通泡沫有破坏作用的甲、乙、丙类液体储罐液上或半液下喷射系统，其泡沫混合液供给强度和连续供给时间不应小于下表的规定。

水溶性液体和其他对普通泡沫有破坏作用的系统的泡沫混合液供给强度和连续供给时间

液体类别	供给强度/[L/（min·m²）]	连续供给时间/min
丙酮、异丙醇、甲基异丁酮	12	30
甲醇、乙醇、正丁醇、丁酮、丙烯腈、乙酸乙酯、乙酸丁酯	12	25
含氧添加剂含量体积比大于10%的汽油	6	40

（三）外浮顶储罐

1．非水溶性液体的泡沫混合液供给强度不应小于12.5 L/（min·m²），连续供给时间不应小于30 min。

2．外浮顶储罐泡沫堰板的设计，应符合下列规定：

（1）当泡沫喷射口设置在罐壁顶部、密封或挡雨板上方时，泡沫堰板应高出密封 0.2 m；当泡沫喷射口设置在金属挡雨板下部时，泡沫堰板高度不应小于0.3 m。

（2）当泡沫喷射口设置在罐壁顶部时，泡沫堰板与罐壁的间距不应小于 0.6 m；当泡沫喷射口设置在浮顶上时，泡沫堰板与罐壁的间距不宜小于0.6 m。

（3）应在泡沫堰板的最低部位设置排水孔，排水孔的开孔面积宜按1 m²环形面积280 mm²确定，排水孔高度不宜大于9 mm。

（四）内浮顶储罐

钢制单盘式、双盘式与敞口隔舱式内浮顶储罐的泡沫堰板设置、单个泡沫产生器保护周长及泡沫混合液供给强度与连续供给时间，应符合下列规定：

1．泡沫堰板与罐壁的距离不应小于0.55 m，其高度不应小于0.5 m。

2．单个泡沫产生器保护周长不应大于24 m。

3．非水溶性液体的泡沫混合液供给强度不应小于12.5 L/（min·m²）。

4．水溶性液体的泡沫混合液供给强度不应小于“水溶性液体和其他对普通泡沫有破坏作用的甲、乙、丙类液体储罐液上或半液下喷射系统泡沫混合液供给强度和连续供给时间”表中规定的 1.5 倍。

5．泡沫混合液连续供给时间不应小于 30 min。

二、中倍数泡沫灭火系统

1．全淹没中倍数泡沫灭火系统的设计参数宜由试验确定，也可采用高倍数泡沫灭火系统的设计参数。

2．对于 A 类火灾场所，局部应用系统的设计应符合下列规定：

（1）覆盖保护对象的时间不应大于 2 min。

（2）覆盖保护对象最高点的厚度宜由试验确定，也可按《泡沫灭火剂》第 6.3.3 条第 1 款的规定执行。

（3）泡沫混合液连续供给时间不应小于 12 min。

3．对于流散 B 类火灾场所或面积不大于 100 m^2 的流淌 B 类火灾场所，局部应用系统或移动式系统的泡沫混合液供给强度与连续供给时间，应符合下列规定：

（1）沸点不低于 45℃的非水溶性液体，泡沫混合液供给强度应大于 4L/（$min{\cdot}m^2$）。

（2）室内场所的泡沫混合液连续供给时间应大于 10 min。

（3）室外场所的泡沫混合液连续供给时间应大于 15 min。

（4）水溶性液体、沸点低于 45℃的非水溶性液体，设置泡沫灭火系统的适用性及其泡沫混合液供给强度，应由试验确定。

三、高倍数泡沫灭火系统

（一）一般规定

1．全淹没系统或固定式局部应用系统应设置火灾自动报警系统，并应符合全淹没系统同时具备自动、手动和应急机械手动启动功能；自动控制的固定式局部应用系统应同时具备手动和应急机械手动启动功能；手动控制的固定式局部应用系统应具备应急机械手动启动功能。消防控制中心（室）和防护区应设置声、光报警装置；消防自动控制设备宜与防护区内门窗的关闭装置、排气口的开启装置，以及生产、照明电源的切断装置联动等要求。

2．当系统以集中控制方式保护两个或两个以上防护区时，其中一个防护区发生火灾均不应危及其他防护区；泡沫液和水的储备量应按最大一个防护区的用量确定；手动与应急机械控制装置应有标明其所控制区域的标记。

（二）全淹没系统

全淹没系统设置场所或要求

类别	设置场所或要求
全淹没系统的防护区应为封闭或设置灭火所需的固定围挡的区域	应符合的规定： 1．泡沫的围挡应为不燃结构，且应在系统设计灭火时间内具备围挡泡沫的能力。 2．在保证人员撤离的前提下，门、窗等位于设计淹没深度以下的开口，应在泡沫喷放前或泡沫喷放的同时自动关闭；对于不能自动关闭的开口，全淹没系统应对其泡沫损失进行相应补偿。 3．利用防护区外部空气发泡的封闭空间，应设置排气口，排气口的位置应避免燃烧产物或其他有害气体回流到高倍数泡沫产生器进气口。 4．在泡沫淹没深度以下的墙上设置窗口时，宜在窗口部位设置网孔基本尺寸不大于 3.15 mm 的钢丝网或钢丝纱窗。 5．排气口在灭火系统工作时应自动或手动开启，其排气速度不宜超过 5 m/s。 6．防护区内应设置排水设施

<table>
<tr><th>类别</th><th colspan="3">设置场所或要求</th></tr>
<tr><td>泡沫淹没深度</td><td colspan="3">1．当用于扑救A类火灾时，泡沫淹没深度不应小于最高保护对象高度的1.1倍，且应高于最高保护对象最高点0.6 m。
2．当用于扑救B类火灾时，汽油、煤油、柴油或苯火灾的泡沫淹没深度应高于起火部位2 m；其他B类火灾的泡沫淹没深度应由试验确定</td></tr>
<tr><td rowspan="7">泡沫的淹没时间（淹没时间是指从高倍数泡沫产生器开始喷放泡沫至泡沫充满防护区规定的淹没体积所用的时间）</td><td colspan="3">设置场所或要求</td></tr>
<tr><td>可燃物</td><td>高倍数泡沫灭火系统单独使用/min</td><td>高倍数泡沫灭火系统与自动喷水灭火系统联合使用/min</td></tr>
<tr><td>闪点不超过40℃的非水溶性液体</td><td>2</td><td>3</td></tr>
<tr><td>闪点超过40℃的非水溶性液体</td><td>3</td><td>4</td></tr>
<tr><td>发泡橡胶、发泡塑料、成卷的织物或皱纹纸等低密度可燃物</td><td>3</td><td>4</td></tr>
<tr><td>成卷的纸、压制牛皮纸、涂料纸、纸板箱、纤维圆筒、橡胶轮胎等高密度可燃物</td><td>5</td><td>7</td></tr>
<tr><td colspan="3">1．系统自接到火灾信号至开始喷放泡沫的延时不应超过1 min。
2．对于A类火灾，单独使用高倍数泡沫灭火系统时，泡沫淹没体积的保持时间应大于60 min；与自动喷水灭火系统联合使用时，泡沫淹没体积的保持时间应大于30 min</td></tr>
<tr><td>泡沫液和水的连续供给时间</td><td colspan="3">1．当用于扑救A类火灾时，不应小于25 min。
2．当用于扑救B类火灾时，不应小于15 min</td></tr>
</table>

（三）局部应用系统

1．当用于扑救A类火灾或B类火灾时，泡沫供给速率应符合下列规定：

（1）覆盖A类火灾保护对象最高点的厚度不应小于0.6 m。

（2）对于汽油、煤油、柴油或苯，覆盖起火部位的厚度不应小于2 m；其他B类火灾的泡沫覆盖厚度应由试验确定。

（3）达到规定覆盖厚度的时间不应大于2 min。

2．当用于扑救A类和B类火灾时，其泡沫液和水的连续供给时间不应小于12 min。

3．系统的保护范围应包括火灾蔓延的所有区域。

（四）移动式系统

移动式系统要求

序号	要求
1	泡沫淹没时间或覆盖保护对象时间、泡沫供给速率与连续供给时间，应根据保护对象的类型与规模确定
2	泡沫液与相关设备应放置在便于运送到指定防护对象的场所；当移动式高倍数泡沫产生器预先连接到水源或泡沫混合液供给源时，应放置在易于接近的地方，且水带长度应能达到其最远的防护地
3	当两个或两个以上的移动式高倍数泡沫产生器同时使用时，泡沫液和水供给源应满足最大数量的泡沫产生器的使用要求
4	移动式系统应选用有衬里的消防水带，水带的口径与长度应满足系统要求。水带应以能立即使用的排列形式储存，且应防潮
5	泡沫液和水的贮备量应符合下列规定： （1）当辅助全淹没高倍数泡沫灭火系统或局部应用高倍数泡沫灭火系统使用时，泡沫液和水的储备量可在全淹没高倍数灭火系统或局部应用高倍数泡沫灭火系统中的泡沫液和水的储备量中增加5%～10%。 （2）当在消防车上配备时，每套系统的泡沫液储存量不宜小于0.5 t。 （3）当用于扑救煤矿火灾时，每个矿山救护大队应储存大于2 t的泡沫液

（本章由宋瑞明编写）

第八章　火灾自动报警系统

杨　晨

专题 1：火灾自动报警系统基础

一、系统分类选择

（一）火灾探测器的分类

1．根据探测火灾特征参数分类如下。

根据探测火灾特征参数分类

感温火灾探测器	响应异常温度、温升速率和温差变化等参数的探测器
感烟火灾探测器	响应悬浮在大气中的燃烧和/或热解产生的固体或液体微粒的探测器，进一步可分为离子感烟、光电感烟、红外光束、吸气型等类型
感光火灾探测器	响应火焰发出的特定波段电磁辐射的探测器，又称火焰探测器，进一步可分为紫外、红外及复合式等类型
气体火灾探测器	响应燃烧或热解产生的气体的火灾探测器
复合火灾探测器	将多种探测原理集中于一身的探测器，它进一步又可分为烟温复合、红外紫外复合等类型

2．根据监视范围分类如下。

火灾探测器根据其监视范围的不同，分为点型火灾探测器和线型火灾探测器。

（1）点型火灾探测器：响应一个小型传感器附近的火灾特征参数的探测器。

（2）线型火灾探测器：响应某一连续路线附近的火灾特征参数的探测器。

3．根据是否具有复位（恢复）功能分类如下。

火灾探测器根据其是否具有复位功能，分为可复位探测器和不可复位探测器两种。

（1）可复位探测器：在响应后和在引起响应的条件终止时，不更换任何组件即可从报警状态恢复到监视状态的探测器。

（2）不可复位探测器：在响应后不能恢复到正常监视状态的探测器。

4．根据是否具有可拆卸性分类如下。

火灾探测器根据其维修和保养时是否具有可拆卸性，分为可拆卸探测器和不可拆卸探测器两种类型。

（1）可拆卸探测器：探测器设计成容易从正常运行位置上拆下来，以方便维修和保养。

（2）不可拆卸探测器：在维修和保养时，探测器设计成不容易从正常运行位置上拆下来。

（二）系统分类

火灾自动报警系统分类

分类	功能特点	组件
区域报警系统	只报警、不联动	火灾探测器、手动火灾报警按钮、火灾声光警报器及火灾报警控制器
集中报警系统	报警且联动，一台集中控制，一个消防控制室	火灾探测器、手动火灾报警按钮、消火栓按钮、火灾声光警报器、消防应急广播、消防专用电话、消防控制室图形显示装置、火灾报警控制器、消防联动控制器
控制中心报警系统	两个及两个以上集中控制器及消防控制室	火灾探测器、手动火灾报警按钮、消火栓按钮、火灾声光警报器、消防应急广播、消防专用电话、消防控制室图形显示装置、火灾报警控制器、消防联动控制器等组成，且包含两个及两个以上集中报警系统

（三）报警区和探测区

报警区和探测区划分

<table>
<tr><th>应根据防火分区或楼层划分</th><th colspan="2">应按独立房（套）间划分</th></tr>
<tr><td rowspan="2">1. 可将一个防火分区或一个楼层划分为一个报警区域。
2. 可将发生火灾时需要同时联动消防设备的相邻几个防火分区或楼层划分为一个报警区域。
3. 电缆隧道的一个报警区域宜由一个封闭长度区间组成，一个报警区域不应超过相连的 3 个封闭长度区间
4. 道路隧道的报警区域应根据排烟系统或灭火系统的联动需要确定，且不宜超过 150 m。
5. 甲、乙、丙类液体储罐区的报警区域应由一个储罐区组成，每个 $50\,000\ m^3$ 及以上的外浮顶储罐应单独划分为一个报警区域</td><td colspan="2">1. 一个探测区域的面积不宜超过 $500\ m^2$。
2. 从主要入口能看清其内部，且面积不超过 $1\,000\ m^2$ 的房间，也可划为一个探测区域。
3. 红外光束感烟火灾探测器和缆式线型感温火灾探测器的探测区域的长度，不宜超过 100 m。
4. 空气管差温火灾探测器的探测区域长度宜为 20～100 m</td></tr>
<tr><td>应单独划分探测区</td><td>1. 楼梯间。
2. 前室、电梯前室、消防电梯与防烟楼梯间合用的前室、走道、坡道。
3. 管道井，隧道。
4. 闷顶、夹层</td></tr>
</table>

二、消防控制室

（一）消防控制室设置要求

消防控制室设置要求

设置前提	有联动（灭火、机排烟）功能的自动报警，应设消防控制室
耐火要求	1. 单独建：不低于 2 级。 2. 首层、靠外墙、地下一层：耐火极限为 2.00 h，隔墙 1.50 h 的楼板，应有直通室外的出口
管路穿墙	网管穿墙设防火阀；严禁无关电路、管路穿过
设置位置	远离电磁干扰

（二）消防控制室功能要求

消防控制室功能要求

管理	1. 24 h 专人值班制度，每班不应少于 2 人。 2. 报警、灭火系统应处于正常工作状态。 3. 消防储水设施应水量充足。 4. 消防用电设备的配电柜开关处于自动（接通）位置
应急程序	接到火警—值班人员确认—联动开关转自动—“119”报警—启动应急预案—报告单位负责人

设备面盘布置要求	1．操作距离：单列 1.5 m，双列 2 m。 2．至墙面距：正面 3 m，背面 1 m。 3．排列长度达 4 m 时，两端通道宽 1 m
显示功能	1．应在 10 s 内显示输入的火灾报警信号和反馈信号的状态信息。 2．100 s 内显示其他输入信号的状态信息
信息传输	1．报警信号或联动信号 10 s 内传送给监控中心。 2．消防设施运行状态信息 100 s 内传送给监控中心。 3．消防安全管理信息 100 s 内传送给监控中心

三、系统供电

火灾自动报警系统应设置交流电源和蓄电池备用电源，交流电源应采用消防电源，备用电源可采用火灾报警控制器和消防联动控制器自带的蓄电池电源或消防设备应急电源。蓄电池备用电源主要用于停电条件下保证火灾自动报警系统的正常工作，备用电源如采用集中设置的消防设备应急电源时，应进行独主回路供电，防止由于接入其他设备的故障而导致回路供电故障。主电源不应设置剩余电流动作保护和过负荷保护装置，以防自动切断电源。

消防设备应急电源输出功率应大于火灾自动报警及联动控制系统全负荷功率的 120%，蓄电池组的容量应保证火灾自动报警及联动控制系统在火灾状态同时工作负荷条件下连续工作 3 h 以上。

火灾自动报警系统接地装置的接地电阻值采用共用接地装置时，不应大于 1Ω；采用专用接地装置时，不应大于 4Ω。消防控制室接地板引至各消防电子设备的接地线应选用不小于 4 mm^2 铜芯绝缘导线；控制室接地板与建筑接地体之间，应采用不小于 25 mm^2 铜芯绝缘导线。

四、布线

布 线

系统布线	火灾自动报警系统应单独布线，系统内不同电压等级、不同电流类别的线路，不应布在同一管内或线槽的同一槽孔内
导线接头	导线在管内或线槽内，不应有接头或扭结。导线的接头，应在接线盒内焊接或用端子连接
设接线盒	1．管子长度每超过 30 m，无弯曲时。 2．管子长度每超过 20 m，有 1 个弯曲时。 3．管子长度每超过 10 m，有 2 个弯曲时。 4．管子长度每超过 8 m，有 3 个弯曲时
	金属管子入盒，盒外侧应套锁母，内侧应装护口；在吊顶内敷设时，盒的内外侧均应套锁母。塑料管入盒应采取相应固定措施
管线固定	明敷设各类管路和线槽时，应采用单独的卡具吊装或支撑物固定。吊装线槽或管路的吊杆直径不应小于 6 mm
设置吊点或支点	1．线槽始端、终端及接头处。 2．距接线盒 0.2 m 处。 3．线槽转角或分支处。 4．直线段不大于 3 m 处
导线绝缘电阻	应用 500 V 兆欧表测量每个回路导线对地的绝缘电阻，且绝缘电阻值不应小于 20 MΩ。电源线正极应为红色，负极应为蓝色或黑色

专题2：火灾探测器

一、火灾探测器的选择

（一）探测器选择的一般规定

探测器选择的一般规定

情形	探测器的选择
火灾初期有阴燃阶段，产生大量的烟和少量的热，很少或没有火焰辐射的场所	感烟火灾探测器
火灾发展迅速，可产生大量热、烟和火焰辐射的场所	感温火灾探测器、感烟火灾探测器、火焰探测器或其组合
火灾发展迅速，有强烈的火焰辐射和少量烟、热的场所	火焰探测器
火灾初期有阴燃阶段，且需要早期探测的场所	宜增设一氧化碳火灾探测器
使用、生产可燃气体或可燃蒸气的场所	可燃气体探测器
对火灾形成特征不可预料的场所	根据模拟试验的结果选择火灾探测器
同一探测区域内设置多个火灾探测器时	复合判断火灾功能的火灾探测器和火灾报警控制器

（二）点型火灾探测器的选择

1．不同高度房间点型火灾探测器的选择如下表所示。

不同高度房间点型火灾探测器的选择

点型探测器选择	层高限制/m
火焰探测器	≤20
感烟探测器	≤12
感温探测器A类	≤8
感温探测器B类	≤6
感温探测器C～G类	≤4

2．下列场所宜选择点型感烟火灾探测器：

（1）饭店、旅馆、教学楼、办公楼的厅堂、卧室、办公室、商场、列车载客车厢等。

（2）计算机房、通信机房、电影或电视放映室等。

（3）楼梯、走道、电梯机房、车库等。

（4）书库、档案库等。

3．符合下列条件之一的场所，不宜选择点型离子感烟火灾探测器：

（1）相对湿度经常大于95%。

（2）气流速度大于5 m/s。

（3）有大量粉尘、水雾滞留。

（4）可能产生腐蚀性气体。

（5）在正常情况下有烟滞留。

（6）产生醇类、醚类、酮类等有机物质。

4．符合下列条件之一的场所，不宜选择点型光电感烟火灾探测器：

（1）有大量粉尘、水雾滞留。

（2）可能产生蒸汽和油雾。

（3）高海拔地区。

（4）在正常情况下有烟滞留。

5．符合下列条件之一的场所，宜选择点型感温火灾探测器，且应根据使用场所的典型应用温度和最高应用温度选择适当类别的感温火灾探测器：

（1）相对湿度经常大于95%。

（2）可能发生无烟火灾。

（3）有大量粉尘。

（4）吸烟室等在正常情况下有烟或蒸汽滞留的场所。

（5）厨房、锅炉房、发电机房、烘干车间等不宜安装感烟火灾探测器的场所。

（6）需要联动熄灭“安全出口”标志灯的安全出口内侧。

（7）其他无人滞留且不适合安装感烟火灾探测器，但发生火灾时需要及时报警的场所。

6．可能产生阴燃火或发生火灾不及时报警将造成重大损失的场所，不宜选择点型感温火灾探测器；温度在0℃以下的场所，不宜选择定温探测器；温度变化较大的场所，不宜选择具有差温特性的探测器。

7．符合下列条件之一的场所，宜选择点型火焰探测器或图像型火焰探测器：

（1）火灾时有强烈的火焰辐射。

（2）可能发生液体燃烧等无阴燃阶段的火灾。

（3）需要对火焰做出快速反应。

8．符合下列条件之一的场所，不宜选择点型火焰探测器和图像型火焰探测器：

（1）在火焰出现前有浓烟扩散。

（2）探测器的镜头易被污染。

（3）探测器的“视线”易被油雾、烟雾、水雾和冰雪遮挡。

（4）探测区域内的可燃物是金属和无机物。

（5）探测器易受阳光、白炽灯等光源直接或间接照射。

9．探测区域内正常情况下有高温物体的场所，不宜选择单波段红外火焰探测器。

10．正常情况下有明火作业，探测器易受X射线、弧光和闪电等影响的场所，不宜选择紫外火焰探测器。

11．下列场所应选择可燃气体探测器：

（1）使用可燃气体的场所。

（2）燃气站和燃气表房以及存储液化石油气罐的场所。

（3）其他有可燃气体和可燃蒸汽的场所。

12．在火灾初期产生一氧化碳的下列场所可选择点型一氧化碳火灾探测器：

（1）烟不容易对流或顶棚下方有热屏障的场所。

（2）在棚顶上无法安装其他点型火灾测器的场所。

（3）需要多信号复合报警的场所。

13．污物较多且必须安装感烟火灾探测器的场所，应选择间断吸气的点型采样吸气式感烟火灾探测器或具有过滤网和管路自清洗功能的管路采样吸气式感烟火灾探测器。

（三）线型火灾探测器的选择

1. 无遮挡的大空间或有特殊要求的房间，宜选择线型光束感烟火灾探测器。

2. 符合下列条件之一的场所，不宜选择线型光束感烟火灾探测器：

（1）有大量粉尘、水雾滞留。

（2）可能产生蒸汽和油雾。

（3）在正常情况下有烟滞留。

（4）固定探测器的建筑结构由于振动等原因会产生较大位移的场所。

3. 下列场所或部位，宜选择缆式线型感温火灾探测器：

（1）电缆隧道、电缆竖井、电缆夹层、电缆桥架。

（2）不易安装点型探测器的夹层、闷顶。

（3）各种皮带输送装置。

（4）其他环境恶劣不适合点型探测器安装的场所。

缆式线型感温火灾探测器特别适合于保护厂矿的电缆设施。在这些场所使用时，线型探测器应尽可能贴近可能发热或过热部位，或者安装在危险部位上，使其与可能过热部位接触。

4. 下列场所或部位，宜选择线型光纤感温火灾探测器：

（1）除液化石油气外的石油储罐。

（2）需要设置线型感温火灾探测器的易燃易爆场所。

（3）需要监测环境温度的地下空间等场所宜设置具有实时温度监测功能的线型光纤感温火灾探测器。

（4）公路隧道、敷设动力电缆的铁路隧道和城市地铁隧道等。

线型光纤感温火灾探测器具有高可靠性、高安全性、抗电磁干扰能力强、绝缘性能高等优点，可以工作在高压、大电流、潮湿及爆炸环境中，探测器维护简单，可免清洗，一根光纤可探测数千米范围，但其最小报警长度比缆式线型感温火灾探测器长得多，因此只能适用于比较长的区域同时发热或起火初期燃烧面比较大的场所，不适合使用在局部发热或局部起火就需要快速响应的场所。

（四）吸气式感烟火灾探测器的选择

1. 下列场所宜选择吸气式感烟火灾探测器：

（1）具有高速气流的场所，如通信机房、计算机房、无尘室等任何通过空气调节作用而保持正压的场所。在这些场所中，烟雾通常被气流高度稀释，这给点型感烟探测技术的可靠探测带来了困难。而吸气式感烟火灾探测器由于采用主动的吸气式采样方式，并且系统通常具有很高的灵敏度，加之布管灵活，所以成功地解决了气流对于烟雾探测的影响。

（2）点型感烟、感温火灾探测器不适宜的大空间、舞台上方、建筑高度超过 12 m 或有特殊要求的场所。

（3）低温场所。

（4）需要进行隐蔽探测的场所。

（5）需要进行火灾早期探测的重要场所。

（6）人员不宜进入的场所。

2. 虽然管路采样式吸气式感烟火灾探测器可以通过采用具备某些形式的灰尘辨别来实现对灰尘的有效探测，但灰尘比较大的场所将很快导致管路采样式吸气式感烟火灾探测器和管路受到污染，如果没有过滤网和管路自清洗功能，探测器很难在这样恶劣的条件下正常工作。所以灰尘比较大的场所，不应选择没有过滤网和管路自清洗功能的管路采样式吸气感烟火灾探测器。

二、火灾探测器的设置

点型感烟、感温探测器安装间距	1．宽度小于 3 m 的内走道顶棚宜居中布置。 （1）温感间距不超过 10 m。 （2）烟感间距不超过 15 m。 （3）至端墙的距离不应大于安装间距的 1/2。 2．探测器至墙壁、梁边的水平距离不应小于 0.5 m。 3．探测器周围 0.5 m 内不应有遮挡物。 4．探测器至空调送风口边的水平距离不应小于 1.5 m。 5．探测器至多孔送风顶棚孔口的水平距离不应小于 0.5 m
点型感烟、感温设置数量	1．每个房间至少设置 1 个探测器。 2．探测器数量计算 $$N=\frac{S}{K\cdot A}$$ 式中，N——探测器数量，只，N 应取整数； S——该探测区域面积，m^2； A——探测器的保护面积，m^2； K——修正系数。 超过 10 000 人的公共场所，K 为 0.7～0.8； 人数为 2 000～10 000 人的公共场所，K 为 0.8～0.9； 人数为 500～2 000 人的公共场所，K 为 0.9～1.0，其他场所可取 1.0
有梁和隔断的场所要求	1．梁高度小于 200 mm 时，不影响。 2．梁高度为 200～600 mm 时，按《火灾自动报警系统设计规范》附录 F、附录 G 的要求确定。 3．梁高度超过 600 mm 时，被梁隔断的每个梁间区域应至少设置一只探测器，当梁间净距小于 1 m 时，可不计梁的影响。 4．房间被书架、设备或隔断等分隔，其顶部至顶棚或梁的距离小于房间净高的 5%时，每个被隔开的部分应至少安装一只点型探测器
线型光束感烟探测器	1．光束轴线至顶棚的垂直距离宜为 0.3～1 m，距地高度不宜超过 20 m。 2．相邻两组探测器的水平距离不应大于 14 m，探测器至侧墙水平距离不应大于 7 m，且不应小于 0.5 m，探测器的发射器和接收器之间的距离不宜超过 100 m
线型感温探测器	1．保护电缆、堆垛等应采用接触式布置；应设置在皮带输送装置的过热点附近。 2．顶棚下时，至顶棚的距离宜为 0.1 m，至墙壁的距离宜为 1～1.5 m。 3．场所有联动要求时，宜采用两只不同火灾探测器的报警信号组合
管路采样吸气感烟探测器	1．非高灵敏型探测器的采样管网安装高度不应超过 16 m；高灵敏型探测器的采样管网安装高度可超过 16 m；灵敏度可调的，过 16 m 调高，应减小采样管长和采样孔。 2．一个探测单元的采样管总长不宜超过 200 m，单管长度不宜超过 100 m，毛细管长不宜超过 4 m；同一根采样管不应穿越防火分区。采样孔总数不宜超过 100 个，单管上的采样孔数量不宜超过 25 个。 3．垂直布置采样时，每 2℃温差间隔或 3 m 间隔（取最小者）应设置一个采样孔，采样孔不应背对气流方向
吊顶设置点型探测器	镂空面积与总面积比： 1．≤15%时，探测器应设置在吊顶下方。 2．为 15%～30%时，应根据实际试验结果确定。 3．＞30%时，探测器应设置在吊顶上方。 地铁站台等有活塞风影响的场所，镂空面积比为 30%～70%时，探测器宜同时设置在吊顶上方和下方

专题3：系统组件设置

一、火灾报警控制器和消防联动控制器

（一）控制器的设置

火灾报警控制器和消防联动控制器，应设置在消防控制室内或有人值班的房间和场所（图8-1）。区域报警系统的保护对象，若受建筑用房面积的限制，可以不设置消防值班室，火灾报警控制器可设置在有人值班的房间（如保卫部门值班室、配电室、传达室等），但该值班室应昼夜有人值班，并且应由消防、保卫部门直接领导管理。集中报警系统和控制中心报警系统，火灾报警控制器和消防联动控制器（设备）应设在专用的消防控制室或消防值班室内以保证系统可靠运行和有效管理，但在满足下列条件时，可设置在无人值班的场所：

1. 本区域内不需要手动控制的消防联动设备。
2. 本火灾报警控制器的所有信息在集中火灾报警控制器上均有显示，且能接收起集中控制功能的火灾报警控制器的联动控制信号，并自动启动相应的消防设备。
3. 设置的场所只有值班人员可以进入。

火灾报警控制器和消防联动控制器安装在墙上时，其主显示屏高度宜为1.5～1.8 m，其靠近门轴的侧面距墙不应小于 0.5 m，正面操作距离不应小于1.2 m。

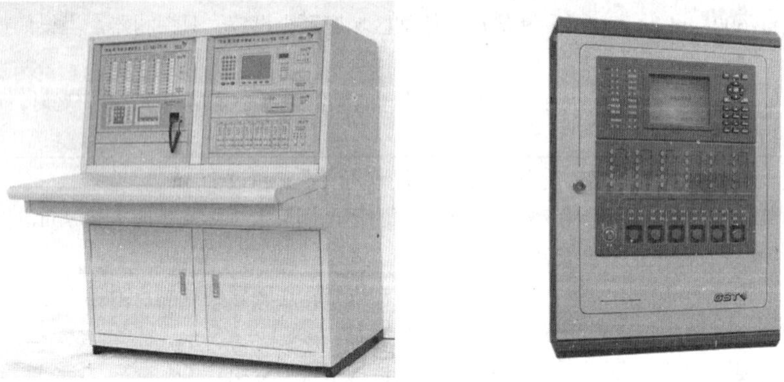

图8-1　控制器

（二）控制器容量要求

控制器容量要求

控制器类型	设备模块总数/点	每一回路总数/点	余量/%
报警控制器	3 200	200	10
联动控制器	1 600	100	10

注：总线短路隔离器下模块总数不应超过32点。

高度超过100 m的建筑中，除消防控制室内设置的控制器外，每台控制器直接控制的火灾探测器、手动报警按钮和模块等设备不应跨越避难层。

二、手动火灾报警按钮

每个防火分区应至少设置一只手动火灾报警按钮（图 8-2）。从一个防火分区内的任何位置到最邻近的手动火灾报警按钮的步行距离不应大于 30 m。手动火灾报警按钮宜设置在疏散通道或出入口处，以便于人们在发现火灾时及时按下。列车上设置的手动火灾报警按钮，应设置在每节车厢的出入口和中间部位。

手动火灾报警按钮应设置在明显和便于操作的部位。当采用壁挂方式安装时，其底边距地高度宜为 1.3～1.5 m，且应有明显的标志。

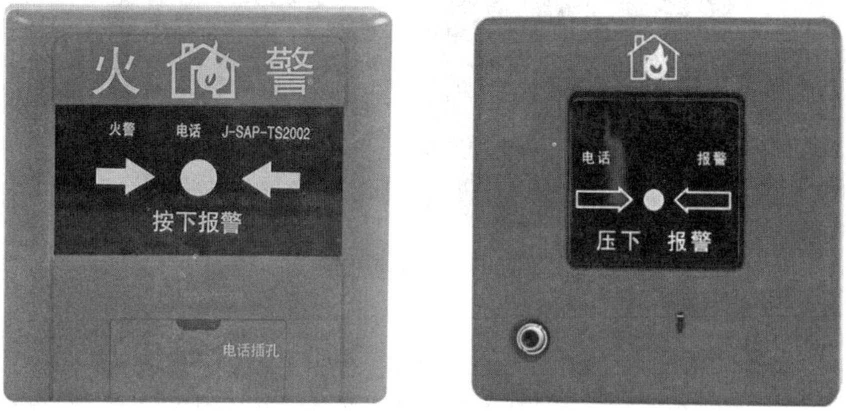

图 8-2　手动火灾报警按钮

三、区域显示器

区域显示器、楼层显示器均为火灾显示盘，产品都属于一类，仅是叫法不统一（图 8-3）。每个报警区域宜设置一台区域显示器（火灾显示盘）；宾馆、饭店等场所应在每个报警区域设置一台区域显示器。当一个报警区域包括多个楼层时，宜在每个楼层设置一台仅显示本楼层的区域显示器。

区域显示器应设置在出入口等明显和便于操作的位置。当采用壁挂方式安装时，其底边距地高度宜为 1.3～1.5 m。

图 8-3　区域显示器

四、火灾警报器

火灾警报器应设置在每个楼层的楼梯口、消防电梯前室、建筑内部拐角等处的明显位置，且不宜与安全出口指示标志灯具设置在同一面墙上，防止警报器影响疏散设施的有效性（图 8-4）。

为了便于在各个报警区域内能听到警报信号声，以满足告知所有人员发生火灾的要求，每个报警区域内应均匀设置火灾警报器，其声压级不应小于 60 dB；在环境噪声大于 60 dB 的场所，其声压级应高于背景噪声 15 dB。当火灾警报器采用壁挂方式安装时，底边距地面高度应大于 2.2 m。

图 8-4　火灾警报器

五、消防应急广播

民用建筑内消防应急广播扬声器应设置在走道和大厅等公共场所（图 8-5）。每个扬声器的额定功率不应小于 3 W，其数量应能保证从一个防火分区内的任何部位到最近一个扬声器的直线距离不大于 25 m，走道末端距最近的扬声器距离不应大于 12.5 m。

图 8-5　消防应急广播扬声器

在环境噪声大的场所，如工业建筑内，设置消防应急广播扬声器时，应考虑到背景噪声大、环境情况复杂等因素，当环境噪声大于 60 dB 时，在扬声器播放范围内最远点的播放声压级应高于背景噪声 15 dB。

客房内如设消防应急广播专用扬声器，一般都装于床头柜后面墙上，距离客人很近，功率无须过大，不宜小于 1 W 即可，并适用于与床头控制柜内客房音响广播合用的扬声器。

壁挂扬声器的底边距地面高度应大于 2.2 m。

六、消防专用电话

消防专用电话线路的可靠性关系到火灾时消防通信指挥系统是否畅通，故消防专用电话网络应为独立的消防通信系统，不能利用一般电话线路或综合布线网络（PDS 系统）代替消防专用电话线路，消防专用电话网络应独立布线。

消防控制室应设置消防专用电话总机，为了确保消防专用电话的可靠性，每个电话分机应与总机单独连接，消防专用电话总机与电话分机或插孔之间的呼叫方式应该是直通的，中间不应有交换或转接程序，宜选用共电式直通电话机或对讲电话机。

火灾时，需要消防作业的主要场所（如水泵房、发电机房、控制室等）应设置消防专用电话分机。设有手动火灾报警按钮或消火栓按钮等处，宜设置电话插孔，并宜选择带有电话插孔的手动火灾报警按钮。各避难层应每隔 20 m 设置一个消防专用电话分机或电话插孔。电话插孔在墙上安装时，其底边距地面高度宜为 1.3～1.5 m。

消防控制室、消防值班室或企业消防站等处，应设置可直接报警的外线电话，以保证消防管理人员及时向消防部队传递灭火救援信息，缩短灭火救援时间（图 8-6）。

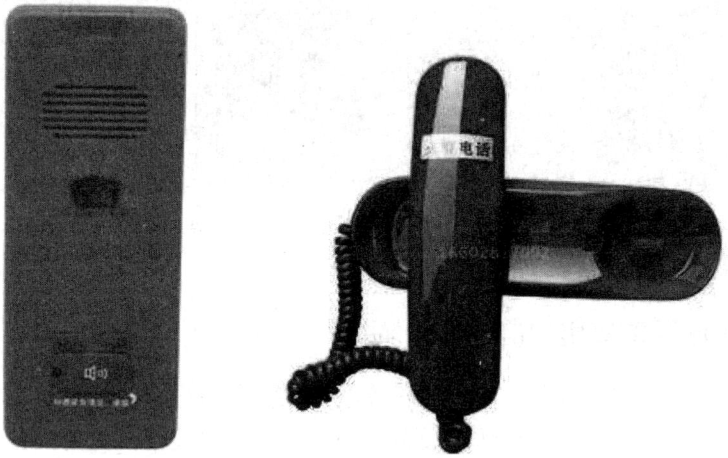

图 8-6　消防专用电话

七、模块

每个报警区域内的模块宜相对集中设置在本报警区域内的金属模块箱中，以保障其运行的可靠性和检修的方便。模块严禁设置在配电（控制）柜（箱）内，由于模块工作电压通常为 24 V，不同电压等级的模块一旦混装，将可能相互产生影响，导致系统不能可靠动作。未集中设置的模块附近应有尺寸不小于 100 mm×100 mm 的标识。

本报警区域的模块只能控制本报警区域的消防设备，不应控制其他报警区域的消防设备，以免本报警区域发生火灾后影响其他区域受控设备的动作。本报警区域的模块一旦同时控制其他区域的消防设备，不仅可能对其他区域造成不必要的损失，同时也将影响本区域的防、灭火效果（图 8-7）。

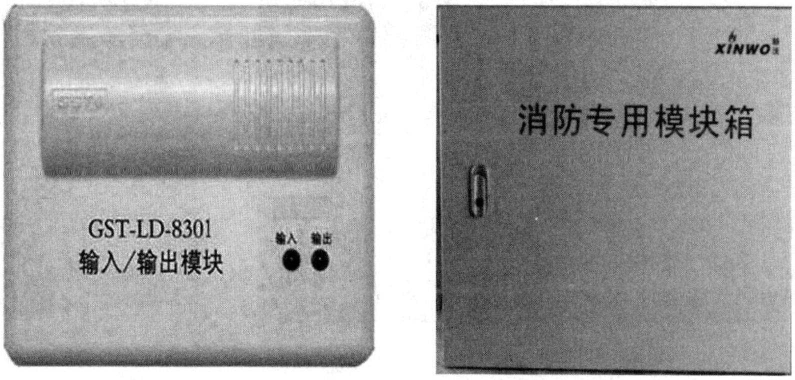

图 8-7　模块

八、消防控制室图形显示装置

消防控制室图形显示装置可逐层显示区域平面图、设备分布情况，可以对消防信息进行实时反馈、及时处理、长期保存信息，消防控制室图形显示装置应设置在消防控制室内，消防控制室内要求 24 h 有人值班，将消防控制室图显示装置设置在消防控制室可更迅速地了解火情，指挥现场处理火情。

消防控制室图形显示装置与火灾报警控制器、消防联动控制器、电气火灾监控器、可燃气体报警控制器等消防设备之间，应采用专用线路连接（图 8-8）。

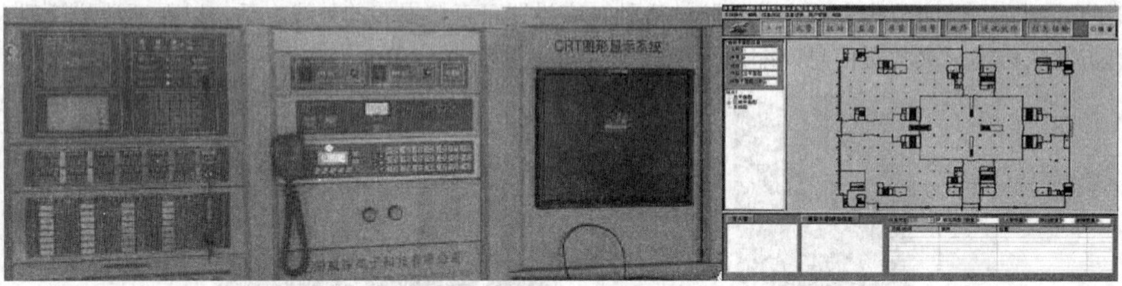

图 8-8　消防控制室图形显示装置

九、火灾报警传输设备或用户信息传输装置

火灾报警传输设备或用户信息传输装置，应设置在消防控制室内；未设置消防控制室时，应设置在火灾报警控制器附近的明显位置。火灾报警传输设备或用户信息传输装置与火灾报警控制器、消防联动控制器等设备之间应采用专用线路连接。其手动报警装置，应设置在便于操作的明显位置。

十、防火门监控器

防火门的启闭在人员疏散中起到至关重要的作用，因此防火门监控器应设置在消防控制室内，没有消防控制室时，应设置在有人值班的场所。电动开门器的手动控制按钮应设置在防火门附近的内侧墙面上，距门不宜超过 0.5 m，方便疏散人员逃离火灾现场时使用，底边距地面高度宜为 0.9～1.3 m，便于疏散人员触摸（图 8-9）。

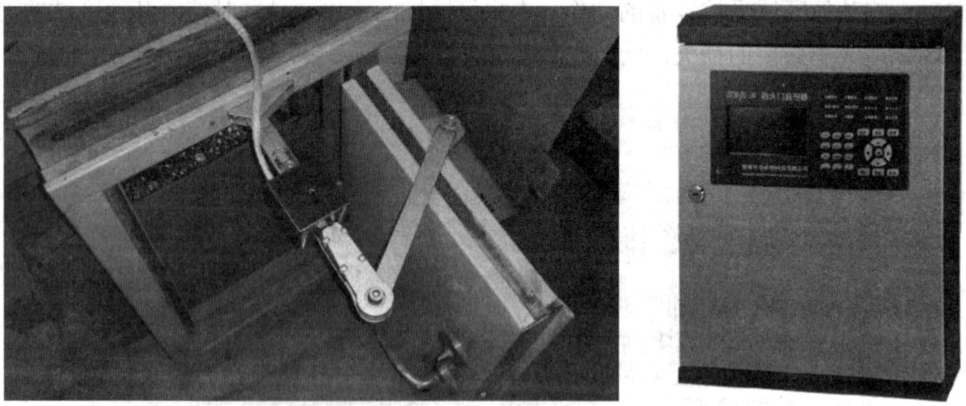

图 8-9　防火门监控器

专题 4：消防联动控制

一、消防联动控制一般要求

任何一种探测器对火灾的探测都有局限性，对于可靠性要求较高的气体、泡沫等自动灭火设备、设施，仅采用单一探测形式探测器的报警信号作为该类设备、设施启动的联动触发信号，不能保证这类设备、设施的可靠启动，从而带来不必要的损失。因此，为了保证自动消防设备的可靠启动，需要设置火灾自动报警系统联动控制的消防设备，其联动触发信号应采用两个独立的报警触发装置，形成报警信号的“与”逻辑组合。

消防水泵、防烟和排烟风机，是在应急情况下实施初起火灾扑救、保障人员疏散的重要消防设备。考虑到消防联动控制器在联动控制时序失效等极端情况下，可能出现不能按预定要求有效启动上述消防设备的情况。因此，消防水泵、防烟和排烟风机的控制设备，除应采用联动控制方式外，还应在消防控制室设置手动直接控制装置，其手动直接控制应通过火灾报警控制器（联动型）或消防联动控制器的手动控制盘实现，盘上的启停按钮应与消防水泵、防烟和排烟风机的控制箱（柜）直接用控制线或控制电缆连接。

为了确保设备和人员安全，消防联动控制器的电压控制输出应采用直流 24 V，24 V 也是火灾自动报警系统中应用最普遍的电压。当线路压降超 5%时，其直流 24 V 电源应由现场提供。

二、各消防设施的联动控制

（一）自动喷水灭火系统

1．湿式系统和干式系统。

当发生火灾时，湿式系统和干式系统的喷头的闭锁装置熔化脱落，水自动喷出，安装在管道上的水流指示器报警，报警阀组的压力开关动作报警，并由消防水泵出水干管上设置的压力开关、高位消防水箱出水管上的流量开关和报警阀组压力开关直接连锁启动供水泵向管网持续供水，直接连锁启动供水泵不受消防联动控制器处于自动或手动状态影响。喷淋消防泵控制箱（柜）的启动按钮、停止按钮用专用线路直接连接至设置在消防控制室内的消防联动控制器的手动控制盘，发生火灾，可以通过操作设置在消防控制室内消防联动控制器的手动控制盘直接手动控制喷淋消防泵的启动、停止。湿式系统和干式系统的控制过程中，水流指示器、信号阀、压力开关、喷淋消防泵的启动和停止的动作信号应反馈至消防联动控制器。

2．预作用系统。

预作用系统在正常状态时，配水管道中没有水。准工作状态时严禁误喷的场所，当被保护区域内出现火警时，由同一报警区域内两只及两只以上独立的感烟火灾探测器或一只感烟火灾探测器与一只手动火灾报警按钮的报警信号，作为预作用阀组开启的联动触发信号，准工作状态时严禁管道充水的场所和用于替代干式系统的场所，宜由火灾自动报警系统和充气管道上设置的压力开关控制的预作用系统。由消防联动控制器控制预作用阀组的开启，使系统转变为湿式系统。系统设有快速排气装置时，应联动控制排气阀前的电动阀的开启，加快系统管网排气，缩短系统的充水时间。当火灾温度继续升高时，闭式喷头的闭锁装置熔化脱落，喷头自动喷水灭火由火灾自动报警系统、消防水泵出水干管上设置的压力开关、高位消防水箱出水管上的流量开关和报警阀组压力开关直接自动启动消防水泵。

喷淋消防泵控制箱（柜）的启动和停止按钮、预作用阀组和快速排气阀入口前的电动阀的启动和停止按钮，用专用线路直接连接至设置在消防控制室内的消防联动控制器的手动控制盘，发生火灾时，可以通过操作设置在消防控制室内的消防联动控制器的手动控制盘直接手动控制喷淋消防泵的启动、停止及预作用阀组和电动阀的开启。

预作用系统的联动控制过程中，水流指示器、信号阀、压力开关、喷淋消防泵的启动和停止的动作信号，有压气体管道气压状态信号和快速排气阀入口前电动阀的动作信号应反馈至消防联动控制器。

3．雨淋系统。

雨淋系统是开式自动喷水灭火系统的一种，在正常状态时，配水管道中没有水。当被保护区域内出现火警时，由同一报警区域内两只及以上独立的感温火灾探测器或一只感温火灾探测器及一只手动报警按钮的报警信号（“与”逻辑）作为雨淋阀组开启的联动触发信号，由消防联动控制器控制雨淋阀组的开启。

当采用火灾自动报警系统控制雨淋报警阀时，消防水泵应由火灾自动报警系统、消防水泵出水干管上设置的压力开关、高位消防水箱出水管上的流量开关和报警阀组压力开关直接自动启动；当采用充液（水）传动管控制雨淋报警阀时，消防水泵应由消防水泵出水干管上设置的压力开关、高位消防水箱出水管上的流量开关和报警阀组压力开关直接启动。

雨淋消防泵控制箱（柜）的启动和停止按钮、雨淋阀组的启动和停止按钮，用专用线路直接连接至设置在消防控制室内的消防联动控制器的手动控制盘，发生火灾时，可以通过操作设置在消防控制室内的消防联动控制器的手动控制盘直接手动控制雨淋阀组的开启及雨淋消防泵的启动、停止。

雨淋系统的联动控制过程中，水流指示器，压力开关，雨淋阀组、雨淋消防泵的启动和停止的动作信号应反馈至消防联动控制器。雨淋报警阀动作信号取自雨淋报警阀的辅助接点，可通过输入模块接入总线，并在消防联动控制器上显示。

4．自动控制的水幕系统。

水幕系统由开式洒水喷头或水幕喷头、雨淋报警阀组或感温雨淋阀、水流报警装置（水流指示器或压力开关），以及管道、供水设施等组成。

系统在自动控制方式下，作为防火卷帘的保护时，防火卷帘按规定降落到底，其限位开关动作，限位开关的动作信号用模块接入火灾自动报警系统与本探测区域内的火灾报警信号组成“与”逻辑控制雨淋报警阀开启，雨淋报警阀泄压，水泵的自动启动与雨淋系统相同。仅用水幕系统作为防火分隔时，应由该报警区域内两只独立的感温火灾探测器的火灾报警信号作为水幕阀组启动的联动触发信号，并应由消防联动控制器联动控制水幕系统相关控制阀组的启动。

应将水幕系统相关控制阀组和消防泵控制箱（柜）的启动、停止按钮用专用线路直接连接至设置在消防控制室内的消防联动控制器的手动控制盘，并应直接手动控制消防泵的启动、停止及水幕系统相关控制阀组的开启。

压力开关、水幕系统相关控制阀组和消防泵的启动、停止的动作信号，应反馈至消防联动控制器。

（二）消火栓系统

消火栓使用时，系统内出水干管上的低压压力开关、高位消防水箱出水管上设置的流量开关，或报警阀压力开关（干式系统）等均有相应的反应，这些信号可以作为触发信号，直接控制启动消火栓泵，其控制不受消防联动控制器处于自动或手动状态影响。当建筑物内设有火灾自动报警系统时，消火栓按钮的动作信号应作为报警信号及启动消火栓泵的联动触发信号，由消防联动控制器联动控制消火栓泵的启动。当建筑物内无火灾自动报警系统时，消火栓按钮用导线直接引至消防泵控制箱（柜），启动消防泵。

消火栓泵控制箱（柜）的启动、停止按钮用专用线路直接连接至设置在消防控制室内的消防联动控制器的手动控制盘，通过手动控制盘直接控制消火栓泵的启动、停止。

消防泵的动作信号作为系统的联动反馈信号应反馈至消防控制室，并在消防联动控制器上显示。

（三）气体系统和泡沫系统

气体灭火系统、泡沫灭火系统主要由灭火剂储瓶和瓶头阀、驱动钢瓶和瓶头阀、选择阀（组合分配系统）、自锁压力开关、喷嘴以及气体灭火控制器或泡沫灭火控制器、感烟火灾探测器、感温火灾探测器、指示发生火灾的火灾声光报警器、指示灭火剂喷放的火灾声光报警器（带有声警报的气体释放灯）、紧急启停按钮、电动装置等组成。通常气体灭火系统、泡沫灭火系统的上述设备自成系统。由于气体灭火过程中，系统应该执行一系列的动作，因此，气体灭火系统、泡沫灭火系统应分别由专用的气体灭火控制器、泡沫灭火控制器控制。

气体灭火控制器、泡沫灭火控制器直接连接火灾探测器时，气体灭火系统、泡沫灭火系统的自动控制方式由同一防护区域内两只独立的火灾探测器的报警信号、一只火灾探测器与一只手动火灾报警按钮的报警信号或防护区外的紧急启动信号，作为系统的联动触发信号。气体灭火系统、泡沫灭火系统防护区域内设置的火灾探测器报警的可靠性非常重要，因此，探测器的组合宜采用感烟火灾探测器和感温火灾探测器，这样设置的目的是提高系统动作的可靠性，将误触发率降低至最小。感烟火灾探测器报警，表示有火灾发生；感温火灾探测器报警，表示火灾已经发展到一定程度了，应该启动气体灭火装置、泡沫灭火装置实施灭火。对于有人确认火灾的场所，也可采用同一区域内的一只火灾探测器及一只手动报警按钮的报警信号组成“与”逻辑作为联动触发信号。

发生火灾时，气体灭火控制器、泡沫灭火控制器接收到第一个火灾报警信号后，启动防护区内的火灾声光警报器，警示处于防护区域内的人员撤离；接收到第二个火灾报警信号后，联动关闭排风机、防火阀、空气调节系统，启动防护区域开口封闭装置，并根据人员安全撤离防护区的需要，延时不大于 30 s 后开启选择阀（组合分配系统）和启动阀，驱动瓶内的气体开启灭火剂储罐瓶头阀，灭火剂喷出实施灭火，同时启动安装在防护区门外的指示灭火剂喷放的火灾声光报警器（带有声警报的气体释放灯）；管道上的自锁压力开关动作，动作信号反馈给气体灭火控制器、泡沫灭火控制器。

安装在防护区门外指示灭火剂喷放的火灾声光报警器（带有声警报的气体释放灯）气体释放的声信号与同建筑中设置的火灾声警报器的声信号有明显区别，是防止气体灭火防护区在气体释放后出现人员误入，并以便有关人员明确现场情况。

设定不大于 30 s 的延时主要是为了防止火灾发展迅速，防护区内的人员尚未疏散，感温火灾探测器已经动作，气体灭火控制器、泡沫火火控制器按控制逻辑启动了气体灭火装置，影响人员疏散、危及人员生命安全，同时也为人工确认提供一定时间。

气体灭火控制器、泡沫灭火控制器不直接连接火灾探测器时，气体灭火系统、泡沫灭火系统的联动触发信号应由火灾报警控制器或消防联动控制器发出，其联动触发信号和联动控制与上述直接连接火灾探测器的方式相同。

气体灭火控制器、泡沫灭火控制器手动控制时，火灾探测器报警后，现场工作人员应进行火灾确认，在确认火灾后，可通过设置在防护区疏散出口门外的气体灭火装置、泡沫灭火装置的手动控制按钮（具有电气启动和紧急停止功能）发出手动控制信号，经气体灭火控制器、泡沫灭火控制器（延时不大于 30 s）联动开启选择阀（组合分配系统）和启动阀，驱动瓶内的气体开启灭火剂储罐瓶头阀，灭火剂喷出实施灭火，同时启动安装在防护区门外的指示气体喷洒的火灾声光警报器。手动停止按钮按下时，气体灭火控制器、泡沫灭火控制器应停止正在执行的联动操作。另外，现场工作人员确认火灾探测器报警信号后，也可通过机械应急操作开关开启选择阀和瓶头阀喷放灭火剂实施灭火。

气体灭火控制器、泡沫灭火控制器直接连接的火灾探测器的报警信号，选择阀的动作信号，压力开关的动作信号，应反馈至消防联动控制器。

（四）防、排烟系统

防烟系统送风口所在防火分区内设置的两只独立的火灾探测器或一只火灾探测器与一只手动火灾报警按钮报警信号的“与”逻辑组合作为送风口开启和加压送风机启动的联动触发信号，并由消防联动控制器联动控制相关层前室等需要加压送风场所的加压送风口开启和加压送风机启动。通常加压风机的吸气口设有电动风阀，此阀与加压风机联动，加压风机启动，电动风阀开启；加压风机停止，电动风阀关闭。

排烟系统由同一防烟分区内的两只独立的火灾探测器的报警信号，作为排烟口、排烟窗或排烟阀开启的联动触发信号，并应由消防联动控制器联动控制排烟口、排烟窗或排烟阀的开启，同时停止该防烟分区的空气调节系统。排烟口、排烟窗或排烟阀开启的动作信号，作为排烟风机启动的联动触发信号，并应由消防联动控制器联动控制排烟风机的启动。排烟风机入口处的总管上设置的 280℃排烟防火阀在关闭后应直接联动控制风机停止。

同一防烟分区内且位于电动挡烟垂壁附近的两只独立的感烟火灾探测器的报警信号，作为电动挡烟垂壁降落的联动触发信号，并应由消防联动控制器联动控制电动挡烟垂壁的降落。

防烟系统、排烟系统应能在消防控制室内的消防联动控制器上手动控制送风口、电动挡烟垂壁、排烟口、排烟窗、排烟阀的开启或关闭及防烟风机、排烟风机等设备的启动或停止，防烟、排烟风机的启动、停止按钮应采用专用线路直接连接至设置在消防控制室内的消防联动控制器的手动控制盘，并应直接手动控制防烟、排烟风机的启动、停止。

送风口、排烟口、排烟窗或排烟阀开启和关闭的动作信号，防烟、排烟风机启动和停止及电动防火阀关闭的动作信号，排烟防火阀的动作信号均应反馈至消防联动控制器。

（五）防火卷帘系统

防火卷帘是在一定时间内，连同框架能满足耐火完整性、隔热性等要求的卷帘，由帘板、导轨、座板、门帽、箱体、卷门机和控制箱等组成。防火卷帘的升降应由防火卷帘控制器控制。

设置在疏散通道上的防火卷帘，主要用于防烟、人员疏散和防火分隔，因此需要两步降落方式。当火灾发生时，防火分区内的任两只感烟探测器或任一只专门用于联动防火卷帘的感烟火灾探测器的报警信号联动控制防火卷帘下降至距楼板面 1.8 m 处，等待被困人员安全疏散，同时起到防烟作用，避免烟雾经此扩散。当任一只专门用于联动防火卷帘的感温火灾探测器的报警信号触发时，联动控制防火卷帘下降到楼板面。感温火灾探测器动作表示火已蔓延到该处，此时人员已不可能从此逃生，因此，防火卷帘下降到底，起到防火分隔作用。地下车库车辆通道上设置的防火卷帘也按疏散通道上设置的防火卷帘的要求设置。为了保障防火卷帘在火势蔓延到防护卷帘前及时动作，同时为了防止单只探测器由于偶发故障而不能动作，在卷帘的任一侧离卷帘纵深 0.5～5 m 内设置不少于两只专门用于联动防火卷帘的感温火灾探测器。

非疏散通道上设置的防火卷帘由防火卷帘所在防火分区内任两只独立的火灾探测器的报警信号，作为防火卷帘下降的联动触发信号，并应联动控制防火卷帘直接下降到楼板面。

防火卷帘两侧设置的手动控制按钮控制防火卷帘的升降，并能在消防控制室内的消防联动控制器上手动控制防火卷帘的降落。防火卷帘下降至距楼板面 1.8 m 处、下降到楼板面的动作信号和防火卷帘控制器直接连接的感烟、感温火灾探测器的报警信号，应反馈至消防联动控制器。

（六）火灾警报和消防应急广播系统

1. 火灾警报。

火灾自动报警系统均应设置火灾声光警报器，并在发生火灾时发出警报，其主要目的是在发生火灾时对人员发出警报，警示人员及时疏散，对保障人员的安全具有至关重要的作用。发生火灾时，火灾自动报警系统能够及时准确地发出警报，并启动建筑内的所有火灾声光警报器。

未设置消防联动控制器的火灾自动报警系统，火灾声光警报器应由火灾报警控制器控制；设置消防联动控制器的火灾自动报警系统，火灾声光警报器应由火灾报警控制器或消防联动控制器控制。公共场所宜设置具有同一种火灾变调声的火灾声警报器；具有多个报警区域的保护对象，宜选用带有语音提示的火灾声警报器，可直观地提醒人们发生了火灾；学校、工厂等各类日常使用电铃的场所，为避免与常用的电铃发生混淆，不应使用警铃作为火灾声警报器。

在火灾发生时，及时、清楚地对建筑内的人员传递火灾信息是火灾自动报警系统的重要功能。火灾声警报器设置带有语音提示功能时，应同时设置语音同步器。同一建筑内设置多个火灾声警报器时，同时启动、同时停止，可以保证火灾警报信息传递的一致性以及人员传递的一致性，同时也便于消防应急广播等指导人员疏散信息向人员传递的有效性。火灾声警报器单次发出火灾警报时间宜为 8～20 s，同时设有消防应急广播时，火灾声警报应与消防应急广播交替循环播放。

2．消防应急广播。

采用集中报警系统和控制中心报警系统的保护对象多为高层建筑或大型民用建筑，这些建筑内人员集中又较多，火灾时影响面大，为了便于火灾时统一指挥人员有效疏散，要求在集中报警系统和控制中心报警系统中设置消防应急广播。消防应急广播系统的联动控制信号应由消防联动控制器发出。

火灾发生时，每个人都应在第一时间得知，同时为避免由于错时疏散而导致在疏散通道和出口处出现人员拥堵现象，在确认火灾后同时向整个建筑进行应急广播。消防应急广播的单次语音播放时间宜为 10～30 s，应与火灾声警报器分时交替工作，可采取 1 次火灾声警报器播放、1 次或 2 次消防应急广播播放的交替工作方式循环播放。为了有效地指导建筑内各部位的人员疏散，在作为建筑消防系统控制及管理中心的消防控制室内应能手动或自动对各广播分区进行启动或停止应急广播系统。消防应急广播与普通广播或背景音乐广播合用时，应具有强制切入消防应急广播的功能。

（七）消防应急照明和疏散指示系统

消防应急照明和疏散指示系统控制方式有三种类型：集中控制型、集中电源非集中控制型、自带电源非集中控制型。

（1）集中控制型系统主要由应急照明集中控制器、双电源应急照明配电箱、消防应急灯具和配电线路等组成，消防应急灯具可为持续型或非持续型。其特点是所有消防应急灯具的工作状态都受应急照明集中控制器控制。当发生火灾时，火灾报警控制器或消防联动控制器向应急照明集中控制器发出相关信号，应急照明集中控制器按照预设程序控制各消防应急灯具的工作状态。

（2）集中电源非集中控制型系统主要由应急照明集中电源、应急照明分配电装置、消防应急灯具和配电线路等组成，消防应急灯具可为持续型或非持续型。当发生火灾时，消防联动控制器联动控制集中电源和（或）应急照明分配电装置的工作状态，进而控制各路消防应急灯具的工作状态。

（3）自带电源非集中控制型系统主要由应急照明配电箱、消防应急灯具和配电线路等组成。当发生火灾时，消防联动控制器联动控制应急照明配电箱的工作状态，进而控制各路消防应急灯具的工作状态。

当确认火灾后，由发生火灾的报警区域开始，顺序启动全楼疏散通道的消防应急照明和疏散指示系统，系统全部投入应急状态的启动时间不应大于 5 s。

（八）防火门

疏散通道上的防火门有常闭型和常开型。有人通过常闭型防火门后，闭门器将门关闭，不需要联动。

常开型防火门平时开启，防火门任一侧所在防火分区内两只独立的火灾探测器或一只火灾探测器与一只手动报警按钮报警信号的“与”逻辑联动防火门关闭。防火门的故障状态可以包括闭门器故障、门被卡后未完全关闭等。疏散通道上各防火门的开启、关闭及故障状态信号应反馈至防火门监控器。

三、消防系统中的连锁触发

消防系统中的连锁触发

系统名称		连锁触发信号	连锁启动设备
自动喷水灭火系统	湿式，干式	压力开关动作	启动喷淋泵
	预作用		
	雨淋		
	水幕		
消火栓系统		1. 出水干管低压压力开关 2. 高位消防水箱流量开关 3. 报警阀压力开关信号	启动消火栓泵
排烟系统		排烟风机入口处总管上 280℃时排烟防火阀动作	关闭排烟风机

注：连锁启动过程不受消防联动控制器处于自动或手动状态的影响。

专题 5：火灾预警系统

一、可燃气体探测报警系统

可燃气体探测报警系统由可燃气体报警控制器、可燃气体探测器和火灾声警报器组成，能够在保护区域内泄漏可燃气体的浓度低于爆炸下限的条件下提前报警，从而预防由于可燃气体泄漏引发的火灾和爆炸事故的发生（图 8-10）。适用于使用、生产或聚集可燃气体或可燃液体蒸气场所。

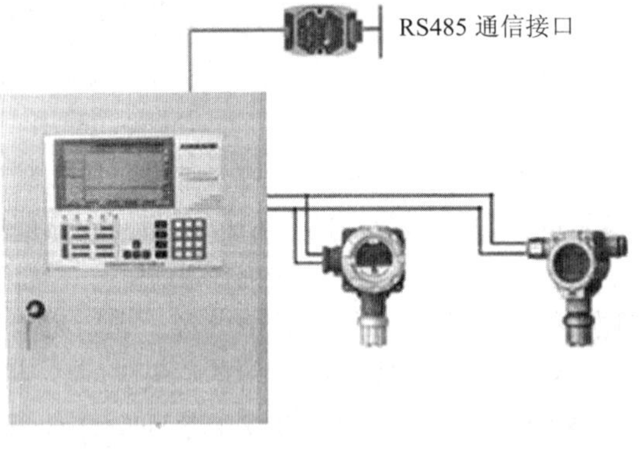

图 8-10　可燃气体探测报警系统

由于可燃气体报警信号与火灾报警信号的时间与含义均不相同，可燃气体报警信号是可燃气体泄漏报警，在气体泄漏时发出，其含义为火灾预警。而火灾报警信号则是在火灾发生后的火灾确认报警。所以可燃气体探测报警系统作为一个独立的由可燃气体报警控制器和可燃气体探测器组成的子系统而存在，可燃气体探测器不应接入火灾报警控制器的探测器回路。当可燃气体的报警信号需接入火灾自动报警系统时，应由可燃气体报警控制器接入。当有消防控制室时，可燃气体报警控制器可设置在保护区域附近；当无消防控制室时，可燃气体报警控制器应设置在有人值班的场所。石化行业涉及过程控制时，可接入生产控制系统，其报警信号应接入消防控制室。

可燃气体报警控制器接收到的可燃气体探测器的运行状态信息，应该传输给消防控制室的图形显示装置或集中火灾报警控制器，但其显示应与火灾报警信息有区别，因为两者含义不同。可燃气体探测器报警表明保护区域内存在超出正常允许浓度的可燃气体泄漏，探测器报警后应能启动保护区域的火灾声光警报器，以便警示相关人员进行必要的处置。

探测气体密度小于空气密度时，该气体泄漏后会漂浮在保护空间上方，可燃气体探测器应设置在被保护空间的顶部；探测气体密度大于空气密度时，该气体泄漏后会下沉到保护空间下方，可燃气体探测器应设置在被保护空间的下部；探测气体密度与空气密度相当时，可燃气体探测器可设置在被保护空间的中间部位或顶部。

由于可燃气体探测器是探测可燃气体的泄漏，越靠近可能产生可燃气体泄漏的部位，探测器的灵敏度越高，因此宜设置在可能产生可燃气体部位附近。线型可燃气体探测器主要用于大空间开放环境泄漏可燃气体的探测，为保证探测器的探测灵敏度，探测区域长度不宜过大，不宜大于 60 m。

二、电气火灾监控系统

（一）一般要求

电气火灾监控系统能在发生电气故障、产生一定电气火灾隐患的条件下发出报警，提醒专业人员排除电气火灾隐患，实现电气火灾的早期预防，避免电气火灾的发生，因此具有很强的电气防火预警功能，尤其适用于变电站、石油石化、冶金等不能中断供电的重要供电场所（图 8-11）。

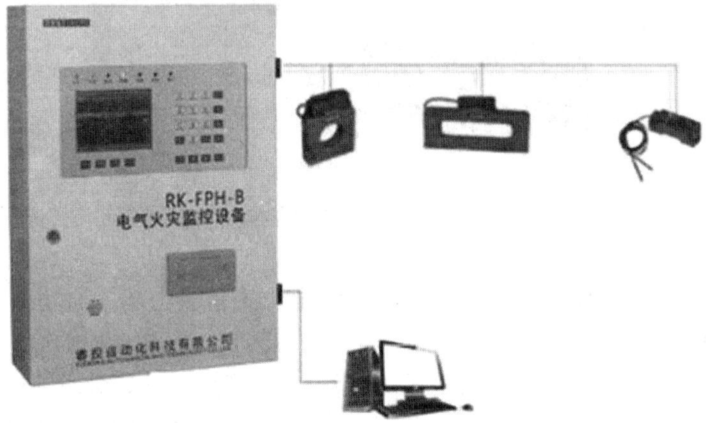

图 8-11 电气火灾监控系统

电气火灾监控系统应根据建筑物的性质及电气火灾危险性设置，并应根据电气线路敷设和用电设备的具体情况，确定电气火灾监控探测器的形式与安装位置。在无消防控制室且电气火灾监控探测器设置数量不超过 8 只时，可采用独立式电气火灾监控探测器。

由于电气火灾监控探测器与火灾报警信号的时间与含义均不相同，电气火灾监控探测器报警表明被保护线缆或设备出现电气故障，提醒专业人员排除电气火灾隐患，以便警示相关人员进行必要的处置，而火灾报警信号则是在火灾发生后的火灾确认报警。所以，非独立电气火灾监控探测器应接入电气火灾监控器，不应接入火灾报警控制器的探测器回路。线型感温火灾探测器的探测原理与测温式电气火灾监控探测器的探测原理相似，当使用线型感温火灾探测器进行电气火灾隐患的探测时，线型感温火灾探测器的报警信号可接入电气火灾监控器。

设置消防控制室的场所，电气火灾监控器的报警信息和故障信息应在消防控制室图形显示装置或起集中控制功能的火灾报警控制器上显示，但该类信息与火灾报警信息的显示应有区别。

电气火灾监控系统作为电力供电系统的保障型系统，不能影响正常供电系统的工作。电气火灾监控探测器一旦报警，表示其监视的保护对象发生了异常，产生了一定的电气火灾隐患，容易引发电气火灾，但是并不能表示已经发生了火灾，因此报警后没有必要自动切断保护对象的供电电源，除非使用单位确定发生电气故障后可以切断供电电源，否则不能在报警后就切断供电电源。

（二）设置要求

1. 剩余电流式电气火灾监控探测器。

剩余电流式电气火灾监控探测器是监测被保护线路中的剩余电流值变化的探测器，一般由剩余电流传感器和信号处理单元组成（图 8-12）。其按工作方式可分为独立式和非独立式，按传感器数量可分为单传感器式和多传感器组合式。

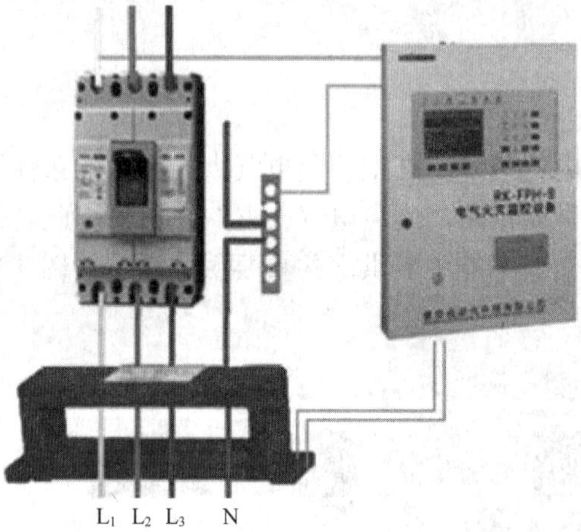

图 8-12　剩余电流式电气火灾监控探测器

剩余电流式电气火灾监控探测器应以设置在低压配电系统首端为基本原则，宜设置在第一级配电柜（箱）的出线端。在供电线路泄漏电流大于 500 mA 时，宜在其下一级配电柜（箱）设置。选择剩余电流式电气火灾监控探测器时，应考虑供电系统自然漏流的影响，并应选择参数合适的探测器。每个供电系统都存在自然泄漏电流，而且自然泄漏电流根据线路上负载的不同有很大差别，一般可达 100～200 mA，当泄漏电流达到 300 mA 就可能会引起火灾，因此剩余电流式电气火灾监控探测器报警值宜设置在 300～500 mA。探测线路故障电弧功能的电气火灾监控探测器，为了增强探测到故障电弧的可靠性，其保护线路的长度不宜大于 100 m。

由于剩余电流式电气火灾监控探测器在无地线的供电线路中不能正确探测，所以不适合在该场所使用，也不宜设置在 IT 系统的配电线路和消防配电线路中。

2. 测温式电气火灾监控探测器。

测温式电气火灾监控探测器是能探测被保护线路中的温度参数变化的探测器。其按工作方式可分为独立式和非独立式，按传感器类型可分为单传感器式和多传感器组合式，按探测原理可分为接触式和非接触式。

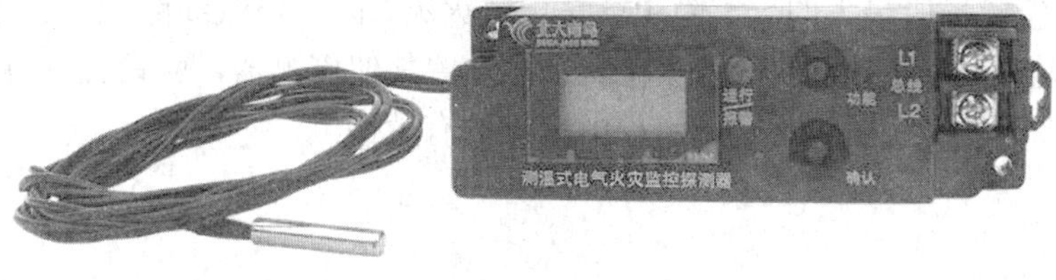

图 8-13　测温式电气火灾监控探测器

测温式电气火灾监控探测器的探测原理是根据监测保护对象的温度变化，因此探测器应采用接触或贴近保护对象的电缆接头、端子、重点发热部件等容易发热的部位的方式设置。对于 1 000 V 及以下的配电线路，应采用接触式布置。对于 1 000 V 以上的供电线路，宜采用光纤测温式或红外测温式电气火灾监控探测器，光栅光纤测温式电气火灾监控探测器应直接设置在保护对象的表面。若采用线型感温火灾探测器，为便于统一管理，宜将其报警信号接入电气火灾监控器。

3．独立式电气火灾监控探测器。

独立式电气火灾监控探测器能够独立完成探测和报警功能，设有火灾自动报警系统时，独立式电气火灾监控探测器的报警信息和故障信息应在消防控制室图形显示装置或集中火灾报警控制器上显示；但该类信息与火灾报警信息的显示应有区别。未设火灾自动报警系统时，独立式电气火灾监控探测器应将报警信号传至有人值班的场所。

专题 6：典型场所火灾自动报警系统

一、高度大于 12 m 的空间场所

根据高度超过 12 m 的高大空间场所建筑结构的特点及在发生火灾时火源位置、类型、功率等因素的不确定性，在选用火灾探测器时，宜同时选择两种及两种以上火灾参数的火灾探测器；火灾初期产生大量烟的场所，应选择线型光束感烟火灾探测器、管路吸气式感烟火灾探测器或图像型感烟火灾探测器。火灾初期产生少量烟并产生明显火焰的场所，应选择 1 级灵敏度的点型红外火焰探测器或图像型火焰探测器，并应降低探测器设置高度。

1．在高度超过 12 m 的高大空间场所设置线型光束感烟火灾探测器时，采用分层组网的探测方式，并符合下列要求：

（1）探测器应设置在建筑顶部。

（2）探测器宜采用分层组网的探测方式。

（3）建筑高度不超过 16 m 时，宜在 6～7 m 处增设一层探测器。

（4）建筑高度超过 16 m 但不超过 26 m 时，宜在 6～7 m 和 11～12 m 处各增设一层探测器。

（5）由开窗或通风空调形成的对流层为 7～13 m 时，可将增设的一层探测器设置在对流层下面 1 m 处。

（6）分层设置的探测器保护面积可按常规计算，并宜与下层探测器交错布置。

2．在高度超过 12 m 的高大空间场所设置管路吸气式感烟火灾探测器时，应符合下列要求：

（1）探测器的采样管宜采用水平和垂直结合的布管方式，应保证至少有 2 个采样孔在 16 m 以下，并宜有 2 个采样孔设置在开窗或通风空调对流层下面 1 m 处。

（2）可在回风口处设置起辅助报警作用的采样孔。

高度大于 12 m 的空间场所最大的火灾隐患就是电气火灾，因此电气线路应设置电气火灾监控探测器，照明线路故障引起的火灾不容易被发现，没法在其上面设置其他探测器，应设置具有探测故障电弧功能的电气火灾监控探测器，保证对照明线路故障引起的火灾的有效探测。

二、电缆隧道

在电缆隧道外的电缆接头和端子等一般都集中设置在配电柜或端子箱中，这些部位都是容易发热的部位，应设置测温式电气火灾监控探测器。根据对电缆火灾的统计、分析和试验，电缆本身引起的火灾主要发生在电缆接头和端子等部位，所以，除隧道内所有电缆的燃烧性能均为 A 级外，隧道内应沿电缆设置线型感温火灾探测器，且在电缆接头、端子等发热部位应保证有效探测长度，探测器在这些部位的设置长度应大于其有效探测长度。线型感温火灾探测器在用于电缆火灾探测时，属于电气火灾监控系统中的一种探测器，可直接接入电气火灾监控器。

无外部火源进入的电缆隧道应在电缆层上表面设置线型感温火灾探测器；有外部火源进入可能的电缆隧道在电缆层上表面和隧道顶部，均应设置线型感温火灾探测器。

线型感温火灾探测器采用“S”形布置或有外部火源进入可能的电缆隧道内，应采用能响应火焰规模不大于 100 mm 的线型感温火灾探测器。线型感温火灾探测器应采用接触式的敷设方式对隧道内所有的动力电缆进行探测；缆式线型感温火灾探测器应采用“S”形布置在每层电缆的上表面，线型光纤感温火灾探测器应采用一根感温光缆保护一根动力电缆的方式，并应沿动力电缆敷设。

分布式线型光纤感温火灾探测器在电缆接头、端子等发热部位敷设时，其感温光缆的延展长度不应少于探测单元长度的 1.5 倍；线型光栅光纤感温火灾探测器在电缆接头、端子等发热部位应设置感温光栅。

三、道路隧道

城市道路隧道、特长双向公路隧道和道路中的水底隧道，车流量都比较大，疏散与救援都比较困难，这些场所一旦发生火灾没有及时报警并采取措施，很容易造成大量车辆涌进隧道、无法疏散的局面。因此，为了尽早发现火灾，应当同时采用线型光纤感温火灾探测器和点型红外火焰探测器（或图像型火灾探测器）。其他公路隧道车流量不大，只要在发生火灾时有相应措施警告其他车辆不再继续进入隧道，并能及时通知消防队即可，所以采用线型光纤感温火灾探测器或点型红外火焰探测器就能达到预警效果，也能节约资金。

道路隧道设置线型光纤感温火灾探测器时，应设置在车道顶部距顶棚 100～200 mm，线型光栅光纤感温火灾探测器的光栅间距不应大于 10 m；每根分布式线型光纤感温火灾探测器和线型光栅光纤感温火灾探测保护车道的数量不应超过 2 条，点型红外火焰探测器或图像型火灾探测器应设置在行车道侧面墙上距行车道地面高度 2.7～3.5 m，并应保证无探测盲区；在行车道两侧设置时，探测器应交错设置。

火灾自动报警系统需联动消防设施时，其报警区域长度不宜大于 150 m。隧道出入口以及隧道内每隔 200 m 处应设置报警电话，用于报警。每隔 50 m 处应设置手动火灾报警按钮和闪烁红光的火灾声光警报器，用于报警和警告进入隧道的其他车辆。隧道入口前方 50～250 m 内应设置指示隧道内发生火灾的声光警报装置，用于提前警告准备进入隧道的车辆不要进入隧道，各色光中红光最醒目。

隧道用电缆通道宜设置线型感温火灾探测器，主要设备用房内的配电线路应设置电气火灾监控探测器。隧道中设置的火灾自动报警系统宜联动隧道中设置的视频监视系统以确认火灾。

隧道运营一般由隧道中央控制室集中管理，火灾自动报警系统在确认火灾后，应将火灾报警信号传输给隧道中央控制管理设备，由中央控制室做出相应的应急处理。消防应急广播可与隧道内设置的有线广播合用，消防专用电话可与隧道内设置的紧急电话合用，消防联动控制器应能手动控制与正常通风合用的排烟风机。为避免温度、粉尘及汽车尾气等因素对消防设备运行稳定性的影响，隧道内设置的消防设备的防护等级不应低于 IP65。

四、油罐区

外浮顶油罐宜采用线型光纤感温火灾探测器，一个油罐可以采用多只探测器保护，但每只线型光纤感温火灾探测器应只能保护一个油罐，并应设置在浮盘的堰板上。浮顶和卧式油罐外的其他油罐罐内基本属于封闭空间，火焰探测器可以及时、准确地探测火灾，故宜采用火焰探测器。

采用光栅光纤感温火灾探测器保护外浮顶油罐时，两个相邻光栅间距离不应大于 3 m。油罐区可在高架杆等高位处设置点型红外火焰探测器或图像型火灾探测器做辅助探测。火灾报警信号宜联动报警区域内的工业视频装置以确认火灾。

（本章由杨晨编写）

第九章　建筑防排烟系统

杨　晨

专题 1：建筑防排烟基础

一、建筑火灾烟气控制

建筑防排烟的目的是在建筑火灾发生时利用有关设施，把着火区的烟气尽快地导引、排放到室外，并防止烟气侵入作为人员疏散通道的走廊、楼梯间前室、楼梯间、消防电梯间前室或合用前室，以保证建筑室内人员从有害的烟气环境中安全撤离，保证消防人员尽快灭火。因此，火灾烟气的控制主要体现为“防烟”和“排烟”两种方式。“防烟”是防止烟的进入，是被动措施；相反，“排烟”是积极改变烟的流向，使之排出室外，是主动措施。两者互为补充，是紧密相关的一个体系，不可分割。

（一）防烟

防烟是通过可开启外窗或机械加压送风方式把一定量的室外空气送入防烟楼梯间及其前室、合用前室、避难层（间）等，使其保持一定压力或在门洞处保持一定流速，以避免烟气侵入。在火灾期间，进入楼梯间及前室、合用前室、避难层（间）等的一定量空气，会将烟气排斥在楼梯间及前室、合用前室、避难层（间）等之外，以保证疏散通道的安全。防烟方式可分为自然通风方式和机械加压送风方式。

（二）排烟

排烟就是通过可开启外窗方式或机械排烟方式将着火区域房间及走道的烟气排到室外，降低着火区域气体压力，防止烟气流向非着火区蔓延扩散，以利于火灾被困人员疏散及灭火救援。排烟方式可分为自然排烟方式和机械排烟方式。

二、建筑防排烟系统的选择

（一）防烟设施的选择

建筑物内的防烟楼梯间及其前室、消防电梯间前室或合用前室、避难走道的前室、避难层（间），都是建筑物着火时的安全疏散、救援的通道。火灾时，应通过开启外窗等自然通风方式或机械加压送风方式，防止烟气侵入疏散通道或疏散安全区。

建筑高度不大于 50 m 的公共建筑、工业建筑和建筑高度不大于 100 m 的住宅建筑，当采用凹廊、阳台作为防烟楼梯间的前室或合用前室时，或者防烟楼梯间前室或合用前室具有两个不同朝向的可开启外窗且可开启窗面积满足《建筑防烟排烟系统技术标准》（GB 51251—2017）要求时，可以认为该前室或合用前室的自然通风能及时排出漏入前室或合用前室的烟气，并可防止烟气进入防烟楼梯间，故楼梯间就可以不再设置防烟系统。

（二）排烟设施的选择

1．厂房或仓库的下列场所或部位应设置排烟设施：

（1）人员或可燃物较多的丙类生产场所，丙类厂房内建筑面积大于 300 m^2 且经常有人停留或可燃物较多的地上房间。

（2）建筑面积大于 5 000 m^2 的丁类生产车间。

（3）占地面积大于 1 000 m^2 的丙类仓库。

（4）高度大于 32 m 的高层厂房（仓库）内长度大于 20 m 的疏散走道，其他厂房（仓库）内长度大于 40 m 的疏散走道。

2．民用建筑的下列场所或部位应设置排烟设施：

（1）设置在一、二、三层且房间建筑面积大于 100 m^2 的歌舞娱乐放映游艺场所，设置在四层及以上楼层、地下或半地下的歌舞娱乐放映游艺场所。

（2）中庭。

（3）公共建筑内建筑面积大于 100 m^2 且经常有人停留的地上房间。

（4）公共建筑内建筑面积大于 300 m^2 且可燃物较多的地上房间。

（5）建筑内长度大于 20 m 的疏散走道。

3．地下或半地下建筑（室）、地上建筑内的无窗房间，当总建筑面积大于 200 m^2 或一个房间建筑面积大于 50 m^2，且经常有人停留或可燃物较多时，应设置排烟设施。

三、防烟分区

防烟分区是指设置排烟系统的场所或部位采用挡烟垂壁、结构梁及隔墙等分隔而成，用于火灾时蓄积热烟气，并能在一定时间内防止火灾烟气向同一防火分区的其余部分蔓延的局部空间。防烟分区的作用是通过控制烟气蔓延，并通过所设置的排烟设施对烟气加以排除，从而达到控制烟气扩散和火灾蔓延的目的。

（一）划分

1．划分原则。

（1）防烟分区不应跨越防火分区。划分防烟分区与防火分区的目的不同，前者的目的在于防止烟气扩散，主要用具有挡烟功能的物体来实现，后者则采用防火墙、防火卷帘或其他防火分隔设施划分防火分区。

所有防火分隔物都能够起到防烟作用，而防烟分隔物则不能完全起到防止火势蔓延的作用，因此防烟分区不能跨越防火分区设置。

（2）合理设置储烟仓厚度。储烟仓是位于建筑空间顶部，由挡烟垂壁、梁或隔墙等形成的用于蓄积火灾烟气的空间。储烟仓的厚度即为设计烟层厚度。当采用自然排烟方式时，储烟仓的厚度不应小于空间净高的 20%；当采用机械排烟方式时，储烟仓的厚度不应小于空间净高的 10%且不应小于 500 mm。同时储烟仓底部距地面的高度应大于安全疏散所需的最小清晰高度。防烟分区的设置就是要形成有效的储烟仓。用挡烟垂壁、结构梁及隔墙等防烟分隔设施设置防烟分区时，分隔设施的深度不应小于 500 mm，且不小于储烟仓厚度的要求。

（3）合理划分防烟分区面积。如果面积过大，会使烟气波及面积扩大，增加烟气的影响范围，不利于人员安全疏散和火灾扑救；如果面积过小，不仅影响使用，还会提高工程造价。

2．面积要求。

（1）公共建筑、工业建筑防烟分区的面积要求。公共建筑、工业建筑防烟分区的最大允许面积及其长边最大允许长度应符合下表的规定。当工业建筑采用自然排烟系统时，其防烟分区的长边长度不应大于建筑内空间净高的 8 倍。

公共建筑、工业建筑防烟分区的最大允许面积及其长边最大允许长度

空间净高 h/m	最大允许面积/m^2	长边最大允许长度/m
$h \leqslant 3$	500	24
$3 < h \leqslant 6$	1 000	36
$h > 6$	2 000	60 m；具有自然对流条件时，不应大于 75 m

注：公共建筑、工业建筑中的走道宽度不大于 2.5 m 时，其防烟分区的长边长度不应大于 60 m。

（2）汽车库、修车库防烟分区面积要求。除敞开式汽车库、建筑面积小于 1 000 m^2 的地下一层汽车库和修车库外，汽车库、修车库应设置排烟系统，并应划分防烟分区。防烟分区的建筑面积不宜大于 2 000 m^2，且防烟分区不应跨越防火分区。防烟分区可采用挡烟垂壁、隔墙或从顶棚下突出不小于 0.5 m 的梁划分。

（3）地铁建筑防烟分区面积要求。地下车站的公共区以及设备与管理用房，应划分防烟分区，且防烟分区不得跨越防火分区。站厅与站台的公共区每个防烟分区的建筑面积不宜超过 2 000 m^2，设备与管理用房每个防烟分区的建筑面积不宜超过 750 m^2。

（二）分隔设施

1．挡烟垂壁。

挡烟垂壁是用不燃材料制成，垂直安装在建筑顶棚、横梁下，能在火灾时形成一定的蓄烟空间的挡烟分隔设施。挡烟垂壁处于安装位置时，其底部与顶部之间的垂直高度称为有效高度。

挡烟垂壁常设置在烟气扩散流动路线上烟气控制区域的分界处，和排烟设备配合进行有效排烟。当室内发生火灾时，所产生的烟气由于浮力作用而积聚在顶棚下，只要烟层的厚度小于挡烟垂壁的有效高度，烟气就不会向其他场所扩散。

挡烟垂壁按安装方式分为固定式和活动式两种，如图 9-1 所示。固定式挡烟垂壁是指固定安装的、能满足设定挡烟高度的挡烟垂壁。活动式挡烟垂壁是指可从初始位置自动运行至挡烟工作位置，并满足设定挡烟高度的挡烟垂壁。挡烟垂壁按材料的刚度可分为柔性挡烟垂壁和刚性挡烟垂壁。

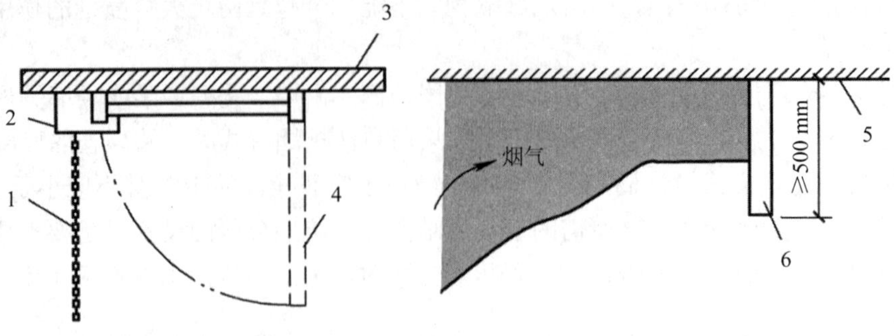

（a）活动式挡烟垂壁　　（b）固定式挡烟垂壁

1—操作链；2—阻挡器；3，5—顶棚；4，6—挡烟垂壁

图 9-1　挡烟垂壁的设置

挡烟垂壁安装时，活动挡烟垂壁与建筑结构（柱或墙）面之间的缝隙不应大于 60 mm，由两块或两块以上的挡烟垂帘组成的连续性挡烟垂壁，各块之间不应有缝隙，搭接宽度不应小于 100 mm；活动挡烟垂壁的手动操作按钮应固定安装在距楼地面 1.3～1.5 m 便于操作、明显可见之处。

活动式挡烟垂壁应与相应的感烟火灾探测器联动，当探测器报警后，挡烟垂壁应能自动运行至挡烟工作位置。运行时，从初始安装位置自动运行至挡烟工作位置的运行速度不应小于 0.07 m/s，运行时间不应大于 60 s。活动式挡烟垂壁应设置限位装置，当运行至挡烟工作位置的上、下限位时，应能自动停止。

2．结构梁。

当建筑结构梁的高度不小于 500 mm，且不小于储烟仓厚度的要求时，该横梁可作为挡烟设施使用。

专题 2：自然通风与自然排烟

一、自然通风

（一）自然通风防烟的原理

建筑内楼梯间、前室是建筑着火时最重要的疏散通道，消防电梯间前室或合用前室是消防队员进行火灾扑救的起始场所，也是人员疏散的必经通道，在火灾时无论采用何种防烟方法，都必须保证它的安全。建筑发生火灾时，靠外墙的楼梯间、前室、合用前室，可以通过设置便于开启的外窗；有阳台和凹廊的建筑，可以利用阳台和凹廊，利用热压和风压作用，在不消耗机械动力的情况下，防止烟气进入或逗留在前室、楼梯间。建筑的防烟楼梯间及其前室、消防电梯间前室或合用前室、封闭楼梯间、避难走道的前室、避难层（间）能满足设置自然通风防烟时宜优先采用自然通风防烟。

（二）自然通风防烟的选择

自然通风方式防烟构造简单、经济，不用专门的防烟设施，火灾时不受电源中断的影响，但是，因受到室外风向、风速和建筑本身的密封性或热压作用的影响，建筑高度不同，防烟的效果也不同。对于建筑高度不大于 50 m 的公共建筑、工业建筑和建筑高度不大于 100 m 的住宅建筑，由于受风压作用影响较小，利用建筑本身的采光通风，能起到防止烟气进一步进入安全区域的作用，因此，应采用自然通风方式的防烟系统。建筑高度大于 50 m 的公共建筑、工业建筑和建筑高度大于 100 m 的住宅建筑不应采用自然通风方式防烟。

建筑物的独立前室、合用前室及共用前室仅有一道门连通走道时，如果该建筑采用机械加压送风系统且机械加压送风口设置在前室顶部或正对前室入口的墙面，楼梯间可采用自然通风防烟。

建筑物的封闭楼梯间应采用自然通风来防烟，不能满足自然通风条件时应当采用机械加压送风系统。地下、半地下建筑（室）的封闭楼梯间不与地上楼梯间共用且地下仅为一层时，可通过首层设置面积不小于 1.2 m^2 的可开启外窗或直通室外的疏散门来达到防烟的效果。

避难层的防烟系统可根据建筑构造、设备布置等因素选择自然通风系统或机械加压送风系统。

（三）自然通风防烟的类型

1．利用敞开阳台或凹廊自然通风防烟。

独立前室或合用前室采用敞开阳台或凹廊时，着火房间及走道的烟气可以通过敞开阳台或凹廊有效排至室外，防止烟气进入到楼梯间，所以楼梯间可不设置防烟系统，如图 9-2 所示。

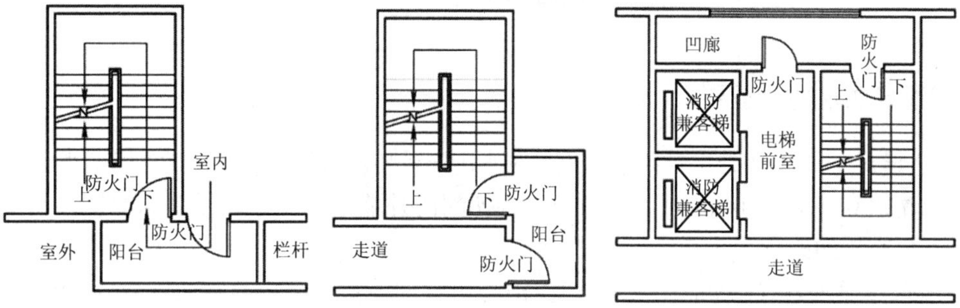

图 9-2　利用室外阳台或凹廊自然通风，楼梯间不设防烟系统

2．利用可直接开启外窗的自然通风防烟。

靠外墙的楼梯间、前室可以通过设置便于开启的外窗，利用自然通风来达到防烟的效果，如图 9-3 所示。

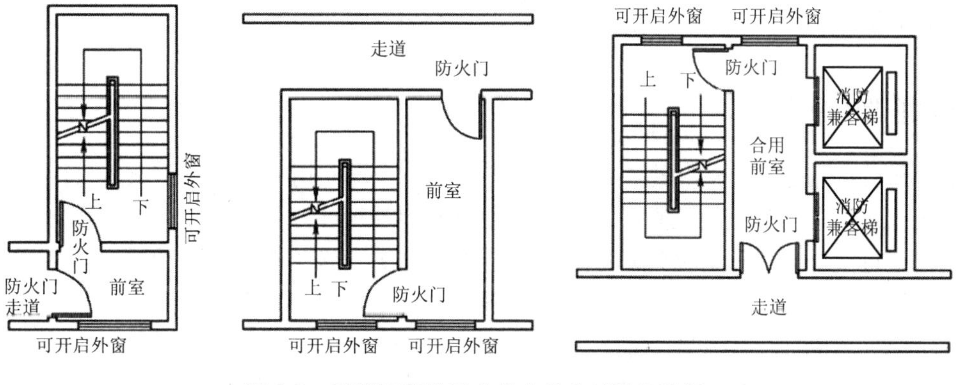

图 9-3　利用可直接开启外窗的自然通风防烟

建筑物的独立前室或合用前室设有两个及两个以上不同朝向的可开启外窗，且独立前室两个外窗面积分别不小于 2 m^2，合用前室两个外窗面积分别不小于 3 m^2 时，楼梯间可不设置防烟系统，如图 9-4 所示。

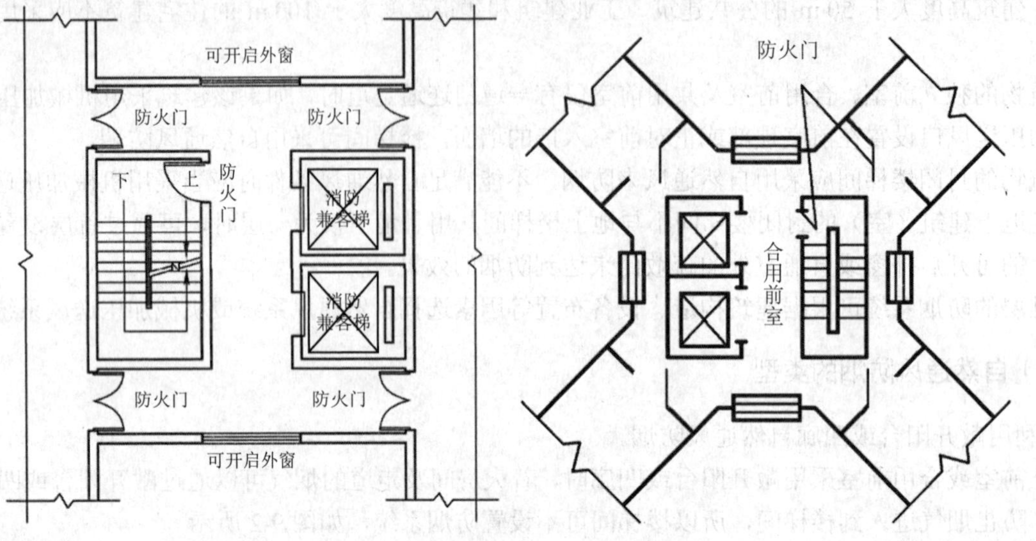

图 9-4　前室利用外窗的自然通风，楼梯间不设防烟系统

（四）自然通风防烟的设置要求

1．采用自然通风方式防烟时，封闭楼梯间、防烟楼梯间应在最高部位设置面积不小于 1 m^2 的可开启外窗或开口；当建筑高度大于 10 m 时，还应当在楼梯间的外墙上每 5 层内设置总面积不小于 2 m^2 的可开启外窗或开口，且布置间距不大于 3 层。

2．前室采用自然通风方式防烟时，独立前室、消防电梯间前室可开启外窗或开口的面积不应小于 2 m^2，合用前室、共用前室不应小于 3 m^2。

3．采用自然通风方式的避难层（间）应设有不同朝向的可开启外窗，其有效面积不应小于该避难层（间）地面面积的 2%，且每个朝向的面积不应小于 2 m^2。

4．可开启外窗应方便直接开启，设置在高处不便于直接开启的可开启外窗应在距地面高度为 1.3～1.5 m 的位置设置手动开启装置。

二、自然排烟

（一）自然排烟的原理

自然排烟是充分利用建筑物的构造，在自然力的作用下，即利用火灾产生的热烟气流的浮力和外部风力作用，将房间或走道里的烟气通过直接开向室外的可开启外窗或开口排到室外，如图 9-5 所示。这种排烟方式的实质是通过室内外空气对流进行排烟，在自然排烟中，必须有冷空气的进口和热烟气的排出口。由于自然排烟的烟气是通过靠外墙的可开启外窗或开口直接排至室外，所以需要排烟的房间和走道要求靠外墙布置。另外，当室外的风力很强，而排烟窗处于迎风面时，会引起烟气倒灌，反而使烟气在室内蔓延。采用自然方式排烟时应综合考虑这些不利因素。

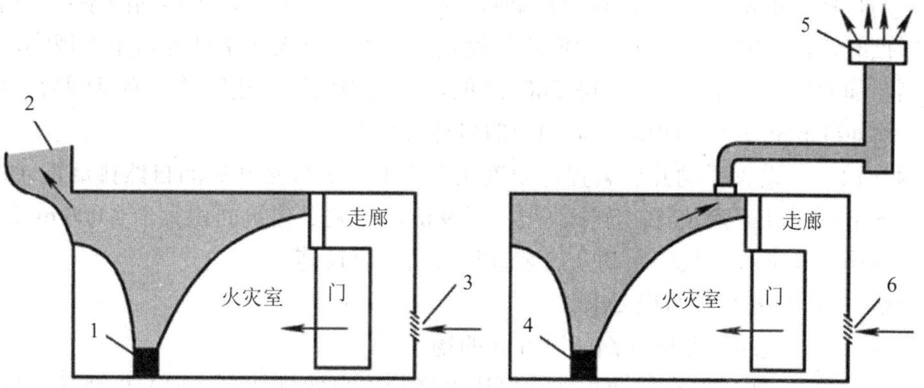

（a）窗口排烟　　（b）竖井排烟

1，4—火源；2—排烟口；3，6—补风口；5—风帽

图 9-5　自然排烟的方式

（二）自然排烟的选择

建筑的排烟系统应根据建筑的使用性质、平面布局等因素，优先采用自然排烟系统。一般情况下，多层建筑优先采用自然排烟方式，高层建筑受自然条件（如室外风速、风压、风向等）的影响较大，采用机械排烟方式较多，但只要满足自然排烟所需的储烟仓、排烟窗（口）位置及面积等条件要求，建筑物、场所、部位均可以采用自然排烟方式。

除洁净厂房外，设置自然排烟系统的任一层建筑面积大于 2 500 m^2 的制鞋、制衣、玩具、塑料、木器加工储存等丙类工业建筑，除自然排烟所需排烟窗（口）外，还宜在屋面上增设可熔性采光带（窗）。

自然排烟口的总面积大于本防烟分区面积的 2%的人民防空工程，宜采用自然排烟方式。敞开式汽车库、建筑面积小于 1 000 m^2 的地下一层汽车库和修车库，可不设排烟系统；其他汽车库和修车库，自然排烟口的总面积不小于室内地面面积的 2%时宜选用自然排烟方式。

（三）自然排烟的设置要求

采用自然排烟系统的场所应设置自然排烟窗（口）。防烟分区内自然排烟窗（口）的面积、数量、位置应能满足有利于排除烟气的要求。

1．自然排烟窗（口）的设置要求。

烟气具有上升流动的特性，排烟口的位置越高，排烟效果就越好，因此建筑内自然排烟口应设置在外墙上方或屋顶上，并应设置方便开启的装置。自然排烟窗（口）设置在外墙上时，排烟窗（口）应设置在储烟仓以内，但走道、室内空间净高不大于 3 m 的区域的自然排烟窗（口）可设置在室内净高度的 1/2 以上。自然排烟窗（口）应沿火灾烟气的气流方向开启，但当房间面积不大于 200 m^2 时，自然排烟窗（口）的设置高度及开启方向可不限。自然排烟窗（口）宜分散均匀布置，且每组的长度不宜大于 3 m；设置在防火墙两侧的自然排烟窗（口）之间最近边缘的水平距离不应小于 2 m。

根据烟流扩散特点，排烟口距离如果过远，烟流在防烟分区内迅速沉降，而不能被及时排出，将严重影响人员安全疏散。排烟窗（口）距该防烟分区内任一点的水平距离不应超过 30 m，工业建筑内该水平距离不应大于建筑内空间净高的 2.8 倍；当公共建筑空间净高不小于 6 m 且具有自然对流条件时，该水平距离不应大于 37.5 m。

厂房、仓库的自然排烟窗（口）设置在外墙时，排烟窗（口）应沿建筑物的两条对边均匀设置，形成对流；设置在屋顶时，排烟窗（口）应在屋面均匀设置，火灾时靠人员手动开启不太现实，宜采用自动控制方式开启。当屋面斜度不大于 12°时，每 200 m^2 的建筑面积应设置相应的自然排烟窗（口）；当屋面斜度大于 12°时，每 400 m^2 的建筑面积应设置相应的自然排烟窗（口）。

自然排烟窗（口）应设置手动开启装置，设置在高位不便于直接开启的自然排烟窗（口），应设置距地面高度 1.3～1.5 m 的手动开启装置。净空高度大于 9 m 的中庭、建筑面积大于 2 000 m^2 的营业厅、展览厅、多功能厅等场所，还应设置集中手动开启装置和自动开启设施。

2．自然排烟窗（口）的有效面积要求。

（1）公共建筑、工业建筑中空间净高超过 6 m 的场所。

1）自然排烟窗（口）所需的有效面积按计算排烟量除以自然排烟窗（口）处风速计算确定（自然排烟窗面积=计算排烟量/自然排烟窗口风速）。

2）采用顶开窗排烟时，风速按侧窗口部位风速的 1.4 倍计算。

（2）中庭。

1）中庭采用自然排烟系统时，自然排烟窗面积=计算排烟量/自然排烟窗口风速。

2）中庭周围场所设排烟系统，中庭自然排烟窗（口）的有效面积按风速不大于 0.5 m/s 计算。

3）中庭周围场所不设置排烟系统，仅在回廊设置排烟系统，中庭自然排烟窗（口）的有效面积按风速不大于 0.4 m/s 计算。

（3）其他场所。

1）净高不大于 6 m 的场所，有效排烟面积不小于房间建筑面积的 2%。

2）仅需要在走道或回廊设置排烟的公共建筑，在走道两侧均设置面积不小于 2 m^2 的排烟窗且两侧自然排烟窗的距离不应小于走道长度的 2/3。

3）室内与走道或回廊均需设置排烟的公共建筑，走道或回廊上设置有效面积不小于走道或回廊建筑面积 2%的自然排烟窗（口）。

4）人民防空工程中庭的自然排烟口净面积不应小于中庭地面面积的 5%，其他场所的自然排烟口净面积不小于该防烟分区面积的 2%。

5）汽车库、修车库小于室内地面面积的 2%。

3．可熔性采光带（窗）的设置要求。

当工业建筑按要求需在屋面上增设可熔性采光带（窗）时，其面积应符合下列要求：

（1）未设置自动喷水灭火系统的或采用钢结构屋顶或预应力钢筋混凝土屋面板的建筑不应小于楼地面面积的 10%。

（2）其他建筑不应小于楼地面面积的 5%。

4．不同形式外窗的有效排烟面积计算。

可开启外窗的形式有上悬窗、中悬窗、下悬窗、平推窗、平开窗和推拉窗等。如果中悬窗的下开口部分不在储烟仓内，这部分的面积不能计入有效排烟面积之内。采用推拉窗时，其面积应按开启的最大窗口面积计算。

（1）悬窗的有效排烟面积。当采用开窗角大于 70°的悬窗时，其面积按窗的面积计算；当开窗角小于 70°时，其面积应按窗最大开启时的水平投影面积计算，如图 9-6 所示，用下式计算：

$$F_p=F_c\cdot\sin\alpha$$

式中，F_p——有效排烟面积，m^2；

F_c——窗的面积，m^2；

α——窗的开启角度。

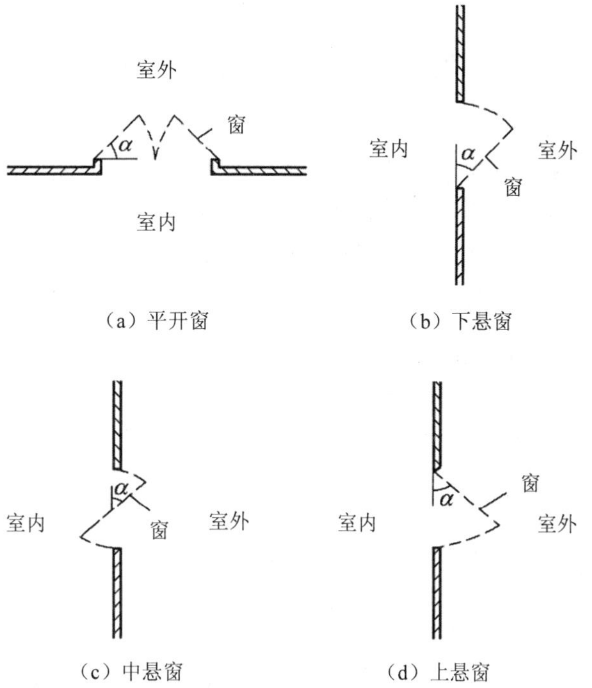

图 9-6　平开窗和悬窗的开启角度

（2）平开窗的有效排烟面积。采用开窗角大于 70°的平开窗时，其面积应按窗的面积计算；当开窗角小于 70°时，其面积应按窗最大开启时的竖向投影面积计算。

（3）平推窗的有效排烟面积。当平推窗设置在顶部时，其面积可按窗的 1/2 周长与平推距离的乘积计算，且不应大于窗面积；当平推窗设置在外墙时，其面积可按窗的 1/4 周长与平推距离乘积计算，且不应大于窗面积，如图 9-7 所示。

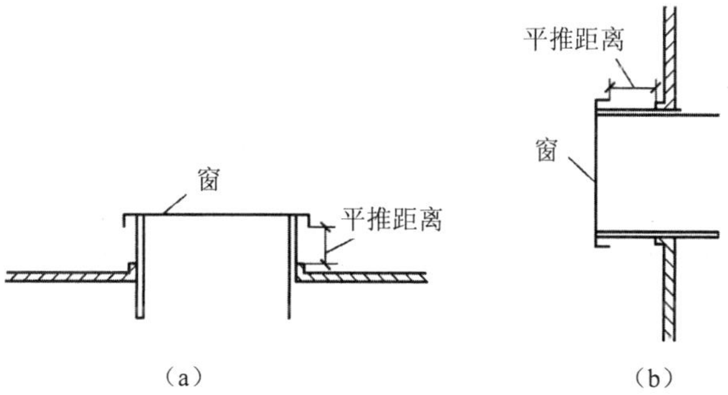

图 9-7　平推窗

（4）百叶窗的有效排烟面积。当采用百叶窗时，其面积应按窗的有效开口面积计算，即

$$F_P=XS$$

式中，S——净窗面积，m^2；

X——系数，一般百叶窗取 X=0.8，防雨百叶窗取 X=0.6。

专题 3：机械加压送风

机械加压送风系统是采用机械送风的方式将足够的新鲜空气送入建筑物的楼梯间、前室、避难层（间）等空间，使其维持高于建筑物其他部位一定的正压，从而阻止火灾烟气侵入楼梯间、前室、避难层（间）等空间的系统。机械加压送风系统是建筑不能采用自然通风防烟时的一个重要的防烟方式，系统由加压送风机、风道、送风口以及风机控制柜等组成。

一、机械加压送风系统的工作原理

建筑发生火灾时，机械加压系统打开，向楼梯间、前室、避难层（间）等空间加注有压新鲜空气，使楼梯间、前室、避难层（间）等空间内形成正压。当非加压区和加压区的门关闭时，由于门两侧具有一定的压力差，正压区间保持一定的正压值以阻止烟气通过门缝渗漏；当门打开时，门洞处加压区向非加压区维持一定的风速值以阻挡烟气通过门洞注入加压区，如图 9-8 所示。

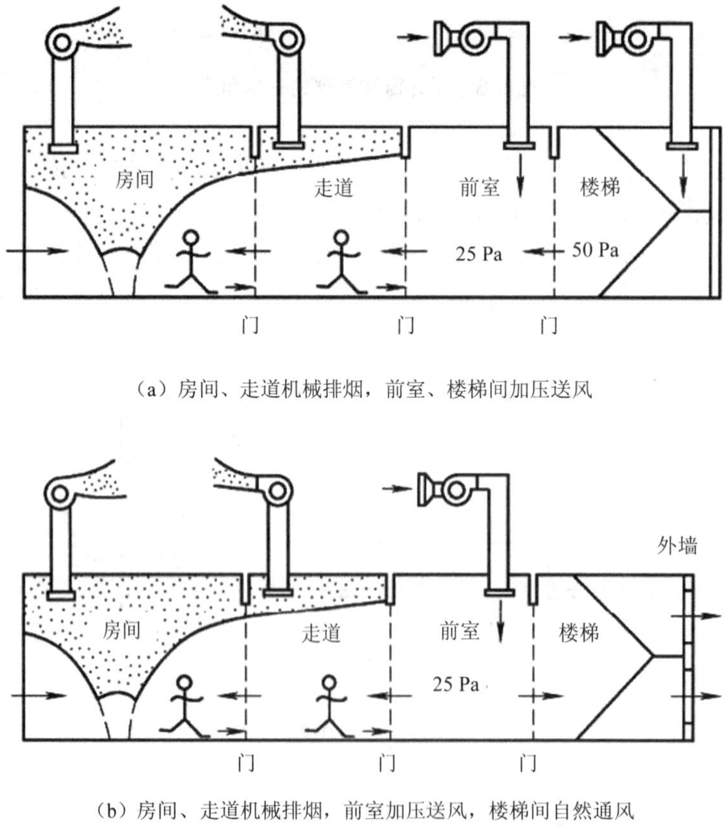

图 9-8　机械加压送风系统

二、机械加压送风系统的选择

建筑高度大于 50 m 的公共建筑、工业建筑和建筑高度大于 100 m 的住宅建筑，因自然通风效果受建筑本身的密闭性以及自然环境中风向、风压的影响较大，难以保证防烟效果，故其防烟楼梯间、独立前室、合用前室、共用前室及消防电梯间前室应采用机械加压送风系统。其他建筑中不具备自然排烟条件的防烟楼梯间、独立前室、合用前室、共用前室及消防电梯间前室，应采用机械加压送风系统。

当防烟楼梯间在裙房高度以上部分采用自然通风时，不具备自然通风条件的裙房的独立前室、合用前室及共用前室应采用机械加压送风系统。

建筑地下部分的防烟楼梯间前室及消防电梯间前室，当无自然通风条件或自然通风不符合要求时，应采用机械加压送风系统。

不能满足自然通风条件的封闭楼梯间，应设置机械加压送风系统。地下、半地下建筑（室）的封闭楼梯间与地上部分共用，或不与地上共用但地下超过两层及以上时，应当设置机械加压送风系统。

避难走道及前室应当分别设置机械加压送风系统。当避难走道仅一端设置安全出口且总长度小于 30 m，或避难走道两端设置安全出口且总长度小于 60 m 时，可以仅在前室设置机械加压送风系统。

人防工程中的防烟楼梯间及其前室或合用前室、避难走道的前室应设置机械加压送风系统。

三、机械加压送风系统的设置要求

建筑高度大于 100 m 的建筑，其机械加压送风系统应竖向分段独立设置，且每段高度不应超过 100 m。设置机械加压送风系统的楼梯间的地上部分与地下部分应分别独立设置机械加压送风系统，当受建筑条件限制，且地下部分为汽车库或设备用房时，可共用机械加压送风系统，送风量按地上、地下两部分之和计算，并设置能分别满足地上、地下部分送风量的有效措施。

建筑高度不大于 50 m 的建筑，当楼梯间设置加压送风井（管）道确有困难时，楼梯间可采用直灌式加压送风系统。

建筑的独立前室、合用前室及共用前室仅有一道门连通走道时，若其机械加压送风口设置在前室的顶部或正对前室入口的墙面，楼梯间可以采用自然通风系统；若机械加压送风口未设置在前室的顶部或正对前室入口的墙面，楼梯间应采用机械加压送风系统。

建筑高度不大于 50 m 的公共建筑、工业建筑和建筑高度不大于 100 m 的住宅建筑，不能采用自然通风的情况下，其防烟楼梯间采用独立前室且仅有一个门与走道或房间相通时，可仅在楼梯间设置机械加压送风系统；当独立前室有多个门时，楼梯间、独立前室应分别独立设置机械加压送风系统。

建筑的防烟楼梯间与消防电梯合用前室时，楼梯间、合用前室应分别独立设置机械加压送风系统；建筑采用剪刀楼梯时，两个楼梯间及前室的机械加压送风系统应分别独立设置。

采用机械加压送风的场所不应设置百叶窗，且不宜设置可开启外窗。设置机械加压送风系统的封闭楼梯间、防烟楼梯间，还应在其顶部设置不小于 1 m^2 的固定窗，供救援人员破拆以便及时排出火灾烟气及热量，保障救援人员生命安全，不延误灭火救援时机。靠外墙的防烟楼梯间，还应在其外墙上每 5 层内设置总面积不小于 2 m^2 的固定窗。设置机械加压送风系统的避难层（间），还应在外墙设置可开启外窗，其有效面积不小于该避难层（间）地面面积的 1%。

四、机械加压送风系统的主要设计参数

（一）加压送风量

机械加压送风系统应在任何情况下都能保持良好的防烟功能，其送风量应能保证加压区间达到所要求的正压水平或门打开时维持一定的空气流。机械加压送风系统的加压送风量应经计算确定，但超过 24 m 的建筑，应按计算值与《建筑防烟排烟系统技术标准》（GB 51251—2017）的规定值中的较大值确定。机械加压送风系统的设计风量不应小于计算风量的 1.2 倍。

当楼梯间地上部分与地下部分共用机械加压送风系统时，其送风量按地上、地下两部分之和计算。当楼梯间采用直灌式加压送风系统，楼梯间的送风量应按计算值或规定值增加 20%计算。

封闭避难层（间）、避难走道的机械加压送风量应按避难（层）间、避难走道的净面积每平方米不小于 30 m^3/h 计算。避难走道前室的送风量应按直接开向前室的疏散门的总断面面积乘以 1 m/s 门洞断面风速计算。

人民防空工程中，当前室或合用前室不直接送风时，防烟楼梯间的送风量不应小于 25 000 m^3/h，并应在防烟楼梯间和前室或合用前室的墙上设置余压阀。当防烟楼梯间与前室或合用前室分别送风时，防烟楼梯间的送风量不应小于 16 000 m^3/h，前室或合用前室的送风量不应小于 12 000 m^3/h。

（二）余压值

机械加压送风系统的余压值是加压送风系统设计中的一个重要指标，是指送风量在加压部位相通的门窗关闭时，能够阻止着火层的烟气在热压、风压、浮力、膨胀力等联合作用下进入加压部位，同时又不至于过大造成人们推不开通向疏散通道的门。机械加压送风量应满足走廊至前室、前室至楼梯间的压力呈递增分布，余压值应符合下列要求：

（1）前室、合用前室、消防电梯前室、封闭避难层（间）与走道之间的压差应为 25～30 Pa。

（2）防烟楼梯间、封闭楼梯间与走道之间的压差应为 40～50Pa。

为了保证防烟楼梯间及其前室、消防电梯间前室和合用前室的正压值，又要防止正压值过大而导致疏散门难以推开，当系统余压值超过最大允许压力差时应采取泄压措施。

五、机械加压送风系统组件设置要求

（一）送风机

机械加压送风机可用轴流风机或中、低压离心风机，风机宜设置在系统下部，且应采取保证各层送风量均匀性的措施。送风机应设置在专用机房内，机房应采用耐火极限不低 2.00 h 的隔墙和 1.50 h 的楼板及甲级防火门与其他部位隔开。

送风机的进风口应直通室外，且宜设在机械加压送风系统的下部，并应采取防止烟气被吸入的措施。送风机的进风口不应与排烟风机的出风口设在同一层面。当确有困难须设在同一层面时，送风机的进风口与排烟风机的出风口应分开布置。竖向布置时，送风机的进风口应设置在排烟出口的下方，两者边缘最小垂直距离不应小于 6 m；水平布置时，两者边缘最小水平距离不应小于 20 m。送风机出风管或进风管上安装单向风阀或电动风阀时，应采取火灾时阀门自动开启措施。

（二）加压送风口

设置机械加压送风系统的场所，楼梯间应设置常开风口，前室应设置常闭风口。火灾确认后，火灾自动报警系统应能在 15 s 内联动打开常闭风口。楼梯间的加压送风口宜每隔 2～3 层设置 1 个常开式百叶送风口，前室应每层设置 1 个常闭式加压送风口且应设置手动开启装置。机械加压送风防烟系统中送风口不宜设置在被门挡住的部位，送风口风速不宜大于 7 m/s。

建筑高度大于 32 m 时，楼梯间采用直灌式加压送风系统的建筑，应采用两点部位送风方式，送风口之间的距离不宜小于建筑高度的 1/2，其加压送风口不宜设在影响人员疏散的部位。

（三）送风管道

机械加压送风系统应采用不燃材料制作的送风管道，为防止风量沿程损耗较大而导致机械防烟系统失效，管道内壁应当光滑，不应采用土建风道。当送风管道内壁为金属时其设计风速不应大于 20 m/s，当送风管道内壁为非金属时其设计风速不应大于 15 m/s。

竖向设置的送风管道应独立设置在管道井内。当确有困难未设置在管道井内或需与其他管道合用管道井时，送风管道的耐火极限不应低于 1.00 h。水平设置的送风管道，当设置在顶棚内时，其耐火极限不应低于 0.50 h，当未设置在顶棚内时，其耐火极限不应低于 1.00 h。管道井应采用耐火极限不小于 1.00 h 的隔墙与相邻部位分隔，当墙上必须设置检修门时应采用乙级防火门。

专题 4：机械排烟

机械排烟系统是按照通风气流组织理论，当建筑物内发生火灾时，将房间、走道等空间的烟气通过排烟风机排至建筑物外的系统。它由挡烟设施（活动或固定挡烟垂壁、挡烟隔墙、挡烟梁）、排烟口、排烟防火阀、排烟管道、排烟风机和排烟风机控制柜等组成。目前常见的有机械排烟与自然补风组合、机械排烟与机械补风组合、机械排烟与排风合用、机械排烟与通风空调系统合用等形式。

一、机械排烟系统的工作原理

当建筑物内发生火灾时，通常是由火场人员手动控制或由感烟探测器将火灾信号传递给机械排烟系统控制器，开启活动的挡烟垂壁将烟气控制在发生火灾的防烟分区内，并打开排烟口以及和排烟口联动的排烟防火阀，同时关闭空调系统和送风管道内的防火调节阀，以防止烟气从空调、通风系统蔓延到其他非着火房间，最后由设置在屋顶的排烟机将烟气通过排烟管道排至室外。

二、机械排烟系统的选择及设置要求

（一）机械排烟系统的选择

1．建筑内应设排烟设施，不具备自然排烟条件的房间、走道及中庭等，均应采用机械排烟方式。高层建筑受自然条件（如室外风速、风压、风向等）的影响较大，采用机械排烟方式较多。

2．人防工程下列部位，当不具备自然排烟条件时，应设置机械排烟设施：

（1）建筑面积大于 50 m^2，且经常有人停留或可燃物较多的房间、大厅。

（2）丙、丁类生产车间。

（3）总长度大于 20 m 的疏散走道。

（4）电影放映间、舞台等。

3．非敞开式汽车库、建筑面积不小于 1 000 m^2 的地下一层汽车库和修车库、地下二层及以下层的汽车库、修车库，不具备自然排烟条件时，应设置机械排烟系统。

（二）机械排烟系统的设置要求

在同一个防烟分区内不应同时采用自然排烟方式和机械排烟方式，避免两种方式相互之间对气流的干扰，影响排烟效果。

当建筑的机械排烟系统沿水平方向布置时，为了防止火灾在不同防火分区蔓延，且有利于不同防火分区烟气的排出，每个防火分区的机械排烟系统应独立设置。建筑高度大于 50 m 的公共建筑和建筑高度大于 100 m 的住宅，一旦系统出现故障，容易造成大面积的失控，对建筑整体安全构成威胁。为了提高系统的可靠性，及时排出烟气，防止排烟系统因担负楼层数太多或竖向高度过高而失效，排烟系统应竖向分段独立设置，且公共建筑每段高度不应大于 50 m，住宅建筑每段高度不应大于 100 m。

排烟系统与通风、空气调节系统应分开设置。当确有困难时可以合用，但应符合排烟系统的要求。通风空调系统的风口一般都是常开风口，为了确保排烟量，当按防烟分区进行排烟时，只有着火处防烟分区的排烟口开启排烟，其他都要关闭，这就要求通风空调系统每个风口上都要安装自动控制阀才能满足排烟要求，且当排烟口打开时，每个排烟合用系统的管道上需联动关闭的通风和空气调节系统的控制阀门不应超过 10 个。

三、机械排烟系统的主要设计参数

（一）排烟量

1．中庭的排烟量。

中庭的烟气积聚主要来自两个方面，一是中庭周围场所产生的烟羽流向中庭蔓延，二是中庭内自身火灾形成的烟羽流上升蔓延。中庭周围场所设有排烟系统时，考虑周围场所的机械排烟存在机械或电气故障等失效的可能，烟气将会大量涌入中庭，因此对此种状况的中庭规定其排烟量按周围场所中最大排烟量的 2 倍数值计算，且不应小于 107 000 m^3/h；当中庭周围场所不需设置排烟系统，仅在回廊设置排烟系统时，由于周边场所面积较小，产生的烟量也有限，所需的排烟量较小，回廊的排烟量不应小于 13 000 m^3/h，中庭的排烟量不应小于 40 000 m^3/h。

2．中庭以外一个防烟分区的排烟量。

建筑空间净高不大于 6 m 的场所，其排烟量不应小于 60 $m^3/(h\cdot m^2)$ 且总排烟量不小于 15 000 m^3/h。公共建筑、工业建筑中空间净高大于 6 m 的场所，其排烟量根据火灾热释放速率、清晰高度、烟羽流质量流量及烟羽流温度等参数计算确定，且不小于《建筑防烟排烟系统技术标准》规定数值，其中建筑空间净高大于 9 m 的规定数值，按 9 m 取值。

当公共建筑仅需在走道或回廊设置排烟时，机械排烟量不应小于 13 000 m^3/h；当公共建筑室内与走道或回廊均需要设置排烟时，其走道或回廊的机械排烟量可按 60 $m^3/(h\cdot m^2)$ 计算且总排烟量不小于 13 000 m^3/h。

3．一个排烟系统担负多个防烟分区时的排烟量。

一个排烟系统担负多个防烟分区排烟，为了确保系统可靠性，一个排烟系统担负防烟分区的个数不宜过多。当系统负担具有相同净高的场所时，对于建筑空间净高大于 6 m 的场所，应按排烟量最大的一个防烟分区的排烟量计算；对于建筑空间净高为 6 m 及 6 m 以下的场所，应按同一防火分区中任意两个相邻防烟分区的排烟量之和的最大值计算。当系统负担具有不同净高的场所时，应采用上述方法对系统中每个场所所需的排烟量进行计算，并取其中的最大值作为系统排烟量。

（二）风速

机械排烟系统的排烟管道，当排烟管道内壁为金属时，管道设计风速不应大于 20 m/s；当排烟管道内壁为非金属时，管道设计风速不应大于 15 m/s。排烟口风速不宜大于 10 m/s。机械补风口的风速不宜大于 10 m/s，人员密集场所补风口的风速不宜大于 5 m/s，自然补风口的风速不宜大于 3 m/s。

四、机械排烟系统组件及设置要求

（一）排烟风机

排烟风机可采用离心式或轴流排烟风机，风机应满足 280℃时连续工作 30 min 的要求。排烟风机入口处应设置 280℃能自动关闭的排烟防火阀，该阀应与排烟风机连锁，当该阀关闭时，应能直接停止排烟风机运转。

排烟风机宜设置在排烟系统的顶部，烟气出口宜朝上。为了确保加压送风机和补风机的吸风口不受到烟气的威胁，排烟风机的出风口不应与送风机的进风口设在同一面上。当确有困难时，排烟风机的出风口与送风机的进风口应分开布置，且在竖向平面上布置时，排烟风机的出风口应高于加压送风机和补风机的进风口，两者垂直距离或水平距离应符合：竖向布置时，送风机的进风口应设置在排烟机出风口的下方，其两者边缘最小垂直距离不应小于 6 m；水平布置时，两者边缘最小水平距离不应小于 20 m。

排烟风机应设置在专用机房内，该房间应采用耐火极限不低于 2.00 h 的隔墙和 1.50 h 的楼板及甲级防火门与其他部位隔开。风机两侧应有 600 mm 以上的空间。对于排烟系统与通风空气调节系统共用的系统，其排烟风机与排风风机合用的机房，应符合下列条件：

1．机房内应设有自动喷水灭火系统。

2．机房内不得设有用于机械加压送风的风机与管道。

3．排烟风机与排烟管道的连接部件应能在 280℃时连续 30 min 保证其结构完整性。

（二）排烟管道

机械排烟系统应采用管道排烟，且不应采用土建风道。排烟管道应采用不燃材料制作且内壁应光滑。排烟管道及其连接部件应能在 280℃时连续 30 min 保证其结构完整性。

竖向设置的排烟管道应设置在独立的管道井内，排烟管道的耐火极限不应低于 0.50 h。水平设置的排烟管道应设置在顶棚内，排烟管道的耐火极限不应低于 0.50 h，当确有困难时，可直接设置在室内，但管道的耐火极限不应小于 1.00 h。设置在走道部位顶棚内的排烟管道，以及穿越防火分区的排烟管道，其管道的耐火极限不应小于 1.00 h，但设备用房和汽车库的排烟管道耐火极限可以不低于 0.50 h。

当顶棚内有可燃物时，顶棚内的排烟管道应采用不燃材料进行隔热，并应与可燃物保持不小于 150 mm 的距离。

设置排烟管道的管道井应采用耐火极限不小于 1.00 h 的隔墙与相邻区域分隔；当墙上必须设置检修门时，应采用乙级防火门。

（三）排烟防火阀

排烟防火阀是安装在机械排烟系统管道上，平时呈开启状态，火灾时当排烟管道内烟气温度达到280℃时关闭，并在一定时间内能满足漏烟量和耐火完整性要求，起隔烟阻火作用的阀门。排烟防火阀一般由阀体、叶片、执行机构和温感器等部件组成。排烟管道下列部位应设置排烟防火阀：

（1）垂直风管与每层水平风管交接处的水平管段上。

（2）一个排烟系统负担多个防烟分区的排烟支管上。

（3）排烟风机入口处。

（4）穿越防火分区处。

（四）排烟口（阀）

排烟口是指机械排烟系统中烟气的入口。排烟阀是安装在机械排烟系统各支管端部（烟气吸入口）处，平时呈关闭状态并满足漏风量要求，火灾时可手动和电动启闭，起排烟作用的阀门，一般由阀体、叶片、执行机构等部件组成。

排烟口的数量设置应根据其所在的防烟分区的排烟量及单个排烟口的最大允许排烟量计算确定，且防烟分区内任一点与最近的排烟口之间的水平距离不应大于 30 m。排烟口的设置宜使烟流方向与人员疏散方向相反，排烟口与附近安全出口相邻边缘之间的水平距离不应小于 1.5 m。火灾时由火灾自动报警系统联动开启排烟区域的排烟阀或排烟口，应在现场设置手动开启装置。

排烟口应设在储烟仓内且宜设置在顶棚或靠近顶棚的墙面上，但走道、室内空间净高不大于 3 m 的区域，其排烟口可设置在其净空高度的 1/2 以上；当设置在侧墙时，顶棚与其最近的边缘的跨度不应大于 0.5 m。当需要机械排烟的房间面积小于 50 m^2 时，可以通过走道排烟，排烟口可以设置在疏散走道中。

当排烟口设在吊顶内且通过吊顶上部空间进行排烟时，吊顶应采用不燃材料，且吊顶内不应有可燃物。封闭式吊顶上设置的烟气流入口的颈部烟气速度不宜大于 1.5 m/s；非封闭式吊顶的开孔率不应小于吊顶净面积的 25%，且孔洞应均匀布置。

（五）固定窗

固定窗是设置在设有机械防烟、排烟系统的场所中，窗扇固定，平时不可开启，仅在火灾时便于人工破拆以排出火场中的烟和热的外窗。当设置机械排烟系统时，下列地上建筑或部位，应在外墙或屋顶设置固定窗：

1．任一层建筑面积大于 2 500 m^2 的丙类厂房（仓库）。

2．任一层建筑面积大于 3 000 m^2 的商店建筑、展览建筑及类似功能的公共建筑。

3．总建筑面积大于 1 000 m^2 的歌舞娱乐放映游艺场所。

4．商店建筑、展览建筑及类似功能的公共建筑中长度大于 60 m 的走道。

5．靠外墙或贯通至建筑屋顶的中庭。

固定窗宜按每个防烟分区在屋顶或建筑外墙上均匀布置且不应跨越防火分区。非顶层区域的固定窗应布置在每层的外墙上；顶层区域的固定窗应布置在屋顶或顶层的外墙上，但未设置自动喷水灭火系统以及采用钢结构屋顶或预应力钢筋混凝土屋面板的建筑应布置在屋顶。

设置在顶层区域的固定窗，其总面积不应小于楼地面面积的 2%。设置在靠外墙且不位于顶层区域的固定窗，单个固定窗的面积不应小于 1 m^2，且间距不宜大于 20 m，其下沿距室内地面的高度不宜小于层高的 1/2。供消防救援人员进入的救援窗口面积不计入固定窗面积，但可组合布置。设置在中庭区域的固定窗，其总面积不应小于中庭楼地面面积的 5%。固定玻璃窗应按可破拆的玻璃面积计算，带有温控功能的可开启设施应按开启时的水平投影面积计算。

除洁净厂房外，设置机械排烟系统的任一层建筑面积大于 2 000 m^2 的制鞋、制衣、玩具、塑料、木器加工储存等丙类工业建筑，可采用可熔性采光带（窗）替代固定窗。未设置自动喷水灭火系统或采用钢结构屋顶或预应力钢筋混凝土屋面板的建筑，可熔性采光带（窗）的面积不应小于楼地面面积的 10%，其他建筑不应小于楼地面面积的 5%。可熔性采光带（窗）的有效面积应按其实际面积计算。

（六）挡烟垂壁

挡烟垂壁是用不燃材料制成，垂直安装在建筑顶棚、梁下，能在火灾时形成一定蓄烟空间的挡烟分隔设施。挡烟垂壁可采用固定式和活动式。当建筑物净空较高时可采用固定式，将挡烟垂壁长期固定在顶棚上；当建筑物净空较低时，宜采用活动式。

挡烟垂壁的深度不应小于储烟仓厚度，当采用自然排烟方式时，挡烟垂壁的深度不应小于空间净高的 20%，且不应小于 500 mm；当采用机械排烟方式时，挡烟垂壁的深度不应小于空间净高的 10%，且不应小于 500 mm。同时其底部距地面高度应大于安全疏散所需的最小清晰高度。

挡烟垂壁应用不燃材料制作，如钢板、防火玻璃、无机纤维织物、不燃无机复合板等。活动式的挡烟垂壁应由感烟探测器控制，或与排烟口联动，或受消防控制中心控制，但同时应能就地手动控制。

五、补风系统

（一）补风原理

根据空气流动的原理，在排出某一区域空气的同时，也需要有另一部分的空气进行补充。排烟系统排烟时，补风的主要目的是形成理想的气流组织，迅速排出烟气，以利于人员的安全疏散和消防救援。

（二）补风系统的选择

除地上建筑的走道或建筑面积小于 500 m^2 的房间外，设置排烟系统的场所应设置补风系统。地上建筑的走道和小面积的场所因面积较小，排烟量也较小，可以利用建筑的各种缝隙满足排烟系统所需的补风，为了简便系统管理和减少工程投入，可以不用专门为这些场所设置补风系统。除这些场所以外的排烟系统均应设置补风系统。

（三）补风的方式

补风系统应直接从室外引入空气，可采用自然进风和机械送风两种方式。

1．自然补风。

自然补风系统可以采用疏散外门、手动或自动可开启外窗等自然进风方式进行排烟补风，并保证补风气流不受阻隔，但是不应将防火门、防火窗作为补风设施。

2．机械补风。

（1）机械排烟与机械补风组合方式。

利用排烟机通过排烟口将着火房间的烟气排到室外，同时对走廊、楼梯间前室和楼梯间等利用送风机进行机械送风，使着火房间、疏散通道、前室、楼梯间形成稳定的气流，有利于着火房间的排烟，同时能防止烟气从着火房间溢散到走廊、前室及楼梯间，确保疏散通道的安全。

（2）自然排烟与机械补风组合方式。

着火房间的烟气通过外窗或专用排烟口以自然排烟的方式排至室外，机械送风系统向走廊、前室和楼梯间送风，使这些区域的空气压力高于着火房间，防止烟气侵入疏散通道。这种方式需要控制加压区域的空气压力，避免与着火房间压力相差过大导致进入着火房间的新鲜空气过多，助长火势的发展。

机械补风系统也可由空调或通风的送风系统转换而成，但此时的空调或通风系统设计时应注意以下几点：空调或通风系统的送风机应与排烟系统同步运行；通风量应满足排烟补风风量要求；如有回风，此时应立即断开；系统上的阀门（包括防火阀）应与之相适应。

（四）补风量

1．补风系统应直接从室外引入空气，补风量不应小于排烟量的50%。

2．汽车库内无直接通向室外的汽车疏散出口的防火分区，当设置机械排烟系统时，应同时设置进风系统，且送风量不宜小于排烟量的50%。

3．在人防工程中，当补风通路的空气阻力不大于50Pa时，可自然补风；当补风通路的空气阻力大于50 Pa时，应设置火灾时可转换成补风的机械送风系统或单独的机械补风系统，补风量不应小于排烟风量的50%。

（五）补风系统组件及设置要求

1．补风口。

当补风口与排烟口设置在同一防烟分区内时，补风口应设在储烟仓下沿以下，且补风口应与储烟仓、排烟口保持尽可能大的间距，这样才不会扰动烟气，也不会使冷热气流相互对撞，造成烟气的混流；补风口与排烟口水平距离不应小于5 m。当补风口与排烟口设置在同一空间内相邻的防烟分区时，由于挡烟垂壁的作用，冷热气流已经隔开，补风口位置不限。补风口如果设置位置不当的话，会造成对流动烟气的搅动，严重影响烟气导出的有效组织，或由于补风受阻，使排烟气流无法稳定导出，所以对补风口的设置有严格要求。

2．补风机。

补风机的设置与机械加压送风机的要求相同，风机应设置在专用机房内。排烟区域所需的补风系统应与排烟系统联动开启或关闭。

3．补风管道。

补风管道耐火极限不应低于0.50 h，当补风管道跨越防火分区时，管道的耐火极限不应小于1.50 h。

专题5：系统控制

一、防烟系统的联动控制

（一）机械加压送风系统联动控制

当火灾发生时，起火部位所在防火分区内的两只独立的火灾探测器的报警信号或一只火灾探测器与一只手动火灾报警按钮的报警信号发送到火灾报警控制器，火灾报警控制器将这两个信号进行识别并确认火灾，再以这两个信号的“与”逻辑作为开启送风口和启动加压送风机的联动触发信号，消防联动控制器在接收到满足逻辑关系的联动触发信号后，联动开启该防火分区内着火层及相邻上下两层前室及合用前室的常闭送风口并启动相应加压送风机，同时开启该防火分区楼梯间的全部加压送风机。

当防火分区内的火灾确认后，火灾自动报警系统应能在 15 s 内联动开启常闭加压送风口和加压送风机。

（二）加压送风机的启动

加压送风机的启动应有现场手动启动、火灾自动报警系统自动启动、消防控制室手动启动、任一常闭加压送风口开启自动启动四种方式。现场手动启动由风机控制柜来实现，通过风机控制柜来手动启停加压送风机。消防控制室通过多线控制盘可直接手动启动加压送风机。任一常闭加压送风口开启时（包括手动和自动），相应的加压送风机均应能联动启动。

二、排烟系统的联动控制

（一）机械排烟系统联动控制

当火灾发生时，起火部位所在防烟分区内的两只独立的火灾探测器的报警信号或一只火灾探测器与一只手动火灾报警按钮的报警信号发送到火灾报警控制器，火灾报警控制器将这两个信号进行识别并确认火灾，再以这两个信号的“与”逻辑作为排烟口、排烟窗或排烟阀开启的联动触发信号，消防联动控制器在接收到满足逻辑关系的联动触发信号后，联动控制排烟口、排烟窗或排烟阀的开启，同时停止该防烟分区的空气调节系统。当排烟口、排烟窗或排烟阀开启时，其开启动作信号作为排烟风机启动的联动触发信号，消防联动控制器在接收到排烟口、排烟窗或排烟阀开启信号后，联动启动排烟风机。在排烟风机入口总管处的排烟防火阀在 280℃时应能自行关闭，其关闭信号能连锁关闭排烟风机和补风机。消防控制设备应能显示排烟系统的排烟风机、补风机、排烟防火阀等设施的启闭状态。

排烟风机、补风机的启动应有现场手动启动、火灾自动报警系统自动启动、消防控制室手动启动、系统中任一排烟阀或排烟口开启时自动启动四种方式，现场手动启动由风机控制柜来实现，通过风机控制柜来手动启停排烟风机、补风机。消防控制室通过多线控制盘可直接手动启动排烟风机、补风机。任一排烟阀或排烟口开启时（包括手动和自动），相应的排烟风机、补风机均应能联动启动。

（二）常闭排烟阀或排烟口联动控制

机械排烟系统中的常闭排烟阀或排烟口除具有火灾自动报警系统开启功能外，还应具有消防控制室手动开启和现场手动开启功能，其开启信号均能联动启动排烟风机。当火灾确认后，火灾自动报警系统应在 15 s 内联动开启相应防烟分区的全部排烟阀、排烟口、排烟风机和补风设施，并应能在 30 s 内自动关闭与排烟无关的通风、空调系统。

当火灾确认后，负担两个及以上防烟分区的排烟系统，应仅打开着火防烟分区的排烟阀或排烟口，其他防烟分区的排烟阀或排烟口应呈关闭状态。排烟口、排烟窗或排烟阀开启和关闭的动作信号，风机启动和停止及电动防火阀关闭的动作信号，均应反馈至消防联动控制器。

（三）电动挡烟垂壁联动控制

电动挡烟垂壁应具有自动报警系统自动启动和现场手动启动功能。发生火灾时，以起火部位所在防烟分区内且位于电动挡烟垂壁附近的两只独立的感烟火灾探测器的报警信号（“与”逻辑）作为电动挡烟垂壁降落的联动触发信号，消防联动控制器在接收到满足逻辑关系的联动触发信号后，联动控制电动挡烟垂壁的降落。火灾确认后，火灾自动报警系统应在15 s内联动启动相应防烟分区全部电动挡烟垂壁，在60 s以内将挡烟垂壁开启到位。

（四）自动排烟窗的联动控制

自动排烟窗可采用与火灾自动报警系统联动或与温度释放装置联动的控制方式。当采用火灾自动报警系统自动启动时，自动排烟窗应在 60 s 内或小于烟气充满储烟仓所需的时间内开启完毕。带有温控功能的自动排烟窗，其温控释放温度应大于环境温度30℃且小于100℃。

三、防排烟系统的手动控制设计

防排烟系统应能在消防控制室内的消防联动控制器上手动控制送风口、活动挡烟垂壁、排烟口、排烟窗、排烟阀的开启或关闭及防烟风机、排烟风机等设备的启动或停止。防烟、排烟风机的启动、停止按钮应采用专用线路直接连接至设置在消防控制室内的消防联动控制器的手动控制盘上，并应直接手动控制防烟、排烟风机的启动与停止。常闭送风口、排烟阀或排烟口的手动驱动装置应固定安装在明显可见、距楼地面1.3～1.5 m便于操作的位置，预埋套管不得有死弯及瘪陷，手动驱动装置操作应灵活。

（本章由杨晨编写）

第十章 应急照明和疏散指示系统

杨 晨

专题1：系统适用及分类选型

消防应急照明和疏散指示系统是为人员疏散和发生火灾时仍需工作的场所提供照明和疏散指示的系统，是一种辅助人员安全疏散的建筑消防系统，由消防应急照明灯具、消防应急标志灯具及相关装置构成，其主要功能是在火灾等紧急情况下，为人员的安全疏散和灭火救援行动提供必要的照度条件及正确的疏散指示信息。

一、系统适用

（一）疏散照明

设置疏散照明可以使人们在正常照明电源被切断后，仍然以较快的速度逃生，是保证和有效引导人员疏散的设施。建筑内人员安全疏散必须经过的重要节点部位和建筑内人员相对集中、人员疏散时易出现拥堵情况的场所，应设置疏散照明。所以，除建筑高度小于 27 m 的住宅建筑外，民用建筑、厂房和丙类仓库的下列部位应设置疏散照明：

1．封闭楼梯间、防烟楼梯间及其前室、消防电梯间的前室或合用前室、避难走道、避难层（间）。
2．观众厅、展览厅、多功能厅和建筑面积大于200 m^2的营业厅、餐厅、演播室等人员密集的场所。
3．建筑面积大于100 m^2的地下或半地下公共活动场所。

4．公共建筑内的疏散走道。

5．人员密集的厂房内的生产场所及疏散走道。

（二）疏散指示标志

公共建筑、建筑高度大于 54 m 的住宅建筑、高层厂房（库房）和甲、乙、丙类单、多层厂房，应设置灯光疏散指示标志。下列建筑或场所应在疏散走道和主要疏散路径的地面上增设能保持视觉连续的灯光疏散指示标志或蓄光疏散指示标志：

1．总建筑面积大于 8 000 m^2 的展览建筑。

2．总建筑面积大于 5 000 m^2 的地上商店。

3．总建筑面积大于 500 m^2 的地下或半地下商店。

4．歌舞娱乐放映游艺场所。

5．座位数超过 1 500 个的电影院、剧场，座位数超过 3 000 个的体育馆、会堂或礼堂。

6．车站、码头建筑和民用机场航站楼中建筑面积大于 3 000 m^2 的候车室、候船厅和航站楼的公共区。

二、系统及灯具分类

（一）系统分类

消防应急照明及疏散指示系统分为集中控制型系统和非集中控制型系统两种类型，其中，集中控制型系统由应急照明控制器、集中控制型灯具、应急照明集中电源或应急照明配电箱等系统部件组成，由应急照明控制器按预设器逻辑和时序控制并显示其配接的灯具、应急照明集中电源或应急照明配电箱的工作状态；非集中控制型系统由非集中控制型灯具、应急照明集中电源或应急照明配电箱等系统部件组成，系统中灯具的光源由灯具蓄电池电源的转换信号控制应急点亮或由红外、声音等信号感应点亮。

（二）灯具分类

1．按用途分为：消防应急照明灯具（以下简称照明灯）（含疏散用手电筒）、消防应急标志灯具（以下简称标志灯）、照明标志复合灯具。

2．按工作方式分为：持续型、非持续型。

3．按应急供电形式分为：自带电源型、集中电源型、子母型。

4．按应急控制方式分为：集中控制型、非集中控制型。

三、系统及灯具选型

（一）系统选型

系统类型的选择应根据建、构筑物的规模、使用性质及日常管理及维护难易程度等因素确定。

系统选型

设置消防控制室的场所	集中控制型系统
设置火灾自动报警系统，但未设置消防控制室的场所	宜选择集中控制型系统
其他场所	可选择非集中控制型系统

（二）灯具选型

1. 应选择采用节能光源的灯具，照明灯的光源色温不应低于 2 700 K。

2. 不应采用蓄光型指示标志替代标志灯。蓄光型标志牌是利用储能物质吸收环境照度发光的产品，表面亮度较低，且亮度的衰减较快。

3. 灯具的蓄电池电源宜优先选择安全性高、不含重金属等对环境有害的物质的蓄电池。

4. 设置在距地面 8 m 及以下的灯具，应选择 A 型灯具；地面上设置的标志灯应选择集中电源 A 型灯具；未设置消防控制室的住宅建筑，疏散走道、楼梯间等场所可选择自带电源 B 型灯具。

5. 标志灯应选择持续型灯具。

（三）灯具面板或灯罩的材质

除地面上设置的标志灯的面板可以采用厚度 4 mm 及以上的钢化玻璃外，设置在距地面 1 m 及以下的标志灯的面板或灯罩不应采用易碎材料或玻璃材质；在顶棚、疏散路径上方设置的灯具的面板或灯罩不应采用玻璃材质。

专题 2：系统性能指标

一、响应时间

火灾状态下，灯具光源应急点亮、熄灭的响应时间，高危险场所灯具光源应急点亮的响应时间不应大于 0.25 s；其他场所灯具光源应急点亮的响应时间不应大于 5 s；具有两种及以上疏散指示方案的场所，标志灯光源点亮、熄灭的响应时间不应大于 5 s。

系统的应急工作时间不应小于 90 min，且不小于灯具本身标称的应急工作时间。应急照明控制器应有主、备用电源的工作状态指示，并能实现主、备用电源的自动转换，且备用电源应至少能保证应急照明控制器正常工作 3 h。

二、蓄电池电源供电时间

系统应急启动后，在蓄电池电源供电时的持续工作时间应满足下列要求：

1. 建筑高度大于 100 m 的民用建筑，不应小于 1.50 h。

2. 医疗建筑、老年人照料设施、总建筑面积大于 100 000 m^2 的公共建筑和总建筑面积大于 20 000 m^2 的地下、半地下建筑，不应少于 1.00 h。

3. 其他建筑，不应少于 0.50 h。

4. 城市交通隧道应符合下列规定：

（1）一类、二类隧道不应小于 1.50 h，隧道端口外接的站房不应小于 2.00 h。

（2）三类、四类隧道不应小于 1.00 h，隧道端口外接的站房不应小于 1.50 h。

为保障应急照明控制器在火灾等紧急情况下供电的可靠性，要求应急照明控制器的主电源应由消防电源供电；同时，为了保障应急照明控制器在火灾状态下能满足相应的持续工作时间要求，应急照明控制器应自带蓄电池电源，且在主电源断电的情况下，蓄电池电源的容量满足控制器持续、稳定工作 3.00 h 的需求。

三、照明灯具照度

照明灯具照度

设置部位或场所	地面水平最低照度
Ⅰ-1．病房楼或手术部的避难间。 Ⅰ-2．老年人照料设施。 Ⅰ-3．人员密集场所、病房楼或手术部内的楼梯间、前室或合用前室、避难走道。 Ⅰ-4．逃生辅助装置存放处等特殊区域。 Ⅰ-5．屋顶直升机停机坪	不应低于 10.0 lx
Ⅱ-1．除Ⅰ-3 规定的敞开楼梯间、封闭楼梯间、防烟楼梯间及其前室，室外楼梯。 Ⅱ-2．消防电梯间的前室或合用前室。 Ⅱ-3．除Ⅰ-3 规定的避难走道。 Ⅱ-4．寄宿制幼儿园和小学的寝室、医院手术室及重症监护室等病人行动不便的病房等需要救援人员协助疏散的区域	不应低于 5.0 lx
Ⅲ-1．除Ⅰ-1 规定的避难层（间）。 Ⅲ-2．观众厅，展览厅，电影院，多功能厅，建筑面积大于 200 m^2 的营业厅、餐厅、演播厅，建筑面积超过 400 m^2 的办公大厅、会议室等人员密集场所。 Ⅲ-3．人员密集厂房内的生产场所。 Ⅲ-4．室内步行街两侧的商铺。 Ⅲ-5．建筑面积大于 100 m^2 的地下或半地下公共活动场所	不应低于 3.0 lx
Ⅳ-1．除Ⅰ-2、Ⅱ-4、Ⅲ-2～Ⅲ-5 规定场所的疏散走道、疏通道。 Ⅳ-2．室内步行街。 Ⅳ-3．城市交通隧道两侧、人行横通道和人行疏散通道。 Ⅳ-4．宾馆、酒店的客房。 Ⅳ-5．自动扶梯上方或侧上方。 Ⅳ-6．安全出口外面及附近区域、连廊的连接处两端。 Ⅳ-7．进入屋顶直升机停机坪的途径。 Ⅳ-8．配电室、消防控制室、消防水泵房、自备发电机房等发生火灾时仍需工作、值守的区域	不应低于 1.0 lx

四、系统自检功能

系统持续主电工作 48 h 后每隔（30±2）天自动由主电工作状态转入应急工作状态并持续 30～180 s，然后自动恢复到主电工作状态。每隔一年自动由主电工作状态转入应急工作状态并持续至放电终止，然后自动恢复到主电工作状态，持续应急工作时间不少于 30 min。

系统（地面安装或其他场所封闭安装的灯具除外）在不能完成自检功能时，应在 10 s 内发出故障声、光信号，并保持至故障排除。集中电源型灯具在应急工作时间不能持续 30 min 时，应急照明集中电源应发出故障声、光信号，并保持至故障排除；集中控制型系统在不能完成自检功能时，应急照明控制器应发出故障声、光信号，并指示系统中不能完成自检功能的自带电源型灯具、集中电源和应急照明分配电装置的部位。

专题3：系统配电设计

一、一般要求

灯具的电源由主电源和蓄电池电源组成。根据灯具蓄电池电源供电方式的不同，分为集中电源供电方式和灯具自带蓄电池供电方式。

采用集中电源供电方式时，灯具的主电源和蓄电池电源均由集中电源供电，灯具的主电源和蓄电池电源在集中电源内部实现输出转换后直接经由同一配电回路为灯具供电，为保障灯具供电线路供电和电气故障保护的可靠性，集中电源的每一个配电输出回路均应设置过载、短路保护装置，任一配电输出回路出现过载或短路故障时，不应影响其他配电输出回路的正常工作。

采用自带蓄电池供电方式时，灯具的主电源由应急照明配电箱的配电回路供电，为保障灯具供电线路供电和电气故障保护的可靠性，灯具的主电源只允许经由应急照明配电箱进行一级分配电后为灯具供电，应急照明配电箱的主电源断电后，灯具自动转入自带蓄电池供电。

应急照明配电箱或集中电源的输入及输出回路中不应装设剩余电流动作保护器，输出回路严禁接入系统以外的开关装置、插座及其他负载。

二、灯具配电回路

灯具配电回路

水平疏散区域	1．应按防火分区、同一防火分区的楼层、隧道区间、地铁站台和站厅等为基本单元设置配电回路。 2．除住宅建筑外，不同的防火分区、隧道区间、地铁站台和站厅不能共用同一配电回路。 3．避难走道应单独设置配电回路。 4．防烟楼梯间前室及合用前室内设置的灯具应由前室所在楼层的配电回路供电。 5．配电室、消防控制室、消防水泵房、自备发电机房等发生火灾时仍需工作、值守的区域和相关疏散通道，应单独设置配电回路
竖向疏散区域	1．封闭楼梯间、防烟楼梯间、室外疏散楼梯应单独设置配电回路。 2．敞开楼梯间内设置的灯具应由灯具所在楼层或就近楼层的配电回路供电。 3．避难层和避难层连接的下行楼梯间应单独设置配电回路
任一回路灯具数量范围	1．配接灯具的数量不宜超过60只。 2．道路交通隧道内，配接灯具的范围不宜超过1 000 m。 3．地铁隧道内，配接灯具的范围不应超过一个区间的1/2
额定功率额定电流	1．配接灯具的额定功率总和不应大于配电回路额定功率的80%。 2．A型灯具配电回路的额定电流不应大于6A；B型灯具配电回路的额定电流不应大于10 A

三、应急照明配电箱

应急照明配电箱

选择	1．应选择进、出线口分开设置在箱体下部的产品。 2．在隧道场所、潮湿场所，应选择防护等级不低于IP65的产品；在电气竖井内，应选择防护等级不低于IP33的产品
设置	1．宜设置于值班室、设备机房、配电间或电气竖井内。 2．人员密集场所，每个防火分区应设置独立的应急照明配电箱；非人员密集场所，多个相邻防火分区可设置一个共用的应急照明配电箱。 3．防烟楼梯间应设置独立的应急照明配电箱，封闭楼梯间宜设置独立的应急照明配电箱

供电	1．集中控制型系统中，应急照明配电箱应由消防电源的专用应急回路或所在防火分区、同一防火分区的楼层、隧道区间、地铁站台和站厅的消防电源配电箱供电。 2．非集中控制型系统中，应急照明配电箱应由防火分区、同一防火分区的楼层、隧道区间、地铁站台和站厅的正常照明配电箱供电。 3．A 型应急照明配电箱的变压装置可设置在应急照明配电箱内或其附近
输出回路	1．A 型应急照明配电箱的输出回路不应超过 8 路；B 型应急照明配电箱的输出回路不应超过 12 路。 2．沿电气竖井垂直方向为不同楼层的灯具供电时，应急照明配电箱的每个输出回路在公共建筑中的供电范围不宜超过 8 层，在住宅建筑的供电范围不宜超过 18 层

四、集中电源

集中电源

选择	1．应根据系统的类型及规模、灯具及其配电回路的设置情况、集中电源的设置部位及设备散热能力等因素综合选择适宜电压等级与额定输出功率的集中电源；集中电源额定输出功率不应大于 5 kW；设置在电缆竖井中的集中电源额定输出功率不应大于 1 kW。 2．蓄电池电源宜优先选择安全性高、不含重金属等对环境有害的物质的蓄电池（组）。 3．在隧道场所、潮湿场所，应选择防护等级不低于 IP65 的产品；在电气竖井内，应选择防护等级不低于 IP33 的产品
设置	1．应综合考虑配电线路的供电距离、导线截面、压降损耗等因素，按防火分区的划分情况设置集中电源；灯具总功率大于 5 kW 的系统，应分散设置集中电源。 2．应设置在消防控制室、低压配电室、配电间内或电气竖井内；设置在消防控制室内时，应符合《消防应急照明和疏散指示系统技术标准》（GB 51309—2018）第 3.4.6 条的规定；集中电源的额定输出功率不大于 1 kW 时，可设置在电气竖井内。 3．设置场所不应有可燃气体管道、易燃物、腐蚀性气体或蒸汽。 4．酸性电池的设置场所不应存放带有碱性介质的物质；碱性电池的设置场所不应存放带有酸性介质的物质。 5．设置场所宜通风良好，设置场所的环境温度不应超出电池标称的工作温度范围
供电	1．集中控制型系统中，集中设置的集中电源应由消防电源的专用应急回路供电，分散设置的集中电源应由所在防火分区、同一防火分区的楼层、隧道区间、地铁站台和站厅的消防电源配电箱供电。 2．非集中控制型系统中，集中设置的集中电源应由正常照明线路供电，分散设置的集中电源应由所在防火分区、同一防火分区的楼层、隧道区间、地铁站台和站厅的正常照明配电箱供电
输出回路	1．集中电源的输出回路不应超过 8 路。 2．沿电气竖井垂直方向为不同楼层的灯具供电时，集中电源的每个输出回路在公共建筑中的供电范围不宜超过 8 层，在住宅建筑的供电范围不宜超过 18 层

专题 4：控制器及集中控制型系统通信线路的设计

应急照明控制器是集中控制型系统的核心控制部件，其主要功能是接收火灾报警系统发送的系统应急启动触发信号，按预设逻辑自动控制系统的应急启动，同时实时显示系统灯具、应急照明集中电源或应急照明配电箱等系统部件的工作状态。

一、集中控制系统的逻辑设计

集中控制型系统自动应急启动触发信号、控制逻辑和时序为：火灾自动报警系统中，同一报警区域内任两只独立的火灾探测器或任一只火灾探测器和任一只手动火灾报警按钮发出火灾报警信号后，火灾报警控制器或火灾报警控制器（联动型）的火灾报警继电器动作发出火灾报警输出信号。由此火灾报警输出信号作为系统自动应急启动的触发信号，由应急照明控制器控制系统的应急启动。

具有需要借用相邻防火分区疏散的防火分区的建、构筑物的火灾发生时，应急照明控制器在接收到火灾报警控制器或火灾报警控制器（联动型）发送的火灾报警输出信号后，应首先按照预设逻辑控制建、构筑物中所有区域内灯具的光源应急点亮。其中，任一借用相邻防火分区疏散的防火分区内，标志灯按相邻防火分区可借用工况条件对应的疏散指示方案点亮。当任一被借用防火分区发生火灾时，消防联动控制器或火灾报警控制器（联动型）应发出该被借用防火分区的火灾报警区域信号，此火灾报警区域信号应作为借用该防火分区疏散的防火分区内相应标志灯改变指示状态的触发信号，由应急照明控制器按相邻防火分区不可借用工况条件对应的疏散指示方案控制该防火分区内相应标志灯改变指示状态。

需要采用不同疏散预案的交通隧道、地铁隧道、地铁站台和站厅等场所，火灾发生时，应急照明控制器在接收到火灾报警控制器或火灾报警控制器（联动型）发送的火灾报警输出信号后，应首先按照预设逻辑控制该隧道、站台和站厅所有区域内灯具的光源应急点亮。其中，需要采用不同疏散预案的隧道区间、地铁站台和站厅内，标志灯按该区域默认的疏散指示方案点亮。消防控制室应根据需要采用的疏散预案由消防联动控制器或火灾报警控制器（联动型）发送对应的消防联动控制信号，此消防联动控制信号应作为需要采用不同疏散预案的隧道区间、地铁站台和站厅内相应标志灯改变指示状态的触发信号，由应急照明控制器按照相应疏散预案对应的疏散指示方案控制该区域内相应标志灯改变指示状态。

建、构筑物中存在具有两种及以上疏散指示方案的场所时，所有区域的疏散指示方案、系统部件的工作状态应在应急照明控制器或专用消防控制室图形显示装置上以图形方式显示。

二、应急照明控制器的接口要求

应急照明控制器应具有能接收火灾报警控制器或消防联动控制器干接点信号或 DC24V 信号接口。当建、构筑物具有两种及以上疏散指示方案的区域数量较少时，采用消防联动控制器或火灾报警控制器（联动型）通过输出模块向应急照明控制器发送火灾报警区域信号或消防联动控制信号，应急照明控制器应具有接收输出模块发出的无源干接点或 DC24V 输出信号的接口。当建、构筑物具有两种及以上疏散指示方案的区域数量较多时，可采用消防联动控制器或火灾报警控制器（联动型）直接向应急照明控制器发送火灾报警区域信号或消防联动控制信号，应急照明控制器应具有与消防联动控制器或火灾报警控制器（联动型）匹配的通信接口和通信协议，并具有兼容性。

三、应急照明控制器的数量要求

为保障系统运行的稳定性、可靠性，同时有效降低系统性风险，任一台应急照明控制器直接控制灯具的总数不应大于 3 200 个。当建筑设置灯具数量超过 3 200 个时，需要设置多台应急照明控制器，此时应设置一台具有最高管理权限的应急照明控制器作为起集中控制功能的应急照明控制器，由该控制器实现对其他控制器及其配接系统部件的集中监管。

四、应急照明控制器的设置要求

设置消防控制室的场所中，应急照明控制器应设置在消防控制室内；未设置消防控制室的场所中，应急照明控制器应设置在有人值班的场所。系统设置多台应急照明控制器时，为了合理优化系统的架构，除起集中控制功能的应急照明控制器应设置在消防控制室外，系统中其余的应急照明控制器可按就近原则，设置在电气竖井、配电间等无人值班的场所，但应确保非管理人员不能随意进入该类场所。

应急照明控制器的设置

地面上设置	墙面上设置
1. 设备面盘前的操作距离，单列布置时不应小于 1.5 m；双列布置时不应小于 2 m。 2. 在值班人员经常工作的一面，设备面盘至墙的距离不应小于 3 m。 3. 设备面盘后的维修距离不宜小于 1 m。 4. 设备面盘的排列长度大于 4 m 时，其两端应设置宽度不小于 1 m 的通道	1. 设备主显示屏高度宜为 1.5～1.8 m。 2. 设备靠近门轴的侧面距墙不应小于 0.5 m。 3. 设备正面操作距离不应小于 1.2 m

专题 5：线路选择

一、线缆材质及电压等级

系统线路应选择铜芯导线或铜芯电缆，当额定工作电压等级为 50 V 以下时，应选择电压等级不低于交流 300/500 V 的线缆；额定工作电压等级为 220/380 V 时，应选择电压等级不低于交流 450/750 V 的线缆。

为了减少、避免施工环节的接线错误，同一工程中相同用途电线电缆的颜色应一致；线路正极“+”线应为红色，负极“−”线应为蓝色或黑色，接地线应为黄绿色相间。

二、线路线缆选择

地面上产生的积水尤其是卫生清扫时产生的污水极易侵蚀连接灯具的通信及供电线路，设置在地面上的标志灯的配电线路和通信线路应选择耐腐蚀橡胶线缆。

集中控制型系统中，应急照明控制器需要根据火灾发生、发展蔓延情况按照预设逻辑控制灯具的光源应急点亮和灯具蓄电池电源进行转换。设置在疏散路径上方的灯具的配电线路和通信线路在火灾状态下极易受到可燃物燃烧产生的火焰、高温的炙烤而影响其工作性能，为了保障系统灯具在火灾状态下供电、应急启动的可靠性和持续应急工作时间，这些线路在火灾状态下应具备相应的持续工作能力，系统的配电线路应选择耐火线缆，系统的通信线路应选择耐火线缆或耐火光纤。

采用自带电源型灯具的非集中控制型系统，灯具的配电线路仅为灯具提供主电源，火灾发生时即使配电线路被烧断，也不影响灯具光源的应急点亮和持续应急工作时间，因此，不强制要求自带电源型灯具的配电线路具有相应的耐火性能。但是，为了避免火灾通过配电线路传输蔓延，要求线路应具有相应的阻燃性能，系统的配电线路应选择阻燃或耐火线缆。

集中电源型灯具的非集中控制型系统，灯具的主电源和蓄电池电源均需通过配电回路供电，为了保障灯具在火灾状态下的持续应急工作时间，系统的配电线路应选择耐火线缆。

专题 6：控制设计

一、集中控制型系统的控制设计

（一）一般要求

1. 集中控制型系统的控制架构。

集中控制型系统的控制架构分为三个层级，系统设置多台应急照明控制器时，应确定一台起集中控制功能的应急照明控制器，起集中控制功能的应急照明控制器与其他应急照明控制器之间构成系统的一级控制架构，起集中控制功能的应急照明控制器应能控制并显示其他应急照明控制器及其配接的灯具、应急照明配电箱或集中电源等系统部件的工作状态。每台应急照明控制器与其连接的应急照明配电箱或集中电源构成系统的二级控制架构，应急照明控制器应能控制并显示其所配接的应急照明配电箱或集中电源、应急照明配电箱或集中电源所配接的灯具等系统部件的工作状态。应急照明配电箱或集中电源与其连接的灯具等系统部件构成系统的三级控制架构，应急照明配电箱或集中电源应能控制其所配接的灯具的应急启动、蓄电池电源的转换。

2．集中控制型系统通信中断时的设置要求。

在集中控制系统中，当应急照明控制器与集中电源（或应急照明配电箱）的通信或者集中电源（或应急照明配电箱）与灯具的通信中断后发生火灾，应急照明控制器、应急照明配电箱或集中电源将无法控制灯具光源的应急点亮启动，为了有效保障灯具应急照明或疏散指示功能的发挥，当通信中断时，所配接的非持续型照明灯的光源应急点亮、持续型灯具的光源由节电点亮模式转入应急点亮模式。

3．方向标志灯的指示方向要求。

具有一种疏散预案的场所中，疏散指示方案是唯一的，该类场所中不能设置可改变箭头指示方向的方向标志灯，即双方向标志灯，系统也不应设置可改变方向标志灯箭头指示方向的控制功能。

（二）非火灾状态下的系统控制

消防应急照明及疏散指示系统属于消防系统范畴，但同时也属于照明系统范畴，该系统具有不同于其他消防系统的工作模式。在未发生火灾时，由系统主电源断电、正常照明电源断电或人体感应等信号连锁控制系统灯具的光源应急点亮，发挥系统灯具辅助照明和疏散指示的作用。火灾发生时，按照预设逻辑控制系统灯具光源的应急点亮，发挥系统灯具应急照明和疏散指示功能。非火灾状态下，系统主电源断电后灯具持续应急点亮时间应符合设计文件的规定，且不应超过 0.50 h。主电源恢复后，集中电源或应急照明配电箱应连锁其配接灯具的光源恢复原工作状态。当灯具持续点亮时间达到设计文件规定的时间，且系统主电源仍未恢复供电时，集中电源或应急照明配电箱应连锁其配接灯具的光源熄灭。

（三）火灾状态下的系统控制

火灾确认后，应急照明控制器应能按预设逻辑手动、自动控制系统的应急启动。当建、构筑物的所有区域均仅具有一种疏散指示方案时，火灾确认后，该建、构筑物各区域灯具光源的应急点亮可由应急照明控制器的一个控制信号统一控制；建、构筑物具有两种及以上疏散指示方案的区域时，具有两种及以上疏散指示方案的区域应作为一个独立的控制单元，为保证灯具光源应急点亮的同步性和可靠性，区域内需要同时改变指示状态的灯具应作为一个灯具组，由应急照明控制器按预设逻辑由同一个信号统一控制。

1．自动应急启动控制逻辑和控制时序。

采用集中电源 A 型灯具的系统，火灾确认后，为有效保障火灾状态下灯具蓄电池电源的持续工作时间，保持集中电源的主电源输出为其配接的灯具供电，集中电源的主电源断电后自动转入蓄电池电源输出。采用自带电源 A 型灯具的系统，保持应急照明配电箱的主电源输出，应急照明配电箱的主电源断电后，其所配接的灯具自动转入自带蓄电池供电。

采用集中电源 B 型灯具的系统，火灾确认后，为了避免出现电击事故，应急照明控制器自动控制集中电源转入蓄电池电源输出，为其配接的灯具供电。采用自带电源 B 型灯具的系统，应急照明控制器自动控制应急照明配电箱切断主电源输出，其所配接的灯具自动转入自带蓄电池供电。

2．手动应急启动控制逻辑和控制时序。

系统应能手动操作应急照明控制器控制系统的应急启动，为了简化消防安全管理人员在火灾等紧急情况下的操作程序，保障紧急处置操作的便捷性和可靠性，系统的手动应急启动应具有一键控制功能，即一键式操作控制灯具光源的应急点亮和系统灯具蓄电池电源的转换。

3．借用相邻防火分区疏散的标志灯具控制设计。

由消防联动控制器发送的被借用防火分区的火灾报警区域信号作为控制改变该区域相应标志灯具指示状态的触发信号。应急照明控制器接收到被借用防火分区的火灾报警区域信号后，对应的疏散指示方案，控制该区域内需要变换指示方向的方向标志灯改变箭头指示方向。被借用防火分区入口处设置的出口标志灯的“出口指示标志”的光源熄灭、“禁止入内”指示标志的光源应急点亮。该区域内其他标志灯的工作状态不应被改变。

二、非集中控制型系统的控制设计

（一）非火灾状态下的系统控制

非火灾状态下，系统保持主电源为灯具供电，系统内非持续型照明灯的光源应保持熄灭状态，系统内持续型灯具的光源应保持节电点亮状态。在非火灾状态下，非持续型照明灯在主电供电时可由人体感应、声控感应等方式感应点亮。

（二）火灾状态下的系统控制

1．手动应急启动控制逻辑和控制时序。

火灾确认后，应能手动控制系统的应急启动。灯具采用集中电源供电时，手动操作集中电源，控制集中电源转入蓄电池电源输出，同时控制其配接的所有非持续型照明灯的光源应急点亮、持续型灯具的光源由节电点亮模式转入应急点亮模式。灯具采用自带蓄电池供电时，手动操作切断应急照明配电箱的主电源输出，同时控制其配接的所有非持续型照明灯的光源应急点亮、持续型灯具的光源由节电点亮模式转入应急点亮模式。

2．自动应急启动控制逻辑和控制时序。

设置区域火灾报警系统的场所，应能自动控制系统的应急启动。灯具采用集中电源供电时，集中电源接收到火灾报警控制器的火灾报警输出信号后，自动转入蓄电池电源输出，并控制其配接的所有非持续型照明灯的光源应急点亮、持续型灯具的光源由节电点亮模式转入应急点亮模式。灯具采用自带蓄电池供电时，应急照明配电箱接收到火灾报警控制器的火灾报警输出信号后，自动切断主电源输出，并控制其配接的所有非持续型照明灯的光源应急点亮、持续型灯具的光源应由节电点亮模式转入应急点亮模式。

（本章由杨晨编写）

第十一章　城市远程手控系统

杨　晨

城市消防远程监控系统是对联网用户的火灾报警信息、建筑消防设施运行状态信息、消防安全管理信息进行接收、处理和管理，向城市消防通信指挥中心或其他接处警中心发送经确认的火灾报警信息，为公安消防部门提供查询，并为联网用户提供信息服务的系统。

地级及以上城市应设置一个或多个远程监控系统，单个远程监控系统的联网用户数量不宜大于 5 000 个。县级城市宜设置远程监控系统，或与地级及以上城市远程监控系统合用。远程监控系统的监控中心为城市消防通信指挥中心或其他接处警中心的火警信息终端提供确认的火灾报警信息；为公安消防部门提供火灾报警信息、建筑消防设施运行状态信息及消防安全管理信息查询；为联网用户提供自身的火灾报警信息、建筑消防设施运行状态信息查询和消防安全管理信息等服务。

专题：系统设计

一、一般要求

监控中心应设置在耐火等级为一、二级的建筑中，并宜设置在火灾危险性较小的部位；监控中心周围不应设置电磁场干扰较强或其他影响监控中心正常工作的设备，以保证监控中心的安全运行和系统可靠性。用户信息传输装置的设置地点应设置在联网用户的消防控制室内。联网用户未设置消防控制室时，用户信息传输装置宜设置在有人值班的场所。

由于联网用户以及用户信息传输装置接入远程监控中心系统是一个逐渐发展的过程，系统能够容纳的联网用户数量直接关系到监控中心的实际运行效果。远程监控系统的联网用户容量和监控中心的通信传输信道容量、信息存储能力等，应留有一定的余量。

二、系统功能和性能要求

监控中心同一时刻的接警能力，应保证当远程监控系统的联网用户数量较大时，能够并行接收处理来自不同联网用户的报警信息。监控中心应能同时接收和处理不少于3个联网用户的火灾报警信息，保证火灾报警信息接收和处理的快捷迅速。

系统的火灾报警信息传输和接收应快捷，从用户信息传输装置获取火灾报警信息到监控中心接收显示的响应时间不应大于20 s。

监控中心确认的真实火警到达城市消防通信指挥中心或其他接处警中心的时间不应大于 3 s，以保证消防部队收到火灾报警信息，能够及时到达现场。

监控中心与用户信息传输装置之间通信巡检周期不应大于 2 h，并能动态设置巡检方式和时间，保证各联网用户的用户信息传输装置的可靠运行。

监控中心的火灾报警信息、建筑消防设施运行状态信息等记录应备份，其保存周期不应小于1年。当按年度进行统计处理时，应保存至光盘、磁带等存储介质中。录音文件的保存周期不应少于6个月。

由于火灾报警信息的处理需要在最短的时间内完成，如果监控中心系统时间和用户信息传输装置的时间不一致，会影响火灾报警信息的处理和责任追查。所以，远程监控系统应有统一的时钟管理，累计误差不应大于5 s。

三、系统构成

远程监控系统应由用户信息传输装置、报警传输网络、报警受理系统、信息查询系统、用户服务系统及相关终端和接口构成。报警受理系统、信息查询系统、用户服务系统应设置在监控中心。

设有火灾自动报警系统的联网用户通过用户信息传输装置实时监控火灾自动报警系统的运行状态，并将报警信息通过报警传输网络传送到监控中心；对于未设火灾自动报警系统的联网用户，通过对报警按钮或者自动触发装置的操作、动作的监控，将触发信息通过报警传输网络传送到监控中心。

报警传输网络实现联网用户信息传输装置与监控中心之间的通信。用户信息传输装置能够接收监控中心下发的指令信息。

监控中心通过专线，将经确认的火灾报警信息传送到设在城市消防通信指挥中心或者其他接处警中心的火警信息终端。监控中心通过网络为公安消防部门提供信息查询接口，公安消防部门可以查询联网用户的火灾报警信息、建筑消防设施运行状态信息以及消防安全管理信息。监控中心通过网络为联网用户提供信息服务平台，联网用户可以查询本单位火灾报警信息、建筑消防设施运行状态信息以及消防安全管理信息。联网用户能对本单位日常消防安全管理信息进行录入或维护。

（本章由杨晨编写）

第十二章　建筑灭火器配置

宋瑞明

专题 1：灭火器的设置与选型

一、应设置灭火器场所

1．高层住宅建筑的公共部位和公共建筑内应设置灭火器，其他住宅建筑的公共部位宜设置灭火器。

2．厂房、仓库、储罐（区）和堆场，应设置灭火器。

二、灭火器选型

1．选择灭火器时应考虑的因素：

（1）灭火器配置场所的火灾种类。

（2）灭火器配置场所的危险等级。

（3）灭火器的灭火效能和通用性。

（4）灭火剂对保护物品的污损程度。

（5）灭火器设置点的环境温度。

（6）使用灭火器人员的体能。

2．灭火器的选择如下表所示。

灭火器的选择

火灾场所	灭火器类型
A 类火灾场所	应选择水型灭火器、磷酸铵盐干粉灭火器、泡沫灭火器或卤代烷灭火器
B 类火灾场所	应选择泡沫灭火器、碳酸氢钠干粉灭火器、磷酸铵盐干粉灭火器、二氧化碳灭火器、灭 B 类火灾的水型火火器或卤代烷灭火器。极性溶剂的 B 类火灾场所应选择灭 B 类火灾的抗溶性灭火器
C 类火灾场所	应选择磷酸铵盐干粉灭火器、碳酸氢钠干粉灭火器、二氧化碳灭火器或卤代烷灭火器
D 类火灾场所	应选择扑灭金属火灾的专用灭火器
E 类火灾场所	应选择磷酸铵盐干粉灭火器、碳酸氢钠干粉灭火器、卤代烷灭火器或二氧化碳灭火器，但不得选用装有金属喇叭喷筒的二氧化碳灭火器

3．非必要场所不应配置卤代烷灭火器。必要场所可配置卤代烷灭火器。

4. 在同一灭火器配置场所，应选用相同类型和操作方法的灭火器。根据不同种类火灾，选择恰当的灭火器，当同一灭火器配置场所存在不同火灾种类时，应选择通用型灭火器。

5. 配置灭火器时，宜在手提式或推车式灭火器中选用。

6. 在同一配置场所，当采用两种或两种以上类型的灭火器时，应选用与灭火剂相容的灭火器，以便充分发挥各自灭火器作用。

不相容的灭火剂

灭火剂类型	不相容的灭火剂	
干粉与干粉	磷酸铵盐	碳酸氢钠、碳酸氢钾
干粉与泡沫	碳酸氢钠、碳酸氢钾	蛋白泡沫
泡沫与泡沫	蛋白泡沫、氟蛋白泡沫	水成膜泡沫

专题2：灭火器的布置与设计

一、布置原则

1. 灭火器应设置在位置明显和便于取用的地点，且不得影响安全疏散。

2. 对有视线障碍的灭火器设置点，应设置指示其位置的发光标志。

3. 灭火器的摆放应稳固，其铭牌应朝外。手提式灭火器宜设置在灭火器箱内或挂钩、托架上，其顶部离地面高度不应大于1.5 m；底部离地面高度不宜小于0.08 m。灭火器箱不得上锁。

4. 灭火器不宜设置在潮湿或强腐蚀性的地点。当必须设置时，应有相应的保护措施。

5. 灭火器设置在室外时，应有相应的保护措施。

6. 灭火器不得设置在超出其使用温度范围的地点。

二、配置数量

1. 一个计算单元内配置的灭火器数量不得少于2具。

2. 每个设置点的灭火器数量不宜多于5具。

3. 当住宅楼每层的公共部位建筑面积超过100 m^2时，应配置1具1A的手提式灭火器；每增加100 m^2时，增配1具1A的手提式灭火器。

三、最大保护距离

1. 设置在A类火灾场所的灭火器，其最大保护距离应符合下表的规定。

A类火灾场所的灭火器最大保护距离 单位：m

危险等级	灭火器型式	
	手提式灭火器	推车式灭火器
严重危险级	15	30
中危险级	20	40
轻危险级	25	50

2. 设置在B、C类火灾场所的灭火器，其最大保护距离应符合下表的规定。

B、C 类火灾场所的灭火器最大保护距离

单位：m

危险等级	灭火器型式	
	手提式灭火器	推车式灭火器
严重危险级	9	18
中危险级	12	24
轻危险级	15	30

3．D 类火灾场所的灭火器，其最大保护距离应根据具体情况研究确定。

4．E 类火灾场所的灭火器，其最大保护距离不应低于该场所内 A 类或 B 类火灾的规定。

四、最低配置基准

1．A 类火灾场所灭火器的最低配置基准如下表所示。

A 类火灾场所灭火器的最低配置基准

危险等级	严重危险级	中危险级	轻危险级
单具灭火器最小配置灭火级别	3A	2A	1A
单位灭火级别最大保护面积/（m^2/A）	50	75	100

2．B、C 类火灾场所灭火器的最低配置基准如下表所示。

B、C 类火灾场所灭火器的最低配置基准

危险等级	严重危险级	中危险级	轻危险级
单具灭火器最小配置灭火级别	89B	55B	21B
单位灭火级别最大保护面积/（m^2/B）	0.5	1.0	1.5

3．D 类火灾场所的灭火器最低配置基准应根据金属的种类、物态及其特性等研究决定。

4．E 类火灾场所的灭火器最低配置基准不应低于该场所内 A 类（或 B 类）火灾的规定。

五、灭火器布置计算

（一）计算原则

1．灭火器配置的设计与计算应按计算单元进行。灭火器最小需配灭火级别和最少需配数量的计算值应进位取整。

2．每个灭火器设置点实配灭火器的灭火级别和数量不得小于最小需配灭火级别和数量的计算值。

3．灭火器设置点的位置和数量应根据灭火器的最大保护距离确定，并应保证最不利点至少在 1 具灭火器的保护范围内。

（二）计算单元和保护面积

1．当一个楼层或一个防火分区内各场所的危险等级和火灾种类相同时，可将其作为一个计算单元。

2．当一个楼层或一个防火分区内各场所的危险等级和火灾种类不相同时，应将其分别作为不同的计算单元。

3．同一计算单元不得跨越防火分区和楼层。

4．建筑物应按其建筑面积进行计算。

5．可燃物露天堆场，甲类、乙类、丙类液体储罐区，可燃气体储罐区按堆垛、储罐的占地面积进行计算。

（三）计算公式

1．计算单元的最小需配灭火级别的计算：

$$Q=K\frac{S}{U}$$

式中，Q——计算单元的最小需配灭火级别（A或B）；

S——计算单元的保护面积，m^2；

U——A类或B类火灾场所单位灭火级别最大保护面积，m^2/A 或 m^2/B；

K——修正系数。

修正系数 K 参考值

计算单元	K
未设室内消火栓系统和灭火系统	1.0
设有室内消火栓系统	0.9
设有灭火系统	0.7
设有室内消火栓系统和灭火系统	0.5
可燃物露天堆场 甲类、乙类、丙类液体储罐区 可燃气体储罐区	0.3

注：歌舞娱乐放映游艺场所、网吧、商场、寺庙以及地下场所等的计算单元的最小需配灭火级别应在计算结果的基础上增加30%。

2．计算单元中每个灭火器设置点的最小需配灭火级别按下列公式进行计算：

$$Q_e=\frac{Q}{N}$$

式中，Q_e——计算单元中每个灭火器设置点的最小需配灭火级别（A或B）；

N——计算单元中的灭火器设置点数，个。

（四）计算流程

1．确定各灭火器配置场所的火灾种类和危险等级。

2．划分计算单元，计算各单元的保护面积。

3．计算各单元的最小需配灭火级别。

4．确定各单元内的灭火器设置点的位置和数量。

5．计算每个灭火器设置点的最小需配灭火级别。

6．确定各单元和每个设置点的灭火器的类型、规格与数量。

（本章由宋瑞明编写）

第三篇
其他建筑、场所防火

第十三章　其他建筑、场所防火

陶　昆

专题 1：石油化工

石油化工企业指以石油、天然气及其产品为原料，生产、储运各种石油化工产品的炼油厂、石油化工厂、石油化纤厂或其联合组成的生产加工企业。

石油化工指以石油和天然气为原料，生产石油产品和石油化工产品的加工工业。石油化工企业是以石油、天然气及其产品为原料，生产、储运各种石油化工产品的炼油厂、石油化工厂、石油化纤厂或其联合组成的工厂。石油化工生产工艺包括两大分支，一是石油炼制体系，将石油加工成各种燃料油、润滑油、石蜡、沥青等产品。二是石油化工体系，将石油通过分馏、裂解、分离、合成等一系列过程生产各种石油化工产品。生产过程大致分为三个阶段，第一阶段是基本有机化工生产过程，以石油和天然气为起始原料，经过炼制、热裂解、分离等步骤制得三烯（乙烯、丙烯、丁二烯）、三苯（苯、甲苯、二甲苯）、乙炔和萘等基本有机原料的生产过程。第二阶段是有机化工生产过程，在“三烯”“三苯”“乙炔”“萘”的基础上，通过各种合成步骤制得醇、醛、酮、酸、酯、醚、酚、腈、卤代烃等有机原料的生产过程。第三阶段是高分子化工生产过程，在以上基本有机原料和有机原料的基础上，通过各种聚合和缩合步骤制得合成纤维、合成塑料、合成橡胶等最终产品的生产过程。

一、石油化工企业火灾危险性

根据《石油化工企业设计防火标准》（GB 50160—2008）要求，可燃气体、液化烃、可燃液体、可燃固体的危险性分类举例如下。

（一）可燃气体的火灾危险性分类举例

可燃气体的火灾危险性分类举例

类别	可燃气体与空气混合物的爆炸下限	名称
甲	＜10%（体积）	乙炔，环氧乙烷，氢气，合成气，硫化氢，乙烯，氰化氢，丙烯，丁烯，丁二烯，顺丁烯，反丁烯，甲烷，乙烷，丙烷，丁烷，丙二烯，环丙烷，甲胺，环丁烷，甲醛，甲醚（二甲醚），氯甲烷，氯乙烯，异丁烷，异丁烯
乙	≥10%（体积）	一氧化碳，氨，溴甲烷

（二）液化烃、可燃液体的火灾危险性分类举例

对烃类液体和醇、醚、醛、酮、酸、酯类及氨、硫、卤素化合物统称为可燃液体。液化石油气指以C3、C4 或由其为主所组成的混合物。液化石油气和乙烯、乙烷、丙烯等单组分液化烃类称为液化烃。液化烃、可燃液体的火灾危险性分类举例见下表。

液化烃、可燃液体的火灾危险性分类

类别		特征	名称
甲	A	15℃时的蒸气压力＞0.1 MPa的烃类液体及其他类似的液体	液化氯甲烷，液化顺式-2 丁烯，液化乙烯，液化乙烷，液化反式-2 丁烯，液化环丙烷，液化丙烯，液化丙烷，液化环丁烷，液化新戊烷，液化丁烯，液化丁烷，液化氯乙烯，液化环氧乙烷，液化丁二烯，液化异丁烷，液化异丁烯，液化石油气，液化二甲胺，液化三甲胺，液化二甲基亚硫，液化甲醚（二甲醚）
	B	甲 A 类以外，闪点＜28℃	异戊二烯，异戊烷，汽油，戊烷，二硫化碳，异己烷，己烷，石油醚，异庚烷，环己烷，辛烷，异辛烷，苯，庚烷，石脑油，原油，甲苯，乙苯，邻二甲苯，间、对二甲苯，异丁醇，乙醚，乙醛，环氧丙烷，甲酸甲酯，乙胺，二乙胺，丙酮，丁醛，三乙胺，醋酸乙烯，甲乙酮，丙烯腈，醋酸乙酯，醋酸异丙酯，二氯乙烯，甲醇，异丙醇，乙醇，醋酸丙酯，丙醇，醋酸异丁酯，甲酸丁酯，吡啶，二氯乙烷，醋酸丁酯，醋酸异戊酯，甲酸戊酯，丙烯酸甲酯，甲基叔丁基醚，液态有机过氧化物
乙	A	28℃≤闪点≤45℃	丙苯，环氧氯丙烷，苯乙烯，喷气燃料，煤油，丁醇，氯苯，乙二胺，戊醇，环己酮，冰醋酸，异戊醇，异丙苯，液氨
	B	45℃＜闪点＜60℃	轻柴油，硅酸乙酯，氯乙醇，氯丙醇，二甲基甲酰胺，二乙基苯
丙	A	60℃≤闪点≤120℃	重柴油，苯胺，锭子油，酚，甲酚，糠醛，20 号重油，苯甲醛，环己醇，甲基丙烯酸，甲酸，乙二醇丁醚，甲醛，糖醇，辛醇，单乙醇胺，丙二醇，乙二醇，二甲基乙酰胺
	B	闪点>120℃	蜡油，100 号重油，渣油，变压器油，润滑油，二乙二醇醚，三乙二醇醚，邻苯二甲酸二丁酯，甘油，联苯-联苯醚混合物，二氯甲烷，二乙醇胺，三乙醇胺，二乙二醇，三乙二醇，液体沥青，液硫

（三）固体的火灾危险性分类

固体的火灾危险性分类应按《建筑设计防火规范》的有关规定执行。

固体的火灾危险性分类举例

类别	名称
甲	黄磷，硝化棉，硝化纤维胶片，喷漆棉，火胶棉，赛璐珞棉，锂，钠，钾，钙，锶，铷，铯，氢化锂，氢化钾，氢化钠，磷化钙，碳化钙，四氢化锂铝，钠汞齐，碳化铝，过氧化钾，过氧化钠，过氧化钡，过氧化锶，过氧化钙，高氯酸钾，高氯酸钠，高氯酸钡，高氯酸铵，高氯酸镁，高锰酸钾，高锰酸钠，硝酸钾，硝酸钠，硝酸铵，硝酸钡，氯酸钾，氯酸钠，氯酸铵，次亚氯酸钙，过氧化二乙酰，过氧化二苯甲酰，过氧化二异丙苯，过氧化氢苯甲酰，（邻、间、对）二硝基苯，2-二硝基苯酚，二硝基甲苯，二硝基奈，三硫化四磷，五硫化二磷，赤磷，氨基化钠

类别	名称
乙	硝酸镁，硝酸钙，亚硝酸钾，过硫酸钾，过硫酸钠，过硫酸铵，过硼酸钠，重铬酸钾，重铬酸钠，高锰酸钙，高氯酸银，高碘酸钾，溴酸钠，碘酸钠，亚氯酸钠，五氧化二碘，三氧化铬，五氧化二磷，萘，蒽，菲，樟脑，铁粉，铝粉，锰粉，钛粉，咔唑，三聚甲醛，松香，均四甲苯，聚合甲醛偶氮二异丁腈，赛璐珞片，联苯胺，噻吩，苯磺酸钠，环氧树脂，酚醛树脂，聚丙烯腈，季戊四醇，己二酸，炭黑，聚氨酯，硫黄（颗粒度<2 mm）
丙	石蜡，沥青，苯二甲酸，聚酯，有机玻璃，橡胶及其制品，玻璃钢，聚乙烯醇，ABS 塑料，SAN 塑料，乙烯树脂，聚碳酸酯，聚丙烯酰胺，己内酰胺，尼龙 6，尼龙 66，丙纶纤维，蒽醌，（邻、间、对）苯二酚，聚苯乙烯，聚乙烯，聚丙烯，聚氯乙烯，精对苯二甲酸，双酚 A，硫黄（工业成型颗粒度≥2 mm），过氯乙烯，偏氯乙烯，三聚氰胺，聚醚，聚苯硫醚，硬脂酸钙，苯酐，顺酐

二、石油化工企业的布置

1．石油化工企业应远离人口密集区、饮用水水源地、重要交通枢纽等区域，并宜位于邻近城镇或居民区全年最小频率风向的上风侧。

2．在山区或丘陵地区，石油化工企业的生产区应避免布置在窝风地带。

3．石油化工企业的生产区沿江河岸布置时，宜位于邻近江河的城镇、重要桥梁、大型锚地、船厂等重要建、构筑物的下游。

4．石油化工企业应采取防止泄漏的可燃液体和受污染的消防水排出厂外的措施。

5．公路和地区架空电力线路严禁穿越生产区。

6．地区输油（输气）管道不应穿越厂区。

7．空分站应布置在空气清洁地段，并宜位于散发乙炔及其他可燃气体、粉尘等场所的全年最小频率风向的下风侧。

8．全厂性的高架火炬宜位于生产区全年最小频率风向的上风侧。2 座及 2 座以上的高架火炬宜集中布置在同一个区域。火炬高度和火炬之间的防火间距应确保事故放空时辐射热不影响相邻火炬的检修和运行。

9．石油化工企业与相邻工厂或设施的防火间距不应小于下表的规定。相邻工厂指除石油化工企业和油库以外的工厂。

单位：m

相邻工厂或设施		防火间距				
		液化烃罐组（罐外壁）	甲类、乙类液体罐组（罐外壁）	可能携带可燃液体的高架火炬（火炬筒中心）	甲类、乙类工艺装置或设施（最外侧设备外缘或建筑物的最外轴线）	全厂性或区域性重要设施（最外侧设备外缘或建筑物的最外轴线）
居民区、公共福利设施、村庄		300	100	120	100	25
相邻工厂（围墙或用地边界线）		120	70	120	50	70
厂外铁路	国家铁路线（中心线）	55	45	80	35	—
	厂外企业铁路线（中心线）	45	35	80	30	—
国家或工业区铁路编组站（铁路中心线或建筑物）		55	45	80	35	25
厂外公路	高速公路、 级公路（路边）	35	30	80	30	—
	其他公路（路边）	25	20	60	20	—
变配电站（围墙）		80	50	120	40	25
架空电力线路（中心线）		1.5 倍塔杆高度且不小于 40 m	1.5 倍塔杆高度	80	1.5 倍塔杆高度	—
通航江、河、海岸边		25	25	80	20	—
装卸油品码头（码头前沿）		70	60	120	60	60

三、石油化工生产的泄压排放和火炬系统

石油化工生产的工艺装置和设备、储存运输设备，为防止火灾爆炸事故发生，常常需要排放可燃气体或蒸汽。泄压排放按其功能分为两种：一种是正常情况下排放，另一种是事故情况下排放。大型的石油化工生产装置是通过火炬来排放易燃易爆气体的。

1. 根据国家现行法规规定，操作压力不小于0.1 MPa（表压）的设备属于压力容器，应设置安全阀。可燃气体、可燃液体设备的安全阀出口连接应符合下列规定：

（1）可燃液体设备的安全阀出口泄放管应接入储罐或其他容器，泵的安全阀出口泄放管宜接至泵的入口管道、塔或其他容器。

（2）可燃气体设备的安全阀出口泄放管应接至火炬系统或其他安全泄放设施。

（3）泄放后可能立即燃烧的可燃气体或可燃液体应经冷却后接至放空设施。

（4）泄放可能携带液滴的可燃气体应经分液罐后接至火炬系统。

2. 原则上可燃气体不允许就地放空，应排入火炬系统或装置的处理排放系统。受工艺条件或介质特性所限，无法排入火炬或装置处理排放系统的可燃气体，当通过排气筒、放空管直接向大气排放时，排气筒、放空管的高度应符合下列规定：

（1）连续排放的排气筒顶或放空管口应高出20 m范围内的平台或建筑物顶3.5 m以上，位于排放口水平20 m以外斜上45°的范围内不宜布置平台或建筑物。

（2）间歇排放的排气筒顶或放空管口应高出10 m范围内的平台或建筑物顶3.5 m以上，位于排放口水平10 m以外斜上45°的范围内不宜布置平台或建筑物。

（3）安全阀排放管口不得朝向邻近设备或有人通过的地方，排放管口应高出8 m范围内的平台或建筑物顶3 m以上。

四、罐区总平面布局

（一）石油天然气站场总平面布置

1. 可能散发可燃气体的场所和设施，宜布置在人员集中场所及明火或散发火花地点的全年最小频率风向的上风侧。

2. 甲、乙类液体储罐，宜布置在站场地势较低处。当受条件限制或有特殊工艺要求时，可布置在地势较高处，但应采取有效的防止液体流散的措施。

3. 当站场采用阶梯式竖向设计时，阶梯间应有防止泄漏可燃液体漫流的措施。

4. 天然气凝液，甲、乙类油品储罐组，不宜紧靠排洪沟布置。

5. 石油天然气站场内的锅炉房、35 kV及以上的变（配）电所、加热炉、水套炉等有明火或散发火花的地点，宜布置在站场或油气生产区边缘。

（二）石油库的总平面布置

1. 铁路装卸区宜布置在石油库的边缘地带，铁路线不宜与石油库出入口的道路相交叉。

2. 公路装卸区应布置在石油库临近库外道路的一侧，并宜设围墙与其他各区隔开。

3. 消防车库、办公室、控制室等场所，宜布置在储罐区全年最小频率风向的下风侧。

4. 储罐区泡沫站应布置在罐组防火堤外的非防爆区，与储罐的防火间距不应小于20 m。

5. 与储罐区无关的管道、埋地输电线不得穿越防火堤。

五、储罐

1．储罐种类。

（1）按储罐的设计内压分类，一般可分为常压储罐、低压储罐和压力储罐。常压储罐的最高设计内压为 6 kPa（表压），低压储罐的最高设计内压为 103.4 kPa（表压）。设计内压大于 103.4 kPa（表压）的储罐为压力储罐。大多数油料，如原油、汽油、柴油、润滑油等均应采用常压储罐储存。液化石油气、丙烷、丙烯、丁烯等高蒸气压产品一般采用压力储罐储存（低温液化石油气除外）。只有常温下饱和蒸气压较高的轻石脑油或某些化工物料采用低压储罐储存。

（2）按储罐安装位置埋设深度分类，可分为地上储罐、地下储罐、半地下储罐。

（3）按储罐的材质分类，可分为金属储罐和非金属储罐。

（4）按储罐结构形状分类，可分为立式圆筒状、卧式圆筒状和特殊形状三类。立式储罐按罐顶结构又可分为固定顶储罐和活动顶储罐两类。固定顶有锥顶和拱顶两种，活动顶有外浮顶和内浮顶两种。卧式储罐有圆筒形和椭圆形两种。特殊形状的油罐有球形罐、扁球形罐、水滴形罐。特殊形状的储罐多用于储存高蒸气压的石油产品，如液化石油气、丙烷、丙烯、丁烷等。

2．下列储罐的通气管上必须装设阻火器：

（1）储存甲 B 类、乙类、丙 A 类液体的固定顶储罐和地上卧式储罐。

（2）储存甲 B 类和乙类液体的覆土卧式油罐。

（3）储存甲 B 类、乙类、丙 A 类液体并采用氮气密封保护系统的内浮顶储罐。

专题 2：地铁防火

一、耐火等级

1．下列建筑的耐火等级应为一级：

（1）地下车站及其出入口通道、风道。

（2）地下区间、联络通道、区间风井及风道。

（3）控制中心。

（4）主变电所。

（5）易燃物品库、油漆库。

（6）地下停车库、列检库、停车列检库、运用库、联合检修库及其他检修用房。

2．下列建筑的耐火等级不应低于二级：

（1）地上车站及地上区间。

（2）地下车站出入口地面厅、风亭等地面建（构）筑物。

（3）运用库、检修库、综合维修中心的维修综合楼、物质总库的库房、调机库、牵引降压混合变电所、洗车机库（棚）、不落轮镟库、工程车库和综合办公楼等生活辅助建筑。

二、防火分区

（一）地下车站

1．站台和站厅公共区可划分为同一个防火分区，站厅公共区的建筑面积不宜大于 5 000 m^2。

2．站厅设备管理区应与站厅、站台公共区划分为不同的防火分区，设备管理区每个防火分区的最大允许建筑面积不应大于 1 500 m^2。消防水泵房、污水和废水泵房、厕所、盥洗、茶水、清扫等房间的建筑面积可不计入所在防火分区的建筑面积。

（二）地上车站

1．站厅公共区每个防火分区的最大允许建筑面积不宜大于 5 000 m^2。

2．站厅设备管理区应与站台、站厅公共区划分为不同的防火分区，设备管理区每个防火分区的最大允许建筑面积不应大于 2 500 m^2；对于建筑高度大于 24 m 的高架车站，其设备管理区每个防火分区的最大允许建筑面积不应大于 1 500 m^2。

三、防火分隔

1．车站（车辆基地）控制室（含防灾报警设备室）、变电所、配电室、通信及信号机房、固定灭火装置设备室、消防水泵房、废水泵房、通风机房、环控电控室、站台门控制室、蓄电池室等火灾时需运作的房间，应分别独立设置，并应采用耐火极限不低于 2.00 h 的防火隔墙和耐火极限不低于 1.50 h 的楼板与其他部位分隔。

2．车站内的商铺设置以及与地下商业等非地铁功能的场所相邻的车站应符合下列规定：

（1）站台层、站厅付费区、站厅非付费区的乘客疏散区以及用于乘客疏散的通道内，严禁设置商铺和非地铁运营用房。

（2）在站厅非付费区的乘客疏散区外设置的商铺，不得经营和储存甲、乙类火灾危险性的商品，不得储存可燃性液体类商品。每个站厅商铺的总建筑面积不应大于 100 m^2，单处商铺的建筑面积不应大于 30 m^2。商铺应采用耐火极限不低于 2.00 h 的防火隔墙或耐火极限不低于 3.00 h 的防火卷帘与其他部位分隔，商铺内应设置火灾自动报警和灭火系统。

（3）在站厅的上层或下层设置商业等非地铁功能的场所时，站厅严禁采用中庭与商业等非地铁功能的场所连通；在站厅非付费区连通商业等非地铁功能场所的楼梯或扶梯的开口部位应设置耐火极限不低于 3.00 h 的防火卷帘，防火卷帘应能分别由地铁、商业等非地铁功能的场所控制，楼梯或扶梯周围的其他临界面应设置防火墙。

在站厅层与站台层之间设置商业等非地铁功能的场所时，站台至站厅的楼梯或扶梯不应与商业等非地铁功能的场所连通，楼梯或扶梯穿越商业等非地铁功能的场所的部位周围应设置无门窗洞口的防火墙。

3．防火墙上、防烟楼梯间和避难走道的前室入口处、联络通道处的门均应采用甲级防火门，防火隔墙上的门、管道井的检查门及其他部位的疏散门均应采用乙级防火门。

4．防火墙上的窗口应采用固定式甲级防火窗。防火隔墙上的窗口应采用固定式乙级防火窗，必须设置活动式防火窗时，应具备火灾时能自动关闭的功能。

5．乘客的疏散通道上不应设置防火卷帘。

四、建筑内部装修

1．地下车站公共区和设备与管理用房的顶棚、墙面、地面装修材料及垃圾箱，应采用燃烧性能等级为 A 级的不燃材料。

2．地上车站公共区的墙面、顶棚的装修材料及垃圾箱，应采用 A 级不燃材料，地面应采用不低于 B1 级难燃材料。设备与管理用房区内的装修材料，应符合《建筑内部装修设计防火规范》（GB 50222—2017）的有关规定。

3．地上、地下车站公共区的广告灯箱、导向标志、休息椅、电话亭、售检票机等固定服务设施的材料，应采用不低于B1级难燃材料。

4．装修材料不得采用石棉、玻璃纤维、塑料类等制品。

五、防烟分区

1．应设置排烟设施的场所：地下或封闭车站的站厅、站台公共区；同一个防火分区内总建筑面积大于200 m^2的地下车站设备管理区，地下单个建筑面积大于50 m^2且经常有人停留或可燃物较多的房间；连续长度大于一列列车长度的地下区间和全封闭车道；车站设备管理区内长度大于20 m的内走道，长度大于60 m的地下换乘通道、连接通道和出入口通道。

2．应设置防烟设施的场所：防烟楼梯间及其前室、避难走道及其前室。

3．防烟分区。

站厅公共区和设备管理区应采用挡烟垂壁或建筑结构划分防烟分区，防烟分区不应跨越防火分区。站厅公共区内每个防烟分区的最大允许建筑面积不应大于2 000 m^2，设备管理区内每个防烟分区的最大允许建筑面积不应大于750 m^2。

4．公共区楼扶梯穿越楼板的开口部位、公共区吊顶与其他场所连接处的顶棚或吊顶面高差不足0.5 m的部位应设置挡烟垂壁。

5．挡烟垂壁或划分防烟分区的建筑结构应为不燃材料且耐火极限不应低于0.50 h，凸出顶棚或封闭吊顶不应小于0.5 m。挡烟垂壁的下缘至地面、楼梯或扶梯踏步面的垂直距离不应小于2.3 m。

六、安全疏散

1．站台层上的疏散总人数为一列进站列车所载乘客与站台上的全部候车人数。站台至站厅或其他安全区域的疏散楼梯、自动扶梯和疏散通道的通过能力，应保证在远期或客流控制期中超高峰小时最大客流量时，一列进站列车所载乘客及站台上的候车乘客能在4 min内全部撤离站台，并应能在6 min内全部疏散至站厅公共区或其他安全区域。

2．车站安全出口设置应符合下列规定：

（1）车站每个站厅公共区安全出口数量应经计算确定，且应设置不少于2个直通地面的安全出口。

（2）地下单层侧式站台车站，每侧站台安全出口数量应经计算确定，且不应少于2个直通地面的安全出口。

（3）地下车站的设备与管理用房区域安全出口的数量不应少于2个，其中有人值守的防火分区应有1个安全出口直通地面。

（4）安全出口应分散设置，当同方向设置时，两个安全出口通道口部之间净距不应小于10 m。

3．竖井、爬梯、电梯、消防专用通道，以及设在两侧式站台之间的过轨地道不应作为安全出口。

4．地下换乘车站的换乘通道不应作为安全出口。

七、消防设施

1．室外消火栓。

（1）除地上区间外，地铁车站及其附属建筑、车辆基地应设置室外消火栓系统。

（2）地下车站的室外消火栓设置数量应满足灭火救援要求，且不应少于2个，其室外消火栓设计流量不应小于20 L/s。

（3）地上车站、控制中心等地上建筑和地上、地下车辆基地的室外消火栓设计流量，应符合《消防给水及消火栓系统技术规范》的规定。

（4）室外消火栓的布置间距不应大于 120 m，每个消火栓的保护半径不应大于 150 m。检修阀之间的消火栓数量不应大于 5 个。

2．室内消火栓。

（1）车站的站厅层、站台层、设备层、地下区间及长度大于 30 m 的人行通道等处均应设置室内消火栓。

（2）地下车站的室内消火栓设计流量不应小于 20 L/s。地下车站出入口通道、地下折返线及地下区间的室内消火栓设计流量不应小于 10 L/s。

（3）消火栓的布置应保证每个防火分区同层有两支水枪的充实水柱同时到达任何部位，水枪的充实水柱不应小于 10 m。消火栓的间距应经计算确定，且单口单阀消火栓的间距不应大于 30 m，两只单口单阀为一组的消火栓间距不应大于 50 m，地下区间及配线区内消火栓的间距不应大于 50 m，人行通道内消火栓的间距不应大于 20 m。

3．自动喷水灭火系统。

应设置自动喷水灭火系统的场所：建筑面积大于 6 000 m^2 的地下、半地下和上盖设置了其他功能建筑的停车库、列检库、停车列检库、运用库、联合检修库，可燃物品的仓库和难燃物品的高架仓库或高层仓库。

4．火灾自动报警系统。

车站、地下区间、区间变电所及系统设备用房、主变电所、控制中心、车辆基地应设置火灾自动报警系统。

专题 3：城市交通隧道防火

城市交通隧道的防火设计应综合考虑隧道内的交通组成、隧道的用途、自然条件、长度等因素。

一、单孔和双孔城市交通隧道的分类

单孔和双孔隧道应按其封闭段长度和交通情况分为一类、二类、三类、四类。单孔和双孔隧道的分类如下表所示。

单孔和双孔隧道分类

用途	一类	二类	三类	四类
	隧道封闭段长度 L/m			
可通行危险化学品等机动车	$L>1\,500$	$500<L\leqslant 1\,500$	$L\leqslant 500$	—
仅限通行非危险化学品等机动车	$L>3\,000$	$1\,500<L\leqslant 3\,000$	$500<L\leqslant 1\,500$	$L\leqslant 500$
仅限人行或通行非机动车	—	—	$L>1\,500$	$L\leqslant 1\,500$

二、城市交通隧道的耐火等级

隧道内的地下设备用房、风井和消防救援出入口的耐火等级应为一级，地面的重要设备用房、运营管理中心及其他地面附属用房的耐火等级不应低于二级。

三、城市交通隧道地下设备用房防火分区划分

服务于隧道的重要设备用房，主要包括隧道的通风与排烟机房、变电站、消防设备房。其他地面附属用房，主要包括收费站、道口检查亭、管理用房等。隧道内及地面保障隧道日常运行的各类设备用房、管理用房等基础设施以及消防救援专用口、临时避难间，在火灾情况下担负着灭火救援的重要作用，需确保这些用房的防火安全。隧道内地下设备用房的每个防火分区的最大允许建筑面积不应大于 1 500 m^2。

四、城市交通隧道的防火分隔

隧道内的变电站、管廊、专用疏散通道、通风机房等是保障隧道日常运行、应急救援的重要设施，本身具有一定的火灾危险性。因此，在设计中要采取防火分隔措施与车行隧道分隔。隧道内的变电站、管廊、专用疏散通道、通风机房及其他辅助用房等，应采取耐火极限不低于 2.00 h 的防火隔墙和乙级防火门等分隔措施与车行隧道分隔。

五、城市交通隧道的安全疏散

1．双孔隧道。

（1）通行机动车的双孔隧道，其车行横通道或车行疏散通道的设置应符合下列规定：

①水底隧道宜设置车行横通道或车行疏散通道。车行横通道的间隔和隧道通向车行疏散通道入口的间隔宜为 1 000～1 500 m。

②非水底隧道应设置车行横通道或车行疏散通道。车行横通道的间隔和隧道通向车行疏散通道入口的间隔不宜大于 1 000 m。

③车行横通道应沿垂直隧道长度方向布置，并应通向相邻隧道；车行疏散通道应沿隧道长度方向布置在双孔中间，并应直通隧道外。

④车行横通道和车行疏散通道的净宽度不应小于 4 m，净高度不应小于 4.5 m。

⑤隧道与车行横通道或车行疏散通道的连通处，应采取防火分隔措施。

（2）双孔隧道应设置人行横通道或人行疏散通道，并应符合下列规定：

①人行横通道的间隔和隧道通向人行疏散通道入口的间隔，宜为 250～300 m。

②人行疏散横通道应沿垂直双孔隧道长度方向布置，并应通向相邻隧道。人行疏散通道应沿隧道长度方向布置在双孔中间，并应直通隧道外。

③人行横通道可利用车行横通道。

④人行横通道或人行疏散通道的净宽度不应小于 1.2 m，净高度不应小于 2.1 m。

⑤隧道与人行横通道或人行疏散通道的连通处，应采取防火分隔措施，门应采用乙级防火门。

2．单孔隧道。

单孔隧道宜设置直通室外的人员疏散门或独立避难所等避难设施。

3．隧道内地下设备用房，每个防火分区的安全出口数量不应少于 2 个，与车道或其他防火分区相通的出口可作为第二安全出口，但必须至少设置 1 个直通室外的安全出口；建筑面积不大于 500 m^2 且无人值守的设备用房可设置 1 个直通室外的安全出口。

六、隧道的内部装修

除嵌缝材料外，隧道的内部装修应采用不燃材料。

七、城市交通隧道的有关消防设施设置部位

（一）消防给水和灭火设施

1．在进行城市交通的规划和设计时，应同时设计消防给水系统。四类隧道和行人或通行非机动车辆的三类隧道，可不设置消防给水系统。

2．消防给水系统的设置应符合下列规定。

消防给水系统的设置

消防给水系统设置应符合的规定	1．消防水源和供水管网应符合国家现行有关标准的规定 2．消防用水量应按隧道的火灾延续时间和隧道全线同一时间发生一次火灾计算确定。一类、二类隧道的火灾延续时间不应小于 3.00 h；三类隧道，不应小于 2.00 h。 3．隧道内的消防用水量应按需要同时开启所有灭火设施的用水量之和计算。 4．隧道内宜设置独立的消防给水系统。严寒和寒冷地区的消防给水管道及室外消火栓应采取防冻措施；当采用干式给水系统时，应在管网的最高部位设置自动排气阀，管道的充水时间不宜大于 90 s。 5．隧道内的消火栓用水量不应小于 20 L/s，隧道外的消火栓用水量不应小于 30 L/s。对于长度小于 1 000 m 的三类隧道，隧道内、外的消火栓用水量可分别为 10 L/s 和 20 L/s。 6．管道内的消防供水压力应保证用水量达到最大时，最不利点处的水枪充实水柱不小于 10 m。消火栓栓口处的出水压力大于 0.5 MPa 时，应设置减压设施。 7．在隧道出入口处应设置消防水泵接合器和室外消火栓。 8．隧道内消火栓的间距不应大于 50 m，消火栓的栓口距地面高度宜为 1.1 m。 9．设置消防水泵供水设施的隧道，应在消火栓箱内设置消防水泵启动按钮。 10. 应在隧道单侧设置室内消火栓箱，消火栓箱内应配置 1 支喷嘴口径 19 mm 的水枪，1 盘长 25 m、直径 65 mm 的水带，并宜配置消防软管卷盘

3．隧道内应设置排水设施。排水设施应考虑排除渗水、雨水、隧道清洗等水量和灭火时的消防用水量，并应采取防止事故时可燃液体或有害液体沿隧道漫流的措施。

4．隧道内应设置 ABC 类灭火器，并应符合下列规定。

ABC 类灭火器的设置

隧道内设置 ABC 类灭火器应符合的规定	1．通行机动车的一类、二类隧道和通行机动车并设置 3 条及 3 条以上车道的三类隧道，在隧道两侧均应设置灭火器，每个设置点不应少于 4 具。 2．其他隧道，可在隧道一侧设置灭火器；每个设置点不应少于 2 具。 3．灭火器设置点的间距不应大于 100 m

（二）通风和排烟系统

1．通行机动车的一类、二类、三类隧道应设置排烟设施。

2．隧道内机械排烟系统的设置应符合下列规定。

隧道内机械排烟系统的设置

隧道内机械排烟系统的设置	1．长度大于 3 000 m 的隧道，宜采用纵向分段排烟方式或重点排烟方式。 2．长度不大于 3 000 m 的单洞单向交通隧道，宜采用纵向排烟方式。 3．单洞双向交通隧道，宜采用重点排烟方式

3．机械排烟系统与隧道的通风系统宜分开设置。合用时，合用的通风系统应具备在火灾时快速转换的功能，并应符合机械排烟系统的要求。

4．隧道内设置的机械排烟系统应符合下列规定。

隧道内设置的机械排烟系统

隧道内设置的机械排烟系统应符合的规定	1．采用全横向和半横向通风方式时，可通过排风管道排烟。 2．采用纵向排烟方式时，应能迅速组织气流、有效排烟，其排烟风速应根据隧道内的最不利火灾规模确定，且纵向气流的速度不应小于 2 m/s，并应大于临界风速。 3．排烟风机和烟气流经的风阀、消声器、软接等辅助设备，应能承受设计的隧道火灾烟气排放温度，并应能在 250℃下连续正常运行不小于 1.00 h。排烟管道的耐火极限不应低于 1.00 h

5．隧道的避难设施内应设置独立的机械加压送风系统，其送风的余压值应为 30～50 Pa。

6．隧道内用于火灾排烟的射流风机，应至少备用一组。

（三）火灾自动报警系统

1．隧道入口外 100～150 m 处，应设置隧道内发生火灾时能提示车辆禁入隧道的警报信号装置。

2．一、二类隧道应设置火灾自动报警系统，通行机动车的三类隧道宜设置火灾自动报警系统。火灾自动报警系统的设置应符合下列规定：

（1）应设置火灾自动探测装置。

（2）隧道出入口和隧道内每隔 100～150 m 处，应设置报警电话和报警按钮。

（3）应设置火灾应急广播或应每隔 100～150 m 处设置发光警报装置。

3．隧道用电缆通道和主要设备用房内应设置火灾自动报警系统。

4．对于可能产生屏蔽的隧道，应设置无线通信等保证灭火时通信联络畅通的设施。

5．封闭段长度超过 1 000 m 的隧道宜设置消防控制室。

（四）供电及其他

1．一、二类隧道的消防用电应按一级负荷要求供电，三类隧道的消防用电应按二级负荷要求供电。

2．隧道的消防电源及其供电、配电线路等的其他要求应符合《建筑设计防火规范》建筑电气的规定。

3．隧道两侧、人行横通道和人行疏散通道上应设置疏散照明和疏散指示标志，其设置高度不宜大于 1.5 m。一类、二类隧道内疏散照明和疏散指示标志的连续供电时间不应小于 1.50 h，其他隧道不应小于 1.00 h。

4．隧道内严禁设置可燃气体管道，电缆线槽应与其他管道分开敷设。当设置 10 kV 及以上的高压电缆时，应采用耐火极限不低于 2.00 h 的防火分隔体与其他区域分隔。

5．隧道内设置的各类消防设施均应采取与隧道内环境条件相适应的保护措施，并应设置明显的发光指示标志。

专题 4：加油加气防火

一、术语

1．加油站：指具有储油设施，使用加油机为机动车加注汽油、柴油等车用燃油并可提供其他便利性服务的场所。

2．加气站：具有储气设施，使用加气机为机动车加注车用液化石油气（liquefied petroleum gas，LPG）、压缩天然气（compressed natural gas，CNG）或液化天然气（liquefied natual gas，LNG）等车用燃气并可提供其他便利性服务的场所。

LPG 加气站：为 LPG 汽车储气瓶充装车用 LPG，并可提供其他便利性服务的场所。

CNG 加气站：CNG 常规加气站、CNG 加气母站、CNG 加气子站的统称。CNG 常规加气站是从站外天然气管道取气，经过工艺处理并增压后，通过加气机给汽车 CNG 储气瓶充装车用 CNG，并可提供其他便利性服务的场所。CNG 加气母站是从站外天然气管道取气，经过工艺处理并增压后，通过加气柱给服务于 CNG 加气子站内的 CNG 车载储气瓶充装 CNG，并可提供其他便利性服务的场所。CNG 加气子站是用车载储气瓶组拖车运进 CNG，通过加气机为汽车 CNG 储气瓶充装 CNG，并可提供其他便利性服务的场所。

LNG 加气站：具有 LNG 储存设施，使用 LNG 加气机为 LNG 汽车储气瓶充装车用 LNG，并可提供其他便利性服务的场所。

L-CNG 加气站：能将 LNG 转化为 CNG，并为 CNG 汽车储气瓶充装车用 CNG，并可提供其他便利性服务的场所。

3．加油加气站：加油站、加气站、加油加气合建站的统称。加油加气合建站是具有储油（气）设施，既能为机动车加注车用燃油，又能加注车用燃气，也可提供其他便利性服务的场所。

4．站房：用于加油加气站管理、经营和提供其他便利性服务的建筑物。

5．加油加气作业区：加油加气站内布置油（气）卸车设施、储油（储气）设施、加油机、加气机、加（卸）气柱、通气管（放散管）、可燃液体罐车卸车停车位、车载储气瓶组拖车停车位、LPG（LNG）泵、CNG（LPG）压缩机等设备的区域。该区域的边界线为设备爆炸危险区域边界线加 3 m，对柴油设备为设备外缘加 3 m。

6．辅助服务区：加油加气站用地红线范围内加油加气作业区以外的区域。

7．电动汽车充电设施：为电动汽车提供充电服务的相关电气设备，如低压开关柜、直流充电机、直流充电桩、交流充电桩和电池更换装置等。

8．CNG 储气设施：储气瓶（组）、储气井和车载储气瓶组的统称。CNG 储气瓶组是通过管道将多个 CNG 储气瓶连接成一个整体的 CNG 储气装置。CNG 储气井是竖向埋设于地下且井筒与井壁之间采用水泥浆进行全填充封固，并用于储存 CNG 的管状设施，由井底装置、井筒、内置排液管、井口装置等构成。CNG 储气设施的总容积：CNG 固定储气设施与所有处于满载或作业状态的车载 CNG 储气瓶（组）的几何容积之和。CNG 固定储气设施是安装在固定位置的地上或地下储气瓶（组）和储气井的统称。

9．卸油油气回收系统：指将油罐车向汽油罐卸油时产生的油气密闭回收至油罐车内的系统。

10．加油油气回收系统：指将给汽油车辆加油时产生的油气密闭回收至埋地汽油罐的系统。

二、联合建站基本规定

1．加油加气站可与电动汽车充电设施联合建站。

2．下列加油加气站不应联合建站：

（1）CNG 加气母站与加油站。

（2）CNG 加气母站与 LNG 加气站。

（3）LPG 加气站与 CNG 加气站。

（4）LPG 加气站与 LNG 加气站。

三、汽车加油站等级

加油站的等级划分　　单位：m^3

级别	油罐容积	
	总容积	单罐容积
一级	150＜V≤210	V≤50
二级	90＜V≤150	V≤50
三级	V≤90	汽油罐 V≤30，柴油罐 V≤50

注：柴油罐容积可折半计入油罐总容积。

四、LPG 加气站

LPG 加气站的等级划分　　单位：m^3

级别	LPG 罐容积	
	总容积	单罐容积
一级	45＜V≤60	V≤30
二级	30＜V≤45	V≤30
三级	V≤30	V≤30

五、CNG 加气站

压缩天然气加气站储气设施的总容积应根据加气汽车数量、每辆汽车加气时间、母站服务的子站的个数、规模和服务半径等因素综合确定。在城市建成区内，CNG 加气母站储气设施的总容积不应超过 120 m^3；CNG 常规加气站储气设施的总容积不应超过 30 m^3；CNG 加气子站停放的车载储气瓶组拖车不应多于 1 辆，站内固定储气设施的总容积不应超过 18 m^3。若 CNG 加气子站内无固定储气设施，站内可停放 2 辆车载储气瓶组拖车。CNG 常规加气站可采用 LNG 储罐做补充气源，但 LNG 储罐容积、CNG 储气设施的总容积和加气站的等级划分，应符合 LNG 加气站、L-CNG 加气站、LNG 和 L-CNG 加气合建站的等级划分的规定。

六、LNG 加气站、L-CNG 加气站、LNG 和 L-CNG 加气合建站的等级划分

LNG 加气站、L-CNG 加气站、LNG 和 L-CNG 加气合建站的等级划分　　单位：m^3

级别	LNG 加气站		L-CNG 加气站、LNG 和 L-CNG 加气合建站		
	LNG 储罐总容量	LNG 储罐单罐容量	LNG 储罐总容量	LNG 储罐单罐容量	CNG 储气设施储罐总容量
一级	120＜V≤180	V≤60	120＜V≤180	V≤60	V≤12
一级*	—	—	60＜V≤120	V≤60	V≤24
二级	60＜V≤120	V≤60	60＜V≤120	V≤60	V≤9
二级*	—	—	V≤60	V≤60	V≤18
三级	V≤60	V≤60	V≤60	V≤60	V≤9
三级*	—	—	V≤30	V≤30	V≤18

注：带“*”的加气站专指 CNG 常规加气站以 LNG 储罐做补充气源的建站形式。

七、LNG加气站与CNG常规加气站或CNG加气子站的合建站的等级划分

LNG加气站与CNG常规加气站或CNG加气子站的合建站的等级划分　　单位：m^3

级别	LNG储罐总容量	LNG储罐单罐总容量	CNG储气设施总容积
一级	60＜V≤120	V≤60	V≤24
二级	V≤60	V≤60	V≤18
三级	V≤30	V≤30	V≤18

八、加油和LPG加气合建站

加油和LPG加气合建站的等级划分　　单位：m^3

合建站等级	LPG储罐总容积	LPG储罐总容积与油品储罐总容积合计
一级	V≤45	120＜V≤180
二级	V≤30	60＜V≤120
三级	V≤20	V≤60

注：(1) 柴油罐容积可折半计入油罐总容积。

(2) 当油罐的总容量大于90 m^3时，油罐单罐容积不应大于50 m^3，当油罐的总容量不大于90 m^3时，汽油罐单罐容积不应大于30 m^3，柴油罐单罐容积不应大于50 m^3。

(3) LPG罐单罐容积不应大于30 m^3。

九、加油和CNG加气合建站

加油和CNG加气合建站的等级划分　　单位：m^3

级别	油品储罐总容积	常规CNG加气站储气设施总容积	加气子站储气设施
一级	90＜V≤120	V≤24	固定储气设施总容积≤12 m^3 可停放1辆车载储气瓶组拖车
二级	V≤90		
三级	V≤60	V≤12	可停放1辆车载储气瓶组拖车

注：(1) 柴油罐容积可折半计入油罐总容积。

(2) 当油罐总容积大于90 m^3时，油罐单罐容积不应大于50 m^3；当油罐总容积不大于90 m^3时，汽油罐单罐容积不应大于30 m^3，柴油罐单罐容积不应大于50 m^3。

十、加油与LNG加气、L-CNG加气、LNG/L-CNG加气以及加油与LNG加气和CNG加气联合建站的等级划分

加油与LNG加气、L-CNG加气、LNG/L-CNG加气以及加油与LNG加气和CNG加气合建站的等级划分　　单位：m^3

合建站等级	LNG储罐总容积	LNG储罐总容积与油品储罐总容积合计	CNG储气设施总容积
一级	V≤120	150＜V≤210	V≤12
	V≤90	150＜V≤180	V≤24

合建站等级	LNG 储罐总容积	LNG 储罐总容积与油品储罐总容积合计	CNG 储气设施总容积
二级	$V\leqslant60$	$90<V\leqslant150$	$V\leqslant9$
	$V\leqslant30$	$90<V\leqslant120$	$V\leqslant24$
三级	$V\leqslant60$	$V\leqslant90$	$V\leqslant9$
	$V\leqslant30$	$V\leqslant90$	$V\leqslant24$

注：（1）柴油罐容积可折半计入油罐总容积。

（2）当油罐总容积大于 90 m^3 时，油罐单罐容积不应大于 50 m^3；当油罐总容积不大于 90 m^3 时，汽油罐单罐容积不应大于 30 m^3，柴油罐单罐容积不应大于 50 m^3。

（3）LNG 储罐的单罐容积不应大于 60 m^3。

十一、储气瓶组

作为站内储气设施使用的 CNG 车载储气瓶组拖车，其单车储气瓶组的总容积不应大于 24 m^3。

十二、站址选择

1．加油加气站的站址选择，应符合城乡规划、环境保护和防火安全的要求，并应选在交通便利的地方。在城市建成区不应建一级加油站、一级加气站、一级加油加气合建站、CNG 加气母站。城市建成区内的加油加气站，宜靠近城市道路，但不宜选在城市干道的交叉路口附近。

2．汽油设备与站外建（构）筑物的安全间距如下表所示。

汽油设备与站外建（构）筑物之间的防火距离

单位：m

站外建（构）筑物		站内汽油设备											
		埋地油罐									加油机、通气管管口		
		一级站			二级站			三级站					
		无油气回收系统	有卸油油气回收系统	有卸油和加油油气回收系统	无油气回收系统	有卸油油气回收系统	有卸油和加油油气回收系统	无油气回收系统	有卸油油气回收系统	有卸油和加油油气回收系统	无油气回收系统	有卸油油气回收系统	有卸油和加油油气回收系统
重要公共建筑物		50	40	35	50	40	35	50	40	35	50	40	35
明火地点或散发火花地点		30	24	21	25	20	17.5	18	14.5	12.5	18	14.5	12.5
城市道路	快速路、主干路	10	8	7	8	6.5	5.5	8	6.5	5.5	6	5	5
	次干路、支路	8	6.5	5.5	6	5	5	6	5	5	5	5	5

注：（1）表中道路系指机动车道路。油罐、加油机和油罐通气管管口与郊区公路的安全间距应按城市道路确定，高速公路、一级和一级公路应按城市快速路、主干路确定；三级和四级公路应按城市次干路、支路确定。

（2）与重要公共建筑物的主要出入口（包括铁路、地铁和二级及以上公路的隧道出入口）不应小于 50 m。

（3）一、二级耐火等级民用建筑物面向加油站一侧的墙为无门窗洞口的实体墙时，油罐、加油机和通气口与该民用建筑物的距离，不应低于本表规定的安全间距的 70%，并不得小于 6 m。

3. LPG储罐与站外建（构）筑物的安全间距如下表所示。

LPG储罐与站外建（构）筑物的安全间距　　单位：m

站外建（构）筑物		地上LPG储罐			埋地LPG储罐		
		一级站	二级站	三级站	一级站	二级站	三级站
重要公共建筑物		100	100	100	100	100	100
明火地点或散发火花地点		45	38	33	30	25	18
城市道路	快速路、主干路	15	13	11	10	8	8
	次干路、支路	12	11	10	8	6	6

注：(1) 表中道路系指机动车道路。油罐、加油机和油罐通气管管口与郊区公路的安全间距按城市道路确定，高速公路、一级和二级公路按城市快速路、主干路确定；三级和四级公路按城市次干路、支路确定。

(2) 一、二级耐火等级民用建筑物面向加气站一侧的墙为无门窗洞口实体墙时，LPG储罐与该民用建筑物的距离不应低于本表规定的安全间距的70%。

4. LPG加气站、加油加气合建站的LPG卸车点、加气机、放散管管口与站外建（构）筑物的安全间距如下表所示。

LPG卸车点、加气机、放散管管口与站外建（构）筑物的安全间距　　单位：m

站外建（构）筑物		站内LPG设备		
		LPG卸车点	放散管管口	加气机
重要公共建筑物		100	100	100
明火地点或散发火花地点		25	18	18
城市道路	快速路、主干路	8	8	6
	次干路、支路	6	6	5

注：表中道路系指机动车道路。油罐、加油机和油罐通气管管口与郊区公路的安全间距按城市道路确定，高速公路、一级和二级公路按城市快速路、主干路确定；三级和四级公路按城市次干路、支路确定。

5. CNG加气站和加油加气合建站的压缩天然气工艺设备与站外建（构）筑物的安全间距如下表所示。

CNG工艺设备与站外建（构）筑物的安全间距　　单位：m

站外建（构）筑物		站内CNG工艺设备		
		储气瓶	集中放散管管口	储气井、加气设备、脱硫脱水设备、压缩机
重要公共建筑物		50	30	30
明火地点或散发火花地点		30	25	20
城市道路	快速路、主干路	12	10	6
	次干路、支路	10	8	5

6. 加气站、加油加气合建站的LNG储罐、放散管管口、LNG卸车点、LNG橇装设备与站外建（构）筑物的安全间距如下表所示。

LNG 设备与站外建（构）筑物的安全间距

单位：m

站外建（构）筑物		站内 CNG 设备				
		地上 LNG 储罐			放散管管口、加气机	LNG 卸车点
		一级站	二级站	三级站		
重要公共建筑物		80	80	80	50	50
明火地点或散发火花地点		35	30	25	25	25
城市道路	快速路、主干路	12	10	8	8	8
	次干路、支路	10	8	8	6	6

十三、站内平面布置

根据《汽车加油加气站设计与施工规范》（GB 50156—2012）的规定，汽车加油站的站内平面布置应符合以下要求：

1．车辆入口和出口应分开设置。

2．加油作业区内的停车位和道路路面不应采用沥青路面。

3．站内的爆炸危险区域不应超出站区围墙和可用地界线。

4．在加油加气合建站内，宜将柴油罐布置在 LPG 储罐或 CNG 储气瓶（组）、LNG 储罐与汽油罐之间。

5．加油加气作业区内，不得有“明火地点”或“散发火花地点”。

6．电动汽车充电设施应布置在辅助服务区内。

7．加油加气站的变配电间或室外变压器应布置在爆炸危险区域之外，且与爆炸危险区域边界线的距离不应小于 3 m。变配电间的起算点应为门窗等洞口。

8．加油加气站内设置的经营性餐饮、汽车服务等非站房所属建筑物或设施，不应布置在加油加气作业区内，其与站内可燃液体或可燃气体设备的防火间距，应符合《汽车加油加气站设计与施工规范》有关三类保护物的规定。经营性餐饮、汽车服务等设施内设置明火设备时，则应视为“明火地点”或“散发火花地点”。其中，对加油站内设置的燃煤设备不得按设置有油气回收系统折减距离。

9．加油加气站的工艺设备与站外建（构）筑物之间，宜设置高度不低于 2.2 m 的不燃烧体实体围墙。

十四、加油、LPG 加气、CNG 加气工艺及设施

1．加油站的汽油罐和柴油罐（撬装式加油装置所配置的防火防爆油罐除外）应埋地设置，严禁设在室内或地下室内。LPG 储罐严禁设置在室内或地下室内。在加油加气合建站和城市建成区内的加气站，LPG 储罐应埋地设置，且不应布置在车行道下。CNG 加（卸）气设施不得设置在室内。

2．加油机不得设置在室内。加气机不得设置在室内。

3．经营汽油的自助加油站，应设置加油油气回收系统。

十五、站房和罩棚

1．加油作业区内的站房及其他附属建筑物的耐火等级不应低于二级。当罩棚顶棚的承重构件为钢结构时，其耐火极限可为 0.25 h，顶棚其他部分不得采用燃烧体建造。

2．汽车加油场地宜设罩棚，罩棚应采用不燃材料建造；进站口无限高措施时，罩棚的净空高度不应小于 4.5 m；进站口有限高措施时，罩棚的净空高度不应小于限高高度。罩棚遮盖加油机的平面投影距离不宜小于 2 m。

3．站房是指用于加油站管理、经营和提供其他便利性服务的建筑物。站房可由办公室、值班室、营

业室、控制室、变配电间、卫生间和便利店等组成。当站房的一部分位于加油作业区内时，该站房的建筑面积不宜超过 300 m^2，且该站房内不得有明火设备。

4．布置有 LPG 或 LNG 设备的房间的地坪应采用不发生火花的地面。

十六、汽车加油站的灭火器材配置

加油站工艺设备应配置灭火器材，并应符合下列规定：

1．每 2 台加气机应配置不少于 2 具 4 kg 手提式干粉灭火器，加气机不足 2 台应按 2 台配置。

2．每 2 台加油机应配置不少于 2 具 4 kg 手提式干粉灭火器，或 1 具 4 kg 手提式干粉灭火器和 1 具 6 L 泡沫灭火器。加油机不足 2 台应按 2 台配置。

3．地下储罐应配置 1 台不小于 35 kg 推车式干粉灭火器。当两种介质储罐之间的距离超过 15 m 时，应分别配置。

4．一级、二级加油站应配置灭火毯 5 块、沙子 2 m^3；三级加油站应配置灭火毯不少于 2 块、沙子 2 m^3。加油加气合建站应按同级别的加油站配置灭火毯和沙子。

5．其余建筑的灭火器配置，应符合《建筑灭火器配置设计规范》（GB 50140—2005）的有关规定。

十七、消防给水设施

1．加油加气站的 LPG 设施应设置消防给水系统。

2．设置有地上 LNG 储罐的一级、二级 LNG 加气站和地上 LNG 储罐总容积大于 60 m^3 的合建站应设消防给水系统，但符合下列条件之一时可不设消防给水系统：

（1）LNG 加气站位于市政消火栓保护半径 150 m 以内，且能满足一级站供水量不小于 20 L/s 或二级站供水量不小于 15 L/s 时。

（2）LNG 储罐之间的净距不小于 4 m，且在 LNG 储罐之间设置耐火极限不低于 3.00 h 钢筋混凝土防火隔墙。防火隔墙顶部高于 LNG 储罐顶部，长度至两侧防护堤，厚度不小于 200 mm。

（3）LNG 加气站位于城市建成区以外，且为严重缺水地区；LNG 储罐、放散管、储气瓶（组）、卸车点与站外建（构）筑物的安全间距，不小于《汽车加油加气站设计与施工规范》表 4.0.8 和表 4.0.9 规定的安全间距的 2 倍；LNG 储罐之间的净距不小于 4 m；灭火器材的配置数量在规定的基础上增加 1 倍。

3．加油站、CNG 加气站、三级 LNG 加气站和采用埋地、地下和半地下 LNG 储罐的各级 LNG 加气站及合建站，可不设消防给水系统。合建站中地上 LNG 储罐总容积不大于 60 m^3 时，可不设消防给水系统。

4．消防给水宜利用城市或企业已建的给水系统，当无消防给水系统可依托时，应自建消防给水系统。LPG、LNG 设施的消防给水管道可与站内的生产、生活给水管道合并设置，消防水量应按固定式冷却水量和移动水量之和计算。

5．LPG 设施的消防给水设计应符合下列规定：

（1）LPG 储罐采用地上设置的加气站，消火栓消防用水量不应小于 20 L/s；总容积大于 50 m^3 的地上 LPG 的储罐还应设置固定式消防冷却水系统，其冷却水供给强度不应小于 0.15 L/（m^2·s），着火罐的供水范围应按其全部表面积计算，距着火罐直径与长度之和 0.75 倍范围内的相邻储罐的供水范围，可按相邻储罐表面积的一半计算。

（2）采用埋地 LPG 储罐的加气站，一级站消火栓消防用水量不应小于 15 L/s；二级站和三级站消火栓消防用水量不应小于 10 L/s。

（3）LPG 储罐地上布置时，连续给水时间不应少于 3.00 h；LPG 储罐埋地敷设时，连续给水时间不应少于 1.00 h。

6．应设消防给水系统的 LNG 加气站及加油加气合建站，消防给水设计应符合下列规定：

（1）一级站消火栓消防用水量不应小于 20 L/s，二级站消火栓消防用水量不应小于 15 L/s。

（2）连续给水时间不应少于 2.00 h。

7．消防水泵宜设 2 台。当设 2 台消防水泵时，可不设备用泵。当计算消防用水量超过 35 L/s 时，消防水泵应设双动力源。

8．LPG 设施的消防给水系统利用城市消防给水管道时，室外消火栓与 LPG 储罐的距离宜为 30～50 m。三级站的 LPG 储罐距市政消火栓不大于 80 m，且市政消火栓给水压力大于 0.2 MPa 时，站内可不设消火栓。

9．固定式消防喷淋冷却水的喷头出口处给水压力不应小于 0.2 MPa。移动式消防水枪出口处给水压力不应小于 0.2 MPa，并应采用多功能水枪。

十八、电气

1．加油站、加气站及加油加气合建站的消防泵房、罩棚、营业室、LPG 泵房、压缩机间等处，均应设事故照明。

2．加油加气站的电力线路宜采用电缆并直埋敷设。电缆穿越行车道部分，应穿钢管保护。

3．当采用电缆沟敷设电缆时，加油加气作业区内的电缆沟内必须充沙填实。电缆不得与油品、LPG、LNG 和 CNG 管道以及热力管道敷设在同一沟内。

4．爆炸危险区域内的电气设备选型、安装、电力线路敷设等，应符合《爆炸和火灾危险环境电力装置设计规范》的有关规定。

5．加油加气站内爆炸危险区域以外的照明灯具，可选用非防爆型。罩棚下处于非爆炸危险区域的灯具，应选用防护等级不低于 IP 44 级的照明灯。

十九、火灾报警系统

1．加气站、加油加气合建站应设置可燃气体检测报警系统。

2．加气站、加油加气合建站内设置有 LPG 设备、LNG 设备的场所和设置有 CNG 设备（包括罐、瓶、泵、压缩机等）的房间内、罩棚下，应设置可燃气体检测器。

3．可燃气体检测器一级报警设定值应不大于可燃气体爆炸下限的 25%。

4．LPG 储罐和 LNG 储罐应设置液位上限、下限报警装置和压力上限报警装置。

5．报警器宜集中设置在控制室或值班室内。

6．报警系统应配有不间断电源。

7．可燃气体检测器和报警器的选用和安装，应符合《石油化工可燃气体和有毒气体检测报警设计规范》（GB 50493—2009）的有关规定。

8．LNG 泵应设超温、超压自动停泵保护装置。

二十、防雷、防静电

1．钢制油罐、LPG 储罐、LNG 储罐和 CNG 储气瓶（组）必须进行防雷接地，接地点不应少于 2 处。

2．加油加气站的电气接地应符合下列规定：

（1）防雷接地、防静电接地、电气设备的工作接地、保护接地及信息系统的接地等，宜共用接地装置，其接地电阻应按其中接地电阻值要求最小的接地电阻值确定。

（2）当各自单独设置接地装置时，油罐、LPG 储罐、LNG 储罐和 CNG 储气瓶组的防雷接地装置的接地电阻、配线电缆金属外皮两端和保护钢管两端的接地装置的接地电阻，不应大于 10 Ω，电气系统的工作和保护接地电阻不应大于 4 Ω，地上油品、LPG、CNG 和 LNG 管道始、末端和分支处的接地装置的接地电阻，不应大于 30 Ω。

3．埋地钢制油罐、埋地 LPG 储罐和埋地 LNG 储罐，以及非金属油罐顶部的金属部件和罐内的各金属部件，应与非埋地部分的工艺金属管道相互作电气连接并接地。

4．加油加气站内油气放散管在接入全站共用接地装置后，可不单独做防雷接地。

5．地上或管沟敷设的油品管道、LPG 管道、LNG 管道和 CNG 管道，应设防静电和防感应雷的共用接地装置，其接地电阻不应大于 30 Ω。

6．加油加气站的汽油罐车、LPG 罐车、LNG 罐车卸车场地和 CNG 加气子站内的车载储气瓶组的卸气场地，应设卸车或卸气时用的防静电接地装置，并应设置能检测跨接线及监视接地装置状态的静电接地仪。

7．防静电接地装置的接地电阻不应大于 100 Ω。

二十一、紧急切断系统

1．加油加气站应设置紧急切断系统，该系统应能在事故状态下迅速切断加油泵、LPG 泵、LNG 泵、LPG 压缩机、CNG 压缩机的电源和关闭重要的 LPG、CNG、LNG 管道阀门。紧急切断系统应具有失效保护功能。

2．加油泵、LPG 泵、LNG 泵、LPG 压缩机、CNG 压缩机的电源和加气站管道上的紧急切断阀，应能由手动启动的远程控制切断系统操纵关闭。

3．紧急切断系统应至少在下列位置设置启动开关：

（1）距加气站卸车点 5 m 以内。

（2）在加油加气现场工作人员容易接近的位置。

（3）在控制室或值班室内。

4．紧急切断系统应只能手动复位。

二十二、绿化

1．加油加气站作业区内不得种植油性植物。

2．LPG 加气站作业区内不应种植树木和易造成可燃气体积聚的其他植物。

专题 5：汽车库、修车库防火

一、术语

1．汽车库：用于停放由内燃机驱动且无轨道的客车、货车、工程车等汽车的建筑物。

2．修车库：用于保养、修理由内燃机驱动且无轨道的客车、货车、工程车等汽车的建（构）筑物。

3．停车场：专用于停放由内燃机驱动且无轨道的客车、货车、工程车等汽车的露天场地或构筑物。

4．地下汽车库：地下室内地坪面与室外地坪面的高度之差大于该层车库净高 1/2 的汽车库。

5．半地下汽车库：地下室内地坪面与室外地坪面的高度之差大于该层车库净高 1/3 且不大于 1/2 的汽车库。

6．多层汽车库：建筑高度不大于 24 m 的两层及以上的汽车库或设在多层建筑内地面层以上楼层的汽车库。

7．高层汽车库：建筑高度大于 24 m 的汽车库或设在高层建筑内地面层以上楼层的汽车库。

8．机械式汽车库：采用机械设备进行垂直或水平移动等形式停放汽车的汽车库。机械式汽车库是近年来新发展起来的一种利用机械设备提高单位面积停车数量的停车形式，主要分为两大类：一类是室内无车道且无人员停留的机械式立体汽车库，类似高架仓库，根据机械设备运转方式又可分为垂直循环式（汽车上、下移动）、电梯提升式（汽车上、下、左、右移动）、高架仓储式（汽车上、下、左、右、前、后移动）等；另一类是室内有车道且有人员停留的复式汽车库，机械设备只是类似于普通仓库的货架，根据机械设备的不同又可分为二层杠杆式、三层升降式、二/三层升降横移式等。

9．敞开式汽车库：任一层车库外墙敞开面积大于该层四周外墙体总面积的 25%，敞开区域均匀布置在外墙上且其长度不小于车库周长的 50%的汽车库。除敞开式汽车库之外的汽车库是封闭式汽车库。

二、汽车库、修车库、停车场的分类

汽车库、修车库、停车场可以按照停车数量和总建筑面积进行分类。

汽车库、修车库、停车场的分类

名称	类型	数量/辆	总建筑面积 S/m^2
汽车库	Ⅰ类	＞300	S＞10 000
	Ⅱ类	151～300	5 000＜S≤10 000
	Ⅲ类	51～150	2 000＜S≤5 000
	Ⅳ类	≤50	S≤2 000
修车库	Ⅰ类	＞15	S＞3 000
	Ⅱ类	6～15	1 000＜S≤3 000
	Ⅲ类	3～5	500＜S≤1 000
	Ⅳ类	≤2	S≤500
停车场	Ⅰ类	＞400	—
	Ⅱ类	251～400	
	Ⅲ类	101～250	
	Ⅳ类	≤100	

注：(1) 当屋面露天停车场与下部汽车库共用汽车坡道时，其停车数量应计算在汽车库的车辆总数内。
(2) 室外坡道、屋面露天停车场的建筑面积可不计入汽车库的建筑面积之内。
(3) 公交汽车库的建筑面积可按本表的规定值增加 2 倍。

三、汽车库和修车库的耐火等级

汽车库、修车库的耐火等级应分为一级、二级、三级，且其不应低于下表规定。

汽车库和修车库的耐火等级

最低耐火等级	名称
一级	地下、半地下和高层汽车库 甲、乙类物品运输车的汽车库、修车库 Ⅰ类汽车库、Ⅰ类修车库
二级	Ⅱ类汽车库、Ⅱ类修车库 Ⅲ类汽车库、Ⅲ类修车库
三级	Ⅳ类汽车库、Ⅳ类修车库

四、总平面布局与平面布置

1．一般规定：

（1）汽车库、修车库、停车场不应布置在易燃、可燃液体或可燃气体的生产装置区和贮存区内。

（2）汽车库不应与火灾危险性为甲类、乙类厂房、仓库贴邻或组合建造。

（3）汽车库不应与托儿所、幼儿园、老年人照料设施、中小学校的教学楼、病房楼等组合建造。当符合下列要求时，汽车库可设置在托儿所、幼儿园、老年人照料设施、中小学校的教学楼、病房楼等的地下部分：

①汽车库与托儿所、幼儿园、老年人照料设施、中小学校的教学楼、病房楼等建筑之间，应采用耐火极限不低于 2.00 h 的楼板完全分隔。

②汽车库与托儿所、幼儿园、老年人照料设施、中小学校的教学楼、病房楼等的安全出口和疏散楼梯应分别独立设置。

（4）甲、乙类物品运输车的汽车库、修车库应为单层建筑，且应独立建造。当停车数量不大于 3 辆时，可与一级、二级耐火等级的Ⅳ类汽车库贴邻，但应采用防火墙隔开。

（5）Ⅰ类修车库应单独建造；Ⅱ、Ⅲ、Ⅳ类修车库可设置在一、二级耐火等级的首层或与其贴邻，但不得与甲、乙类厂房、仓库、明火作业的车间或托儿所、幼儿园、中小学校的教学楼、老年人照料设施、病房楼及人员密集场所组合或贴邻。

（6）为汽车库、修车库服务的下列附属建筑，可与汽车库、修车库贴邻，但应采用防火墙隔开，并应设置直通室外的安全出口：

①贮存量不超过 1 t 的甲类物品库房。

②总安装容量不大于 5.0 m^3/h 的乙炔发生器间和贮存量不超过 5 个标准钢瓶的乙炔气瓶库。

③1 个车位的非封闭喷漆间或不大于 2 个车位的封闭喷漆间。

④建筑面积不大于 200 m^2 的充电间和其他甲类生产场所。

（7）地下、半地下汽车库内不应设置修理车位、喷漆间、充电间、乙炔间和甲、乙类物品库房。

（8）汽车库和修车库内不应设置汽油罐、加油机、液化石油气或液化天然气储罐、加气机。

（9）停放易燃液体、液化石油气罐车的汽车库内，不得设置地下室和地沟。

（10）燃油或燃气锅炉、油浸变压器、充有可燃油的高压电容器和多油开关等，不应设置在汽车库、修车库内。当受条件限制必须贴邻汽车库、修车库布置时，应符合《建筑设计防火规范》的有关规定。

（11）Ⅰ、Ⅱ类汽车库、停车场宜设置耐火等级不低于二级的灭火器材间。

（12）汽车库、修车库与其他建筑物合建时，应符合下列规定：

①当贴邻建造时，应采用防火墙隔开。

②设在建筑物内的汽车库（包括屋顶停车场）、修车库与其他部位之间，应采用防火墙和耐火极限不低于 2.00 h 的不燃性楼板分隔。

③汽车库、修车库的外墙门、洞口的上方，应设置耐火等级不低于 1.00 h、宽度不小于 1 m、长度不小于开口宽度的不燃性防火挑檐。

④汽车库、修车库的外墙上、下层开口之间墙的高度，不应小于 1.2 m 或设置耐火等级不低于 1.00 h、宽度不小于 1 m 的不燃性防火挑檐。

（13）汽车库内设置修理车位时，停车部位与修车部位之间采用防火墙和耐火极限不低于 2.00 h 的不燃性楼板分隔。

（14）修车库内使用有机溶剂清洗和喷漆的工段，当超过 3 个车位时，均应采用防火隔墙等分隔措施。

（15）附设在汽车库、修车库内的消防控制室、自动灭火系统的设备室、消防水泵房和排烟、通风空气调节机房等，应采用防火隔墙和耐火极限不低于 1.50 h 不燃性楼板相互隔开或与相邻部位分隔。

（16）汽车库、修车库周围应设置消防车道。

2．汽车库、修车库、停车场之间及汽车库、修车库、停车场与除甲类物品仓库外的其他建筑物的防火间距不应小于下表的规定。其中，高层汽车库与其他建筑物，汽车库、修车库与高层建筑的防火间距应按下表的规定值增加 3 m。汽车库、修车库与甲类厂房的防火间距应按下表的规定增加 2 m。

汽车库、修车库之间及汽车库、修车库与除甲类物品仓库外的其他建筑物的防火间距 单位：m

名称和耐火等级	汽车库、修车库		厂房、仓库、民用建筑		
	一级、二级	三级	一级、二级	三级	四级
一级、二级汽车库、修车库	10	12	10	12	14
三级汽车库、修车库	12	14	12	14	16
停车场	6	8	6	8	10

注：（1）防火间距应按相邻建筑物外墙的最近距离算起，如外墙有凸出的可燃物构件时，则应从其凸出部分外缘算起，停车站从靠近建筑物的最近停车位置边缘算起。

（2）厂房、仓库的火灾危险性分类应符合《建筑设计防火规范》的有关规定。

3．汽车库、修车库之间或汽车库、修车库与其他建筑之间的防火间距可适当减少的前置条件。

防火间距可适当减少的前置条件

防火间距	前置条件
不限	1．当两座建筑物相邻较高一面外墙为无门、窗、洞口的防火墙或当较高一面外墙比较低一座一、二级耐火等级建筑屋面高 15 m 及 15 m 以下范围内的墙为无门、窗、洞口的防火墙时。 2．停车场与相邻的一、二级耐火等级建筑之间，当相邻建筑的外墙为无门、窗、洞口的防火墙，或比停车部位高 15 m 及 15 m 以下的外墙均为无门、窗、洞口的防火墙时
防火间距可按规范规定值减小 50%	当两座建筑相邻较高一面外墙上，同较低建筑等高的以下范围内的墙为无门、窗、洞口的防火墙时
防火间距不应小于 4 m	1．相邻的两座一、二级耐火等级建筑，当较高一面外墙的耐火极限不低于 2.00 h，墙上开口部位设置甲级防火门、窗或耐火极限不低于 2.00 h 的防火卷帘、水幕等防火设施时。 2．相邻的两座一、二级耐火等级建筑，当较低一座的屋顶无开口，屋顶的耐火极限不低于 1.00 h，且较低一面外墙为防火墙时，其防火间距可减小

4．甲、乙类物品运输车的汽车库、修车库、停车场与民用建筑的防火间距不应小于 25 m，与重要公共建筑的防火间距不应小于 50 m。甲类物品运输车的汽车库、修车库、停车场与明火或散发火花地点的防火间距不应小于 30 m。

5．停车场的汽车宜分组停放，每组的停车数量不宜大于 50 辆，每组之间的防火间距不应小于 6 m。

五、汽车库、修车库的防火分区划分

1．汽车库每个防火分区的最大允许建筑面积应符合下表的规定。

汽车库防火分区最大允许建筑面积

单位：m^2

耐火等级	单层汽车库	多层汽车库 半地下汽车库	地下汽车库 高层汽车库
一、二级	3 000	2 500	2 000
三级	1 000	不允许	不允许

注：除另有规定外，防火分区之间应采用规范规定的防火墙、防火卷帘等分隔。

①敞开式、错层式、斜楼板式汽车库的上下连通层面积应叠加计算，每个防火分区的最大允许建筑面积不应大于上表规定的2倍。

②室内有车道且有人员停留的机械式汽车库，其防火分区最大允许建筑面积应按上表规定减少35%。

③汽车库内设有自动灭火系统时，其防火分区的最大允许建筑面积可按本表及上文①和②中规定增加1倍。

2．室内无车道且无人员停留的机械式汽车库：

（1）总停车数量大于100辆时，应采用无门、窗、洞口的防火墙将其分隔为多个停车数量不大于100辆的区域；但当防火分区之间采用防火隔墙或耐火极限不低于1.00 h的不燃性楼板分隔成多个停车单元，且停车单元内的停车数量不大于3辆时，应分隔为停车数量不大于300辆的区域。

（2）汽车库内应设置火灾自动报警系统和自动喷水灭火系统，自动喷水灭火系统应选用快速响应喷头。

（3）楼梯间及停车区的检修通道上应设置室内消火栓。

（4）汽车库内应设置排烟设施，排烟口应设置在运输车辆的通道顶部。

3．甲、乙类物品运输车的汽车库、修车库要求。甲、乙类物品运输车的汽车库、修车库，每个防火分区的最大允许建筑面积不应大于500 m^2。

4．修车库要求。修车库每个防火分区的最大允许建筑面积不应大于2 000 m^2，当修车部位与相邻使用有机溶剂的清洗和喷漆工段采用防火墙分隔时，每个防火分区的最大允许建筑面积不应大于4 000 m^2。

六、安全疏散

1．汽车库、修车库的安全出口：

（1）汽车库、修车库的人员安全出口和汽车疏散出口应分开设置。设置在工业与民用建筑内的汽车库，其车辆疏散出口应与其他场所的人员安全出口分开设置。

（2）除室内无车道且无人员停留的机械式汽车库外，汽车库、修车库内每个防火分区的人员安全出口不应少于2个，Ⅳ类汽车库和Ⅲ、Ⅳ类修车库可设置1个。

2．汽车库、修车库的疏散楼梯的设置要求及其防火设置要求：

（1）汽车库、修车库的疏散楼梯的适用范围和共同要求：

疏散楼梯间类型	适用范围	共同要求
防烟楼梯间	建筑高度大于 32 m 的高层汽车库、室内地面与室外出入口地坪的高差大于10 m的地下汽车库	楼梯间和前室的门应采用乙级防火门
封闭楼梯间	其他汽车库、修车库	疏散楼梯的宽度不应小于1.1 m

（2）室外疏散楼梯可采用金属楼梯，并应符合下列规定：

①倾斜角度不应大于45°，栏杆扶手的高度不应小于1.1 m。

②每层楼梯平台应采用耐火极限不低于1.00 h的不燃材料制作。

③在室外楼梯周围 2 m 范围内的墙面上，不应开设除疏散门外的其他的门、窗、洞口。

④通向室外楼梯的门应采用乙级防火门。

（3）与住宅地下室相连通的地下汽车库、半地下汽车库，人员疏散可借用住宅部分的疏散楼梯；当不能直接进入住宅部分的疏散楼梯间时，应在汽车库与住宅部分的疏散楼梯之间设置连通走道，走道应采用防火隔墙分隔，汽车库开向该走道的门均应采用甲级防火门。

（4）室内无车道且无人员停留的机械式汽车库可不设置人员安全出口，但应按下列规定设置供灭火救援用的楼梯间：

①每个停车区域当停车数量大于 100 辆时，应至少设置 1 个楼梯间。

②楼梯间与停车区域之间应采用防火隔墙进行分隔，楼梯间的门应为乙级防火门。

③楼梯的净宽不得小于 0.9 m。

3．汽车库的疏散距离。汽车库室内任一点至最近人员安全出口的疏散距离不应大于 45 m，当设置自动灭火系统时，其距离不应大于 60 m，对于单层或设置在建筑首层的汽车库，室内任一点至室外最近出口的疏散距离不应超过 60 m。

4．汽车库和修车库的汽车疏散出口和汽车疏散坡道：

（1）汽车库、修车库的汽车疏散出口总数不应少于 2 个，且应分散布置，当符合下列条件之一时，汽车库、修车库的汽车疏散出口可设置 1 个：

①Ⅳ类汽车库。

②设置双车道汽车疏散出口的Ⅲ类地上汽车库。

③设置双车道汽车疏散出口、停车数量不大于 100 辆且建筑面积小于 4 000 m^2 的地下或半地下汽车库。

④Ⅱ、Ⅲ、Ⅳ类修车库。

（2）Ⅰ、Ⅱ类地上汽车库和停车数量大于 100 辆的地下、半地下汽车库，当采用错层或斜楼板式，坡道为双车道且设置自动喷水灭火系统时，其首层或地下一层至室外的汽车疏散出口不应少于 2 个，汽车库内的其他楼层的汽车疏散坡道可设置 1 个。

（3）Ⅳ类汽车库设置汽车坡道有困难时，可采用汽车专用升降机作为汽车疏散出口，升降机的数量不应少于 2 台，停车数少于 25 辆时，可设 1 台。

（4）汽车疏散坡道的净宽度，单车道不应小于 3 m，双车道不应小于 5.5 m。

（5）除室内无车道且无人员停留的机械式汽车库外，相邻两个汽车疏散出口之间的水平距离不应小于 10 m；毗邻设置的两个汽车坡道应采用防火隔墙分隔。

5．停车场的汽车疏散出口不应少于 2 个；停车数量不大于 50 辆时，可设置 1 个。

七、汽车库救援设置

1．室内无车道且无人员停留的机械式汽车库可不设置人员安全出口，但应按下列规定设置供灭火救援用的楼梯间：

（1）每个停车区域当停车数量大于 100 辆时，应至少设置 1 个楼梯间。

（2）楼梯间与停车区域之间应采用防火隔墙进行分隔，楼梯间的门应为乙级防火门。

（3）楼梯的净宽不得小于 0.9 m。

2．汽车库的消防电梯。

除室内无车道且无人员停留的机械式汽车库外，建筑高度超过 32 m 的汽车库应设置消防电梯。消防电梯的设置应符合《建筑设计防火规范》的有关规定。

八、消防设施

（一）消防给水

1．汽车库、修车库、停车场应设置消防给水系统。消防给水可由市政给水管道、消防水池或天然水源供给。

2．符合下列条件之一的汽车库、修车库、停车场，可不设置消防给水系统：

（1）耐火等级为一、二级且停车数量不大于5辆的汽车库。

（2）耐火等级为一、二级的Ⅳ类修车库。

（3）停车数量不大于5辆的停车场。

3．汽车库、修车库的消防用水量应按室内、室外消防用水量之和计算。其中，汽车库、修车库内设置消火栓、自动喷水、泡沫等灭火系统时，其室内消防用水量应按需要同时开启的灭火系统用水量之和计算。采用消防水池作为消防水源时，其有效容量应满足火灾延续时间内室内、室外消防用水量之和的要求。

4．设置高压给水系统的汽车库、修车库，当能保证最不利点消火栓和自动喷水灭火系统等的水量和水压时，可不设置消防水箱。设置临时高压消防给水系统的汽车库、修车库，应设置屋顶消防水箱，其容量不应小于 12 m^3，并应符合《消防给水及消火栓系统技术规范》的有关规定。消防用水与其他用水合用的水箱，应采取保证消防用水不作他用的技术措施。

5．火灾延续时间应按 2.00 h 计算，但自动喷水灭火系统可按 1.00 h 计算，泡沫灭火系统可按 0.50 h 计算。当室外给水管网能确保连续补水时，消防水池的有效容量可减去火灾延续时间内连续补充的水量。

（二）室外消火栓系统

1．室外消火栓的保护半径不应大于150 m，在市政消火栓保护半径150 m范围内的汽车库、修车库、停车场，市政消火栓可计入建筑室外消火栓的数量。

2．停车场的室外消火栓宜沿停车场周边设置，且距离最近一排汽车不宜小于7 m，距加油站或油库不宜小于15 m。

3．除另有规定外，汽车库、修车库、停车场应设置室外消火栓给水系统，其室外消防用水量应按消防用水量最大的一座计算，并应符合下列规定：

（1）Ⅰ、Ⅱ类汽车库、修车库、停车场不应小于20 L/s。

（2）Ⅲ类汽车库、修车库、停车场不应小于15 L/s。

（3）Ⅳ类汽车库、修车库、停车场不应小于10 L/s。

（三）室内消火栓系统

1．除另有规定外，汽车库、修车库应设置室内消火栓系统，其消防用水量应符合下列规定：

（1）Ⅰ、Ⅱ、Ⅲ类汽车库及Ⅰ、Ⅱ类修车库的用水量不应小于 10L/s，系统管道内的压力应保证相邻两个消火栓的水枪充实水柱同时到达室内任何部位。

（2）Ⅳ类汽车库及Ⅲ、Ⅳ类修车库的用水量不应小于5L/s，系统管道内的压力应保证一个消火栓的水枪充实水柱到达室内任何部位。

2．室内消火栓水枪的充实水柱不应小于10 m。同层相邻室内消火栓的间距不应大于50 m，高层汽车库和地下汽车库、半地下汽车库室内消火栓的间距不应大于30 m。

3．室内消火栓应设置在易于取用的明显地点，栓口距离地面宜为1.1 m，其出水方向宜向下或与设置消火栓的墙面垂直。

4．汽车库、修车库室内消火栓超过 10 个时，室内消防管道应布置成环状，并应有两条进水管与室外管道相连接。

5．室内消防管道应采用阀门分成若干独立段，每段内消火栓不应超过 5 个。高层汽车库内管道阀门的布置，应保证检修管道时关闭的竖管不超过 1 根，当竖管超过 4 根时，可关闭不相邻的 2 根。

（四）自动灭火系统

1．自动喷水灭火系统：

（1）设置范围。除敞开式汽车库外，Ⅰ、Ⅱ、Ⅲ类地上汽车库，停车数大于 10 辆的地下汽车库，机械式汽车库，采用汽车专用升降机作汽车疏散出口的汽车库，Ⅰ类修车库均要设置自动喷水灭火系统。

（2）设置要求。设置在汽车库、修车库内的自动喷水灭火系统，喷头应设置在汽车库停车位的上方或侧上方。对于机械式汽车库，应按停车的载车板分层布置，且应在喷头的上方设置集热板。错层式、斜楼板式汽车库的车道、坡道上方均应设置喷头。室内无车道且无人员停留的机械式汽车库自动喷水灭火系统应选用快速响应喷头。

2．下列汽车库、修车库宜采用泡沫—水喷淋系统：

（1）Ⅰ类地下、半地下汽车库。

（2）Ⅰ类修车库。

（3）停车数大于 100 辆的室内无车道且无人员停留的机械式汽车库。

3．地下、半地下汽车库可采用高倍数泡沫灭火系统。

4．停车数量不大于 50 辆的室内无车道且无人员停留的机械式汽车库，可采用二氧化碳等气体灭火系统。

5．环境温度低于 4℃时间较短的非寒冷或寒冷地区，可采用湿式自动喷水灭火系统，但应采用防冻措施。

（五）火灾自动报警系统

除敞开式汽车库、屋面停车场以外的下列汽车库、修车库，应设置火灾自动报警系统：

1．Ⅰ类汽车库、修车库。

2．Ⅱ类地下、半地下汽车库、修车库。

3．Ⅱ类高层汽车库、修车库。

4．机械式汽车库。

5．采用汽车专用升降机作汽车疏散出口的汽车库。

（六）排烟系统

1．除敞开式汽车库、建筑面积小于 1 000 m^2 的地下一层汽车库和修车库外，汽车库、修车库应设置排烟系统，并应划分防烟分区。

2. 防烟分区的建筑面积不宜大于 2 000 m^2，且防烟分区不应跨越防火分区。防烟分区可采用挡烟垂壁、隔墙或从顶棚下凸出不小于 0.5 m 的梁划分。

3．排烟系统可采用自然排烟方式或机械排烟方式。机械排烟系统可与人防、卫生等排气、通风系统合用。

4．当采用自然排烟方式时，可采用手动排烟窗、自动排烟窗、孔洞等作为自然排烟口，并应符合下列规定：

（1）自然排烟口的总面积不应小于室内地面面积的2%。

（2）自然排烟口应设置在外墙上方或屋顶上，并应设置方便开启的装置。

（3）房间外墙上的排烟口（窗）宜沿外墙周长方向均匀分布，排烟口（窗）的下沿不应低于室内净高的1/2，并应沿气流方向开启。

5．汽车库、修车库内每个防烟分区排烟风机的排烟量不应小于下表的规定。

汽车库、修车库内每个防烟分区排烟风机的排烟量

汽车库修车库的净高/m	排烟量/（m^3/h）	汽车库修车库的净高/m	排烟量/（m^3/h）
≤3	30 000	≤7	36 000
≤4	31 500	≤8	37 500
≤5	33 000	≤9	39 000
≤6	34 500	>9	40 500

注：建筑空间净高位于表中两个高度之间的，按线性插值法取值。

6．每个防烟分区应设置排烟口，排烟口宜设在顶棚或靠近顶棚的墙面上。排烟口距该防烟分区内最远点的水平距离不应大于30 m。

7．排烟风机可采用离心风机或排烟轴流风机，并应保证280℃时能连续工作30 min。

8．在穿过不同防烟分区的排烟支管上应设置烟气温度大于280℃时能自动关闭的排烟防火阀，排烟防火阀应连锁关闭相应的排烟风机。

9．机械排烟管道的风速，采用金属管道时不应大于 20 m/s。采用内表面光滑的非金属材料风道时，不应大于15 m/s。排烟口的风速不宜大于10 m/s。

10．汽车库内无直接通向室外的汽车疏散出口的防火分区，当设置机械排烟系统时，应同时设置补风系统，且补风量不宜小于排烟量的50%。

（七）消防应急照明和疏散指示标志

1．除停车数量不超过50辆的汽车库，以及室内无车道且无人员停留的机械式汽车库外，汽车库内应设置消防应急照明和疏散指示标志。

2．用于疏散走道上的消防应急照明和疏散指示标志，可采用蓄电池作为备用电源，但其连续供电时间不应少于30 min。

3．消防应急照明灯宜设置在墙面或顶棚上，其地面最低水平照度不应低于1.0 lx。

4．安全出口标志宜设在疏散出口的顶部。

5．疏散指示标志宜设在疏散通道及其转角处，且距地面高度1 m以下的墙面上。通道上的指示标志，其间距不宜大于20 m。

（八）电气

1．消防水泵、火灾自动报警系统、自动灭火系统、防排烟设备、电动防火卷帘、电动防火门、消防应急照明和疏散指示标志等消防用电设备，以及采用汽车专用升降机作车辆疏散出口的升降机用电，应符合下列规定：

（1）Ⅰ类汽车库、采用汽车专用升降机作车辆疏散出口的升降机用电应按一级负荷供电。

（2）Ⅱ、Ⅲ类汽车库和Ⅰ类修车库应按二级负荷供电。

（3）Ⅳ类汽车库和Ⅱ、Ⅲ、Ⅳ类修车库可采用三级负荷供电。

2．按一、二级负荷供电的消防用电设备的两个电源或两个回路，应能在最末一级配电箱处自动切换。消防用电设备的配电线路应与其他动力、照明等配电线路分开设置。消防用电设备应采用专用供电回路，其配电设备应有明显标志。

（九）灭火器

除室内无车道、无人员停留的机械式汽车库外，汽车库、修车库、停车场均应配置灭火器，灭火器的配置应符合《建筑灭火器配置设计规范》的有关规定。

专题6：人民防空工程防火

人民防空工程是为保障人民防空指挥、通信、掩蔽等需要而建造的防护建筑，简称人防工程。人防工程分为单建掘开式工程、坑道工程、地道工程和人民防空地下室等。单建掘开式工程是单独建设的采用明挖法施工，且大部分结构处于原地表以下的工程。坑道工程是大部分主体地坪高于最低出入口地面的暗挖工程，多建于山地或丘陵地。地道工程是大部分主体地坪低于最低出入口地面的暗挖工程，多建于平地。人民防空地下室是为保障人民防空指挥、通信、掩蔽等需要，具有预定防护功能的地下室。这个专题是以《人民防空工程设计防火规范》（GB 50098—2009）为依据进行介绍，适用于新建、扩建和改建供平时使用的商场、医院、旅馆、餐厅、展览厅、公共娱乐场所、健身体育场所、其他适用的民用场所和属于丙类、丁类、戊类的生产车间和物品库房等人防工程。公共娱乐场所一般指礼堂、多功能厅、歌舞厅、卡拉OK厅（含具有卡拉OK功能的餐厅）、夜总会、录像厅、放映厅、桑拿浴室（除洗浴部分外）、游艺厅（含电子游艺厅）、网吧等歌舞娱乐放映游艺场所等。健身体育场所一般指溜冰馆、游泳馆、体育馆、保龄球馆、射击馆等。

一、人民防空总平面布局和平面布置

1．下列场所不应设置在人防工程内：

（1）使用和储存液化石油气、相对密度（与空气密度比值）不小于 0.75 的可燃气体和闪点小于 60℃的液体燃料。

（2）油浸电力变压器和其他油浸电气设备。

（3）哺乳室、托儿所、幼儿园、游乐厅等儿童活动场所和残疾人员活动场所。

2．地下商店平面布置：

（1）不应经营和储存火灾危险性为甲类、乙类储存物品属性的商品。

（2）营业厅不应设置在地下三层及三层以下。

（3）当总建筑面积大于 20 000 m^2 时，应采用防火墙进行分隔，且防火墙上不得开设门窗洞口，相邻区域确需局部连通时，应采取可靠的防火分隔措施。

3．旅店、员工宿舍平面布置。不得设置在地下二层及二层以下层，并应划分为独立的防火分区，且疏散楼梯不得与其他防火分区的疏散楼梯共用。

4．歌舞娱乐放映游艺场所平面布置（注意与建筑设计防火规范中的歌舞娱乐放映游艺场所平面布置对比记忆）：

（1）不应设置在地下二层及二层以下层。

（2）当设置在地下一层时，室内地面与室外出入口地坪高差不应大于 10 m。

（3）每个厅、室的建筑面积不应大于 200 m^2，隔墙上应设置不低于乙级的防火门。

5．消防控制室：

（1）应设置在地下一层，并应邻近直接通向地面的安全出口。消防控制室可设置在值班室、变配电室等房间内。

（2）应采用耐火极限不低于 2.00 h 的隔墙和不低于 1.50 h 的楼板与其他场所隔开，墙上应设置常闭的甲级防火门。

6．柴油发电机房。布置在人防工程内的柴油发电机房（所用柴油的闪点温度不应低于 60℃）应符合下列规定：

（1）宜布置在地下一层、二层。

（2）不应布置在人员密集场所的上一层、下一层或贴邻。

（3）应采用耐火极限不低于 2.00 h 的防火隔墙和耐火极限不低于 1.50 h 的不燃性楼板与其他部位分隔，门应采用常闭的甲级防火门。

（4）机房内设置储油间时，其总储存量不应大于 1 m^3，储油间应采用耐火极限不低于 3.00 h 的防火隔墙与发电机间分隔。确需在防火隔墙上开门时，应设置甲级防火门。

（5）应设置火灾报警装置。

（6）装机总容量大于 300 kW 时应设置自动喷水灭火系统。

（7）设置在建筑内的柴油发电机，应在进入建筑物前和设备间内的燃料供给管道上设置自动和手动切断阀。

（8）储油间的油箱应密闭且应设置通向室外的通气管，通气管应设置带阻火器的呼吸阀，油箱的下部应设置防止油品流散的设施。

（9）与柴油发电机房配套的储油间等，应与柴油发电机房一起独立划分为 1 个防火分区。

（10）柴油发电机房与电站控制室之间的密闭观察窗除应符合密闭要求外，还应达到甲级防火窗的性能。

（11）柴油发电机房与电站控制室之间的连接通道处，应设置一道具有甲级防火门耐火性能的门，并应常闭。

（12）柴油发电机房的储油间，墙上应设置常闭的甲级防火门，并应设置高 150 mm 的不燃烧、不渗漏的门槛，地面不得设置地漏。

7．消防水泵房、排烟机房、灭火剂储瓶室、通风和空调机房、变配电室（采用干式变压器）应采用耐火极限不低于 2.00 h 的隔墙和耐火极限不低于 1.50 h 的楼板与其他场所隔开，墙上应设置常闭的甲级防火门。

二、人防工程的防火分区

（一）人防工程防火分区划分要求

1．应采用防火墙划分防火分区，当采用防火墙确有困难时，可采用防火卷帘等防火分隔设施分隔。

2．防火分区应在各安全出口处的防火门范围内划分。

3．水泵房、污水泵房、水池、厕所、盥洗间等无可燃物的房间，其面积可不计入防火分区的面积之内。与柴油发电机房或锅炉房配套的水泵间、风机房、储油间等，应与柴油发电机房或锅炉房一起划分为一个防火分区。

4．防火分区的划分宜与防护单元相结合。防护单元是人防工程中防护设施和内部设备均能自成体系的使用空间。

5．工程内设置有旅店、病房、员工宿舍时，不得设置在地下二层及二层以下层，并应划分为独立的防火分区，且疏散楼梯不得与其他防火分区的疏散楼梯共用。

（二）人防工程防火分区面积要求

1．每个防火分区的允许最大建筑面积，除另有规定者外，不应大于 500 m^2。当设置有自动灭火系统时，允许最大建筑面积可增加 1 倍；局部设置时，增加的面积可按该局部面积的 1 倍计算。

2．人防工程内设置有内挑台、走马廊、开敞楼梯和自动扶梯等上下连通层时，其防火分区面积应按上下层相连通的面积计算，其建筑面积之和应符合规定，且连通的层数不宜大于 2 层。

3．当人防工程地面建有建筑物，且与地下一层、二层有中庭相通或地下一层、二层有中庭相通时，防火分区面积应按上下多层相连通的面积叠加计算；当超过规定的防火分区最大允许建筑面积时，应符合下列规定：

（1）房间与中庭相通的开口部位应设置火灾时能自行关闭的甲级防火门窗。

（2）与中庭相通的过厅、通道等处，应设置甲级防火门或耐火极限不低于 3.00 h 的防火卷帘；防火门或防火卷帘应能在火灾时自动关闭或降落。

（3）中庭应按规定设置排烟设施。

4．人防工程地下室内商业营业厅、展览厅、电影院和礼堂的观众厅、溜冰馆、游泳馆、射击馆、保龄球馆等防火分区建筑面积。

（1）设置有火灾自动报警系统和自动灭火系统的商业营业厅、展览厅等，当采用 A 级装修材料装修时，防火分区允许最大建筑面积不应大于 2 000 m^2。

（2）电影院、礼堂的观众厅，防火分区允许最大建筑面积不应大于 1 000 m^2。当设置有火灾自动报警系统和自动灭火系统时，其允许最大建筑面积也不得增加。

（3）溜冰馆的冰场、游泳馆的游泳池、射击馆的靶道区、保龄球馆的球道区等，其面积可不计入溜冰馆、游泳馆、射击馆、保龄球馆的防火分区面积内。溜冰馆的冰场、游泳馆的游泳池、射击馆的靶道区等，其装修材料应采用 A 级。

5．人防工程内丙、丁、戊类物品库房的防火分区允许最大建筑面积应符合下表的规定。当设置有火灾自动报警系统和自动灭火系统时，允许最大建筑面积可增加 1 倍；局部设置时，增加的面积可按该局部面积的 1 倍计算。

丙、丁、戊类物品库房防火分区允许最大建筑面积　　单位：m^2

储存物品类别		防火分区最大允许建筑面积
丙类	闪点≥60℃的可燃液体	150
	可燃固体	300
丁类		500
戊类		1 000

三、人防工程的防烟分区

人防工程内需设置排烟设施的部位，应划分防烟分区，并应符合下列规定：

1．每个防烟分区的建筑面积不宜大于 500 m^2，但当从室内地面至顶棚或顶板的高度在 6 m 以上时，可不受此限制。

2．防烟分区不得跨越防火分区。

3．需设置排烟设施的走道、净高不超过 6 m 的房间，应采用挡烟垂壁、隔墙或从顶棚凸出不小于 0.5 m 的梁划分防烟分区。

四、人防工程安全疏散

1．设有下列公共活动场所的人防工程，当底层室内地面与室外出入口地坪高差大于 10 m 时，应设置防烟楼梯间；当地下为两层，且地下第二层的室内地面与室外出入口地坪高差不大于 10 m 时，应设置封闭楼梯间。

（1）电影院、礼堂。

（2）建筑面积大于 500 m^2 的医院、旅馆。

（3）建筑面积大于 1 000 m^2 的商场、餐厅、展览厅、公共娱乐场所（礼堂、多功能厅、歌舞娱乐放映游艺场所等）、健身体育场所（溜冰馆、游泳馆、体育馆、保龄球馆、射击馆等）等。

2．封闭楼梯间应采用不低于乙级的防火门；封闭楼梯间的地面出口可用于天然采光和自然通风，当不能采用自然通风时，应采用防烟楼梯间。

3．人防工程的疏散楼梯间，在主体建筑地面首层应采用耐火极限不低于 2.00 h 的隔墙与其他部位隔开并应直通室外；当必须在隔墙上开门时，应采用不低于乙级的防火门。

人防工程与地上层不应共用楼梯间；当必须共用楼梯间时，应在地面首层与地下室的入口处，设置耐火极限不低于 2.00 h 的隔墙和不低于乙级的防火门隔开，并应有明显标志。

4．安全出口：

（1）人防工程每个防火分区的安全出口数量不应少于 2 个。

（2）人防工程有 2 个或 2 个以上防火分区相邻，可将相邻防火分区之间防火墙上设置的防火门作为安全出口时，防火分区安全出口应符合下列规定：

①防火分区建筑面积大于 1 000 m^2 的商业营业厅、展览厅等场所，设置通向室外、直通室外的疏散楼梯间或避难走道的安全出口个数不得少于 2 个。

②防火分区建筑面积不大于 1 000 m^2 的商业营业厅、展览厅等场所，设置通向室外、直通室外的疏散楼梯间或避难走道的安全出口个数不得少于 1 个。

③在 1 个防火分区内，设置通向室外、直通室外的疏散楼梯间或避难走道的安全出口宽度之和，不宜小于《人民防空工程设计防火规范》规定的安全出口总宽度的 70%。

（3）建筑面积不大于 500 m^2，且室内地面与室外出入口地坪高差不大于 10 m，容纳人数不大于 30 人的防火分区，当设置有仅用于采光或进风用的竖井，且竖井内有金属梯直通地面、防火分区通向竖井处设置有不低于乙级的常闭防火门时，可只设置 1 个通向室外、直通室外的疏散楼梯间或避难走道的安全出口；也可设置 1 个与相邻防火分区相通的防火门。

（4）建筑面积不大于 200 m^2，且经常停留人数不超过 3 人的防火分区，可只设置 1 个通向相邻防火分区的防火门。房间建筑面积不大于 50 m^2，且经常停留人数不超过 15 人时，可设置 1 个疏散出口。

（5）房间建筑面积不大于 50 m^2，且经常停留人数不超过 15 人时，可设置 1 个疏散出口。

5．避难走道：

（1）避难走道直通地面的出口不应少于 2 个，并应设置在不同方向；当避难走道只与 1 个防火分区相通时，避难走道直通地面的出口可设置 1 个，但该防火分区至少应有 1 个不通向该避难走道的安全出口。

（2）通向避难走道的各防火分区人数不等时，避难走道的净宽不应小于设计容纳人数最多一个防火分区通向避难走道各安全出口最小净宽之和。

（3）避难走道的装修材料燃烧性能等级应为 A 级。

（4）防火分区至避难走道入口处应设置前室，前室面积不应小于 6 m^2，前室的门应为甲级防火门。

（5）避难走道应设置应急广播和消防专线电话。

6．安全疏散距离：

（1）房间内最远点至该房间门的距离不应大于 15 m。

（2）房间门至最近安全出口的最大距离：医院应为 24 m，旅馆应为 30 m，其他工程应为 40 m。位于袋形走道两侧或尽端的房间，其最大距离应为上述相应距离的一半。

（3）观众厅、展览厅、多功能厅、餐厅、营业厅和阅览室等，其室内任意一点到最近安全出口的直线距离不宜大于 30 m；当该防火分区设置有自动喷水灭火系统时，疏散距离可增加 25%。

7．疏散宽度：

（1）人防工程每个防火分区安全出口的总宽度，应按该防火分区设计容纳总人数乘以疏散宽度指标计算确定。

①室内地面与室外出入口地坪高差不大于 10 m 的防火分区，疏散宽度指标应为每 100 人不小于 0.75 m。

②室内地面与室外出入口地坪高差大于 10 m 的防火分区，疏散宽度指标应为每 100 人不小于 1 m。

③人员密集的厅、室以及歌舞娱乐放映游艺场所，疏散宽度指标应为每 100 人不小于 1 m。

（2）安全出口、疏散楼梯和疏散走道的最小净宽。

人民防空安全出口、疏散楼梯和疏散走道的最小净宽　　单位：m

工程名称	安全出口和疏散楼梯净宽	疏散走道净宽	
		单面布置房间	双面布置房间
商场、公共娱乐场所、健身体育场所	1.4	1.5	1.6
医院	1.3	1.4	1.5
旅馆、餐厅	1.1	1.2	1.3
车间	1.1	1.2	1.5
其他民用工程	1.1	1.2	—

（3）人防工程内地下商店每个防火分区的疏散人数，应按该防火分区内营业厅使用面积乘以面积折算值和疏散人数换算系数确定。面积折算值宜为 70%，疏散人数换算系数应按下表确定。经营丁类、戊类物品的专业商店，可以按上述确定的人数减少 50%。

地下商店营业厅内的疏散人数换算系数　　单位：人/m^2

楼层位置	地下一层	地下二层
换算系数	0.85	0.8

五、人防工程消防设施

1．下列人防工程应设置室内消火栓系统：

（1）建筑面积大于 300 m^2 的人防工程。

（2）电影院、礼堂、消防电梯间前室和避难走道。

2．下列人防工程和部位应设置自动喷水灭火系统：

(1)除丁类、戊类物品库房和自行车库外，建筑面积大于500 m^2丙类库房和其他建筑面积大于1 000 m^2的人防工程。

（2）大于800个座位的电影院和礼堂的观众厅，且吊顶下表面至观众席室内地面高度不大于8 m时；舞台使用面积大于200 m^2时；观众厅与舞台之间的台口宜设置防火幕或水幕分隔。

（3）歌舞娱乐放映游艺场所。

（4）建筑面积大于500 m^2的地下商店和展览厅。

（5）燃油或燃气锅炉房和装机总容量大于300 kW柴油发电机房。

人防工程中建筑面积大于100 m^2，且不大于500 m^2 的地下商店和展览厅；建筑面积大于100 m^2，且不大于1 000 m^2的影剧院、礼堂、健身体育场所、旅馆、医院等；建筑面积大于100 m^2，且不大于500 m^2的丙类库房宜设置自动喷水灭火系统，当有困难时，也可设置局部应用系统，局部应用系统应符合《自动喷水灭火系统设计规范》的有关规定。

3．气体灭火系统或细水雾灭火系统。为减少火灾时喷水灭火对电气设备和贵重物品的水渍影响，人防工程中图书、资料、档案等特藏库房，重要通信机房和电子计算机机房，变配电室和其他特殊重要的设备房间应设置气体灭火系统或细水雾灭火系统。

4．下列人防工程应设置火灾自动报警系统：

（1）人防工程中建筑面积大于500 m^2的地下商店、展览厅和健身体育场所。

（2）建筑面积大于1 000 m^2的丙、丁类生产车间和丙、丁类物品库房。

（3）重要的通信机房和电子计算机机房，柴油发电机房和变配电室，重要的实验室和图书、资料、档案库房等。

（4）歌舞娱乐放映游艺场所。

5．消防疏散照明和消防备用照明：

（1）消防疏散照明灯应设置在疏散走道、楼梯间、防烟前室、公共活动场所等部位的墙面上部或顶棚下，地面的最低照度不应低于5 lx。

（2）消防疏散标志灯应设置在有侧墙的疏散走道及其拐角处和交叉口处的墙面上，无侧墙的疏散走道的上方，疏散出入口和安全出口的上部。

（3）歌舞娱乐放映游艺场所、总建筑面积大于500 m^2的商业营业厅等公众活动场所的疏散走道的地面上，应设置能保持视觉连续发光的疏散指示标志，并宜设置灯光型疏散指示标志。当地面照度较大时，可设置蓄光型疏散指示标志。

消防疏散指示标志沿墙面设置的疏散标志灯距地面不应大于1 m，间距不应大于15 m；设置在疏散走道上方的疏散标志灯的方向指示应与疏散通道垂直，其大小应与建筑空间相协调；标志灯下边缘距室内地面不应大于 2.5 m，且应设置在风管等设备管道的下部；沿地面设置的灯光型疏散方向标志的间距不宜大于3 m，蓄光型发光标志的间距不宜大于2 m。

（4）人防工程避难走道、消防控制室、消防水泵房、柴油发电机室、配电室、通风空调室、排烟机房、电话总机房以及发生火灾时仍需坚持工作的其他房间应设置消防备用照明。

建筑面积大于5 000 m^2的人防工程，其消防备用照明照度值宜保持正常照明的照度值；建筑面积不大于5 000 m^2的人防工程，其消防备用照明的照度值不宜低于正常照明照度值的50%。

（5）消防疏散照明和消防备用照明在工作电源断电后，应能自动启用备用电源。

（6）人防工程内的潮湿场所应采用防潮型灯具；柴油发电机房的储油间、蓄电池室等房间应采用密闭型灯具；可燃物品库房不应设置卤钨灯等高温照明灯具。潮湿场所是指工程内湿度较大的水泵房、厨房、洗漱间等房间。

6．防排烟：

（1）防烟。人防工程的防烟楼梯间及其前室或合用前室、避难走道的前室应设置机械加压送风防烟设施。丙、丁、戊类物品库房宜采用密闭防烟措施。

（2）下列场所应设置机械排烟设施：

①总建筑面积大于 200 m^2 的人防工程。

②建筑面积大于 50 m^2 且经常有人停留或可燃物较多的房间。

③丙、丁类生产车间。

④长度大于 20 m 的疏散走道。

⑤歌舞娱乐放映游艺场所。

⑥中庭。

7．灭火器。人防工程应配置灭火器，灭火器的配置应符合《建筑灭火器配置设计规范》的有关规定。

（本章由陶昆编写）

参考文献

[1] 中华人民共和国公安部. GB 50016—2014. 建筑设计防火规范[S]. 北京：中国计划出版社，2018.

[2] 中国建筑标准设计研究院. 建筑防火设计规范图示[S]. 北京；中国计划出版社，2018.

[3] 中华人民共和国公安部. GB 50222—2017.建筑内部装修设计防火规范[S]. 北京：中国建筑工业出版社，2018.

[4] 中国石油化工集团公司. GB 50074—2014. 石油库设计规范[S]. 北京：中国计划出版社，2014.

[5] 中华人民共和国住房和城乡建设部. GB 50098—2009. 人民防空工程设计防火规范[S]. 北京：中国计划出版社，2009.

[6] 中华人民共和国公安部. GB 50067—2014. 汽车库、修车库、停车场设计防火规范[S]. 北京：中国计划出版社，2014.

[7] 中国石油化工集团公司. GB 50156—2012. 汽车加油加气站设计与施工规范[S]. 北京：中国计划出版社，2012.

[8] 中华人民共和国公安部. GB 50974—2014. 消防给水及消火栓系统技术规范[S]. 北京：中国计划出版社，2014.

[9] 中华人民共和国公安部. GB 50084—2017. 自动喷水灭火系统设计规范[S]. 北京：中国计划出版社，2018.

[10] 中华人民共和国公安部. GB 50219—2014. 水喷雾灭火系统技术规范[S]. 北京：中国计划出版社，2014.

[11] 中华人民共和国公安部. GB 50898—2013. 细水雾灭火系统技术规范[S]. 北京：中国计划出版社，2013.

[12] 中华人民共和国公安部. GB 50370—2005. 气体灭火系统设计规范[S]. 北京：中国计划出版社，2005.

[13] 中华人民共和国公安部. GB 50151—2010. 泡沫灭火系统设计规范[S]. 北京：中国计划出版社，2010.

[14] 中华人民共和国公安部. GB 50116—2013. 火灾自动报警系统设计规范[S]. 北京：中国计划出版社，2014.

[15] 中华人民共和国公安部. GB 50263—2007. 气体灭火系统施工及验收规范[S]. 北京：中国计划出版社，2007.

[16] 中华人民共和国公安部. GB 50140—2005. 建筑灭火器配置设计规范[S]. 北京：中国计划出版社，2005.

[17] 李念慈，李悦，余威. 自动喷水灭火系统设备设计运行[M]. 北京：中国建筑工业出版社，2009.

[18] 中国消防协会. 消防安全技术实务[M]. 北京：中国人事出版社，2018.

[19] 中国消防资源网. www.1190119.com.